国家级**骨干高职院校建设**规划教材

有机化学及实验

■ 申玉双　王萍　刘军　主编
■ 池利民　主审

YOUJI HUAXUE JI SHIYAN

化学工业出版社

·北 京·

本教材按照"以教师为主导，以学生为中心，面向岗位，培养职业能力"的教学理念，构建了符合高职教育要求的课程体系。主要内容有烷烃、不饱和烃、脂环烃、芳香烃、卤代烃、醇、酚、醚、醛、酮、羧酸及其衍生物、含氮化合物、杂环化合物、糖类化合物、立体异构、氨基酸、蛋白质、有机化合物的研究分析方法、有机化合物的合成、有机化学实验基本知识和操作技术及实验项目。在每章的开始有"知识目标"和"能力目标"，使学生能有的放矢地进行学习。

本书为高职高专工业分析与检验专业教材，也可供化工、医药、食品等专业使用。

图书在版编目（CIP）数据

有机化学及实验/申玉双，王萍，刘军主编 . —北京：化学
工业出版社，2013.7（2022.8重印）
国家级骨干高职院校建设规划教材
ISBN 978-7-122-17819-0

Ⅰ.①有… Ⅱ.①申…②王…③刘… Ⅲ.①有机化学-化学
实验-高等职业教育-教材 Ⅳ.①O62-33

中国版本图书馆 CIP 数据核字（2013）第 146063 号

责任编辑：陈有华 窦 臻　　　　　　　文字编辑：刘志茹
责任校对：王素芹　　　　　　　　　　　装帧设计：尹琳琳

出版发行：化学工业出版社（北京市东城区青年湖南街 13 号　邮政编码 100011）
印　　装：北京科印技术咨询服务有限公司数码印刷分部
787mm×1092mm　1/16　印张 20¾　字数 504　千字　　2022 年 8 月北京第 1 版第 5 次印刷

购书咨询：010-64518888　　　　　　　　　售后服务：010-64518899
网　　址：http：//www.cip.com.cn
凡购买本书，如有缺损质量问题，本社销售中心负责调换。

定　　价：45.00 元

序

　　配合国家骨干高职院校建设，推进教育教学改革，重构教学内容，改进教学方法，在多年课程改革的基础上，河北化工医药职业技术学院组织教师和行业技术人员共同编写了与之配套的校本教材，经过3年的试用与修改，在化学工业出版社的支持下，终于正式编印出版发行，在此，对参与本套教材的编审人员、化学工业出版社及提供帮助的企业表示衷心感谢。

　　教材是学生学习的一扇窗口，也是教师教学的工具之一。好的教材能够提纲挈领，举一反三，授人以渔，而差的教材则洋洋洒洒，照搬照抄，不知所云。囿于现阶段教材仍然是教师教学和学生学习不可或缺的载体，教材的优劣对教与学的质量都具有重要影响。

　　基于上述认识，本套教材尝试打破学科体系，在内容取舍上摒弃求全、求系统的传统，在结构序化上，从分析典型工作任务入手，由易到难创设学习情境，寓知识、能力、情感培养于学生的学习过程中，并注重学生职业能力的生成而非知识的堆砌，力求为教学组织与实施提供一种可以借鉴的模式。

　　本套教材涉及生化制药技术、精细化学品生产技术、化工设备与机械和工业分析与检验4个专业群共24门课程。其中22门专业核心课程配套教材基于工作过程系统化或CDIO教学模式编写，2门专业基础课程亦从编排模式上做了较大改进，以实验现象或问题引入，力图抓住学生学习兴趣。

　　教材编写对编者是一种考验。限于专业的类型、课程的性质、教学条件以及编者的经验与能力，本套教材不妥之处在所难免，欢迎各位专家、同仁提出宝贵意见。

河北化工医药职业技术学院　院长　柴锡庆

2013 年 4 月

前言

有机化学是高等职业教育化工、医药类专业学生必修的一门职业通用能力课程，它对学生的专业基础知识、基本操作技能、综合素质的培养起着重要的作用，是学生学好后续专业课程的重要基石。因此在当前高等职业教育改革中，有机化学课程的建设与改革一直备受关注，而教材是课程建设与改革工作中的重要组成部分，并且随着科学技术的飞速发展，科技成果日新月异，大量的新信息和知识需引入教材，因此，有机化学教材的改革和创新势在必行。

本教材以高等职业教育工业分析与检验专业人才培养目标制定的"有机化学"课程标准为依据，以该专业对有机化学及实验知识、能力和素质的要求为指导，融合河北化工医药职业技术学院国家级骨干院校建设及六年来河北省"有机化学"精品课程建设成果，按照有机化合物官能团体系编写而成，其特点如下。

一、体现学科的科技前沿知识，激发学生的学习兴趣

有机化学为更贴近专业需要，所介绍的知识必然是经典的。近年来有机化学领域在理论和实践方面都有飞跃的发展。为体现这些新发展，教材中特别增加了"知识窗"，以拓宽学生的视野，激发学生学习兴趣。在"知识窗"中还引入了取材新颖、富有趣味性的有机化学前沿知识及有机化学发展中新化合物发明的有关内容，让学生了解科学家研究问题的情境和过程，从中学习科学探究的方法和思想，体验科学探究的乐趣，培养学生的科学探究能力。

二、体系编排创新，体现高职教育理念

本教材按照"以教师为主导，以学生为中心，面向岗位，培养职业能力"的教学理念，构建了符合高职教育要求的课程体系。探索了以学生为主体、以项目为载体、以任务驱动为主线，案例式等多和教学方法为辅的教学模式。

1. 在理论知识的编写中，立足引导学生学会综合运用所学知识。书中以任务或问题引出知识点，任务或问题是根据授课内容，选择与专业和日常生活息息相关的应用实例设计而成，方便学生课前自主学习，教师也可由此引出教学知识点。

2. 实验内容分两部分编写，第一部分介绍有机化学实验基本知识和操作技术，第二部分以实施项目教学为前提，其中不仅包括实验项目的参考方案，还增加了每一个实验项目的任务书。

三、教学内容符合高职教育要求及目前生源情况

本教材内容的编排做到了重应用，轻理论，删减了难理解的反应历程等理论知识；难点分散、由浅入深，层次分明，叙述简明扼要。化学结构、杂化轨道、立体化学知识和实验基本操作等内容附有多媒体教学课件，使教学更加直观易懂，增强学生的宏观认知；在每章的开始有"知识目标"和"能力目标"，以便学生在学习时做到有的放矢；考虑到目前高职学生生源的变化，课后习题难易适度，增加了与企业生产、日常生活及科技前沿相关的题目以

激发学习兴趣，注重学以致用。

四、为不同专业提供了选学内容，拓宽了教材的适用范围

本书是河北化工医药职业技术学院国家级骨干院校建设规划教材，供重点建设专业——工业分析与检验专业使用。本教材还提供了丰富的选择内容（即标"＊"号的）供精细化学品合成技术和化学、生物制药技术等化工、医药、食品等专业选用，也可作为相关专业的培训教材。

本教材由河北化工医药职业技术学院申玉双（第一、五、六、七章）、刘军（第二、三章）、王萍（第九、十、十二、十三、十四章）、杨学林（第十六、十七章）、赵志才（第四、八、十一章）和田克情（第十五章、阅读材料和"知识窗"所有内容）编写，申玉双、王萍、刘军为主编。全书由申玉双统一修改定稿。附有的多媒体课件制作由申玉双负责。

河北化工医药职业技术学院教授池利民担任本教材的主审，河北华民药业有限公司质检处高级工程师侯红杰参与了本教材编写提纲的制定并审阅了全部书稿，对书稿提出了宝贵的意见；另外河北化工医药职业技术学院伊赞荃老师参加了多媒体课件制作及对本书的校核工作。在编写过程中得到了学校各级领导和化学工业出版社的大力支持和帮助，在此一并表示衷心感谢。

本教材体系编排的创新之处在于融入了编者在教学改革实践中的体会，为使《有机化学》教材的建设更具有创新性，以此抛砖引玉，与同仁一起探讨。

由于编者水平有限，编写时间仓促，书中不当之处，恳请同行专家与读者批评指正。

编者
2013 年 3 月

目录

C O N T E N T S

第二章　烷烃 /13

第三章　烯烃、炔烃 /28

第七章 卤代烃 /110

第八章 醇酚醚 /125

第九章　醛酮醌 /147

第十章　羧酸及其衍生物 /166

第十一章　含氮化合物 /187

*第十五章　有机化合物的合成　/242

第十六章　有机化学实验基本知识和操作技术　/261

第十七章 有机化学实验项目 /288

参考文献 /315

第一章 走进有机化学

知识目标

1. 掌握有机化合物的含义、特性、结构特点、结构表示法和分类。
2. 理解共价键的本质；理解化合物组成、结构与性质的关系。
3. 初步掌握共价键的断裂方式及常见有机化学反应的类型。
4. 理解广义的酸碱理论，掌握广义酸碱的含义。
5. 了解有机化学发展对人类社会发展的贡献。

能力目标

1. 能运用广义酸碱的理论，区分常用有机化合物的酸碱性及其强弱。
2. 能用构造式的简式或键线式表示有机化合物。
3. 能运用有机物的成键及结构特点等知识理解有机物的特性及简单分子的极性。
4. 能按碳架、官能团对有机化合物正确分类。
5. 能初步区分常见有机反应的类型。

任务 1-1 指出下列哪些物质是有机化合物。

食盐、味精、葡萄糖、纤维素、蛋白质、纯碱、小苏打、四氯化碳、尿素、煤

第一节　有机化合物和有机化学

一、　有机化合物和有机化学的含义

有机化学又称为碳化合物的化学，是研究有机化合物的结构、性质、变化规律及制备方法的学科，是化学中极为重要的一个分支。在发展初期，化学家们认为含碳物质一定要由有生命的机体才能合成。然而在 1828 年，德国化学家弗里德里希·维勒，在实验室中成功合成尿素，自此以后有机化学便脱离传统所定义的范围，扩大为含碳物质的化学。有机化合物则被广义地定义为含碳的化合物，但是含碳的物质并非都是有机化合物，例如二氧化碳、碳酸盐等，它们是典型的无机物。1781 年法国著名化学家拉瓦锡建立了正确的燃烧理论，他用燃烧方法进行了有机化合物的分析，发现所有的有机化合物在有氧环境中燃烧都能产生二氧化碳和水，证明了碳和氢是有机化合物的基本组成。随后的研究发现，许多有机物分子中还含有氧、氮、硫、磷、卤素等其他元素。因此，现今人们给予有机物的定义是碳氢化合物

及其衍生物。今天的多数有机化合物并不是从天然的有机体内得到，但由于历史和习惯的原因，"有机化合物"这个名词仍被保留使用。

有机化学的发展可谓是突飞猛进，各种新的研究成果层出不穷，几乎每天都有新的有机化合物被发现或合成，由于有机化合物数目繁多，且在性质和结构上又与无机物有很大的差别，使其逐渐发展成为一门独立的学科。

二、有机化合物的来源

有机化合物的来源主要有两个途径，一是来源于自然界的石油、天然气、可燃冰、煤、动植物体中；二是由石油、天然气、煤等为原料用化学或生物化学方法人工合成。

1. 石油

石油是从地下开采的深褐色黏稠液体，也称原油。其主要成分是烃类，包括烷烃、环烷烃、芳烃等，此外还含有少量烃的氧、氮、硫等衍生物。原油的组成复杂，因产地不同或油层不同而有所差别。原油经过常压或减压分馏，可以得到多种石油产品，如燃料、溶剂与化工原料、润滑剂、石蜡、沥青等。这些产品经进一步加工可得到橡胶、塑料、纤维、染料、医药、农药等不同行业需要的化工原料。

2. 天然气

天然气是蕴藏在地层内的可燃性气体，其主要成分是甲烷。根据甲烷含量的不同，可分为干气和湿气两类。干气甲烷的含量为 $86\%\sim99\%$（体积分数）；湿气除含 $60\%\sim70\%$（体积分数）的甲烷外，还含有一些低级气态烷烃及少量氮、氢、硫化氢、二氧化碳等杂质。天然气是国内外很有发展前景的一种清洁能源，也是重要的化工原料，可由其制取甲醛、甲醇、炭黑、氨、尿素等化工原料及产品。

3. 煤

煤是埋藏在地下的化石固体燃料，煤的化学组成很复杂，主要由碳、氢、氧、氮、硫、水和矿物质等成分组成，还有一些稀有、分散和放射性元素，例如，锗、镓、铟、钍、钒、钛、铀等元素。

通过对煤的干馏，即将煤在隔绝空气的条件下加热到 $950\sim1050$℃，就可得到焦炭、煤焦油和焦炉气。焦炭可用于钢铁冶炼和金属铸造及生产电石等。煤焦油可以制得苯、二甲苯、联苯、酚类、萘、蒽等多种芳香族化合物及沥青。焦炉气的主要成分是甲烷、一氧化碳和氢气，还含有少量苯、甲苯和二甲苯。

4. 农副产品

许多农副产品是制备有机化合物的原料。如淀粉可制乙醇、柠檬酸、氨基酸、维生素 C 等；玉米芯、谷糠可制糠醛；从植物中可提取天然色素、香精和中药有效成分；从动物体内可提取激素；用动物的毛发可制取氨基酸等。

三、有机化学与人类社会的发展

美国化学家 R. T. 莫里森曾经说过，有机化学就是吃饭穿衣的化学。确实，我们的衣食住行都与有机化学息息相关，随着人类社会的发展，有机化学已渗透到人类生活的各个领域。有机化学正向着多学科交叉化、细分化发展，如物理有机化学可定量地研究有机化合物的结构、反应性和反应机理，这不仅指导了有机合成化学，而且对生命科学的发展也有重大意义；生物有机化学中"基因剪刀"（酶）的合成和克隆，为化学治疗提供了一种全新的观念和途径；有机合成化学向模板合成、自组织、自组装、自复制、合成功能材料、分子器件等方向发展。光电功能导向的有机共轭分子、石墨烯等新型材料的出现，在现代电子科技领域已引发一轮新的革命，为信息通信、航海航天、人工脑工程等领域开辟了新的发展前景；高选择性合成反应的研究，使得更多具有高生理活性、结构新颖分子的合成成为可能；高端分析测试有机化合物的方法已用于疾病的诊断，为医药卫生保健提供了有效的武器；第四代农药——信息素的发现标志着绿色农药时代的到来。

有机化学从它的诞生之日起就是为人类社会的发展服务的，未来有机化学的发展首先是研究能源和资源的开发利用问题。迄今我们使用的大部分能源和资源，如煤、天然气、石油、动植物和微生物，都是太阳能的化学贮存形式。今后一些学科的重要课题将是更直接、更有效地利用太阳能。对光合作用做更深入的研究和有效的利用，是植物生理学、生物化学和有机化学的共同课题。有机化学可以用光化学反应合成高能有机化合物，加以贮存，必要时则利用其逆反应，释放出能量；另一个开发资源的目标是在有机金属化合物的作用下固定二氧化碳，以产生无穷尽的有机化合物，这些方面的研究均已取得一些初步成果。

其次是研究和开发新型有机催化剂，使它们能够模拟酶的高速高效和温和的反应方式，这方面的研究已经开始，今后会有更大的发展。

20 世纪 60 年代末，开始了有机物结构测定、分子设计和合成设计的计算机辅助设计研究。随着研究的深入发展，有机合成路线的设计、有机化合物结构的测定等必将更系统化、逻辑化。

第二节　有机化合物的结构特点

有机化合物与无机化合物在性质上具有很大的差别，是由它的组成和结构特点所决定的。

一、碳原子是四价并可自相结合成键

1. 四价碳原子

碳元素是形成有机化合物的主要元素，碳原子的最外层有 4 个电子。碳原子在成键的过程中首先要吸收一定的能量，使 2s 轨道的一个电子跃迁到 2p 空轨道上，形成碳原子的激发态。激发态的碳原子具有四个单电子，可以形成四个共价键，因此在有机化合物中碳原子以四价与其他原子成键。

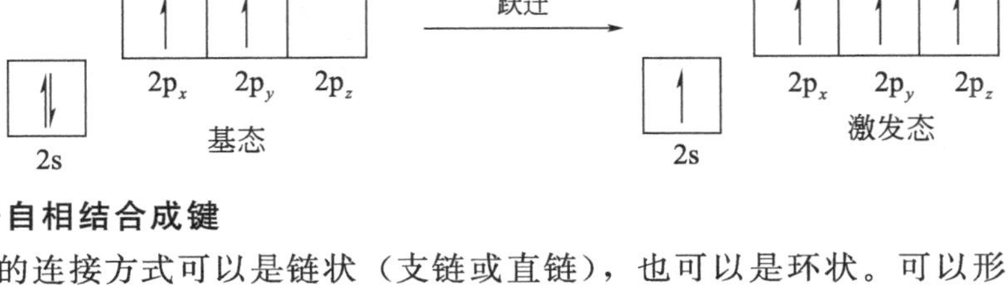

2. 碳原子自相结合成键

碳原子间的连接方式可以是链状（支链或直链），也可以是环状。可以形成单键、双键或三键。如：

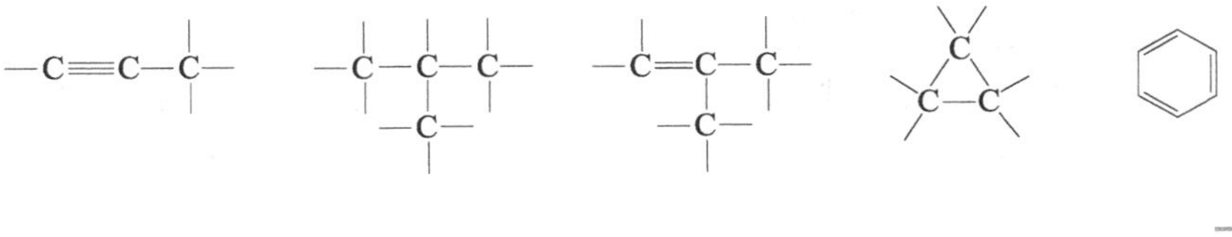

二、有机化合物的主要键型——共价键

碳原子的核外电子结构决定了它形成化学键时既不易得电子，也不易失电子，它是以共用电子对的形式与其他原子成键形成分子，即共价键。由于有机化合物的主要元素是碳原子，因此其主要键型是共价键。

1. 共价键的本质

1926 年以后，在量子力学基础上建立起来的现代价键理论认为：共价键是指由成键原子双方各提供自旋方向相反的未成对价电子用于成对，当以相反方向绕各自原子核运动的成单电子相互接近时（它们将产生相互吸引的磁作用力），它们的原子轨道沿着最大重叠方向重叠形成化学键。重叠的程度越大，系统能量越低，形成的共价键越稳定。一般来说，原子核外未成对的电子数就是该原子可形成共价键的数目。例如，氢原子外层只有 1 个未成对电子，所以它只能与另 1 个氢原子或其他一价的原子结合形成双原子分子，而不能再与第 2 个原子结合，这就是共价键的饱和性。而共价键又是由成键原子的原子轨道沿最大重叠方向重叠而形成（见图 1-1），每一种原子轨道都有其在空间的伸展方向，这就是共价键的方向性。共价键的饱和性和方向性决定了每一个有机分子的组成和结构。

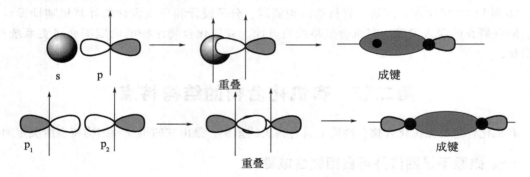

图 1-1　原子轨道电子云重叠

共价键中两个成键原子核之间的距离称为键长。它除了与形成键的两个原子种类有关外，还与原子轨道的重叠程度有关，重叠程度越大，键长越短，键的稳定性越强，反应活性越小。常见共价键的键长见表 1-1。

表 1-1　常见共价键的键长

共价键	键长/nm	共价键	键长/nm
C—H	0.109	C—I	0.214
C—C	0.154	C=O	0.122
C=C	0.134	C—O	0.143
C≡C	0.120	C—N	0.147
C—F	0.142	C≡N	0.116
C—Cl	0.177	N—H	0.103
C—Br	0.191	O—H	0.096

同一原子上形成的两个共价键之间的夹角称为键角。它是决定有机化合物分子空间结构的重要因素。如甲烷分子中 4 个 C—H 键间的键角都是 109.5°，甲烷分子是正四面体。

2. 共价键及分子的极性

（1）键的极性　键的极性是由于成键的两个原子之间的电负性差异而引起的，电负性相同的原子（一般是相同原子）间形成的共价键称为非极性共价键；电负性不同的原子间形成的共价键称为极性共价键。共用电子对偏向于电负性较大的原子，而使其带部分负电荷，另一电负性较小的原子带部分正电荷。

可以用 δ^+ 表示带部分正电荷，δ^- 表示带部分负电荷，用→表示其方向，箭头指向电负性大的原子。例如：

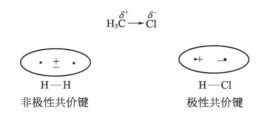

共价键的极性大小可用偶极矩（键矩）μ 来表示：

$$\mu = qd$$

式中，q 为正、负电荷中心所带的电荷值，C；d 为正、负电荷间的距离，m。

（2）分子的极性　双原子分子的极性取决于键的极性，多原子分子的极性取决于键的极性和分子结构的对称性。多原子分子的偶极矩是各键的偶极矩的向量和。例如：

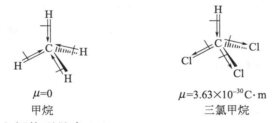

常见分子的极性及空间构型见表 1-2。

表 1-2　常见分子的极性及空间构型

类型	键的极性	分子的极性	空间构型	实例
A_2	非极性键	非极性分子	直线形	H_2；O_2
AB	极性键	极性分子	直线形	HX
AB_2（A_2B）	极性键	非极性分子	直线形	CS_2；CO_2；$CH\equiv CH$（或—H 改为—CH_3）
	极性键	极性分子	"V"形	H_2O；ROH（醇）；ROR'（醚）
AB_3	极性键	非极性分子	平面三角形	BF_3；苯；$CH_2=CH_2$（或—H 改为—CH_3）
	极性键	极性分子	三角锥形	NH_3；NR_3（胺类）
ABC	极性键	极性分子	直线形	$CH\equiv CR$
	极性键	极性分子	平面三角形	不对称烯烃、酚、醛、酮、酸等
AB_4	极性键	非极性分子	正四面体型	CH_4；新戊烷；CCl_4
AB_nC_m	极性键	极性分子	四面体构型	（n，m 均不为零，且之和为 4）卤代烷等

3. 共价键的断裂方式和有机反应类型

有机反应总是伴随着旧键的断裂和新键的生成，共价键的断裂方式主要有两种，因此有机化学反应主要也分为两类。下面以甲烷中 C—H 和碘甲烷中 C—I 为例来讨论这一问题。

（1）**自由基反应** 由共价键均裂产生的自由基而引起的反应叫自由基反应。这类反应一般在非极性介质或气态条件下，在光、热或过氧化物的引发下进行。

均裂是指在共价键断裂时，共用电子对平均分给两个成键原子。

$$H_3C \colon H \xrightarrow{均裂} H_3C \cdot + \cdot H$$

均裂中生成的带单电子的原子或基团称为自由基或游离基。如 $CH_3 \cdot$ 叫甲基自由基，常用 $R \cdot$ 表示。

（2）**离子型反应** 由共价键异裂产生的正、负离子而引起的反应叫离子型反应。这类反应一般在酸、碱或极性物质（包括极性溶剂）催化下进行。

异裂是指在共价键断裂时，共用电子对完全转移到其中 1 个成键原子上。

$$\begin{cases} H_3C \colon H \xrightarrow{异裂} H_3C \colon^- + H^+ \\ \qquad\qquad\qquad 碳负离子 \\ H_3C \colon I \xrightarrow{异裂} H_3C^+ + \colon I^- \\ \qquad\qquad\qquad 碳正离子 \end{cases}$$

异裂生成了正离子或负离子。如 CH_3^+ 叫甲基正碳离子，CH_3^- 叫甲基负碳离子。常用 R^+ 表示正碳离子，R^- 表示负碳离子。

> **任务1-2** 将下列化学键按极性从大到小排序。
>
> C—C、C—O、C—F、C—N、C—H
>
> **任务1-3** 指出下列有机化合物哪些是极性分子，哪些是非极性分子。
>
> 甲烷、三氯甲烷、二氯甲烷、乙醇、乙醚、乙酸、乙烯、乙炔、丙炔、乙醛

三、有机化合物结构的表示方式

1. 分子的结构

分子的结构包括分子的构造和分子的立体构象。

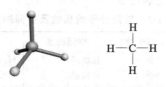

甲烷的结构式　　　甲烷的构造式

有机化合物分子中的原子是按一定的顺序和方式相连接的。分子中原子间的互相连接方式和顺序叫做分子的构造，表示分子构造的式子叫构造式。

2. 有机化合物构造式的表示方法

有机化合物构造式的表示方法有：价键式、缩简式、键线式，最常用的是后两种。价键式是用短线代表共价键，并完整地表示出价键上原子的连接情况，"—"、"＝"、"≡"分别代表单键、双键和三键。为了书写方便，将同一碳原子上连有的相同原子合并，以阿拉伯数字表示其数，写在该原子的右下角，再将表示单键的"—"省略，这就是缩简式或称构造简式。键线式是省略所有碳、氢原子，仅用短线代表碳碳键，短线的连接点和端点代表碳原子，但官能团不能省略。如正丁醇有以下几种表示方法：

$$H-\overset{\overset{\displaystyle H}{|}}{\underset{\underset{\displaystyle H}{|}}{C}}-\overset{\overset{\displaystyle H}{|}}{\underset{\underset{\displaystyle H}{|}}{C}}-\overset{\overset{\displaystyle H}{|}}{\underset{\underset{\displaystyle H}{|}}{C}}-\overset{\overset{\displaystyle H}{|}}{\underset{\underset{\displaystyle H}{|}}{C}}-O-H \qquad CH_3CH_2CH_2CH_2OH$$

价键式	缩简式	键线式

四、同分异构现象

物质的性质取决于其组成和结构，比如分子式 C_2H_6O 代表以下两种化合物：

$$CH_3CH_2-OH \qquad CH_3-O-CH_3$$

乙醇　　　　　　　　甲醚

众所周知醇和醚的性质差别很大，像这种分子式相同，结构不同，因而性质不同的化合物互称为同分异构体，这种现象称为同分异构现象。

任务 1-4　用缩简式和键线式分别表示下列有机化合物的构造。
（1）新戊烷　（2）丙烯　（3）异戊烷　（4）乙酸

第三节　有机化合物的性质特点

一、易燃烧

大多数有机化合物都含有碳和氢两种元素，因此容易燃烧，生成二氧化碳、水和分子中所含的其他元素的氧化物，同时放出大量的热量。正是由于这一特点，很多有机化合物是人类常用的燃料，如汽油、天然气等。大多数无机化合物不能燃烧，如酸、碱、盐、氧化物等，因而可采用灼烧试验区别有机物和无机物。

二、熔点、沸点较低

一般有机化合物的熔点、沸点较低，这是因为有机化合物分子是共价分子，分子间是以弱的范德华力结合而成。而无机化合物通常是由离子键形成的离子晶体，因此熔点、沸点一般也较高。如丙酮的熔点为 $-95.35℃$，沸点为 $56.2℃$；氯化钠的熔点为 $801℃$，沸点为 $1413℃$。

三、热稳定性差、不易导电

一般有机化合物的热稳定性差，许多有机化合物在 $200\sim300℃$ 时即逐渐分解，随着温度的升高甚至炭化而变黑。多数有机物不易导电，但近年来新型有机导电材料已面市并用于高端科技领域。

四、难溶于水，易溶于有机溶剂

有机化合物大多为非极性或极性很弱的分子，根据相似相溶原则，有机化合物难溶于极性的水中，而易溶于非极性的有机溶剂中。

五、反应速率慢

无机化合物的反应一般为离子反应，反应速率较快。而大多数有机化合物以分子状态存在，分子间发生化学反应时，必须使分子中的某个键断裂才能进行，所以反应速率一般较慢，有的需要几天甚至更长时间才能完成。为了提高反应速率，在进行有机反应时，常采取加热、加压、加催化剂等措施。

六、副反应多

有机化合物分子大多是由多个原子形成的复杂分子，当它与另一试剂反应时，分子中受试剂影响的部位较多，在主反应之外，还伴随着不同的副反应，使反应产物为混合物，且有些副产物难以分离除去。因此，有时需要改变条件，选择最佳的反应路线，以减少副反应，提高产率。

第四节　广义的酸碱理论

酸碱理论是指阐述酸、碱及酸碱反应本质的各种理论。在历史上曾有多种酸碱理论，如用于水反应体系的阿仑尼乌斯酸碱理论——酸碱电离理论，但是在有机反应中，多为非水反应体系，因此该理论无法解释酸碱反应本质，有机化学中常用布朗斯特-劳里酸碱理论——酸碱质子理论和路易斯酸碱理论——酸碱电子理论。

一、布朗斯特-劳里酸碱理论——酸碱质子理论

1. 酸碱的定义

凡是能给出质子（H^+）的分子、离子或原子叫做酸，凡是能接受质子的分子、离子或原子叫做碱，能通过 1 个质子的得失相互转化的酸碱对称为共轭酸碱对。如：

$$H^+ + H_2O \Longrightarrow H_3O^+ \qquad H^+ + CH_3CH_2OH \Longrightarrow CH_3CH_2OH_2^+$$

　　　质子　　碱　　　　酸　　　质子　　　　碱　　　　　　　　酸

即 H_2O 与 H_3O^+ 是一对共轭酸碱对，H_3O^+ 是 H_2O 的共轭酸，而 H_2O 是 H_3O^+ 的共轭碱。

2. 酸碱反应的实质

$$酸_1 + 碱_2 \longrightarrow 共轭碱_1 + 共轭酸_2$$

其中，酸$_1$ 与共轭碱$_1$ 是一对共轭酸碱对，碱$_2$ 与共轭酸$_2$ 是一对共轭酸碱对。

3. 酸碱的强弱

酸碱的强弱是指酸所给出质子能力的强弱，其大小可在多种溶剂中测定，但最常用的是在水溶液中，通过酸碱反应的平衡常数来描述：

$$HA + H_2O \Longrightarrow H_3O^+ + A^-$$

$$K_a = \frac{c(H_3O^+)c(A^-)}{c(HA)}$$

酸性强度常用 pK_a 表示，$pK_a = -\lg K_a$，pK_a 越小表示酸性越强。同理，碱的反应可表示为：

$$B^- + H_2O \Longrightarrow BH + OH^-$$

$$K_b = \frac{c(BH)c(OH^-)}{c(B^-)}$$

碱性强度常用 pK_b 表示，$pK_b = -\lg K_b$，pK_b 越小表示碱性越强。在水体系中共轭酸

碱对的电离常数关系为：

$$pK_a + pK_b = pK_w$$

所以有机碱也常用它的共轭酸的 pK_a 来表示碱性的强弱，一个酸的酸性越强，它的共轭碱的碱性越弱；反之，酸的酸性越弱，共轭碱的碱性越强。

二、路易斯酸碱理论——酸碱电子理论

1. 酸碱的定义

路易斯酸碱理论认为：凡是能接受电子对的分子、离子或原子叫做酸，凡是能给出电子对的分子、离子或原子叫做碱。如：

$$H^+ + \ddot{O}H^- \Longleftrightarrow H_2O \quad H^+ + CH_3CH_2\ddot{O}^- \Longleftrightarrow CH_3CH_2OH$$
酸　　碱　　　　　　酸　　碱

$$\ddot{C}l^- + AlCl_3 \longrightarrow AlCl_4^- \quad H\ddot{O}^- + CH_3^+ \longrightarrow CH_3OH$$
碱　　酸　　　　　碱　　酸

2. 酸碱反应的实质

$$酸 + 碱 \longrightarrow 化合物$$

路易斯酸能接受外来电子对，它们具有亲电性，常称为亲电试剂；路易斯碱能给出电子对，它们具有亲核性，常称为亲核试剂。

任务 1-5 将下列物质按路易斯酸碱理论划分酸碱。

$$CH_3CH_2OH, CH_3CH_2OCH_2CH_3, CH_3O^-, NH_3, BF_3, C_2H_5^+, H^+$$

任务 1-6 将下列物质按酸碱质子理论划分酸碱，写出能组成的所有共轭酸碱对。

$$CH_3CH_2OH, CH_3CH_2O^-, CH_3CH_2OH_2^+, H_2O, OH^-, H_3O^+, NH_3, NH_4^+$$

第五节　有机化合物的分类

有机化合物的数目繁多，为便于研究，有必要对其进行科学的分类，一般的分类方法有两种：按碳架分类；按决定分子主要化学性质的特殊原子或基团——官能团分类。

一、按碳架分类

碳架是指有机化合物分子中碳原子之间形成的链或环，据此可将有机化合物分为以下几类。

1. 开链化合物（又称脂肪族化合物）

开链化合物是碳原子间相互连接成碳链，不成环的化合物。这类化合物又称为脂肪族化合物。例如：

$$CH_3CHCH_2CH_2CH_3 \quad CH_3CH_2CH=CHCH_3 \quad CH_2=CHCOOH$$
$$\quad\ |$$
$$\quad\ CH_3$$

　　　异己烷　　　　　　　2-戊烯　　　　　　　丙烯酸

2. 脂环族化合物

碳原子间相连成环，环内也可有双键、三键。这类化合物与开链化合物的性质相似，故

统称为脂环族化合物，例如：

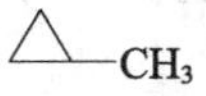

甲基环丙烷 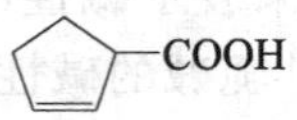   2-环戊烯甲酸 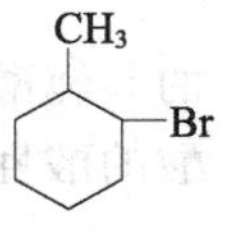   1-甲基-2-溴环己烷

3. 芳香族化合物

这类化合物分子中一般含有一个或多个具有特殊结构的苯环，它们的性质与脂环族化合物不同，例如：

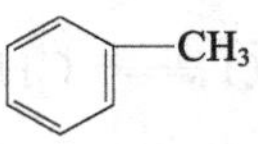

甲苯 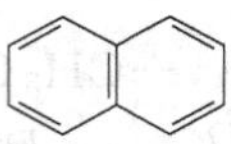   萘 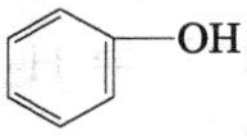   苯酚

4. 杂环化合物

杂环化合物指成环原子中除碳原子外还有氧、硫、氮等其他杂原子，并且具有与苯类似的特殊结构的环状化合物。例如：

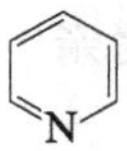

吡啶 α-呋喃甲醛    噻吩

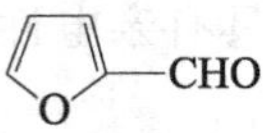

二、按官能团分类

有机化合物中的官能团对其化学性质起决定性的作用，因此可将含有同样官能团的化合物归为一类。表 1-3 列举了一些有机化合物的分类及其官能团。

表 1-3   有机化合物的分类及其官能团

官能团	名称	分类名
无		烷烃
$>C=C<$	双键	烯烃
$-C\equiv C-$	三键	炔烃
$-X(F,Cl,Br,I)$	卤素	卤代物
$-OH$	醇羟基	醇
$-OH$	酚羟基	酚（羟基与苯环直接相连）
$-O-$	醚键	醚
$-CHO$	醛基	醛
$>C=O$	酮基	酮
$-COOH$	羧基	羧酸
$-SO_3H$	磺基	磺酸
$-NO_2$	硝基	硝基化合物
$-NH_2$	氨基	胺
$-CN$	氰基	腈

烷烃没有官能团，但各种含有官能团的化合物可以看作是它的氢原子被官能团取代而衍生出来的。苯环不是官能团，但在芳香烃中，苯环具有官能团的性质。

任务 1-7 将下列化合物按碳架和官能团两种方法进行分类，用列表形式完成。

(1) $CH_3CH_2CH_2OH$ (2) $CH_3CH = CH_2$ (3) $CH_3CH_2OCH_2CH_3$

(4) 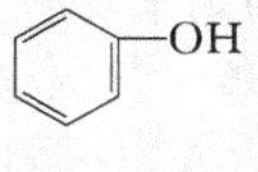 ⬡—OH   (5) CH_3CH_2COOH (6) 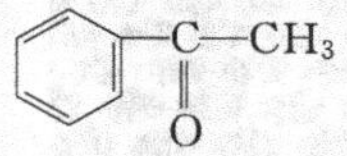 ⬡—$\overset{\displaystyle O}{\underset{}{C}}$—$CH_3$

(7) CH_3CH_2CHO (8) 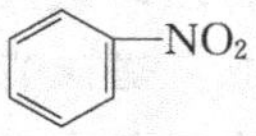 ⬡—NO_2 (9) CH_3CH_2Cl

(10) 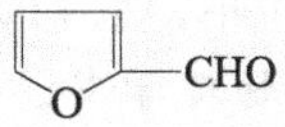 ⬠O—CHO   (11) 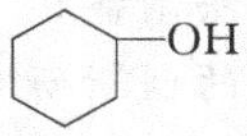 ⬡—OH   (12) 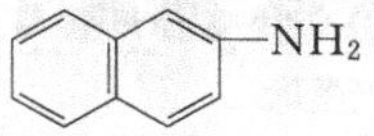 ⬡⬡—NH_2

第六节　浅析如何学好有机化学

有机化学是一门系统性和实用性很强的学科，对今后的学习、生活和工作都有重要的指导意义。学好有机化学，需要把握好以下几个环节。

一、课前预习，提高听课效果

利用较少时间进行课前预习，能起到事半功倍的作用。因通过预习了解了老师的授课内容，对内容的重点、难点已心中有数，上课时就能做到有的放矢，对新知识的接受更快，听课效果会明显提高。

二、认真听课，学会理解学习的方法

认真听讲，有选择的做好笔记，是学好有机化学的保障，教师多年的教学经验会体现在课堂教学的点睛中，老师对各个知识点及其应用的讲解、分析，能很好地帮助你在理解的基础上记忆这些知识并学会应用，提高记忆效率。有机化学的知识点多且杂，不可不记，但也不要死记硬背，更不可"临时抱佛脚"，要掌握理解学习的方法。

三、课后归纳总结，延长记忆周期

听懂、认真做笔记，只是掌握知识的前提，要将听懂的知识真正掌握还需课后归纳、总结编写成自己的复习资料。有机化学虽种类繁多，但物质间有着千丝万缕的联系，复习时要善于归纳比较，找出各类物质的异同点。

四、练习巩固

最后要通过做题练习巩固所学知识及其应用，这是非常重要的一环。

📖 **知识窗** -

最薄最硬的纳米材料——石墨烯

有这样一种材料，它的机械强度是世界上最好钢的 100 倍，有着最快的电子迁移率，1s 内就可以传完两张蓝光 DVD 的容量……这就是石墨烯。

石墨烯是从石墨中剥离出的单层碳原子面材料，由碳原子紧密堆积成单层二维蜂窝状晶格结构，也可称为"单层石墨"（碳原子以 sp^2 杂化轨道组成六边形呈蜂巢晶格排列构成的

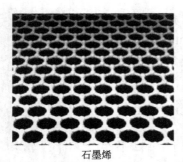

石墨烯

只有一个碳原子厚度的二维晶体，由碳原子和其共价键所形成的原子尺寸网，为平面多环芳烃原子晶体），它是人类已知的厚度最薄、质地最坚硬、导电性最好的纳米材料。

21世纪初，科学家开始接触到石墨烯。2004年，英国曼彻斯特大学的物理学教授安德烈·杰姆（Andre. Geim）和他的学生克斯特亚·诺沃肖洛夫（Ko-styanovoselov）用简单易行的胶带分离法制备出了石墨烯。2010年，它们二人凭借着在石墨烯方面的创新研究获得了诺贝尔物理学奖。

石墨烯具有优异的力学、光学和电学性质，结构非常稳定。迄今为止研究者仍未发现石墨烯中有碳原子缺失的情况，碳原子之间的连接非常柔韧，比钻石还坚硬，如果用石墨烯制成包装袋，它将能承受大约两吨重的物品；几乎完全透明，却极为致密，不透水、不透气，即使原子尺寸最小的氦气也无法穿透；导电性能好，石墨烯中电子的运动速度达到了光速的1/300，导电性超过了任何传统的导电材料；化学性质类似石墨表面，可以吸附和脱附各种原子和分子，还有抵御强酸强碱的能力。

石墨烯在物理学、化学、信息、能源以及器件制造等领域，都具有巨大的研究价值和应用前景。可用于制造超轻防弹衣、超薄超轻型飞机材料、"太空电梯"缆线、抗菌材料、超微型晶体管、代替硅用于电子产品、生产未来的超级计算机等。

也许有一天，你会在电视上看到这样的广告："××电脑采用1.5T石墨烯处理器……"；也许有一天，你就能把掌上电脑三折两叠塞兜里，用了石墨烯的光调制器，可使网速快一万倍；也许有一天，石墨烯实现了直接快速低成本的基因测序，几个小时就能测定完你自己的基因序列或者很快就能从基因上鉴定某种疾病；也许有一天，用石墨烯开发了超轻型飞机、防弹衣、轻型汽车，甚至是人类梦想的上万英里的太空电梯。

习题

（1）有机化合物是指碳氢化合物及其_____，其结构特点是碳原子都是_____价，分子中的原子主要以_____键结合，并且各原子间是以一定的_____和_____相互连接的，这种排列顺序和方式叫做分子的构造，表示分子构造的式子叫做_____。

（2）大多数有机化合物具有如下特性：_____、_____、_____、_____、_____、_____。

（3）元素的电负性是指_____。_____越大的原子吸引电子的能力越强；成键两原子的_____越大，所形成的共价键的_____也越大。

（4）共价键的断裂方式有_____和_____两种方式，其相应的有机化学反应类型分别是_____和_____两类反应。

（5）有机化合物的主要天然来源是_____、_____、_____、_____。

（6）布伦斯特-劳里酸是指_____，例如_____、_____；路易斯酸是指_____，例如_____、_____。

（7）有机化合物的种类比无机物种类多的原因是_____。

第二章 烷烃

知识目标

1. 掌握烷烃的通式、同系列及同分异构现象；掌握烷烃的习惯命名法和系统命名法；掌握烷烃的化学性质及其在生产、生活中的实际应用。

2. 理解碳原子的 sp^3 杂化方式及烷烃的结构。

3. 了解烷烃的来源、制法与用途；了解烷烃的物理性质及其变化规律。

能力目标

1. 能对常用烷烃进行正确命名；能根据化合物的名称正确书写出构造式。

2. 能判断分子中碳原子的 sp^3 杂化类型，进一步判断烷烃的结构。

3. 能正确判断烷烃卤代反应的主要产物及伯、仲、叔氢原子反应活性的大小。

4. 运用烷烃的化学性质进行物质合成及结构推导。

任务 2-1 举例说明烃与烷烃的关系，列举 3 种烷烃或混合物并简述其用途。

仅由碳氢两种元素组成的有机化合物叫做烃。烃是有机化合物的母体，其他各类有机化合物则可看作是它的衍生物。根据烃分子中碳架的不同，烃有如下分类：

$$\text{烃}\begin{cases}\text{链烃（脂肪烃）}\\ \text{环烃}\begin{cases}\text{脂环烃}\\ \text{芳香烃}\end{cases}\end{cases}$$

分子中的碳原子以单键相互连接，其余价键与氢原子结合的链烃叫做烷烃，在烷烃中，碳的四价达到饱和，所以烷烃又叫饱和烃。

第一节 烷烃的结构及同分异构现象

任务 2-2 运用杂化轨道理论，解释甲烷的正四面体构型及烷烃的锯齿结构。

一、烷烃的结构

1. 甲烷的结构及 sp^3 杂化

（1）甲烷的正四面体构型 甲烷是最简单的烷烃，分子中 4 个氢原子的状态完全相同。用物理方法测得甲烷为正四面体构型，碳原子处于正四面体的中心，与碳原子相连的 4 个氢原子位于正四面体的 4 个顶点，4 个碳氢键完全相同，键长为 0.110nm，彼此间的键角为 109.5°。甲烷分子结构模型如图 2-1 所示。

图 2-1　甲烷分子结构模型

（2）碳的 sp^3 杂化　碳原子基态时的最外层电子构型是 $2s^2 2p_x^1 2p_y^1$，只有两个未成对电子，按照价键理论，碳原子只能与两个氢原子成键，这显然与碳原子的四价和甲烷的真实构型不相符。应用杂化轨道理论可以很好地解释这个问题。

杂化轨道理论认为，碳原子在成键时，首先从碳原子的 2s 轨道上激发 1 个电子到空的 $2p_z$ 轨道上去，形成了具有 4 个未成对电子的电子结构。然后碳原子的 2s 轨道和 3 个 2p 轨道重新组合分配，组成了 4 个完全相同的新的原子轨道，称之为 sp^3 杂化轨道。如下所示：

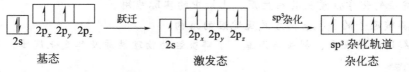

每一个 sp^3 杂化轨道含有 1/4 s 成分和 3/4 p 成分，其形状一头大，一头小（通常称为葫芦形）。这样的杂化轨道具有明显的方向性，杂化轨道的大头表示电子云密度较大，成键时由大头与其他原子的轨道重叠，重叠程度大，形成的键比较牢固。4 个完全等同的 sp^3 杂化轨道以正四面体形对称地排布在碳原子的周围，它们的对称轴之间的夹角为 109.5°。sp^3 杂化轨道的形状、分布如图 2-2 所示。

甲烷分子形成时，4 个氢原子分别沿着 sp^3 杂化轨道对称轴方向接近碳原子，这样氢原子的 1s 轨道与碳原子的 sp^3 杂化轨道可以进行最大程度的重叠，形成 4 个等同的碳氢键，因此甲烷分子具有正四面体构型。

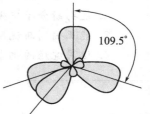

图 2-2　碳原子的 sp^3 杂化轨道

（3）σ 键　像甲烷分子中的碳氢键这样，成键原子沿键轴方向重叠（也称为"头碰头"重叠）形成的共价键叫做 σ 键。σ 键的特点是轨道重叠程度大，键比较牢固；成键电子云呈圆柱形对称分布在键轴周围，成键两原子可以绕键轴自由旋转，使分子中的原子或基团产生不同的空间排布，从而形成不同的构象（见第六章）。

2. 其他烷烃的结构

其他烷烃分子中的碳原子都是 sp^3 杂化成键，除 C—Hσ 键外，碳原子之间还以 sp^3 杂化轨道形成 C—Cσ 键。例如乙烷分子中，两个碳原子之间形成 C—Cσ 键，每个碳原子分别与 3 个氢原子形成 6 个 C—Hσ 键。实验证明，乙烷分子中 C—C 键长为 0.154nm，C—H 键长为 0.110nm，键角也是 109.5°。而其他烷烃分子中的各个碳原子上相连的四个原子或基团并不完全

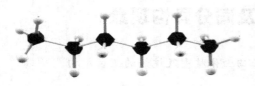

图 2-3　正己烷的结构模型

相同，因此每个碳上的键角也不尽相同，但都接近于 109.5°。

正是因为烷烃分子中的碳原子基本保持 109.5°的键角（也就是四面体结构），所以除乙烷外，其他烷烃分子的碳链并不是呈直线形排列的，而是曲折地排布在空间，一般呈锯齿形

排列。例如正己烷的结构模型如图 2-3 所示。

正己烷的碳链结构可表示如下：

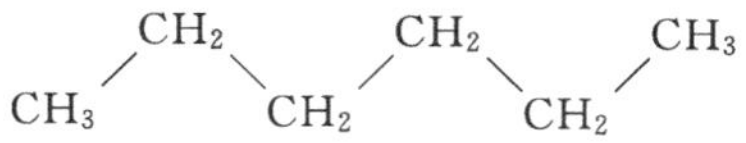

$$CH_3 \diagdown CH_2 \diagdown CH_2 \diagdown CH_3 \quad 键线式为 \quad \diagdown\diagdown\diagdown\diagdown$$

虽然烷烃分子中的碳链排列是曲折的，但为方便起见，书写构造式时，仍将其写成直链形式。

任务 2-3 推导 C_6H_{14} 的所有构造异构体。

二、烷烃的通式及同分异构现象

问题 2-1 正丁烷和异丁烷是同系物吗？

1. 烷烃的通式、系差和同系列

烷烃是饱和烃这一系列化合物的总称。在烷烃分子中，碳原子数逐一向上递增，这些烷烃分别称为甲烷、乙烷、丙烷、丁烷等。它们的分子式和构造式如下：

名称	分子式	构造式（价键式）	构造式（构造简式）
甲烷	CH_4	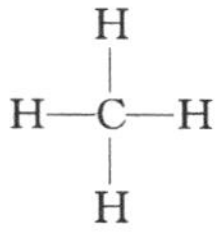	CH_4
乙烷	C_2H_6	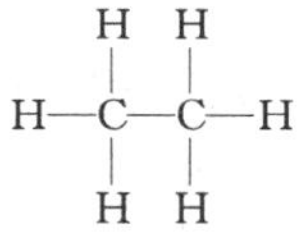	CH_3CH_3
丙烷	C_3H_8	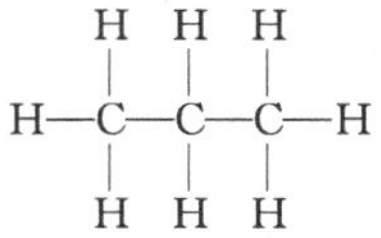	$CH_3CH_2CH_3$
丁烷	C_4H_{10}	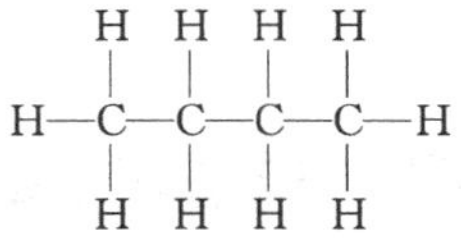	$CH_3CH_2CH_2CH_3$

由上面的分子式和构造式可以看出，碳原子和氢原子之间的数量关系是一定的。从甲烷开始，每增加一个碳原子，就相应地增加两个氢原子，若烷烃分子中含有 n 个碳原子，则含有 $2n+2$ 个氢原子，因此烷烃的通式为 C_nH_{2n+2}。

由上面的构造式也不难看出，相邻的两烷烃分子间相差一个 CH_2 基团，这个 CH_2 基团叫做系差。像烷烃分子这样，通式相同、结构相似、在组成上相差一个或多个系差的一系列化合物叫做同系列。同系列中的各个化合物互称为同系物。同系物一般具有相似的化学性质。

2. 碳、氢原子的分类

在烷烃分子中，由于碳原子所处的位置不完全相同，所以连接的碳原子数目也不一样。根据所连碳原子的数目，碳原子可分为 4 类。

（1）伯碳原子 又称为一级碳原子，指只与 1 个碳原子直接相连的碳原子，常用 1° 表示。

（2）仲碳原子　又称为二级碳原子，指与 2 个碳原子直接相连的碳原子，常用 2° 表示。

（3）叔碳原子　又称为三级碳原子，指与 3 个碳原子直接相连的碳原子，常用 3° 表示。

（4）季碳原子　又称为四级碳原子，指与 4 个碳原子直接相连的碳原子，常用 4° 表示。

例如：

$$\underset{\underset{1°}{CH_3}}{\overset{\overset{1°}{CH_3}}{CH_3-\underset{\underset{1°}{CH_3}}{\overset{4°}{C}}-\overset{2°}{CH_2}-\overset{3°}{\underset{\underset{1°}{CH_3}}{CH}}-\overset{1°}{CH_3}}}$$

与伯、仲、叔碳原子直接相连的氢原子分别叫伯、仲、叔氢原子（常用 1°H、2°H、3°H 表示）。

问题 2-2　推导烷烃的构造异构体应采用什么方法和步骤？

3. 烷烃的构造异构

分子式为 C_4H_{10} 的烷烃，存在以下两种构造：

$$CH_3-CH_2-CH_2-CH_3 \qquad \underset{\underset{CH_3}{|}}{CH_3-CH-CH_3}$$

前者称为正丁烷，后者称为异丁烷。显然，正丁烷和异丁烷是同分异构体。这种由分子中各原子的不同连接方式和次序而引起的同分异构现象叫做构造异构。实际上，正丁烷是直链烷烃，异丁烷则带支链，它们的不同是碳原子间相连形成的碳链发生了变化，因此又叫做碳链异构。碳链异构是构造异构的一种形式。

烷烃分子中，随着碳原子数的增加，构造异构体的数目迅速增加。例如，C_5H_{12} 有 3 种异构体，C_6H_{14} 有 5 种，C_7H_{16} 有 9 种，$C_{20}H_{42}$ 则有 36 万多种。

推导烷烃的构造异构体时，应抓住"碳链异构"这一关键。首先写出符合分子式的最长碳链式，然后依次缩减最长碳链（将此作为主链），将少写的碳原子作为支链依次连在主链碳原子上。

任务 2-4　试写出 C_7H_{16} 的所有构造异构体。

第二节　烷烃的命名

任务 2-5　列举你熟悉的 3～5 种烷烃，写出它们的构造式和名称。

一、习惯命名法

习惯命名法是根据烷烃分子中碳原子的数目命名为"正（或异、新）某烷"。其中"某"字代表碳原子数目，其表示方法为：含碳原子数目为 C_1～C_{10} 的用天干名称甲、乙、丙、丁、戊、己、庚、辛、壬、癸来表示；含 10 个以上碳原子时，用中文数字"十一、十二、……"来表示。习惯命名法的命名原则如下。

① 当分子结构为直链时，将其命名为"正某烷"。例如：

$$CH_3CH_2CH_2CH_3 \qquad\qquad CH_3(CH_2)_{10}CH_3$$

$$\text{正丁烷} \qquad\qquad\qquad \text{正十二烷}$$

② 当分子结构为" $CH_3-CH(CH_2)_nCH_3$ "时，将其命名为"异某烷"。例如：

$$CH_3-\underset{\underset{CH_3}{|}}{CH}(CH_2)_nCH_3 \qquad (n=0,1,2,\cdots)$$

$$CH_3-\underset{\underset{CH_3}{|}}{CH}-CH_3 \qquad\qquad CH_3-\underset{\underset{CH_3}{|}}{CH}CH_2CH_2CH_2CH_3$$

异丁烷　　　　　　　　　　　异庚烷

但异辛烷的名称是例外，它的构造式为：

$$CH_3\underset{\underset{CH_3}{|}}{CH}-CH_2-\underset{\underset{CH_3}{\overset{\overset{CH_3}{|}}{|}}}{C}-CH_3$$

异辛烷通常用来衡量汽油质量，由于它的特殊用途，"异辛烷"是给予它的特定名称。

③ 当分子结构为" $CH_3-\underset{\underset{CH_3}{|}}{\overset{\overset{CH_3}{|}}{C}}(CH_2)_nCH_3$ "时，将其命名为"新某烷"。例如：（$n=0,1,2,\cdots$）

$$CH_3-\underset{\underset{CH_3}{|}}{\overset{\overset{CH_3}{|}}{C}}-CH_3 \qquad\qquad CH_3-\underset{\underset{CH_3}{|}}{\overset{\overset{CH_3}{|}}{C}}-CH_2CH_3$$

新戊烷　　　　　　　　　　　新己烷

显而易见，这种命名方法很简便，但是适用范围有限，对于结构比较复杂的烷烃，还需要有一套系统的命名方法。

二、烷基及其命名

烷烃分子中去掉一个氢原子所剩余的部分叫做烷基，通式为— C_nH_{2n+1} ，常用 R— 表示。值得注意的是，烷基是一种人为的定义，它不是由 C—H 键的均裂或异裂形成的，因此烷基既不是自由基也不是离子，不能独立存在。

烷基的名称是根据相应烷烃的习惯名称以及去掉的氢原子的类型而命名的。例如：

$$CH_4 \xrightarrow{-H} CH_3- \qquad CH_3-CH_3 \xrightarrow{-H} CH_3CH_2- \text{ 或 } C_2H_5-$$
甲烷　　　　甲基　　　　乙烷　　　　　乙基

$$CH_3-CH_2-CH_3 \begin{cases} \xrightarrow{-1°H} CH_3CH_2CH_2- \\ \qquad\qquad \text{正丙基} \\ \xrightarrow{-2°H} CH_3-\underset{|}{CH}-CH_3 \text{ 或 } (CH_3)_2CH- \\ \qquad\qquad \text{异丙基} \end{cases}$$

$$CH_3-CH_2-CH_2-CH_3 \begin{cases} \xrightarrow{-1°H} CH_3CH_2CH_2CH_2- \\ \qquad\qquad \text{正丁基} \\ \xrightarrow{-2°H} CH_3-\underset{|}{CH}-CH_2-CH_3 \text{ 或 } \underset{C_2H_5}{\overset{CH_3}{|}}CH- \\ \qquad\qquad \text{仲丁基} \end{cases}$$
正丁烷

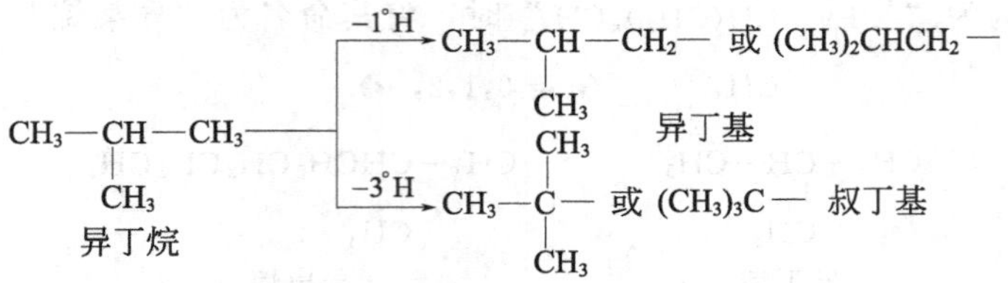

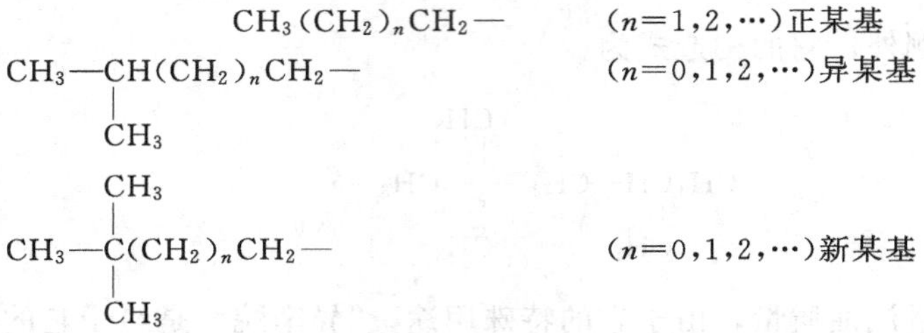

$$CH_3-CH-CH_3 \xrightarrow{\substack{-1^\circ H}} CH_3-CH-CH_2- \text{ 或 } (CH_3)_2CHCH_2-$$

异丁基

$$\xrightarrow{-3^\circ H} CH_3-\overset{\displaystyle CH_3}{\underset{\displaystyle CH_3}{C}}- \text{ 或 } (CH_3)_3C- \text{ 叔丁基}$$

异丁烷

$$CH_3(CH_2)_nCH_2- \qquad (n=1,2,\cdots) \text{正某基}$$

$$CH_3-CH(CH_2)_nCH_2- \qquad (n=0,1,2,\cdots) \text{异某基}$$
$$\overset{\displaystyle |}{CH_3}$$

$$CH_3-\overset{\displaystyle CH_3}{\underset{\displaystyle CH_3}{C}}(CH_2)_nCH_2- \qquad (n=0,1,2,\cdots) \text{新某基}$$

三、系统命名法（CCS法）

系统命名法是根据国际上通用的 IUPAC（International Union of Pure and Applied Chemistry，国际纯粹与应用化学联合会）命名原则，结合我国文字特点制定的命名方法。其特点是名称与结构密切相关，可以根据分子结构命名，也可以根据名称写出结构。

1. 直链烷烃的命名

直链烷烃的系统命名法与习惯命名法基本一致，只是把"正"字去掉。例如：

$$CH_3(CH_2)_9CH_3$$

习惯命名法：正十一烷
系统命名法：十一烷

2. 支链烷烃的命名

支链烷烃的命名是将其看作直链烷烃的烷基衍生物，即将直链作为母体，支链作为取代基，命名原则如下。

（1）选主链（或母体） 选择分子中最长的碳链作为主链（见［例 2-1］），若有两条或两条以上等长碳链时，应选择支链最多的一条为主链（见［例 2-2］），根据主链所含碳原子数目称"某烷"。

【例 2-1】

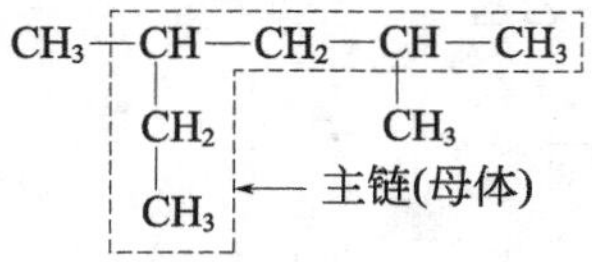

母体名称为"己烷"
（名称为：2,4-二甲基己烷）

【例 2-2】

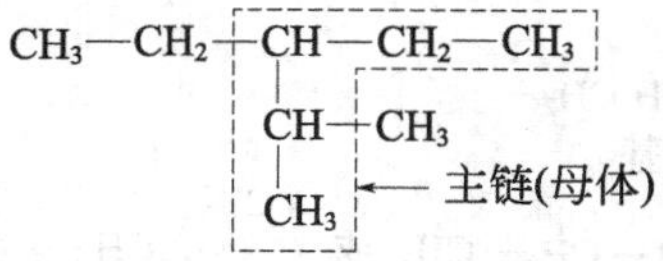

母体名称为"戊烷"
（名称为：2-甲基-3-乙基戊烷）

（2）给主链碳原子编号　为标明支链在主链中的位置，需将主链上的碳原子依次编号（用阿拉伯数字 1、2、3…），编号应遵循"最低系列"原则。即给主链以不同方向编号，得到两种不同编号的系列，则顺次逐项比较各系列的不同位次，最先遇到的位次最小者定为"最低系列"。

【例 2-3】

$$
\begin{array}{ccccccc}
① & ② & ③ & ④ & ⑤ & ⑥ \\
6 & 5 & 4 & 3 & 2 & 1 \\
CH_3-CH-CH_2-CH-CH-CH_3 \\
\quad\quad CH_3 \quad\quad CH_3\ CH_3
\end{array}
$$

从左至右：② ④ ⑤
从右至左：2 3 5（最低系列）

（名称为：2,3,5-三甲基己烷）

【例 2-4】

$$
\begin{array}{c}
⑩\quad ⑨\quad ⑧\cdots⑤\quad ④\quad ③\quad ②\quad ① \\
1\quad\ 2\quad\ 3\cdots6\quad 7\quad\ 8\quad\ 9\quad 10 \\
CH_3-CH-(CH_2)_4-CH-CH-CH_2-CH_3 \\
\quad\quad CH_3 \quad\quad\quad CH_3\ CH_3
\end{array}
$$

从左至右：2 7 8（最低系列）
从右至左：③ ④ ⑨

（名称为：2,7,8-三甲基癸烷）

若两个系列编号相同时，较小基团（非较优基团）占较小位号，基团大小由"次序规则"（见第六章立体异构）确定。

【例 2-5】

$$
\begin{array}{cccccc}
⑥ & ⑤ & ④ & ③ & ② & ① \\
1 & 2 & 3 & 4 & 5 & 6 \\
CH_3-CH_2-CH-CH-CH_2-CH_3 \\
\quad\quad\quad CH_3\ C_2H_5
\end{array}
$$

选从左至右：3,4
（不能选—C_2H_5 占 3 位，—CH_3 占 4 位）

（名称为：3-甲基-4-乙基己烷）

（3）写出全名称　按照取代基的位次（用阿拉伯数字表示）、相同取代基的数目（用中文数字"二、三……"表示）、取代基的名称、母体名称的顺序写出全名称。

注意：阿拉伯数字之间用"，"隔开；阿拉伯数字与文字之间用"－"相连；不同取代基列出顺序应按"次序规则"，较优基团后列出的原则处理。

任务 2-6　写出下列烷烃或烷基的构造式。
（1）叔丁基　（2）仲丁基　（3）异丙基　（4）乙基（5）异戊烷　（6）新己烷
（7）正庚烷　（8）异辛烷

任务 2-7　给下列烷烃命名，用 1°、2°、3°、4° 标出下列烷烃分子中的伯、仲、叔、季碳原子。

（1）
$$
\begin{array}{c}
\quad\quad\quad CH(CH_3)_2 \\
CH_3-CH_2-CH-CH-CH_2-CH_3 \\
\quad\quad\quad CH(CH_3)_2
\end{array}
$$

（2）
$$
\begin{array}{c}
CH_3 \quad\quad CH_3 \\
CH-C-CH_3 \\
CH_3 \quad CH_3
\end{array}
$$

（3）
$$
\begin{array}{c}
\quad\quad\quad\quad CH_3 \\
CH_3-CH-CH_2-C-H \\
\quad C_2H_5 \quad\quad CH_3
\end{array}
$$

（4）$(CH_3)_2CHCH(C_2H_5)(CH_2)_6C(CH_3)_3$

第三节　烷烃的物理性质及应用

任务 2-8　石油液化气是家庭普遍使用的燃料，请说出它的主要成分和使用原理。

任务 2-9　正戊烷、异戊烷、新戊烷是碳链异构体，请从结构上分析它们沸点和熔点的高低，并由高到低排列成序。

物质的物理性质通常是指它们的状态、颜色、气味、熔点、沸点、相对密度和溶解度等。纯物质的物理性质在一定条件下常有固定的数值，称为物质的物理常数。物理常数是物理性质的准确量度。

同系列的化合物，随着碳原子数的增加，其物理性质呈规律性变化。一些常见直链烷烃的物理性质见表 2-1。

表 2-1　一些直链烷烃的物理性质

名称	沸点/℃	熔点/℃	相对密度 d_4^{20}
甲烷	−164	−182.5	0.466（−164℃）
乙烷	−88.6	−172	0.572（−100℃）
丙烷	−42.1	−189.7	0.5853（−45℃）
丁烷	−0.5	−138.4	0.5788
戊烷	36.1	−130	0.6262
己烷	69	−95	0.6603
癸烷	174.1	−29.7	0.7300
十七烷	301.8	22	0.7767
十八烷	316.1	28.2	0.7768

一、物态

常温常压下，4 个碳原子以内的烷烃为气体；$C_5 \sim C_{17}$ 的烷烃为液体；高级烷烃为固体。

二、沸点

直链烷烃的沸点（b. p.）随分子中碳原子数的增加而升高。这是因为随着分子中碳原子数目的增加，相对分子质量增大，分子间的范德华引力增强，若要使其沸腾汽化，就需要提供更多的能量，所以同系物相对分子质量越大，沸点越高。

在碳原子数目相同的烷烃异构体中，直链烷烃的沸点较高，支链烷烃的沸点较低，支链越多，沸点越低。这主要是由于烷烃的支链产生了空间阻碍作用，使得烷烃分子彼此间难以靠得很近，分子间引力大大减弱的缘故。支链越多，空间阻碍作用越大，分子间作用力越小，沸点就越低。

用途　通常利用烷烃的不同沸点，将混合的烷烃分离开来。例如，加工原油采用分馏方法，就是根据这个原理将其分成汽油、煤油、柴油、石蜡等不同的馏分。

三、熔点

烷烃的熔点（m. p.）基本上也是随分子中碳原子数目的增加而升高。C_3 以下的变化不规则，自 C_4 开始随着碳原子数目的增加而逐渐升高，其中含偶数碳原子烷烃的熔点比相邻含奇数碳原子烷烃的熔点升高多一些。这种变化趋势称为锯齿形上升。如图 2-4 所示。

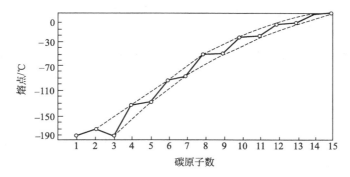

图 2-4　直链烷烃的熔点曲线

这是因为在晶体中，分子之间的引力不仅取决于分子的大小，还取决于它们在晶格中的排列情况。对称性大的化合物分子在晶体中的排列得更有序、紧密，若要使其熔化需克服较高的能量，所以对称性大的化合物熔点较高。含偶数碳原子的烷烃比含奇数碳原子烷烃的对称性大。当从奇数碳原子的烷烃增加一个 CH_2 到下一个偶数碳原子的烷烃时，由于相对分子质量的增加，分子对称性的增大，熔点的增加就比较明显；而从偶数碳原子的烷烃增加一个 CH_2 到下一个奇数碳原子的烷烃时，虽然相对分子质量的增加使熔点升高，但由于分子的对称性变小，因此熔点的增加不明显。从而形成了偶数碳原子烷烃的熔点在上，奇数碳原子烷烃的熔点在下的两条熔点曲线。

四、相对密度

烷烃的相对密度都小于 1，比水轻。随分子中碳原子数目的增加而逐渐增大，支链烷烃的密度比直链烷烃略低些。

五、溶解性

根据"相似相溶"的经验规则，烷烃分子没有极性或极性很弱，因此难溶于水，易溶于有机溶剂。

任务 2-10　将下列化合物的沸点由高到低排列成序。
（1）正己烷　　（2）异己烷　　（3）新己烷　　（4）正庚烷　　（5）2，2，3-三甲基丁烷

第四节　烷烃的化学性质及应用

问题 2-3　石油醚、石蜡、煤油的主要成分都是烷烃组分，为什么石油醚常用作溶剂，固体石蜡可作药物基质，煤油用来保存活泼的金属钠呢？

一、烷烃的稳定性

烷烃分子中仅含有牢固 σ 键，其化学性质比较稳定，一般与强碱、强酸、强氧化剂、强

还原剂和活泼金属都不发生化学反应。例如石油醚常用作溶剂，石蜡可作为药物基质，煤油用来保存金属钠正是利用了烷烃的稳定性。

但稳定是相对的，在一定条件下，σ键也可以断裂发生一系列化学反应，因此烷烃在工业生产中有着广泛的应用。

> **问题 2-4**　汽油、煤油、柴油能作为内燃机燃料的根据是什么？发生了何种化学反应？

二、氧化反应

在有机化学中，通常把加氧或脱氢的反应统称为氧化反应。烷烃在不同的氧化剂氧化下，可以生成不同的产物。

1. 燃烧反应

物质的燃烧是一种强烈的氧化反应，若能完全燃烧，则称之为完全氧化。烷烃在空气中完全燃烧时，生成二氧化碳和水，同时放出大量的热。例如：

$$CH_4 + 2O_2 \xrightarrow{\text{点燃}} CO_2 + 2H_2O + 889.9kJ/mol$$

$$C_7H_{16} + 11O_2 \xrightarrow{\text{点燃}} 7CO_2 + 8H_2O + 4810kJ/mol$$

反应特点及用途：由于燃烧时释放出的化学能可转变为热能、电能、机械能等，因此烷烃是人类利用的主要能源之一。如汽油、柴油常用作内燃机的燃料，天然气和液化石油气则是主要的民用燃料。

2. 催化氧化反应

烷烃在催化剂存在下，用空气氧化可以生成醛、酮和羧酸等重要的化合物，在工业上有重要应用。例如：

$$\underset{\text{甲烷（天然气）}}{2CH_4} + O_2 \xrightarrow[650\sim800℃]{Ni\text{-}Al_2O_3} \underset{\text{合成气}}{2CO + 4H_2}$$

$$\underset{\text{甲烷（天然气）}}{CH_4} + O_2 \xrightarrow[600℃]{NO} \underset{\text{甲醛}}{HCHO + H_2O}$$

$$\underset{\text{石蜡}(C_{18}\sim C_{30})}{R-CH_2-CH_2-R'} \xrightarrow[120℃,1.5\sim3MPa]{O_2,\text{锰盐}} \underset{\text{高级脂肪酸}}{RCOOH + R'COOH}$$

用途：一氧化碳和氢气俗称合成气，可用来合成甲醇、氨、尿素等；甲醛是常用的消毒剂和防腐剂；$C_{12}\sim C_{18}$ 的高级脂肪酸可代替动、植物油脂制造肥皂，节约大量食用油脂。

> **任务 2-11**　分别写出2,3-二甲基丁烷发生氯代反应和溴代反应时，可能生成的一氯代产物和一溴代产物的构造式。试分析不同产物的相对比例并说明原因。

三、烷烃的卤代反应

有机化合物分子中的氢原子被卤素原子取代的反应称为卤代反应。烷烃能与卤素在高温或光照条件下发生卤代反应。X_2 的反应活性为 $F_2 > Cl_2 > Br_2 > I_2$，其中氟代反应太剧烈，难以控制；而碘代反应太慢，难以进行，实际上广为应用的是氯代和溴代反应。

1. 甲烷的卤代

甲烷与卤素在室温和黑暗中并不反应，但在高温或光照条件下，严格控制原料配比，可以制得一卤代甲烷。例如：

$$CH_4 + Cl_2 \xrightarrow[\text{或 } h\nu, 25℃]{400℃} CH_3Cl + HCl$$

$$CH_4 + Br_2 \xrightarrow[h\nu]{125℃} CH_3Br + HBr$$

用途：一氯甲烷可用作制冷剂和医药上的麻醉剂，也是很好的溶剂和甲基化剂。一溴甲烷是农业上常用的杀虫蒸熏剂，也可作冷冻剂。

甲烷的卤代反应一般难以停留在一取代阶段，通常得到各卤代甲烷的混合物。例如甲烷的氯代：

$$CH_4 + Cl_2 \xrightarrow[\text{或 } h\nu, 25℃]{400℃} \underset{\text{一氯甲烷}}{CH_3Cl} + \underset{\text{二氯甲烷}}{CH_2Cl_2} + \underset{\text{三氯甲烷}}{CHCl_3} + \underset{\text{四氯化碳}}{CCl_4}$$

若要得到其中的某一产物，可通过控制甲烷和氯的配料比来实现。如当反应在 $400 \sim 450℃$，$CH_4 : Cl_2 = 10 : 1$（摩尔比）时，主要产物为 CH_3Cl；而当 $CH_4 : Cl_2 = 0.263 : 1$（摩尔比）时，主要产物为 CCl_4。

2. 其他烷烃的卤代

烷烃的卤代反应是自由基型反应。发生取代反应时，可以在不同的 C—H 键上进行，取代不同的氢原子，就得到不同的产物。实验表明，烷烃分子中各类氢（伯、仲、叔）原子与卤素反应的活性不同，而且氯代和溴代反应的选择性差异很大。例如：

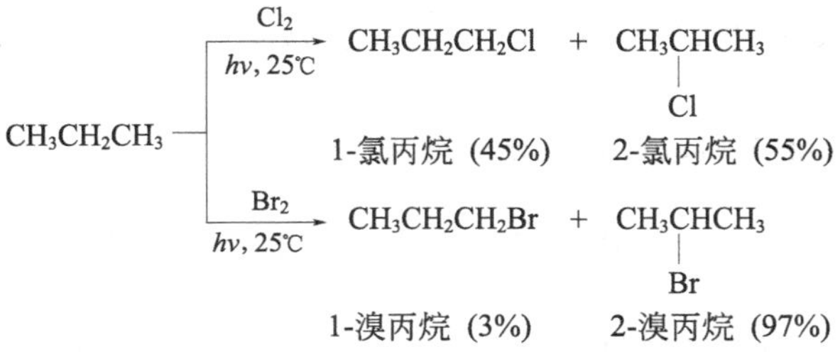

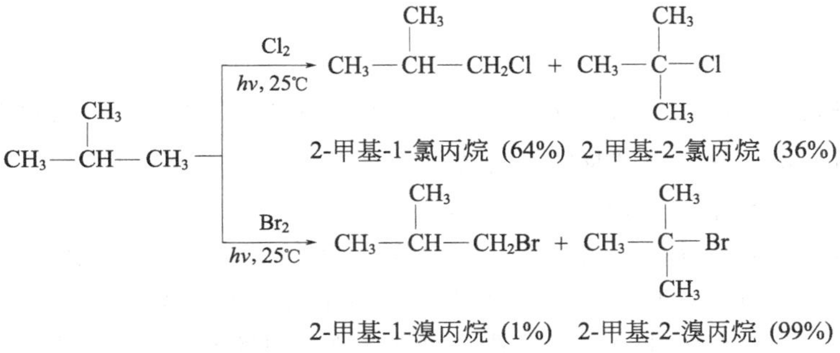

从以上反应产物的比例可以看出：烷烃中伯、仲、叔氢原子的反应活性为 $3°H > 2°H > 1°H$，并且溴代反应的选择性比氯代反应好。

任务 2-12 写出下列化学反应的产物。

(1) $CH_3—CH_2—CH_2—CH_3$ $\begin{array}{c}\xrightarrow{Cl_2,高温}\\[4pt]\xrightarrow{Br_2,高温}\end{array}$

(2) $CH_3—CH_2—CH_2—CH_3 + O_2 \xrightarrow{点燃}$

第五节 烷烃的来源和用途

一、烷烃的来源

在自然界,烷烃主要存在于天然气和石油之中。

天然气是蕴藏在地下的可燃气体,含有大量 $C_1\sim C_4$ 的低级烷烃,其中主要成分是甲烷。我国是最早开发和利用天然气的国家,天然气资源也十分丰富,在四川、甘肃等地都有丰富的贮藏量。

石油是油状的黏稠液体,从油田开采的原油经过分馏、裂化或异构化等加工处理后,便可得到汽油、煤油、柴油、润滑油和石蜡等中、高级烷烃。

二、重要的烷烃及用途

1. 甲烷

甲烷是一种无色、无味、无毒、比空气轻的可燃气体,难溶于水。

甲烷在自然界分布很广,是天然气、沼气、油田气及煤矿坑道气的主要成分。沼泽地的植物腐烂时,经细菌分解也会产生大量的甲烷,所以甲烷俗称沼气。目前我国农村许多地方就是利用农产品的废弃物、人畜粪便及生活垃圾等经过发酵来制取沼气作为燃料的。

在实验室中常用醋酸钠和碱石灰共热来制备甲烷:

$$CH_3COONa + NaOH \xrightarrow[\triangle]{CaO} CH_4 + Na_2CO_3$$

甲烷是清洁燃料,也是重要的化工原料,可用来制造氢气、炭黑、一氧化碳、乙炔及甲醛等。

2. 烷烃混合物

(1) 常用燃料 汽油、煤油、柴油等是石油的分馏产物,常用作工业燃料。

汽油为无色液体,具有特殊臭味,易挥发,易燃。主要成分为 $C_7\sim C_9$ 的复杂烃类,馏程为 60～205℃,主要用作汽油机燃料和溶剂。

煤油为无色或浅黄色液体,略带臭味。其组成为 $C_{10}\sim C_{16}$,馏程为 160～310℃,主要用于喷灯、汽化炉等设备的燃料;也可用作机械零部件的洗涤剂,橡胶、油墨等行业的溶剂;玻璃陶瓷工业、铝板碾轧、金属工件表面化学热处理等工艺用油;有的煤油还用来制作温度计。根据用途可分为动力煤油、照明煤油等。

柴油的组成为 $C_{16}\sim C_{18}$,馏程为 180～350℃,主要用作柴油机的液体燃料。由于高速柴油机（汽车用）比汽油机省油，柴油需求量增长速度大于汽油。柴油具有低能耗、低污染的环保特性，所以一些小型汽车甚至高性能汽车也改用柴油。

（2）石油醚　主要由戊烷和己烷组成，有 30～60℃、60～90℃ 等几种等级。是透明液体，不溶于水，易溶有机溶剂，能溶解油脂、油漆等，主要用作溶剂。因其极易燃烧和具有毒性，使用和贮存时要注意安全。

（3）液体石蜡　是 C_{16}～C_{20} 的直链烷烃混合物，呈透明状液体，不溶于水和乙醇，能溶于乙醚和氯仿，常用作溶剂。由于在体内不被吸收，因此常用作肠道润滑的缓泻剂。

（4）凡士林　是 C_{18}～C_{22} 的烷烃混合物，呈软膏状半固体，不溶于水，溶于乙醚和石油醚。因其不能被皮肤吸收，且化学性质稳定，不易与软膏中的药物发生变化，所以在医药上常用作软膏基质。

3. 动植物体内的烷烃

一些植物表皮外的蜡质层中含有少量的高级烷烃。例如，白菜叶中含有 C_{29} 烷烃；菠菜叶中含有 C_{33}、C_{35} 等烷烃；烟草叶中含有 C_{27} 和 C_{31} 烷烃；成熟的水果中含有 C_{27}～C_{33} 的烷烃。另外，一些昆虫体内用来传递信息而分泌的信息素（称为昆虫外激素）也含有烷烃。例如，一种蚂蚁用来传递警戒信息的信息素中含有 C_{11} 和 C_{13} 正烷烃；某种雌虎蛾引诱雄虎蛾的性外激素是 2-甲基十七烷。人类利用合成性外激素来诱杀雄虫，就可以使害虫不能繁衍而灭绝。新兴的"第四代农药"就是这种影响害虫某项生理活动而达到灭除害虫的农药，有着广阔的发展前景。

📑 知识窗 -

未来能源希望之星——可燃冰

当人们想到能源时，脑海中总是出现燃烧和火焰，而把冰看作是风马牛不相及的事物，但今天科学家却发现了外观像冰一样遇火即可燃烧的结晶物质——可燃冰。它是一种似冰状的白色固体物质，因含有大量甲烷而燃烧，所以被称为"可燃冰"。

可燃冰

可燃冰是 1972 年由前苏联科学家在北极圈内首次发现并确认的。可燃冰主要储藏于浅海地层沉积物、深海大陆斜坡沉积地层和高纬度极地地区永久冻土层中，由天然气与水在高压低温条件下形成（它的形成具有 3 个基本条件，即温度在 0～20℃、压力 3MPa 以上和充足的甲烷气源）。随着各国科学家不断地勘测，迄今为止，全球已探明的可燃冰储量相当于全球传统化石能源（煤、石油、天然气等）储量的两倍以上，可满足人类一千年的需求。据科学家预算，$1m^3$ 的可燃冰，在常温常压下可释放 $164m^3$ 甲烷气体和 $0.8m^3$ 的淡水。因而被科学家誉为"未来能源"。

可燃冰是一种新型绿色能源，很可能帮助人类摆脱日益临近的能源危机。我国先后于 2008 年 11 月和 2009 年 6 月在青海省境内永久冻土带多次成功钻获可燃冰实物样品，成为继加拿大、美国之后第三个在陆域钻获可燃冰的国家。青海发现可燃冰的意义可与发现大庆油田相媲美，据科学家粗略估算，远景资源量至少有 350 亿吨油当量。如此巨大的储量决定了可燃冰将成为未来重要的战略资源。

可燃冰的开发利用还面临着种种难题，首先是要寻找安全有效的开采方法，目前可以考虑的开采方法有热解法、降压法、置换法及核辐射效应分解法等，这些方法都面临着如何收集甲烷气体的问题，同时可燃冰的开采还可能会造成大陆架边缘动荡，引起海底塌方并导致灾难性的海啸。

今年 3 月 12 日，日本经济产业省宣布，已成功从日本近海地层蕴藏的可燃冰中分离出甲烷气体，这是全球首次通过在海底分解"可燃冰"取得天然气，标志着日本可燃冰开采商业化进程迈出"关键一步"。但由于"可燃冰"多数埋藏于海底的岩石中，和石油、天然气相比，它不易开采和运输，世界上至今还没有完美的开采方案。因为开采难度巨大，要实现大规模商业化开采仍需时日。但我们坚信，随着人类对可燃冰研究的不断深入，这些难题一定会在不远的将来得到解决，可燃冰将成为 21 世纪极具潜力的洁净新能源。

习题

2-1 填空题

(1) 在有机化学中，把结构相似、具有同一通式、组成上相差_____的一系列化合物称为_____。_____互称为同系物。烷烃的通式是_____。

(2) 在烷烃分子中，碳原子采用_____杂化，与氢原子或碳原子之间形成_____键。该键的特点是稳定性_____、_____自由旋转、关于_____对称、其形状是_____。

(3) 在相同碳原子数的烷烃异构体中，直链烷烃的沸点_____，支链烷烃的沸点_____，支链越多，沸点越_____。

(4) 沼气的主要成分是_____；天然气的主要成分是_____；液化石油气的主要成分是_____；可燃冰的主要成分是_____。

2-2 选择题

(1) 下列化合物沸点最高的是（　　）。

    A. 3,3-二甲基戊烷　　　B. 正己烷　　　C. 2-甲基己烷　　　D. 正戊烷

(2) 下列各组化合物中，表示同一种物质的是（　　）；互为同系物的是（　　）；互为同分异构体的是（　　）。

    A. CH_4 和 C_4H_{10}

    B. $CH_3-\underset{\underset{CH_3}{|}}{\overset{\overset{Cl}{|}}{C}}-Cl$ 和 $CH_3-\underset{\underset{Cl}{|}}{\overset{\overset{Cl}{|}}{C}}-CH_3$

    C. $CH_3-\underset{\underset{CH_2-CH_3}{|}}{CH}-CH_3$ 和 $CH_3-CH_2-CH_2-\underset{\underset{CH_3}{|}}{CH}-CH_3$

    D. 和

(3) 将甲烷与氯气混合，不能发生反应的情况是（　　）。

    A. 光照　　　B. 高温　　　C. 室温　　　D. 日光强射

(4) 某烷烃的相对分子质量为 100，控制一氯取代时，能生成 4 种一氯代烷烃，符合条件的烃的构造式有（　　）；若生成 3 种一氯代烷烃，符合条件的烃的构造式有（　　）。

    A. 1 种　　　B. 2 种　　　C. 3 种　　　D. 4 种

2-3 下列化合物的名称是否符合系统命名原则，若不符合请改正，并说明理由。

(1) 1,1-二甲基丁烷　　　(2) 3-乙基-4-甲基己烷

(3) 2,3,3-三甲基丁烷　　　(4) 2,4-2甲基己烷

2-4 写出符合下列条件的 C_5H_{12} 烷烃的构造式，并用系统命名法命名。

（1）分子中只有伯氢原子　　（2）分子中有一个叔氢原子

（3）分子中有伯氢和仲氢原子，而无叔氢原子

2-5　写出相对分子质量为 86，符合下列条件的烷烃的构造式，并用系统命名法命名。

（1）有两种一氯代产物　　（2）有三种一氯代产物

（3）有四种一氯代产物　　（4）有五种一氯代产物

第三章 烯烃、炔烃

任务 3-1 举例说明何谓烯烃和炔烃。

分子中含有碳碳双键的烃叫做烯烃，含有碳碳三键的烃叫做炔烃。"烯"与"炔"寓意"稀少"、"缺少"，意旨与碳原子数相同的烷烃相比，它们的氢原子数较少，因此烯烃和炔烃都属于不饱和烃。$C=C$ 是烯烃的官能团，$C≡C$ 是炔烃的官能团，通常将双键和三键称为不饱和键。根据分子中不饱和键的数目，可分为单烯（或炔）烃、二烯（或炔）烃、多烯（或炔）烃。

第一节　单烯烃

一、单烯烃的结构及同分异构现象

1. 单烯烃的含义

分子中只含有一个碳碳双键的链烃叫做单烯烃。烯烃比相应烷烃少两个氢原子，通式为

C_nH_{2n}。因为含有两个或两个以上碳碳双键的烯烃都有特指，所以通常所说烯烃就是指单烯烃。

任务 3-2　运用杂化轨道理论，解释乙烯的平面构型及丙烯的结构。

2. 烯烃的结构

（1）乙烯的结构及 sp^2 杂化

① 乙烯的平面构型。乙烯是最简单的烯烃，分子式为 C_2H_4，构造式为 $CH_2 = CH_2$。用物理方法测得乙烯分子中的两个碳原子和 4 个氢原子分布在同一平面上。其中 H—C—C 键角约为 121°，H—C—H 键角约为 118°，接近于 120°；C = C 键长约为 0.133nm，C—H 键长约为 0.108nm。实验还测知，C = C 的键能为 611kJ/mol，并不是 C—C 单键键能（347kJ/mol）的两倍。乙烯分子模型如图 3-1 所示。

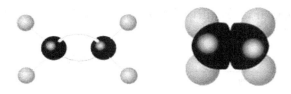

图 3-1　乙烯分子模型

② 碳的 sp^2 杂化。杂化轨道理论认为，乙烯分子中的碳原子在成键时发生了 sp^2 杂化，即碳原子的 2s 轨道和两个 2p 轨道重新组合分配，组成了 3 个完全相同的 sp^2 杂化轨道，还剩余一个未参与杂化的 2p 轨道。碳原子的 sp^2 杂化过程如下：

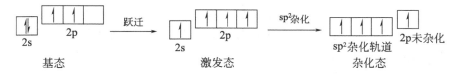

每一个 sp^2 杂化轨道含有 1/3s 成分和 2/3p 成分，其形状也是一头大、一头小的葫芦形（与 sp^3 杂化轨道完全相同吗？）。3 个 sp^2 杂化轨道以平面三角形对称地排布在碳原子周围，它们的对称轴之间的夹角为 120°，未参与杂化的 2p 轨道垂直于 3 个 sp^2 杂化轨道组成的平面。如图 3-2 所示。

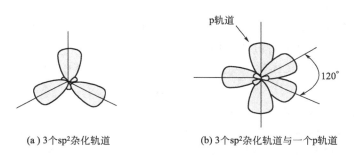

（a）3个sp^2杂化轨道　　　　（b）3个sp^2杂化轨道与一个p轨道

图 3-2　碳原子的 sp^2 杂化

③ π键。乙烯分子形成时，两个碳原子各以一个 sp^2 杂化轨道沿键轴方向重叠形成一个 C—Cπ 键，并以剩余的两个 sp^2 杂化轨道分别与两个氢原子的 1s 轨道沿键轴方向重叠形成 4

个等同的 C—Hσ 键，5 个 σ 键都在同一平面内，因此乙烯为平面构型。

此外，每个碳原子上还有一个未参与杂化的 p 轨道，两个碳原子的 p 轨道相互平行，于是侧面重叠（也称为"肩并肩"重叠）成键。这种成键原子的 p 轨道平行侧面重叠形成的共价键叫做 π 键。乙烯分子中的 σ 键和 π 键如图 3-3 所示。

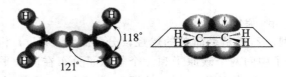

图 3-3　乙烯分子中的 σ 键和 π 键

由于 π 键是由两个平行的 p 轨道侧面重叠形成的，重叠程度小且分散，因此 π 键键能较小，容易断裂。另外，π 键电子云对称分布于 σ 键所在平面的上下，它不是轴对称的，所以成键原子不能围绕键轴自由旋转。正因为如此，烯烃存在着顺反异构现象（详见第六章）。σ 键和 π 键的特点比较见表 3-1。

表 3-1　σ 键和 π 键的特点比较

项目	σ 键	π 键
存在	可以单独存在	不能单独存在,只能与 σ 键共存
形成	成键轨道沿键轴重叠,重叠程度大	成键轨道平行侧面重叠,重叠程度小
分布	电子云对称分布在键轴周围,呈圆柱形	电子云对称分布于 σ 键所在平面的上下
性质	①键能较大,比较稳定	①键能较小,不稳定
	②成键的两个原子可沿键轴自由旋转	②成键的两个原子不能沿键轴自由旋转
	③电子云受核的束缚大,不易极化	③电子云受核的束缚小,容易极化

图 3-4　丙烯分子模型

（2）其他烯烃的结构　其他烯烃的结构与乙烯相似，双键碳原子也是 sp² 杂化，与双键碳原子相连的各个原子在同一平面上，碳碳双键都是由一个 σ 键和一个 π 键组成的。丙烯分子模型如图 3-4 所示。

在丙烯分子中，双键碳原子及其相连的氢原子与甲基碳原子在同一平面上，但甲基碳原子为四面体构型。

任务 3-3　推导烯烃 C_5H_{10} 的所有构造异构体。

3. 烯烃的构造异构现象

烯烃的构造异构现象比烷烃复杂，除碳链异构外，还存在着由碳碳双键位置不同引起的位置异构。例如，烯烃 C_4H_8 有以下 3 种构造异构体：

① $CH_2\!=\!CHCH_2CH_3$　　② $CH_2\!=\!\underset{\underset{CH_3}{|}}{C}\!-\!CH_3$　　③ $CH_3CH\!=\!CHCH_3$

其中①或③和②互为碳链异构体，①和③互为位置异构体。

推导烯烃构造异构体时，首先按烷烃推导构造异构体的方法写出符合分子式的所有碳链异构，再对每一种碳链异构依次变换双键的位置即可得到所有的位置异构体。

任务 3-4　写出烯烃 C_6H_{12} 的所有构造异构体。

任务 3-5　列举你熟悉的 3～5 种烯烃，写出它们的构造式和名称。

二、烯烃的命名

1. 习惯命名法

简单的烯烃常采用习惯命名法命名。例如：

$$CH_3CH_2CH = CH_2 \qquad CH_3 - \overset{\displaystyle |}{\underset{\displaystyle CH_3}{C}} = CH_2$$

正丁烯   异丁烯

2. 烯基及其命名

烯烃分子去掉一个氢原子剩下的部分，叫做烯基。常见的烯基有：

$$CH_2 = CH- \qquad CH_3 - CH = CH- \qquad CH_2 = CH - CH_2 - \qquad CH_2 = \overset{\displaystyle CH_3}{\underset{\displaystyle |}{C}} -$$

乙烯基   丙烯基   烯丙基   异丙烯基

命名较复杂的烯基，需要给双键编号，烯基的编号从含有自由键的碳原子开始，例如：

$$CH_3 - CH_2 - CH = CH- \qquad CH_3 - CH = CH - CH_2 - \qquad CH = CH - CH_2 - CH_2 -$$

1-丁烯基   2-丁烯基   3-丁烯基

3. 系统命名法

（1）直链烯烃的命名　按分子中碳原子数目称为"某烯"，若含 10 个以上碳原子称为"某碳烯"。从靠近碳碳双键一端开始编号并在母体名称之前用双键碳中较小的位次标出双键的位置。

例如：
$$\overset{5}{C}H_3\overset{4}{C}H_2\overset{3}{C}H_2\overset{2}{C}H = \overset{1}{C}H_2 \qquad \overset{5}{C}H_3\overset{4}{C}H_2\overset{3}{C}H = \overset{2}{C}H\overset{1}{C}H_3 \qquad \overset{12}{C}H_3\overset{\cdots\cdots}{(CH_2)_9}\overset{2}{C}H = \overset{1}{C}H_2$$

1-戊烯   2-戊烯   1-十二碳烯

注：一般把碳碳双键处于端位（即双键位于 1,2 位的）烯烃，统称为 α-烯烃。

（2）支链烯烃的命名　命名方法与烷烃基本相似，但由于这些分子中含有官能团碳碳双键，因此命名时要考虑官能团的存在。命名原则如下。

① 选择含有碳碳双键在内的最长碳链作为主链，主链命名原则同直链烯。若有多条最长链可供选择时，选择原则与烷烃相同。

② 靠近碳碳双键一端编号，若双键居中，编号原则与烷烃相同。

③ 书写化合物名称时要注明碳碳双键的位次。其表示方法为：取代基位次-取代基名称-碳碳双键位次-母体名称。例如：

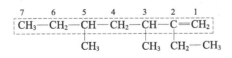

3,5-二甲基-2-乙基-1-庚烯   5-甲基-4-乙基-2-己烯

（选择含有双键的最长碳链为主链）   （选择含取代基多的最长碳链为主链）

2-甲基-4-乙基-3-己烯   3-甲基-6-乙基-4-辛烯

（双键居中，取代基符合"最低系列"）   （双键居中，两种编号相同,甲基占较小位次）

任务 3-6 写出下列烯烃或烯基的构造式。

(1) 丙烯基　　(2) 烯丙基　　(3) 异丁烯　　(4) 4,4-二甲基-1-戊烯

任务 3-7 用系统命名法命名下列化合物。

(1) $CH_3—CH—C=CH_2—CH_3$
　　　　　$\quad\ \ |\quad\ |$
　　　　　$\quad\ CH_3\ CH_2$
　(2) $CH_2=CHCH(CH_2)_8CH_3$
　　　　　　　$\quad\quad |$
　　　　　　　$\quad C(CH_3)_3$
　(3) $CH_3—CHCH_2CH=CHCH_3$
　　　　　$\quad\quad |$
　　　　　$\quad\quad C_2H_5$

三、烯烃的物理性质及应用

烯烃的物理性质与烷烃类似，一些常见烯烃的物理性质见表 3-2。

表 3-2　一些常见烯烃的物理性质

名称	沸点/℃	熔点/℃	相对密度(d_4^{20})
乙烯	−103.7	−169	0.566(−102℃)
丙烯	−47.4	−185.2	0.5193
1-丁烯	−6.3	−185.3	0.5951
2-甲基丙烯	−6.6	−140.4	0.594
1-戊烯	30	−138	0.6405
2-甲基-1-戊烯	61.5	−135.7	0.681
1-十二碳烯	213.4	−35.2	0.758
1-十九碳烯	177(1333Pa)	21.5	0.7858
1-二十四碳烯	390	45	0.804

1. 物态

常温常压下，$C_2 \sim C_4$ 烯烃为气体；$C_5 \sim C_{18}$ 为易挥发液体；C_{19} 以上为固体。

2. 沸点

直链 α-烯烃随着相对分子质量的增加，沸点（b. p.）升高。同碳数直链烯烃的沸点比带支链的烯烃沸点高。相同碳架的烯烃，双键由链端移向链中间，沸点有所增加。

3. 熔点

烯烃的熔点（m. p.）变化规律与沸点相似，也是随分子中碳原子数目的增加而升高。

4. 相对密度

烯烃的相对密度都小于 1，比水轻。

5. 溶解性

烯烃与烷烃一样，也属于极性非常小的有机化合物。但烯烃由于分子中存在着易流动的 π 键，而且分子中不同杂化态碳原子的电负性也不一样，因而偶极矩比烷烃稍大。因此烯烃也难溶于水，易溶于有机溶剂。

任务 3-8 举例说明烯烃加成反应的工业用途。

四、烯烃的化学性质及应用

1. 加成反应

在一定条件下，烯烃与某些试剂作用时，双键中的 π 键断裂，试剂中的两个原子或基团加到双键碳原子上，生成饱和化合物，这种反应叫做加成反应。加成反应是不饱和烃的特征反应之一。

$$\underset{\text{烯烃}}{\Large\diagdown}{C}\!=\!{C}\!\underset{}{\Large\diagup} + \underset{\text{试剂}}{X\!+\!Y} \longrightarrow \underset{\text{加成产物}}{-\overset{|}{\underset{X}{C}}-\overset{|}{\underset{Y}{C}}-}$$

（1）催化加氢　在常温常压下，烯烃与氢气通常不反应，但在催化剂铂（Pt）、钯（Pd）、镍（Ni）等金属存在下能与氢气加成生成烷烃，所以称为催化氢化。通常催化剂 Pt 和 Pd 被吸附在惰性材料活性炭上使用。由镍铝合金经碱处理得到的 Ni，具有较大表面积的海绵状金属镍，称为雷内镍（ReneyNi）。

$$CH_2 = CH_2 + H_2 \xrightarrow{Pt/C} CH_3 - CH_3$$

$$CH_3 - CH = CH_2 + H_2 \xrightarrow{Pd/C} CH_3 - CH_2 - CH_3$$

$$R - CH = CH_2 + H_2 \xrightarrow{Reney\ Ni} R - CH_2 - CH_3$$

用途：催化加氢反应是放热反应，1mol 烯烃催化加氢所放出的热量叫做烯烃氢化热。通过测定反应的氢化热可以比较不同烯烃的稳定性，因为氢化热越高，说明分子体系能量越高越不稳定。

催化加氢反应能定量进行。在分析上可根据吸收氢气的体积，计算出混合物中不饱和化合物的含量。

汽油中含有少量烯烃，性能不稳定，可通过催化加氢使烯烃变成烷烃，从而提高汽油的质量。液态油脂的结构中含有双键，容易变质，可通过催化加氢将液态油脂转变为固态油脂，便于保存和运输。

（2）亲电加成　烯烃具有双键，其 π 键电子云分布在键轴的上、下两方，受碳原子核束缚较小，π 电子云流动性强，容易极化，因而使烯烃具有给电子性能，容易受到带正电荷或带部分正电荷的离子或分子的进攻而发生反应。带正电荷或带部分正电荷的离子或分子具有亲电的性质，叫做亲电试剂。由亲电试剂首先进攻而引起的加成反应叫做亲电加成反应。烯烃容易与 X_2、HX、H_2SO_4、H_2O 等试剂发生亲电加成反应。

① 加 X_2　烯烃与卤素发生加成反应的通式可表示如下：

$$\underset{\text{烯烃}}{\Large\diagdown}{C}\!=\!{C}\!\underset{}{\Large\diagup} + \underset{\text{卤素}}{X\!+\!X} \longrightarrow \underset{\text{邻二卤代烷烃}}{-\overset{|}{\underset{X}{C}}-\overset{|}{\underset{X}{C}}-}$$

(活性：$F_2 > Cl_2 > Br_2 > I_2$)

工业上把乙烯和氯气通入 1,2-二氯乙烷溶剂中，用氯化铁作催化剂，在约 40℃ 的条件下，使乙烯和氯气进行加成，制取 1,2-二氯乙烷：

$$CH_2 = CH_2 + Cl_2 \xrightarrow[40℃,溶剂]{FeCl_3} \underset{\text{1,2-二氯乙烷}}{\overset{\displaystyle CH_2 - CH_2}{\underset{\displaystyle Cl \quad\ Cl}{|\qquad|}}}$$

用途：1,2-二氯乙烷为无色或淡黄色透明油状液体，对眼睛及呼吸道有刺激作用。是良好的有机溶剂，也可作干洗剂和萃取剂。在有机合成中，是制取氯乙烯、乙二醇或酸和乙二胺等的原料。在农业上用作谷物熏蒸剂、土壤消毒剂等。

在常温、常压、不需加催化剂的情况下，烯烃与溴可迅速发生加成反应，生成1,2-二溴代烷烃。例如，将乙烯通入溴的四氯化碳溶液中，溴的红棕色很快褪去，生成1,2-二溴乙烷：

$$CH_2=CH_2 + Br_2 \xrightarrow{CCl_4} \begin{array}{cc} CH_2-CH_2 \\ | \quad\ | \\ Br \quad Br \end{array}$$

（红棕色）　　1,2-二溴乙烷(无色)

用途：1,2-二溴乙烷为无色透明、具有特殊香味的液体，用作脂肪、油、树脂等的溶剂，谷物和水果等的杀菌剂及木材的杀虫剂，也是重要的有机合成原料。

烯烃与溴的加成反应前后有明显的现象变化，因此可用来鉴别烯烃。工业上常用此法检验汽油、煤油中是否含有不饱和烃。

② 加 HX　烯烃与卤化氢发生加成反应的通式可表示如下：

$$RCH=CH_2 + HX \longrightarrow \begin{array}{c} RCH-CH_3 \\ | \\ X \end{array}$$

不对称烯烃　　　　　一卤代烷

烯烃与卤化氢的加成反应一般在二硫化碳、石油醚或冰醋酸等溶剂中进行，卤化氢的活性顺序为：$HI > HBr > HCl$。

工业上将乙烯与氯化氢在氯化铝催化下，于130～250℃发生加成反应，制备氯乙烷。

$$CH_2=CH_2 + H-Cl \xrightarrow[130\sim250℃]{AlCl_3} CH_3CH_2Cl$$

用途：常温下，氯乙烷是无色透明、具有甜味的气体，能与空气形成爆炸性混合物（爆炸极限为 3.8%～15.4%）。主要用作乙基化试剂。也可用作溶剂和冷冻剂，由于它能在皮肤表面很快蒸发，使皮肤冷至麻木而不致冻伤皮下组织，因此可用作局部麻醉剂。

丙烯为不对称烯烃，与卤化氢加成时，可以得到两种加成产物。

$$CH_3-CH=CH_2 + H-X \begin{cases} CH_3-CH_2-CH_2X \quad \text{1-卤丙烷} \\[4pt] \begin{array}{c} CH_3-CH-CH_3 \\ | \\ X \end{array} \quad \text{2-卤丙烷} \end{cases}$$

实验证明，丙烯与卤化氢的加成主要生成 2-卤丙烷。也就是说，卤化氢分子中的氢原子加到了丙烯分子中端点的双键碳原子上，而卤原子则加到了中间的双键碳原子上。

从上述反应可以总结为：当不对称烯烃与 HX 等极性试剂加成时，得到两种加成产物。其中主要产物是氢原子或带部分正电荷的部分加到含氢较多的双键碳原子上，这是俄国科学家马尔科夫尼科夫（Markovnikov）发现的一条经验规则，叫做马尔科夫尼科夫规则，简称马氏加成规则。

③ 加 H_2SO_4　烯烃可与冷的浓硫酸发生加成反应，生成硫酸氢酯，再水解后生成醇。例如：

$$CH_2=CH_2 + H-OSO_3H \xrightarrow{0\sim15℃} CH_3-CH_2-OSO_3H \xrightarrow[\triangle]{H_2O} CH_3-CH_2-OH$$

　　　　　　　　　　　　　　　　　硫酸氢乙酯　　　　　　　乙醇

不对称烯烃与硫酸的加成反应，符合马氏加成规则。例如：

$$R-CH=CH_2 + H-O\overset{\delta^+}{}SO_3\overset{\delta^-}{}H \longrightarrow R-\underset{OSO_3H}{CH}-CH_3 \overset{H_2O}{\underset{\triangle}{\longrightarrow}} R-\underset{OH}{CH}-CH_3$$

烯烃与硫酸加成产物再水解生成醇，相当于在烯烃分子中加入了一分子水。因此这一反应又叫做烯烃的间接水合反应。

用途： 工业上利用间接水合法制取乙醇、异丙醇等低级醇。此法的优点是对烯烃的纯度要求不高，对于回收利用石油炼厂气中的烯烃是一个好办法。但缺点是消耗大量浓硫酸，对生产设备腐蚀严重。

此外，利用烯烃与硫酸作用可生成能溶于硫酸的硫酸氢烷基酯的性质来除去烷烃中的烯烃。

案例1： 庚烷是聚丙烯生产中使用的溶剂，但要求不能含有烯烃。试设计一个简便的方法进行检验；若含有烯烃予以除去。

【案例分析】 检验实际上就是鉴别；除杂质即为分离提纯。烯烃室温下能使溴的四氯化碳溶液退色，纯的庚烷则不能。因此可用溴的四氯化碳溶液进行鉴别；若含有烯烃，可用浓硫酸除去。

做鉴别题和分离提纯题可分别采用下列简便格式：

鉴别：庚烷/烯烃 $\}$ $\overset{Br_2/CCl_4}{室温}$ → ×（庚烷）退色（烯烃）

分离：庚烷/烯烃 $\}$ $\overset{浓硫酸}{振荡后静置}$ 庚烷/硫酸烷基酯/硫酸 $\}$ 分离 → 上层→庚烷　下层→硫酸烷基酯和硫酸(弃去)

④ 加 H_2O 采用酸性催化剂（一般使用附着在硅藻土上的磷酸）催化，并在加压条件下，烯烃可与水直接发生加成反应生成醇。不对称烯烃与水的加成产物也符合马氏规则。例如：

$$CH_2=CH_2 + H-OH \xrightarrow[300℃,7\sim8MPa]{磷酸/硅藻土} CH_3-CH_2-OH$$

$$CH_3-CH=CH_2 + H-\overset{\delta^+}{}O\overset{\delta^-}{}H \xrightarrow[195℃,2MPa]{磷酸/硅藻土} CH_3-\underset{OH}{CH}-CH_3$$

烯烃直接加水制备醇叫做烯烃直接水合法。这是工业上生产乙醇、异丙醇的重要方法。直接水合法的优点是避免了硫酸对设备的腐蚀和酸性废水的污染，节省了投资。但直接水合法对烯烃的纯度要求较高，需要达到97%以上。

（3）**自由基加成** 在过氧化物存在下，不对称烯烃与溴化氢的加成取向恰好与马氏加成规则相反。例如：

$$CH_3-CH=CH_2 + H-Br \xrightarrow{H_2O_2} CH_3-CH_2-CH_2Br$$

$$CH_3-\underset{CH_3}{C}=CH_2 + H-Br \xrightarrow{R-O-O-R} CH_3-\underset{CH_3}{CH}-CH_2Br$$

用途： 不对称烯烃与溴化氢加成的反马氏规则现象可用于由 α-烯烃制取 1-溴代烷烃。

这种违反马氏规则的加成，叫做烯烃与溴化氢加成的过氧化物效应，属于自由基型的加成反应。过氧化物的存在，对于不对称烯烃与氯化氢、碘化氢等的加成没有这种影响。

任务 3-9 完成下列反应式

$$CH_2=C-CH_3 \quad \overset{CH_3}{|}$$

- $\xrightarrow[\text{Ni},\triangle]{H_2}$?
- $\xrightarrow{HBr}$?
- $\xrightarrow[H_2O_2]{HBr}$?
- $\xrightarrow[H^+]{H_2O}$?
- $\xrightarrow{H_2SO_4}$? $\xrightarrow[\triangle]{H_2O}$?

任务 3-10 盛有加氢汽油和粗煤油（含烯烃）的两个玻璃瓶，年久标签已失落。请用两种简便的方法加以鉴别，将正确的标签贴上。

任务 3-11 举例说明烯烃氧化反应的实际应用。

2. 氧化反应

（1）臭氧氧化 烯烃经臭氧（O_3）氧化形成臭氧化物，臭氧化物在锌粉存在下可以水解。最终烯烃双键断裂生成两种羰基化合物（醛和酮）。例如：

$$R-CH=CH_2 + O_3 \longrightarrow R-CH\underset{O-O}{\overset{O}{\diagup\diagdown}}CH_2 \xrightarrow[Zn]{H_2O} RCHO + HCHO$$

$$R-\underset{R}{\overset{|}{C}}=CH-R \xrightarrow[\text{②}\ H_2O/Zn]{\text{①}\ O_3} R-\underset{O}{\overset{|}{C}}-R + RCHO$$

通过测定产物的结构，可以推断原来烯烃的结构。

（2）高锰酸钾氧化 烯烃可以被高锰酸钾氧化，氧化产物视烃的结构和反应条件的差异而不同。

① 用稀、冷高锰酸钾氧化 在碱性或中性条件下，用稀、冷高锰酸钾溶液氧化，烯烃中的 π 键发生断裂，生成邻二元醇产物。

$$3RCH=CHR' + 2KMnO_4 + 4H_2O \longrightarrow 3RCH-CHR' + 2MnO_2\downarrow + 2KOH$$
$$\underset{OH\ \ OH}{|\quad\ |}$$

反应后高锰酸钾溶液的紫色退去，生成褐色的二氧化锰沉淀。因此是鉴别碳碳双键的常用方法之一。

② 用浓、热高锰酸钾或酸性高锰酸钾氧化 在碱性或中性条件下，用浓、热高锰酸钾溶液或酸性高锰酸钾氧化，烯烃中的双键发生断裂，生成不同的产物。例如：

$$CH_3-CH=CH_2 \xrightarrow[H^+]{KMnO_4} CH_3COOH + CO_2$$

$$CH_3-\underset{CH_3}{\overset{|}{C}}=CHCH_3 \xrightarrow[H^+]{KMnO_4} CH_3-\underset{O}{\overset{|}{C}}-CH_3 + CH_3COOH$$

用途： 由于氧化产物保留了原来烃中的部分碳链结构，因此通过一定的方法，测定氧化产物的结构，便可推断烯烃和炔烃的结构。

烷烃不能被高锰酸钾氧化，这是区别烷烃与烯烃的一种方法。

案例 2：化合物 A、B 分子式均为 C_4H_8。它们分别用高锰酸钾溶液氧化时，A 生成 CH_3CH_2COOH 和 CO_2；B 仅生成一种产物。试推测它们的构造式。

【案例分析】 根据化合物 A、B 的分子组成和性质可知它们都是烯烃。A 用高锰酸钾溶液氧化时，生成 CH_3CH_2COOH 和 CO_2，说明氧化前，应具有 $CH_3CH_2CH=$ 和 $=CH_2$ 结构，把二者通过双键连接起来得到 $CH_3CH_2CH=CH_2$。即为 A 的构造式。B 是 A 的同分异构体，也是含 4 个碳原子的烯烃。用高锰酸钾溶液氧化时，仅生成一种产物，说明它具有对称结构，构造式为 $CH_3CH=CHCH_3$。推测过程如下：

$$A(C_4H_8) \xrightarrow{KMnO_4} CH_3CH_2COOH + CO_2 \Rightarrow A 的构造式为：CH_3CH_2CH=CH_2$$

$$B(C_4H_8) \xrightarrow{KMnO_4} 一种产物（说明具有对称结构）\Rightarrow B 的构造式为：CH_3CH=CHCH_3$$

（3）**催化氧化** 一些烯烃在催化剂存在下，用空气氧化可以生成重要的化合物，在工业上有重要应用。例如：

$$2CH_2=CH_2 + O_2 \xrightarrow[250℃]{Ag} 2CH_2\underset{O}{\overset{}{-}}CH_2$$
环氧乙烷

$$2CH_3-CH=CH_2 + O_2 \xrightarrow[90\sim120℃,1MPa]{PdCl_2\text{-}CuCl_2} 2CH_3\overset{O}{\overset{\|}{C}}CH_3$$
丙酮

用途：环氧乙烷可用于制备洗涤剂、乳化剂和塑料等，是重要的有机合成中间体；丙酮在无烟火药、赛璐珞、醋酸纤维、喷漆等工业中用作溶剂，是制备醋酐、环氧树脂、甲基丙烯酸甲酯等的重要原料。

任务 3-12 完成下列反应式

$$CH_3CH=\underset{CH_3}{\overset{}{C}}CH_2CH_3 \quad \begin{array}{l} \xrightarrow{\text{稀,冷}KMnO_4} \\ \xrightarrow[②H_2O/Zn]{①O_3} \\ \xrightarrow[H^+]{KMnO_4} \end{array}$$

任务 3-13 举例说明烯烃 α-氢原子卤代反应的实际应用。

3. α-H 的卤代反应

与官能团直接相连的碳原子叫做 α-碳原子，α-碳原子上的氢原子叫做 α-氢原子。含 α-氢原子的烯烃，由于碳碳双键的影响，α-氢原子有较强的活性，可与卤素发生取代反应。例如：

$$CH_3-CH=CH_2 + Cl_2 \xrightarrow{500℃} CH_2\underset{Cl}{\overset{}{-}}CH=CH_2 + HCl \quad 3\text{-}氯丙烯$$

用途：3-氯丙烯最主要的用途是制备环氧氯丙烷，进而生产环氧树脂和合成甘油。

任务 3-14 1-氯-2,3-二溴丙烷（简称：DBCP），是杀线虫剂的活性成分。以丙烯为原料，设计其合成路线。

任务 3-15 写出乙烯、丙烯的聚合反应式。

4. 聚合反应

烯烃在引发剂或催化剂作用下，断裂 π 键，以头尾相连的形式自相加成，生成相对分子质量较大的化合物。烯烃的这种自相加成反应叫做聚合反应。能发生聚合反应的相对分子质量较小的化合物叫做单体，聚合后得到的相对分子质量较大的化合物叫做聚合物。几乎所有 α-烯烃都能聚合生成性能不一的各种塑料。例如乙烯在过氧化物引发下聚合生成聚乙烯，用 $\pm CH_2-CH_2\pm_n$ 表示。其中 $-CH_2-CH_2-$ 叫做链节，n 叫做聚合度。

$$n CH_2 = CH_2 \xrightarrow[200\sim300℃,100MPa]{过氧化物} \pm CH_2-CH_2\pm_n$$

乙稀
（单体）

聚乙烯
（聚合物）

第二节　共轭二烯烃

任务 3-16 举例说明何谓共轭二烯烃。

一、二烯烃的分类、结构和命名

1. 二烯烃的分类

分子中含有两个碳碳双键的链烃叫做二烯烃。二烯烃比相应的单烯烃分子中少两个氢原子，通式为 C_nH_{2n-2}。根据二烯烃分子中两个碳碳双键的相对位置不同，可以将其进行分类。

（1）累积二烯烃　两个双键连在同一个碳原子上的二烯烃叫做累积二烯烃。例如：

$$CH_2 = C = CH_2 （丙二烯）$$

（2）共轭二烯烃　两个双键被一个单键隔开的二烯烃叫做共轭二烯烃。例如：

$$CH_2 = CH-CH = CH_2 （1,3-丁二烯）$$

（3）孤立二烯烃　两个双键被两个或多个单键隔开的二烯烃叫做孤立二烯烃，也叫隔离二烯烃。例如：

$$CH_2 = CH-CH_2-CH = CH_2 （1,4-戊二烯）$$

3 种不同类型的二烯烃中，累积二烯烃很不稳定，自然界极少存在。孤立二烯烃相当于两个孤立的单烯烃，与单烯烃的性质相似。只有共轭二烯烃因结构比较特殊，具有独特的性质，是本章学习讨论的重点。

任务 3-17 运用杂化轨道理论，解释 1,3-丁二烯的平面构型。

2. 共轭二烯烃的结构

（1）1,3-丁二烯的结构　1,3-丁二烯（简称丁二烯）是最简单的共轭二烯烃，它的结构体现了所有共轭二烯烃的结构特征。用物理方法测得，丁二烯分子中的 4 个碳原子和 6 个氢原子在同一平面上，其键长和键角的数据如图 3-5 所示。

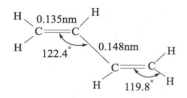

图 3-5　1,3-丁二烯的键长和键角

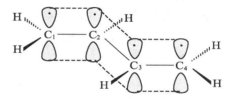

图 3-6　1,3-丁二烯分子中的大 π 键

由图 3-5 中所示的数据可以看出，丁二烯分子中碳碳双键的键长比一般烯烃的双键（0.133nm）稍长，碳碳单键的键长比一般烷烃的单键（0.154nm）短，碳碳双键和单键的键长有平均化的趋势。这是因为丁二烯分子中的 4 个碳原子都是 sp^2 杂化的。它们各以 sp^2 杂化轨道沿键轴方向相互重叠形成 3 个 C—C σ 键，其余的 sp^2 杂化轨道分别与氢原子的 1s 轨道沿键轴方向相互重叠形成 6 个 C—H σ 键，这 9 个 σ 键都在同一平面上，它们之间的夹角都接近 120°。每个碳原子上还剩下一个未参加杂化的 p 轨道，这 4 个 p 轨道的对称轴都与 σ 键所在的平面相垂直，彼此平行，并从侧面重叠，形成 π 键。这样 p 轨道就不仅是在 C_1 与 C_2、C_3 与 C_4 之间平行重叠，而且在 C_2 与 C_3 之间也有一定程度的重叠，从而造成 4 个 π 电子的运动范围扩展到 4 个原子的周围，这种现象叫做 π 电子的离域。形成的 π 键包括了 4 个碳原子，这种包括多个（至少 3 个）原子的 π 键叫做大 π 键，也叫做离域 π 键或共轭 π 键。1,3-丁二烯分子中的大 π 键如图 3-6 所示。

（2）共轭体系与共轭效应　具有共轭 π 键的体系叫做共轭体系，1,3-丁二烯以及其他的共轭二烯烃都是共轭体系。这种共轭体系是由 π 键和 π 键形成的，因此又叫做 π-π 共轭体系。组成共轭体系的所有原子是一个整体，体系中各原子的电子分布的特点对分子特性的影响叫做共轭效应。共轭效应具有如下特点。

① 键长趋于平均化　由于发生了电子的离域，共轭体系的电子云密度趋于平均化，从而使体系中双键和单键的键长趋于平均化。

② 体系能量低　由于电子的离域导致共轭体系内能降低，体系比较稳定。一般电子云密度平均化程度愈大，说明共轭程度愈大，体系更加稳定。

③ 极性交替现象沿共轭链传递　当共轭体系受到外界试剂进攻或分子中其他基团的影响时，形成共轭键的原子上的电荷会发生正、负极性交替现象，这种现象可沿共轭链传递而不减弱。例如，1,3-丁二烯分子受到试剂（如 H^+）进攻时，发生极化：

$$\overset{\delta^+}{CH_2} = \overset{\delta^-}{CH} - \overset{\delta^+}{CH} = \overset{\delta^-}{CH_2} \longleftarrow H^+$$

（3）诱导效应与共轭效应

① 诱导效应　在氯乙烷分子中氯原子电负性大，碳原子电负性小，因此氯原子具有吸电子性，使分子中的成键电子云沿 σ 键向氯原子一端偏移，使分子发生极化。

这种由于分子中成键原子或基团的电负性不同，引起整个分子中成键电子云向着一个方向偏移，使分子发生极化的效应，叫做**诱导效应**。

诱导效应中电子云偏移的方向通常是以 C—H 键中的氢原子作为标准。当原子或基团的电负性大于氢原子，则称其为吸电子基，相反，当原子或基团的电负性小于氢原子，则称其为给电子基。常见原子或基团的吸电或给电能力强弱顺序为：

吸电子基　$-NO_2 > -CN > -COOH > -F > -Cl > -Br > -I > -OR > -H$

给电子基　$(CH_3)_3C->(CH_3)_2CH->CH_3CH_2->CH_3->H-$

② 诱导效应与共轭效应的特点　诱导效应与共轭效应同属于电子效应，不同的是诱导效应使分子中成键电子云沿 σ 键向一个方向偏移，并随着距离的增加，其效应迅速降低，一般经过 3 个碳原子后，诱导效应的影响极小，可以忽略不计。例如：

$$CF_3 \overset{\delta^-}{-}CH\overset{\delta^+}{=}CH_2 \qquad CF_3 \leftarrow CH_2 \leftarrow \overset{\delta^-}{C}H\overset{\delta^+}{=}CH_2 \qquad CF_3 \leftarrow CH_2—CH_2—CH_2—CH=CH_2$$

CF_3 使双键极化　　CF_3 使双键极化程度明显减弱　　　　CF_3 对双键的影响可忽略不计

而共轭效应存在于双键和单键交替的分子结构体系中。共轭效应的特点是组成共轭体系的任何一个原子受到外界或分子内其他基团的作用时，成键电子云沿共轭链呈现交替极化并均匀分布，即不随距离的增加而减弱。例如：

$$CH_3 \rightarrow \overset{\delta^+}{HC}\overset{\delta^-}{=}CH\overset{\delta^+}{-}CH\overset{\delta^-}{=}CH_2 \qquad F\overset{\delta^-}{-}\overset{\delta^+}{CH_2}\leftarrow \overset{\delta^+}{CH_2}—CH_3$$

给电子共轭　　　　　　　　吸电子诱导

任务 3-18　列举你熟悉的 3～5 种二烯烃，写出它们的构造式和名称，并总结其命名规则。

3. 二烯烃的命名

二烯烃系统命名法的步骤和规则如下。

（1）选择主链作为母体　二烯烃的命名应选择含有两个双键的最长碳链作为主链，母体名称为"某二烯"。

（2）给主链碳原子编号　靠近双键一端给主链碳原子编号，用于标明两个双键和取代基的位次。

（3）写出二烯烃的名称　表示方法为：取代基位次-取代基名称-a,b某二烯。其中：a,b 各自代表两个双键的位次，并且 $a<b$。例如：

$$CH_2=CH-CH=CH_2 \qquad\qquad \underset{\underset{CH_3}{|}}{CH_2}=C-CH=CH_2$$

1,3-丁二烯　　　　　　　　2-甲基-1,3-丁二烯（异戊二烯）

$$CH_2=CH-CH_2-\underset{\underset{CH_2CH_3}{|}}{C}=CH_2 \qquad CH_2=\underset{\underset{CH_3}{|}}{C}-CH_2-\underset{\underset{C_2H_5}{|}}{C}=CH-CH_3$$

2-乙基-1,4-戊二烯　　　　　　2-甲基-4-乙基-2,4-己二烯

任务 3-19　写出下列有机物的名称或构造式。

（1）异戊二烯　　　（2）$CH_3-\underset{\underset{C_2H_5}{|}}{C}=CH-CH_2-\underset{\underset{CH_2-CH_3}{|}}{C}=CH_2$

任务 3-20　举例说明共轭二烯烃化学反应的实际应用。

二、共轭二烯烃的化学性质及应用

1. 1,4-加成反应

共轭二烯烃含有大 π 键，由于分子中的极性交替现象，与 1mol 卤素或卤化氢等试剂加

成时，既可发生 1,2-加成反应，也可发生 1,4-加成反应，所以可得两种产物。例如：

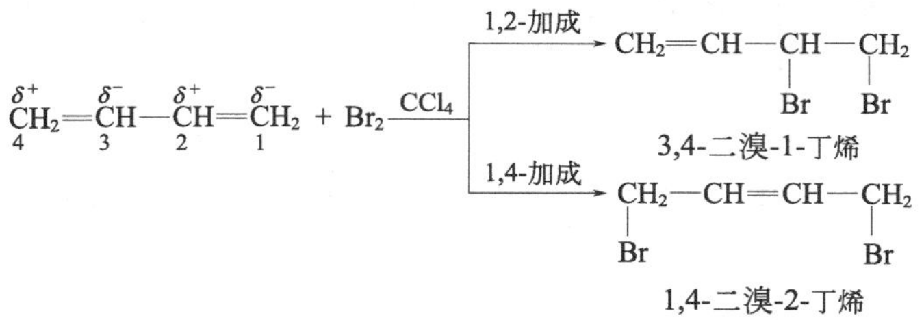

$$\underset{4}{CH_2}=\underset{3}{CH}-\underset{2}{CH}=\underset{1}{CH_2} + Br_2 \xrightarrow{CCl_4}$$

1,2-加成 → $CH_2=CH-\underset{Br}{CH}-\underset{Br}{CH_2}$
3,4-二溴-1-丁烯

1,4-加成 → $\underset{Br}{CH_2}-CH=CH-\underset{Br}{CH_2}$
1,4-二溴-2-丁烯

控制反应条件，可调节两种产物的比例。一般在低温下或非极性溶剂中有利于 1,2-加成产物的生成，在高温下或极性溶剂中则有利于 1,4-加成产物的生成。例如：

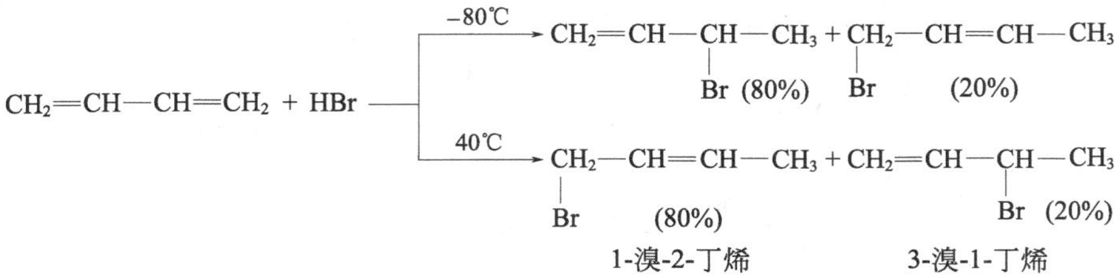

$$CH_2=CH-CH=CH_2 + HBr \longrightarrow$$

−80℃ → $CH_2=CH-\underset{Br}{CH}-CH_3 + CH_2=CH-CH-CH_3$
Br (80%) Br (20%)

40℃ → $CH_2-CH=CH-CH_3 + CH_2=CH-CH-CH_3$
Br (80%) Br (20%)
1-溴-2-丁烯 3-溴-1-丁烯

共轭二烯烃与卤化氢加成时，符合马氏加成规则。

2. 双烯合成——狄尔斯-阿德尔反应

共轭二烯烃与含 C＝C 或 C≡C 的不饱和化合物发生 1,4-加成，生成环状化合物的反应叫做双烯合成反应，也叫做狄尔斯-阿德尔（Diels-Alder）反应。这种反应的特点是旧键断裂、新键形成同时进行的，称为协同反应。

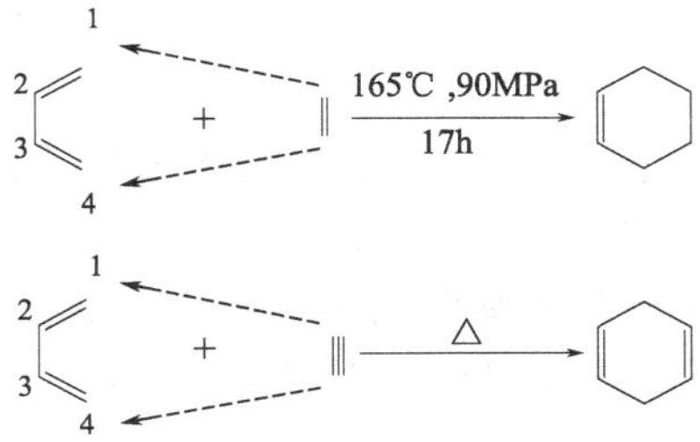

在反应中，共轭二烯烃叫做双烯体，含 C＝C 或 C≡C 的不饱和化合物叫做亲双烯体。当亲双烯体中连有—COOH、—CHO、—CN 等吸电子基时，有利于反应的进行。例如：

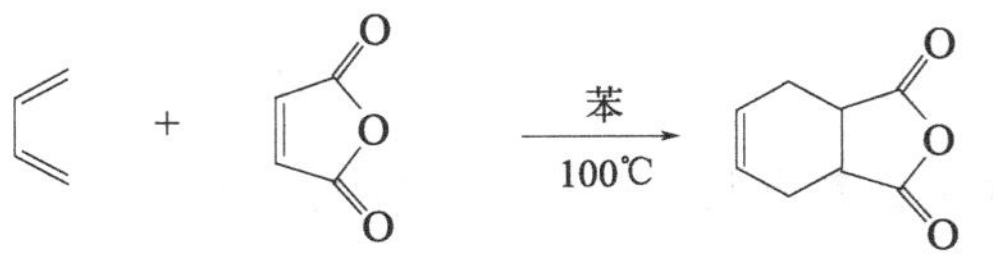

顺丁烯二酸酐 （固体,100%）

用途：与顺丁烯二酸酐的反应是定量进行的，且生成了白色固体，常用于鉴定共轭二烯烃；化学家阿尔德与狄尔斯，因狄尔斯-阿尔德反应的研究于 1950 年同获诺贝尔化学奖。该反应提供了环类有机物的合成方法，推动了萜烯化学的发展；该反应广泛应用于合成染料、药剂、杀虫剂、润滑油、干燥油等。

3. 氧化反应

二烯烃与烯烃一样容易发生氧化反应，在比较强烈的氧化条件下，烯烃 C＝C 双键发生完全断裂，生成不同的产物。例如：

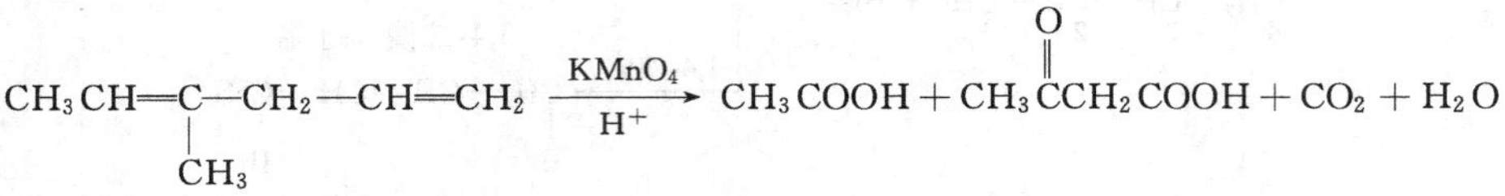

$$CH_3CH=C-CH_2-CH=CH_2 \xrightarrow[H^+]{KMnO_4} CH_3COOH + CH_3\overset{O}{\overset{\|}{C}}CH_2COOH + CO_2 + H_2O$$

不同构造的双键碳原子，氧化后生成不同的氧化产物，小结如下：

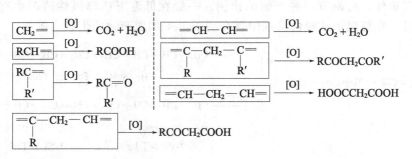

4. 聚合反应

共轭二烯烃比较容易发生聚合反应生成高分子化合物，工业上利用这一反应来生产合成橡胶。例如：

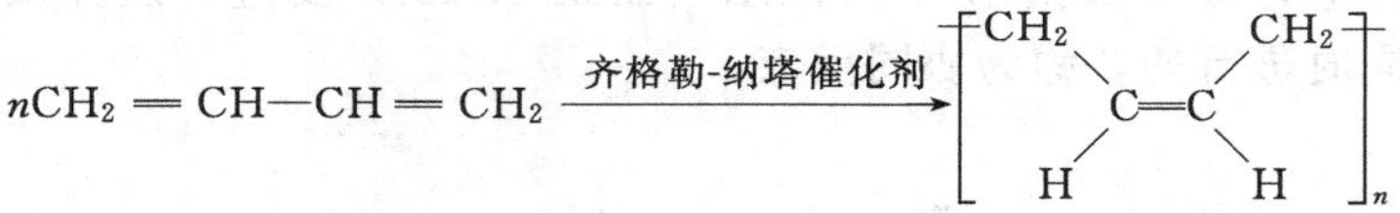

$$n CH_2=CH-CH=CH_2 \xrightarrow{\text{齐格勒-纳塔催化剂}} \left[\begin{array}{c} CH_2 \\ C=C \\ H \end{array} \begin{array}{c} CH_2 \\ \\ H \end{array} \right]_n$$

顺丁橡胶

上述反应是按 1,4-加成方式，首尾相接而成的聚合物。由于链节中，相同的原子或基团在 C＝C 双键同侧，所以称作顺式。这样的聚合方式称为定向聚合。

齐格勒-纳塔催化剂是一种有机金属催化剂，用于合成非支化高立体规整性的聚烯烃。典型的是双组分：四氯化钛-三乙基铝 $[TiCl_4\text{-}Al(C_2H_5)_3]$

任务 3-21 完成下列反应式。

（1）$CH_2=CH-CH=CH_2 + Br_2 \xrightarrow{1,4\text{-加成}} ? \xrightarrow[\triangle]{CH_2=CH-CH=CH_2} ?$

（2）$? (C_9H_{16}) \xrightarrow[H^+]{KMnO_4} CH_3COOH + CH_3\overset{O}{\overset{\|}{C}}CH_2COOH + CH_3\overset{O}{\overset{\|}{C}}-CH_3$

任务 3-22 用化学方法区别戊烷、1-戊烯和异戊二烯。

第三节 炔烃

任务 3-23 运用杂化轨道理论，解释乙炔的直线构型。

一、炔烃的结构及同分异构现象

1. 炔烃的含义

通常所说的炔烃是指分子中含有一个碳碳三键的链烃，它的通式也是 C_nH_{2n-2}，与二烯烃相同。

2. 炔烃的结构

（1）乙炔的结构及 sp 杂化

① 乙炔的直线构型　乙炔是最简单的炔烃，分子式为 C_2H_2，构造式为 CH≡CH。实验表明，乙炔分子中 C≡C 的键能为 837kJ/mol，既不是 C—C 单键键能的 3 倍，也不是 C—C 单键和 C≡C 双键键能之和。C≡C 键长约为 0.120nm，C—H 键长约为 0.106nm，而且键角为 180°，也就是说，乙炔分子中的两个碳原子和两个氢原子在同一条直线上，乙炔为直线形分子。乙炔分子模型如图 3-7 所示。

图 3-7　乙炔分子模型

② 碳的 sp 杂化　轨道理论认为，乙炔分子中的每个碳原子，各以一个 2s 轨道和一个 2p 轨道进行 sp 杂化，组成了两个完全相同的 sp 杂化轨道，每个碳原子还剩余两个未参与杂化的 2p 轨道。杂化过程如下：

每一个 sp 杂化轨道含有 1/2s 成分和 1/2p 成分，其形状仍是葫芦形（请读者从轨道成分的差异想一想，sp^3、sp^2 与 sp 杂化轨道有何不同？）。两个 sp 杂化轨道的对称轴在同一条直线上，夹角为 180°，未参与杂化的两个 2p 轨道相互垂直并同垂直于 sp 杂化轨道的对称轴。如图 3-8 所示。

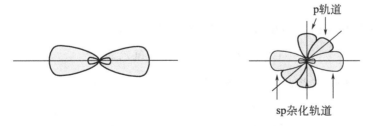

(a) 两个sp杂化轨道　　(b) 两个sp杂化轨道与两个p轨道

图 3-8　碳原子的 sp 杂化

乙炔分子形成时，两个碳原子各以一个 sp 杂化轨道沿键轴方向重叠形成一个 C—Cσ 键，并以剩余的 sp 杂化轨道分别与氢原子的 1s 轨道沿键轴方向重叠形成两个 C—Hσ 键，这 3 个 σ 键的对称轴在同一条直线上，因此乙炔为直线构型。

此外，每个碳原子上都有两个未参与杂化且又相互垂直的 p 轨道，两个碳原子的 4 个 p 轨道，其对称轴两两平行，侧面"肩并肩"重叠，形成两个相互垂直的 π 键。这两个 π 键电子云对称地分布在 σ 键周围，呈圆筒形。如图 3-9 所示。

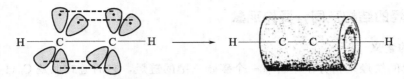

图 3-9 乙炔分子中的 π 键

可见，乙炔分子中的碳碳三键是由一个 σ 键和两个 π 键组成的。

（2）其他炔烃的结构

其他炔烃分子中碳碳三键的结构与乙炔完全相同。也就是说与碳碳三键直接相连的原子在一条直线上。

任务 3-24 试根据碳原子的杂化类型判断分子的构型。

$$CH\equiv C-CH_2CH = CHCH_3$$

任务 3-25 比较 sp^3、sp^2、sp 杂化的特点。

3. 炔烃的同分异构现象

炔烃的异构现象为碳链构造异构和三键位置异构。由于三键碳原子上只能连接一个原子或基团，所以炔烃比相应烯烃的异构体数目少。例如炔烃 C_5H_8 只有三种异构体：

$$CH_3CH_2CH_2C\equiv CH \qquad CH_3CH_2C\equiv CCH_3 \qquad \underset{\underset{CH_3}{|}}{CH_3CHC}\equiv CH$$

因为炔烃与二烯烃的通式相同，所以相同碳原子数的炔烃和二烯烃互为同分异构体。这种因官能团不同引起的异构现象叫做官能团异构。

任务 3-26 列举你熟悉的 3～5 种炔烃，写出它们的构造式和名称。

二、炔烃的命名

1. 炔烃的命名

简单的炔烃可采用衍生命名法命名为"某某乙炔"。例如：

$$CH_3C\equiv CCH_3 \qquad 二甲基乙炔$$

炔烃的系统命名法与烯烃相似，只是把相应的"烯"字改成"炔"即可。例如：

$$CH_3(CH_2)_8CH_2C\equiv CH \qquad\qquad CH_3CH_2C\equiv CCH_3$$
1-十二碳炔   2-戊炔

$$CH_3-CH_2-C\equiv C-C-CH_3$$
$$\underset{\underset{H_3C-CH-CH_3}{|}}{}$$
5-甲基-4-乙基-2-己炔   3-甲基-6-乙基-4-辛炔

$$CH_3CH_2CHC\equiv CCHCH_2CH_3$$
$$\underset{CH_3 \qquad CH_2CH_3}{|\qquad\qquad|}$$

2. 炔基的命名

炔烃分子去掉一个氢原子剩下的部分，叫做炔基。常见的炔基有：

$$CH\equiv C- \qquad\qquad CH_3-C\equiv C- \qquad\qquad CH\equiv C-CH_2-$$
乙炔基   丙炔基   炔丙基

三、烯炔化合物的命名

分子中既有碳碳双键又有碳碳三键的烃叫做烯炔。简单的烯炔也可用衍生命名法命名。例如：$CH_2 = CH-C \equiv CH$ 可命名为乙烯基乙炔。

通常普遍采用的是系统命名法。命名原则如下。

① 选择既含 $C = C$ 又含 $C \equiv C$ 在内的最长碳链作为主链，根据主链中碳原子数目称"某烯炔"。

② 编号使 $C = C$ 和 $C \equiv C$ 的位次符合"最低系列"，在此前提下优先给 $C = C$ 以最小位次。

③ 全名称的书写方法与各类烃基本相同，只是母体要用"a-某烯-b-炔"表示，其中 a 表示"$C = C$"位次，b 表示"$C \equiv C$"位次。例如：

$$\overset{1}{C}H \equiv \overset{2}{C} - \overset{3}{C}H - \overset{4}{C}H = \overset{5}{C}H - \overset{6}{C}H_3 \qquad \overset{5}{C}H \equiv \overset{4}{C} - \overset{3}{C}H - \overset{2}{C}H = \overset{1}{C}H_2$$
$$\underset{CH(CH_3)_2}{|}$$

3-异丙基-4-己烯-1-炔   1-戊烯-4-炔

任务 3-27 写出下列炔烃或炔基的构造式。

（1）丙炔基   （2）乙炔基   （3）丙烯基乙炔   （4）仲丁基乙炔

任务 3-28 用系统命名法命名下列炔烃和烯烃。

（1）$CH_3 - CH - CH(CH_3)_2$
$\qquad\qquad\ \ |$
$\qquad\qquad\ \ C \equiv CH$

（2）$CH_3C \equiv CCHCH_2CH_3$
$\qquad\qquad\qquad\quad |$
$\qquad\qquad\qquad\ \ C_2H_5$

（3）$CH \equiv C(CH_2)_4CH = C(CH_3)_2$

（4）$CH_3C \equiv CCH_2CH = CCH_3$
$\qquad\qquad\qquad\qquad\quad\ |$
$\qquad\qquad\qquad\qquad\ \ CH_3$

四、炔烃的物理性质及应用

炔烃是低极性的化合物，它的物理性质基本上和烷烃、烯烃相似，一些炔烃的物理常数见表3-3。

表 3-3　炔烃的物理常数

名称	沸点/℃	熔点/℃	相对密度 d_4^{20}
乙炔	−84	−80.8	0.6208（−82℃）
丙炔	−23.2	−101.5	0.7062（−50℃）
1-丁炔	8.1	−125.7	0.6784（0℃）
2-丁炔	27	−32.2	0.6910
1-己炔	71.3	−131.9	0.7155
1-十八碳炔	180（52kPa）	28	0.8025

1. 物态

通常情况下，$C_2 \sim C_4$ 的炔烃是气体；$C_5 \sim C_{17}$ 的炔烃是液体；C_{18} 以上的炔烃是固体。

2. 熔点、沸点

炔烃的熔点、沸点都随碳原子数目增加而升高。一般比相应的烷烃、烯烃略高，这是因为 $C \equiv C$ 三键键长较短，分子间距离较近、作用力较强的缘故。

3. 相对密度

炔烃的相对密度都小于1。相同碳原子数的烃的相对密度为：炔烃＞烯烃＞烷烃。

4. 溶解性

炔烃难溶于水，易溶于乙醚、石油醚、丙酮、苯和四氯化碳等有机溶剂。

> **任务 3-29** 举例说明炔烃化学反应的实际应用。

五、炔烃的化学性质及应用

1. 加成反应

（1）催化加氢 在催化剂铂（Pt）、钯（Pd）、镍（Ni）等金属存在下，炔烃与氢加成，首先生成烯烃，烯烃可进一步加氢生成烷烃。例如：

$$CH\equiv CH+H_2 \xrightarrow{\text{Reney Ni}} CH_2=CH_2 \xrightarrow[\text{Reney Ni}]{H_2} CH_3-CH_3$$

若采用林德拉（Lindlar）催化剂（将金属钯沉结在碳酸钙上，再用醋酸铅处理制得），可使反应停留在烯烃阶段，并得到顺式烯烃。

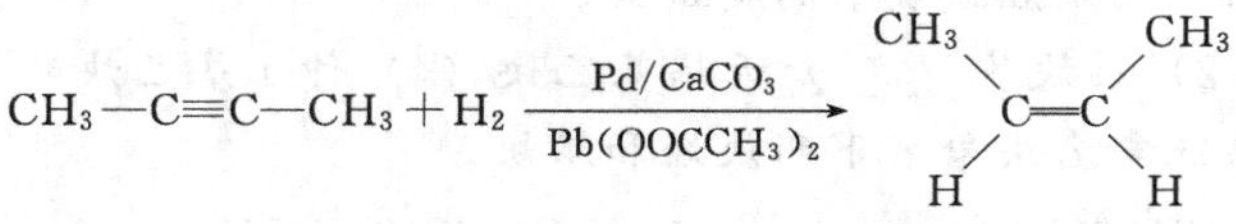

$$CH_3-C\equiv C-CH_3+H_2 \xrightarrow[\text{Pb(OOCCH}_3)_2]{\text{Pd/CaCO}_3}$$

顺-2-丁烯

（2）亲电加成 炔烃具有三键，其分子的两个 π 键电子云成圆筒状绕轴分布，离碳原子核较近，受到原子核的束缚较强，发生亲电加成反应的活性比烯烃弱，但其加成规律与烯烃类似。炔烃能与 X_2、HX 等亲电试剂发生亲电加成反应。

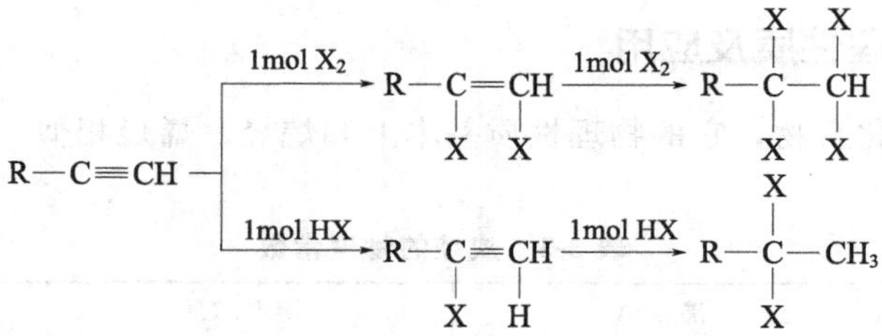

炔烃与 X_2、HX 作用可以停留在一分子加成阶段。若分子中同时含有碳碳双键和碳碳三键，反应首先发生在碳碳双键上。例如：

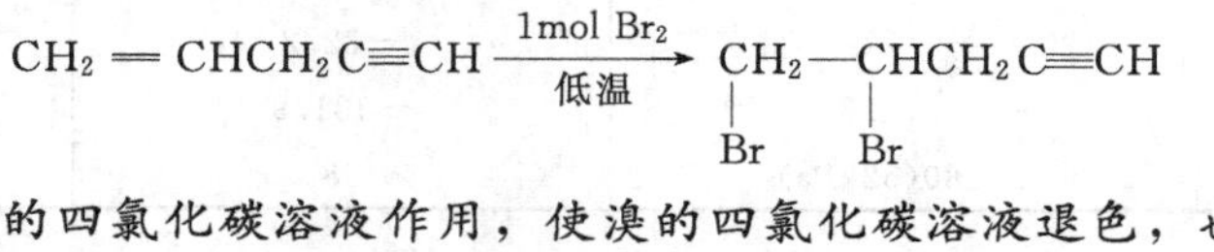

$$CH_2=CHCH_2C\equiv CH \xrightarrow[\text{低温}]{\text{1mol Br}_2} CH_2-CHCH_2C\equiv CH$$

用途：炔烃与溴的四氯化碳溶液作用，使溴的四氯化碳溶液退色，也用于检验碳碳三键是否存在；炔烃与卤化氢加成得到卤代烃，广泛用于有机合成。

（3）亲核加成 炔烃在催化剂作用下，可与 ROH、RCOOH 等试剂发生亲核加成反应。例如：

$$CH\equiv CH+CH_3OH \xrightarrow[160\sim165℃,2MPa]{20\%NaOH} CH_2=CH-OCH_3$$

甲醇　　　　　　　　　　　　　　　甲基乙烯基醚

$$CH \equiv CH + H - O - \overset{\displaystyle O}{\overset{\|}{C}} - CH_3 \xrightarrow[\text{180~220℃}]{\text{乙酸锌/活性炭}} CH_2 = CH - O - \overset{\displaystyle O}{\overset{\|}{C}} - CH_3$$
乙酸　　　　　　　　　　　　　　　　　乙酸乙烯酯

用途： 甲基乙烯基醚为无色气体，是合成涂料、增塑剂和黏合剂等产品的原料。乙酸乙烯酯俗称醋酸乙烯，是无色液体，主要用作合成纤维维纶的原料。

（4）**水化反应**　在催化剂作用下，炔烃可与水发生加成反应，首先生成烯醇，烯醇一般不能稳定存在，发生分子内重排，转变成醛或酮。例如：

$$CH \equiv CH + H - OH \xrightarrow{HgSO_4/H_2SO_4} [CH_2 = CH] \xrightarrow{\text{重排}} CH_3 - \overset{\displaystyle O}{\overset{\|}{C}}H$$
乙醛

$$CH \equiv C - CH_3 + H - OH \xrightarrow{HgSO_4/H_2SO_4} [CH_2 = C - CH_3] \xrightarrow{\text{重排}} CH_3 - \overset{\displaystyle O}{\overset{\|}{C}} - CH_3$$
丙酮

不对称炔烃与水的加成也符合马氏加成规则。

用途： 炔烃的水化反应是工业上制取乙醛和丙酮的一种方法。乙醛和丙酮都是重要的化工原料。

2. 氧化反应

（1）与臭氧反应

炔烃经臭氧（O_3）氧化形成臭氧化物，臭氧化物在锌粉存在下可以水解。最终炔烃的氧化水解产物为羧酸。

$$R - C \equiv CH \xrightarrow[\text{②}H_2O/Zn]{\text{①}O_3} RCOOH + HCOOH$$

（2）与高锰酸钾反应

炔烃容易被高锰酸钾氧化，三键完全断裂，乙炔生成二氧化碳，其他的末端炔烃生成羧酸和二氧化碳，非末端炔烃生成两分子羧酸。例如：

$$3CH \equiv CH + 10KMnO_4 + 2H_2O \longrightarrow 6CO_2 \uparrow + 10MnO_2 \downarrow + 10KOH$$

$$CH_3CH_2C \equiv CH \xrightarrow[H^+]{KMnO_4} CH_3CH_2COOH + CO_2$$

$$CH_3CH_2C \equiv CCH_3 \xrightarrow[H^+]{KMnO_4} CH_3CH_2COOH + CH_3COOH$$

用途： 在氧化反应过程中，高锰酸钾溶液的紫红色逐渐消失，同时生成棕褐色的二氧化锰沉淀。实验室中可根据高锰酸钾溶液的退色和二氧化锰棕褐色沉淀的形成来鉴别炔烃。此外，还可根据氧化产物来推测原来炔烃的结构。

3. 三键氢的酸性

在炔烃分子中，与三键碳原子直接相连的氢原子叫做炔氢原子。由于三键碳原子是 sp 杂化，其电负性比 sp^2、sp^3 杂化的碳原子的电负性强，从而使三键氢原子具有微弱的酸性。含有炔氢原子的炔烃（通常称为末端炔）能与钠或氨基钠反应；能被某些金属离子取代生成金属炔化物。

（1）炔钠的生成——高级炔烃的制备

乙炔和其他末端炔烃可以与熔融的金属钠或在液氨溶剂中与氨基钠（$NaNH_2$）作用得到炔化物。

$$2CH \equiv CH + 2Na \xrightarrow{110℃} 2CH \equiv CNa + H_2 \uparrow$$
$$\text{乙炔钠}$$

$$CH \equiv CH + 2Na \xrightarrow{190 \sim 220℃} NaC \equiv CNa + H_2 \uparrow$$
$$\text{乙炔二钠}$$

$$R - C \equiv CH + NaNH_2 \xrightarrow{液氨} R - C \equiv CNa + NH_3 \uparrow$$

炔化钠的性质活泼，可与卤代烷作用，在炔烃中引入烷基，制备高级炔烃。

$$R - C \equiv CNa + R'X \longrightarrow R - C \equiv C - R' + NaX$$

用途： 此反应叫做炔烃的烷基化反应，是增长碳链合成有机物的方法之一。

案例3： 以乙炔为原料合成3-已炔。

【案例分析】 从原料和产物的构造骨架看，产物比原料增加了两个乙基，显然这是一个增长碳链的合成。依据增长碳链的方法，可利用乙炔二钠与氯乙烷反应制得。合成过程中所用的氯乙烷原料也需由乙炔来合成。合成路线如下：

$$HC \equiv CH \xrightarrow[Pb(OOCCH_3)_2]{H_2, Pd/CaCO_3} CH_2 = CH_2 \xrightarrow{HCl} CH_3CH_2Cl$$

$$HC \equiv CH \xrightarrow[190 \sim 220℃]{2Na} NaC \equiv CNa \xrightarrow{2CH_3CH_2Cl} CH_3CH_2C \equiv CCH_2CH_3$$

（2）炔银和炔亚铜的生成——末端炔烃的鉴定

将含三键氢的炔烃加到硝酸银或氯化亚铜的氨溶液中，立即生成金属炔化物。

$$CH \equiv CH \begin{cases} \xrightarrow{Ag(NH_3)_2NO_3} AgC \equiv CAg \downarrow \text{（灰白色）} \\ \qquad\qquad\quad \text{乙炔银} \\ \xrightarrow{Cu(NH_3)_2Cl} CuC \equiv CCu \downarrow \text{（红棕色）} \\ \qquad\qquad\quad \text{乙炔亚铜} \end{cases}$$

$$R - C \equiv CH \begin{cases} \xrightarrow{Ag(NH_3)_2NO_3} R - C \equiv CAg \downarrow \text{（灰白色）} \\ \qquad\qquad\quad\quad \text{炔化银} \\ \xrightarrow{Cu(NH_3)_2Cl} R - C \equiv CCu \downarrow \text{（红棕色）} \\ \qquad\qquad\quad\quad \text{炔化亚铜} \end{cases}$$

干燥的金属炔化物很不稳定，受热易发生爆炸，为避免危险，生成的炔化物应加稀酸将其分解。例如：

$$R - C \equiv CAg + HNO_3 \longrightarrow R - C \equiv CH + AgNO_3$$

$$2R - C \equiv CCu + 2HCl \longrightarrow 2R - C \equiv CH + Cu_2Cl_2$$

用途： 乙炔银和其他炔化银为灰白色沉淀，乙炔亚铜和其他炔化亚铜为红棕色沉淀。此反应非常灵敏，现象显著，可用于鉴别末端炔的结构。此外，利用炔化物可被稀酸分解的性质分离末端炔烃。

4. 聚合反应

乙炔很易几个分子聚合，在不同的条件下生成不同的低聚产物。其中乙炔的二聚在工业生产中有着重要的应用。

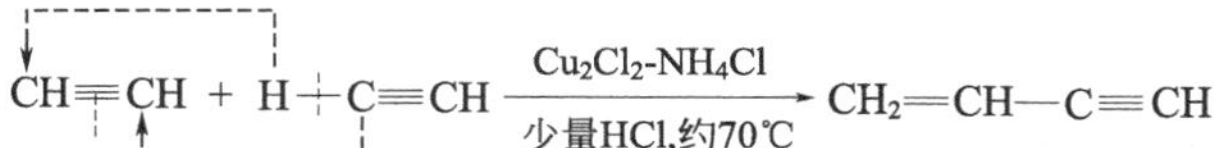

$$CH \equiv CH + H + C \equiv CH \xrightarrow[\text{少量HCl,约70℃}]{Cu_2Cl_2-NH_4Cl} CH_2 = CH - C \equiv CH$$
乙烯基乙炔

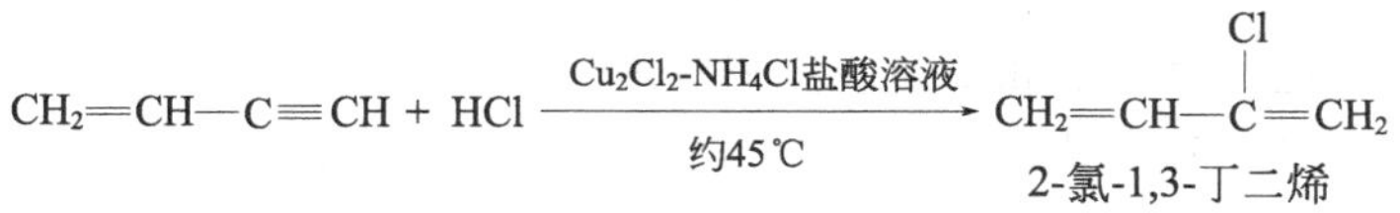

$$CH_2 = CH - C \equiv CH + HCl \xrightarrow[\text{约45℃}]{Cu_2Cl_2-NH_4Cl\text{盐酸溶液}} CH_2 = CH - \underset{\underset{Cl}{|}}{C} = CH_2$$
2-氯-1,3-丁二烯

用途：2-氯-1,3-丁二烯为无色液体，是合成氯丁橡胶的单体。

乙炔也可以高聚，在齐格勒-纳塔催化剂的作用下，聚合成线型高分子化合物。

任务 3-30　用化学方法区别下列两组化合物。

（1）乙烷、乙烯、乙炔　　（2）1-己炔和2-己炔

任务 3-31　试以乙炔为原料合成 1-丁炔进而合成丁酮（$CH_3COCH_2CH_3$）。

第四节　重要化合物

一、乙烯和聚乙烯

乙烯是有机化学工业最重要的起始原料之一。由乙烯出发，通过各类化学反应，可以制得诸如乙醇、乙醛、氯乙烷、氯乙烯、氯乙醇、二氯乙烷、环氧乙烷、聚乙烯、聚氯乙烯等许多有用的化工产品和中间体。

此外，乙烯还具有催促水果成熟的作用。由于乙烯是气体，作为催熟剂，运输使用都不大方便。因此近年来，人们合成了名为乙烯利（化学名称叫 2-氯乙基膦酸）的液态乙烯型植物催熟激素，这种植物催熟激素能被植物吸收，并在植物体内水解后释放出乙烯，从而发挥催熟作用。

乙烯在过氧化物的引发下，经高压聚合可制得高压聚乙烯（简称 LDPE，又称为低密度聚乙烯）；若采用齐格勒-纳塔催化剂（烷基铝与氯化钛），在常压或略高于常压下聚合得到低压聚乙烯（简称 HDPE，又称为高密度聚乙烯）。

聚乙烯常温时为乳白色半透明固体，其化学性能稳定，无毒，水蒸气透过率很低，耐酸、碱及无机盐类的腐蚀，具有良好的绝缘性和透光性。常用作食品、药品和生活用品的容器，也常用作防腐、防潮、绝缘材料和农用薄膜。

二、丙烯和聚丙烯

丙烯是化工工业最重要的起始原料之一。以丙烯为原料可以制得丙酮、丙烯醛或酸、丙烯腈、氯丙烯、环氧丙烷、聚丙烯、聚丙烯腈等重要的化工产品。

由丙烯在齐格勒-纳塔催化剂的作用下可聚合得到聚丙烯（简称PP）。很多性能和聚乙烯类似。但是由于其存在一个甲基构成的侧支，聚丙烯更易氧化，通过改性和添加抗氧剂可以克服。聚丙烯可用注射、吹塑和熔纺等工艺成型，广泛用于制造容器、管道、包装材料、薄膜和纤维。也常用增强方法获得性能优良的工程塑料，用于汽车、医疗器具、农业和家用品的制作。聚丙烯纤维的中国商品名为丙纶，强度与锦纶相仿而价格低廉，用于织造地毯、滤布、缆绳、编织袋等。

三、1,3-丁二烯和顺丁橡胶

1,3-丁二烯是无色气体，不溶于水，可溶于汽油、苯等有机溶剂。工业上可从石油裂解的 C4 馏分中提取，也可由丁烷和丁烯脱氢来制取。

1,3-丁二烯分子中含有共轭双键，可以发生 1,4-加成和聚合反应。例如：

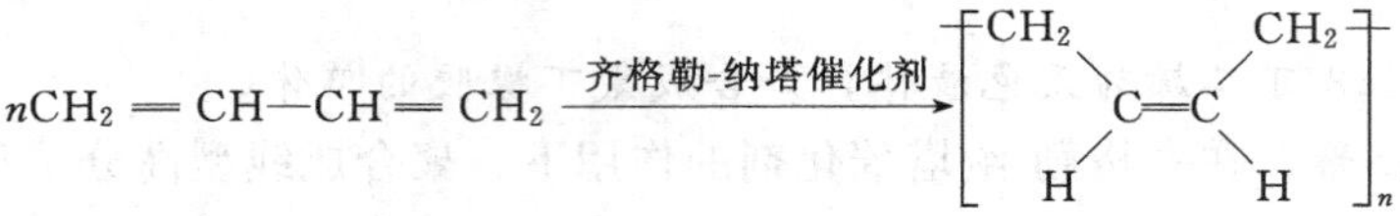

$$nCH_2 = CH-CH = CH_2 \xrightarrow{\text{齐格勒-纳塔催化剂}} \left[\begin{array}{c} CH_2 \quad\quad CH_2 \\ C=C \\ H \quad\quad H \end{array} \right]_n$$

上述反应是按 1,4-加成方式，首尾相接而成的聚合物。由于链节中，相同的原子或基团在 C=C 双键同侧，所以称作顺式。这样的聚合方式称为定向聚合。

由定向聚合生产的顺丁橡胶，其结构排列有序，具有耐磨、耐低温，抗老化、弹性好等优良性能，因此在合成橡胶中的产量占世界第二位，仅次于丁苯橡胶。

四、异戊二烯和天然橡胶

异戊二烯是无色刺激性液体，沸点 34℃，不溶于水，易溶于苯、汽油等有机溶剂。工业上可从石油裂解的 C_5 馏分中提取，也可由异戊烷和异戊烯脱氢来制取。

异戊二烯分子中含有共轭双键，可以发生 1,4-加成和聚合反应。天然橡胶就可以看作是由异戊二烯单体 1,4-加成聚合而成的聚合体。在天然橡胶中，异戊二烯之间"头尾"相连，形成一个线型分子，并且双键上较小的取代基都位于双键的同侧。如下式所示：

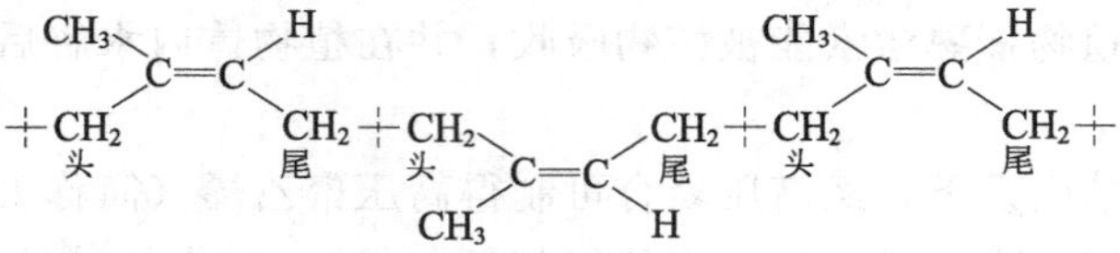

天然橡胶是由栽培的橡胶树割取的胶乳经过加工制成的，其产量有限。由于橡胶制品需求量极大，因此在天然橡胶结构的基础上，发展了合成橡胶。目前，采用齐格勒-纳塔催化剂可使异戊二烯定向聚合成结构和性质与天然橡胶极为相近的聚合物，称为合成天然橡胶，并广泛应用于轮胎和其他橡胶制品中。

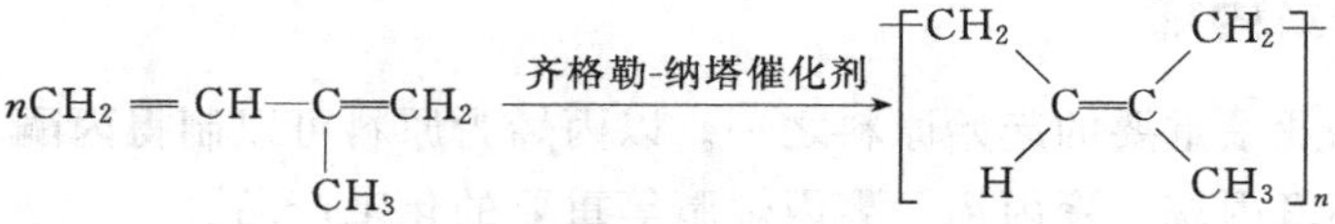

$$nCH_2 = CH-C = CH_2 \xrightarrow{\text{齐格勒-纳塔催化剂}} \left[\begin{array}{c} CH_2 \quad\quad CH_2 \\ C=C \\ H \quad\quad CH_3 \end{array} \right]_n$$

五、乙炔的来源及用途

乙炔是最简单也最重要的炔烃。目前工业上生产乙炔的方法主要有两种。

1. 电石法

将石灰石和焦炭在高温电炉中加热至 2200～2300℃，生成电石（碳化钙）。电石水解立即生成乙炔（所以乙炔俗称电石气）。

$$CaO + 3C \xrightarrow{2200\sim2300℃} \overset{\displaystyle C\equiv C}{\underset{Ca}{|}} + CO$$

$$\overset{\displaystyle C\equiv C}{\underset{Ca}{|}} + 2H_2O \longrightarrow HC\equiv CH + Ca(OH)_2$$

电石法技术比较成熟，生产工艺流程简单，应用比较普遍，但因能耗大、成本高，其发展受到限制。

2. 甲烷部分氧化法

甲烷在 1500～1600℃发生部分氧化裂解，可制得乙炔，同时伴有副产物水煤气的生成。

$$5CH_4 + 3O_2 \xrightarrow{1500\sim1600℃} HC\equiv CH + 3CO + 6H_2 + 3H_2O$$

此法要求生成的乙炔快速（0.01～0.001s）离开反应体系，否则将会发生乙炔的裂解或聚合。生成的反应气中，乙炔占 8%～9%，需要用溶剂提取浓缩。我国目前采用 N-甲基吡咯烷酮提浓乙炔，取得了较好的效果。随着天然气工业的发展，甲烷部分氧化法将成为今后工业上生产乙炔的主要方法。

纯净的乙炔为无色无臭气体，微溶于水，易溶于丙酮。乙炔与一定比例的空气混合易爆炸，其爆炸极限为 2.6%～80%（体积分数）。乙炔在加压下不稳定，液态乙炔受到震动会爆炸，但乙炔的丙酮溶液是稳定的，为便于安全储存和运输，一般用浸有丙酮的多孔物质（如石棉、活性炭等）吸收乙炔后，一起储存在钢瓶中。

乙炔是有机合成的基本原料，可以制得乙醛、卤代烃、乙酸乙烯酯、乙烯基乙炔、聚乙烯醇、聚乙炔等重要的化工产品。乙炔在燃烧时所形成的氧炔焰温度高达 3500℃，广泛用来焊接和切割金属。

📑**知识窗** -

有机导体——聚乙炔

众所周知，塑料是一种良好的绝缘材料。在普通的电缆中，塑料常被用作导电铜线外面的绝缘层。然而 2000 年三位诺贝尔化学奖得主对塑料的研究成果，却向人们习以为常的"观念"提出了挑战。通过研究发现，塑料经过特殊改造之后，聚乙炔塑料能够表现得像金属一样，产生导电性。2000 年 10 月 10 日，瑞典皇家科学院将化学奖的最高荣誉授予了美国科学家艾伦·黑格、艾伦·马克迪尔米德以及日本科学家白川英树，以表彰它们对导电聚合物领域的开创性贡献。

聚乙炔是结构最简单、最易合成的共轭链有机高分子聚合物。聚乙炔有共轭双键，它既可作为供电子体，也可作为受电子体。实验已表明，纯净的聚乙炔为绝缘体，不导电，这是因为聚乙炔是一维的链状结构。一维链状结构材料在低温下都不导电是普遍现象和规律，只有当温度升高才转变为导体，这个转变温度称为派尔斯相变温度。聚乙炔的派尔斯相变温度达到数千摄氏度，在这样的高温下，聚乙炔早已分解，所以在通常温度下纯净聚乙炔总是不导电的。但当将碘、溴等卤素掺杂到聚乙炔中时，其电导率可提高到金属水平。

由于聚乙炔具有特殊的光学、电学和磁学性质以及可逆的电化学性质，它在二次电池和光电化学电池方面显示出了诱人的应用前景，但最致命的弱点是它在空气中不稳定。目前已采用共聚、涂膜、加入抗氧剂、加入高纯离子、化学掺杂等方法来克服，但效果还不够十分理想，有待于进一步的研究。

据有关资料表明，截止到 2002 年地球上已经探明的有色金属储量如果按现在的开采速度计算，可供开采的年限分别为：铜 22 年、铝 164 年、镍 77 年、锡 28 年。原生有色金属矿产资源正在趋于枯竭。同时科学家发现许多不可再生的稀有金属资源仅可以用十来年。比如铂，全世界的所有铂金属在 15 年内就可以用光。因此，开发运用聚乙炔等为代表的有机导电聚合物来替代部分金属材料，具有非常重要的意义，将会成为第四次产业革命中有重大作用的特殊高分子材料之一。

习题

3-1　填空题

（1）烯烃的通式为_____；炔烃、二烯烃通式同为_____，它们属于_____异构。

（2）在烯烃分子中，双键碳原子采用_____杂化，两个双键碳原子之间除形成 σ 键之外，还形成了_____键，该键的特点是稳定性_____、_____自由旋转。

（3）炔烃分子中"C≡C"由一个_____键和两个_____键组成，三键碳原子采用_____杂化。

（4）共轭二烯烃的四个双键碳原子均采用_____杂化，它们在形成三个 σ 键的同时，每个双键碳原子上未参与杂化的 p 轨道也彼此平行重叠形成一个包括四个碳原子在内的_____键，含键的体系称为_____体系，其特点是：能量较_____，性质较_____。

（5）丙烯中的少量丙炔杂质，实验室可用_____洗涤除去，工业上则用_____催化剂催化加氢来提纯。

3-2　选择题

（1）下列描述 CH_3—CH =CH—CH =CHCH_3 分子结构的叙述中，正确的是（　　）。
   A. 6 个碳原子都在一条直线上　　　　　B. 所有碳、氢原子都在一条直线上
   C. 6 个碳原子有可能都在同一平面上　D. 6 个碳原子不可能都在同一平面上

（2）用 Lindlar 催化剂对烯炔催化加氢时，进行加氢反应的情况是（　　）。
   A. 首先在双键上进行　　　　　　　　　B. 首先在三键上进行
   C. 在双键和三键上同时进行

3-3　根据下列名称写出相应的构造式，并指出哪些物质是同系物，哪些互为同分异构体。

（1）异丁烯　（2）异戊二烯　（3）1-戊炔　（4）2-甲基-4-异丙基-2-庚烯
（5）烯丙基乙炔　（6）叔丁基乙炔

3-4　用简便的化学方法鉴别下列两组化合物。

（1）乙烯基乙炔、1,3-己二烯、己烷

（2）戊烷、1-戊烯、1-戊炔

3-5　完成下列化学反应式

（1）$CH_3-\underset{\underset{CH_3}{|}}{C}=CH_2 + Cl_2$ ——| 500℃ → ?　常温 → ?

（2）$CH_3-\underset{\underset{CH_3}{|}}{C}=CHCH_3 + H_2SO_4 \longrightarrow ? \xrightarrow[\triangle]{H_2O} ?$

（3）$CH_2=CH-C\equiv CH + H_2 \xrightarrow[Pb(OOCCH_3)_2]{Pd/CaCO_3} ? \xrightarrow[\triangle]{CH\equiv CH} ?$

（4）$CH_3CH_2C\equiv CH$ ——
- $\xrightarrow{H_2}_{Pd-CaCO_3/Pb(OOCCH_3)_2} ? \xrightarrow[Ni,\triangle]{H_2} ?$
- $\xrightarrow{2HBr} ?$
- $\xrightarrow{H_2O}_{HgSO_4/H_2SO_4} ?$
- $\xrightarrow[\triangle]{Na} ? \xrightarrow{CH_3I} ?$

（5）$CH_3CH=CCH_2CH_3$（下标CH_3）——
- $\xrightarrow[Ni,\triangle]{H_2O} ?$
- $\xrightarrow{HI} ?$
- $\xrightarrow[稀,冷]{KMnO_4} ?$
- $\xrightarrow[H^+]{KMnO_4} ?$

（6）$CH_2=CH-CH=\underset{\underset{CH_3}{|}}{C}-CH_2CH_3 \xrightarrow[H^+]{KMnO_4} ?$

（7）$CH_3CH=CH-CH=CHCH_3 + HBr$ ——| 1,2-产物? | 1,4-产物?

（8）$CH\equiv CH + CH_3COOH \longrightarrow ? \xrightarrow{聚合} ?$

3-6　以 C_4 及其以下的烃为有机原料和其他的无机试剂合成下列化合物。

（1）$CH_3CH_2CH_2CH_2OH$　　（2）$CH_3\overset{O}{\overset{||}{C}}CH_2CH_2CH_3$　　（3）$\underset{Cl}{CH_2}-\underset{Cl}{CH}-\underset{Br}{CH_2}$

3-7　推断有机化合物的结构

（1）化合物 A 和 B 的分子式为 C_6H_{10}，经催化加氢都可得到相同的产物正己烷。A 与氯化亚铜的氨溶液作用产生红棕色沉淀，B 则不能。B 经臭氧氧化后再还原水解，得到 CH_3CHO 和 $OHC-CHO$（乙二醛）。试写出 A 和 B 的构造式及各步反应式。

（2）化合物 A、B、C 的分子式为 C_6H_{12}，它们都能在室温下使溴的四氯化碳溶液退色。用高锰酸钾溶液氧化时，A 得到含有季碳原子的羧酸、CO_2 和 H_2O；B 得到 $CH_3COCH_2CH_3$ 和 CH_3COOH；C 则不能被氧化。C 仅可得到一种产物。试推测 A、B、C

可能的构造式。

（3）有四种化合物 A、B、C、D，分子式均为 C_5H_8，且都能使溴溶液退色。A 与硝酸银的氨溶液作用生成灰白色沉淀，B、C、D 则不能。当用酸性高锰酸钾溶液氧化时，A 得到 $CH_3CH_2CH_2COOH$ 和 CO_2；B 得到 CH_3COOH 和 CH_3CH_2COOH；C 得到 $HOOC\text{-}CH_2COOH$（丙二酸）和 CO_2；D 得到 CH_3COOH 和 CO_2。试推测 A、B、C、D 的构造式。

第四章 脂环烃

脂环烃是自然界存在较为广泛且比较重要的一类有机化合物。脂环烃及其衍生物主要存在于石油及从植物中提取得到的香精油中。例如：石油中含有 $C_5 \sim C_7$ 的脂环烃。另外松节油、薄荷、樟脑及名贵香料麝香都属于脂环烃及其衍生物。

第一节 脂环烃的分类、同分异构、命名及结构

任务 4-1 列举 2~3 种常见的脂环烃，并说明它们分别属于哪一类别。

一、脂环烃的分类

脂环烃是指性质与脂肪烃相似，具有碳环结构的烃类化合物。
根据分子中有无不饱和键，脂环烃可分为饱和脂环烃和不饱和脂环烃：

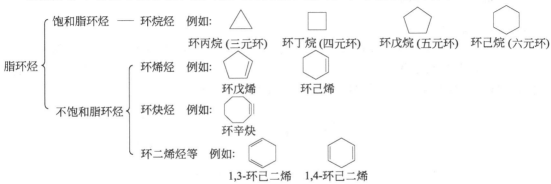

根据分子中所含环的多少，脂环烃可分为单环脂环烃、双环脂环烃和多环脂环烃，以上例子都是单环烃。

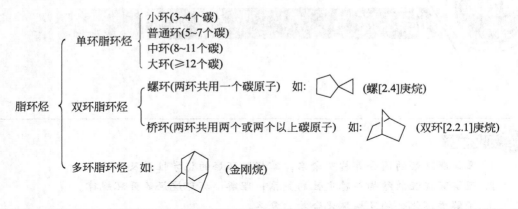

任务 4-2 写出分子式为 C_4H_8、C_5H_{10} 的所有构造异构体。

二、通式及构造异构

分子中只含有单键的脂环烃为环烷烃，一般指的是单环环烷烃，其通式为 C_nH_{2n}。环烷烃与烯烃的通式相同，所以碳原子相同的环烷烃与烯烃是同分异构体。同时考虑烯烃碳链异构、双键位置异构及环烷烃碳架异构，则分子式 C_5H_{10} 的构造异构体有：

$$C_5H_{10} \begin{cases} CH_2=CHCH_2CH_2CH_3 \quad CH_2=CCH_2CH_3 \quad CH_2=CHCHCH_3 \\ \qquad\qquad\qquad\qquad\qquad\quad CH_3 \qquad\qquad\qquad\quad CH_3 \\ {}^*CH_3CH=CHCH_2CH_3 \quad CH_3C=CHCH_3 \\ \qquad\qquad\qquad\qquad\qquad\quad CH_3 \\ CH_2CH_3 \\ \end{cases}$$

（带 * 号者有顺反异构）

环烯烃通式是 C_nH_{2n-2}，与二烯烃和炔烃是构造异构，例如：环丁烯与丁二烯和丁炔的分子式都是 C_4H_6。 □ $CH_2=CH—CH=CH_2$ $CH_3CH_2C\equiv CH$

三、脂环烃的命名

1. 环烷烃的命名

（1）当环上连有简单烷基时，以碳环为母体，根据分子中成环碳原子数目，称为"环某烷"，环上的烷基作为取代基。若分子中含有多个取代基时，则需将环上碳原子编号，首先选择最小取代基作为第 1 位，编号顺序遵循"最低系列"原则。

甲基环丙烷　　　1-甲基-2-乙基环戊烷　　　1,3-二甲基-1-乙基环己烷

（2）当环上连有复杂烷基或不饱和烃基时，以环上的侧链为母体，将环作为取代基，称为"环某基"，按侧链上烃的命名原则命名。例如：

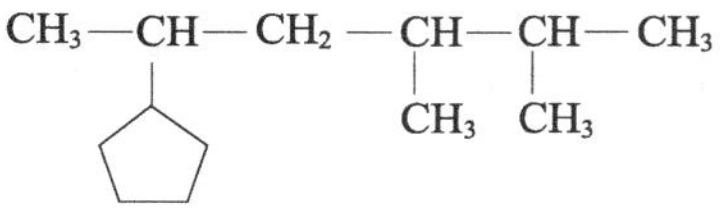

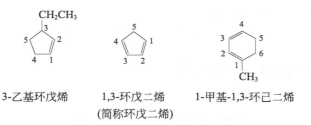

2,3-二甲基-5-环戊基己烷 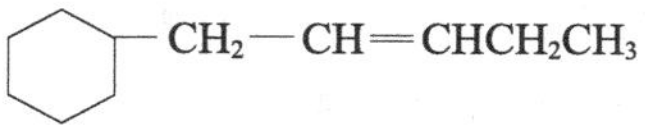   1-环己基-2-戊烯

2. 环烯烃的命名

在此只介绍环上链有简单烷基环烯烃的命名，其原则为：侧链作为取代基，以环为母体命名为"环某烯"、"环某二烯"。环上双键碳原子作为第一位，编号顺序——首先要使所有双键碳原子位号符合"最低系列"原则，其次考虑取代基的位号符合"最低系列"原则。例如：

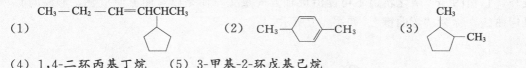

3-乙基环戊烯   1,3-环戊二烯   1-甲基-1,3-环己二烯

（简称环戊二烯）

任务 4-3 写出下列化合物的名称或构造式。

(1) $CH_3-CH_2-CH=CHCHCH_3$ 〔环戊基〕   (2) CH_3-〔环己二烯〕$-CH_3$ (3) 〔环戊烷二甲基〕

（4）1,4-二环丙基丁烷   （5）3-甲基-2-环戊基己烷

任务 4-4 写出分子式为 C_6H_{12} 的所有构造异构体，并写出它们的名称。

* 3. 桥环烃的命名

两个碳环共用两个或两个以上碳原子的脂环烃叫做桥环烃，共用的碳原子叫做桥头碳原子，每条成环的碳链叫做桥路。其命名方法如下。

（1）给成环碳原子编号 从某一桥头碳原子开始，沿最长的桥路编到另一个桥头碳原子，再沿次长桥路编回到桥头碳原子，最后编最短桥路。在该原则的基础上，要使不饱和键、取代基位次尽可能的小。

（2）写出全名称 母体根据参与成环的碳原子总数称为"双（或二）环某烷（或烯）"，将各桥路中所含碳原子数按由大到小的顺序写在"双环"后面的方括号中（桥头碳原子除外），各数字之间用圆点隔开。例如：

双环〔4.4.0〕癸烷   2-甲基双环〔3.1.0〕己烷   2-甲基双环〔2.2.1〕-2-庚烯

* 4. 螺环烃的命名

两个碳环共用一个碳原子的脂环烃叫做螺环烃，共用碳原子叫做螺原子。其命名方法如下。

（1）给成环碳原子编号　从螺原子的邻位碳原子（注意使不饱和键、取代基位次尽可能的小）开始沿小环编号，通过螺原子再编大环。

（2）写出全名称　母体根据参加成环碳原子的总数叫做"螺某烷（或烯）"，将两环中碳原子数按由小到大的顺序写在"螺"字后面的方括号中（不包括螺原子）。例如：

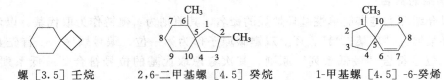

螺［3.5］壬烷　　　　2,6-二甲基螺［4.5］癸烷　　　　1-甲基螺［4.5］-6-癸烯

任务 4-5　判断下列环烷烃的稳定性。

（1）环丙烷　　（2）环丁烷　　（3）环戊烷　　（4）环己烷

四、环烷烃的结构及环的稳定性

1. 环烷烃的结构

烷烃之所以稳定是因分子中的 σ 键都是 sp^3 杂化轨道沿直线键轴以最大程度重叠形成，C—C—C 的键角约 109.5°。而在小环烷烃的分子中，碳原子虽然也是 sp^3 杂化，但为了形成环，它们的 sp^3 杂化轨道不可能沿键轴方向重叠，而是以弯曲方向重叠，形成的 C—C 键是弯曲的，称为"弯曲键"。如图 4-1 所示。

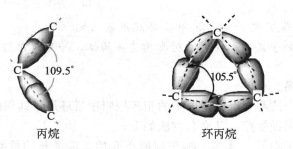

丙烷　　　　　　　　　　环丙烷

图 4-1　环丙烷分子中弯曲键的形成

弯曲键与正常的 σ 键相比，轨道重叠程度较小，形成的键角也小于 109.5°（环丙烷分子中 C—C—C 键的键角为 109.5°），相当于轨道向内压缩形成的键，这种键具有向外扩张、恢复正常键角的趋势。这种趋势叫做角张力。角张力越大，分子内能越高，环的稳定性越差。

环丁烷的情况与环丙烷相似，也存在着角张力，只是两弯曲键的键角加大，键弯曲程度比环丙烷小，即角张力较小，故稳定性比环丙烷强，但还是容易开环。环戊烷的键角应为 108°，接近于 109.5°，角张力较小，故化学性质比较稳定，不容易发生开环反应。环己烷所有的 C—C—C 的键角基本保持 109.5°，所以环己烷具有与烷烃相似的稳定性。

在环烷烃中，除环丙烷的碳原子为平面结构外，其余的成环碳原子均不在同一平面上，这样有利于形成角张力小或不存在角张力的 σ 键。

2. 环的稳定性

烷烃≈环己烷＞环戊烷＞环丁烷＞环丙烷＞烯烃

第二节　环烷烃的物理性质及应用

在常温常压下，环丙烷与环丁烷为气体，为液体的环戊烷与环己烷常用作溶剂。环烷烃的熔点、沸点均比碳原子数相同的烷烃高。相对密度也比相应的烷烃大，但仍比水轻。环烷烃不溶于水，易溶于非极性有机溶剂。常见环烷烃的物理常数见表 4-1。

表 4-1　常见环烷烃的物理常数

名　称	闪点/℃	熔点/℃	沸点/℃	相对密度 d_4^{20}
环丙烷	−41	−127	−33	0.720
环丁烷	−45	−80	12	0.703
环戊烷	−12	−94	49	0.745
环己烷	−18(闭杯)	6.5	81	0.779

第三节　脂环烃的化学性质及应用

环烷烃的化学性质与环的大小有关。小环（指 $C_3 \sim C_4$）烷烃因角张力不大稳定，其性质与烯烃相似，容易发生开环加成反应。对于环戊烷以上的环烷烃稳定性显著增加，很难发生开环反应。所以在化学性质上才形成了"小环似烯，大环似烷"的规律。

一、环烷烃的稳定性

对环烷烃化学性质的研究发现，环越小化学性质越活泼，环丙烷的性质最活泼、但比烯烃稳定。环丙烷室温下不能使酸性高锰酸钾溶液退色，即环烷烃一般条件下与强氧化剂（如高锰酸钾）不反应，在有机物的分析检测中常用于区分环烷烃与不饱和烃。

> **任务 4-6**　用化学方法鉴别以下物质。
> （1）环丙烷　（2）环己烷　（3）环丁烷　（4）环戊烯
> **任务 4-7**　请查阅文献，写出环丙烷与浓硫酸、水开环加成的反应式。

二、加成反应

1. 环烷烃的开环加成反应

（1）催化加氢　环烷烃在催化剂作用下加氢，发生开环反应，生成相应的烷烃。随环的大小不同所需反应条件也不同。例如：

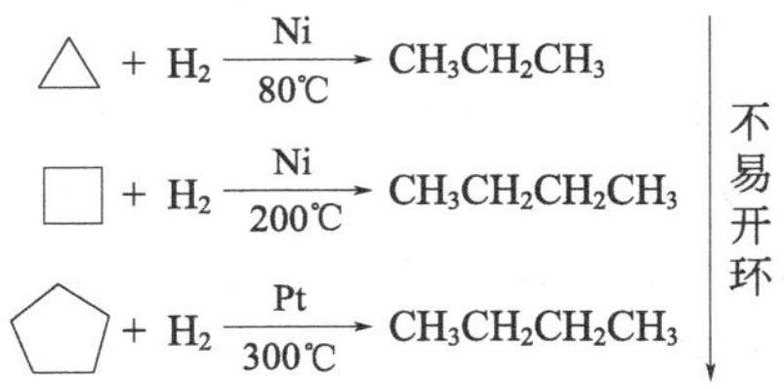

$$\triangle + H_2 \xrightarrow[80℃]{Ni} CH_3CH_2CH_3$$

$$\square + H_2 \xrightarrow[200℃]{Ni} CH_3CH_2CH_2CH_3$$

$$\pentagon + H_2 \xrightarrow[300℃]{Pt} CH_3CH_2CH_2CH_3$$

不易开环

（2）加卤素　环丙烷在常温下即与卤素发生加成反应，生成相应的卤代烃。而环丁烷需要温热才能与卤素反应。例如：

$$\triangle + Br_2 \xrightarrow[\text{室温}]{CCl_4} \underset{\underset{Br}{|}}{CH_2}\underset{}{CH_2}\underset{\underset{Br}{|}}{CH_3}$$

$$\square + Br_2 \xrightarrow[\triangle]{CCl_4} \underset{\underset{Br}{|}}{CH_2}CH_2CH_2\underset{\underset{Br}{|}}{CH_2}$$

$$\pentagon + Br_2 \xrightarrow{\text{高温}} \pentagon\text{—Br}$$

（3）加卤化氢　环丙烷及烷基衍生物很容易与卤化氢发生加成反应而开环，而环丁烷需加热后才能反应。例如：

$$\triangle + HBr \xrightarrow[\text{室温}]{CCl_4} CH_3CH_2CH_2Br$$

环丙烷的衍生物发生加成反应时，环的断裂发生在含氢最多和含氢最少的两个碳原子之间，加成反应符合马氏加成规则。例如：

$$\triangle\!\!-\!CH_3 + HBr \xrightarrow[\text{室温}]{CCl_4} CH_3CH_2\underset{\underset{Br}{|}}{CH}CH_3$$

2. 不饱和脂环烃的加成反应

与脂肪不饱和烃相似。

任务 4-8　写出下列化学反应的产物。

（1） $\xrightarrow[H^+]{H_2O}$　（2） + HCl $\longrightarrow$　（3） + HCl $\longrightarrow$

（4） + CH_2=CHCHO $\xrightarrow{\triangle}$　（5） + HBr $\xrightarrow{H_2O_2}$

三、氧化反应

1. 催化氧化

在催化剂作用下用空气直接氧化，环烷烃可生成各种氧化产物。例如：

$$\hexagon + O_2(\text{空气}) \xrightarrow[125\sim165℃,1.5MPa]{\text{环烷酸钴}} \hexagon\!\!=\!\!O + \hexagon\!\!-\!OH$$

用途：环己醇和环己酮是重要的工业原料。环己醇易燃烧，稍溶于水，溶于乙醇、乙醚和苯等。用于制造己二酸、增塑剂和洗涤剂，也用作溶剂和乳化剂。环己酮是无色油状液体，微溶于水，易溶于乙醇和乙醚，其蒸气与空气能形成爆炸性混合物，用于制造树脂和合成纤维尼龙 6 的单体——己内酰胺。

2. 与强氧化剂反应

在加热条件下与强氧化剂作用开环生成二元酸。

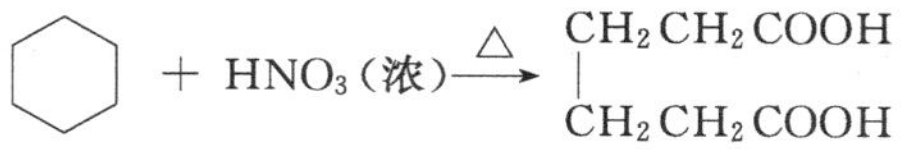

$$\bigcirc + HNO_3(浓) \xrightarrow{\triangle} \begin{matrix} CH_2CH_2COOH \\ | \\ CH_2CH_2COOH \end{matrix}$$

用途：己二酸是白色结晶，微溶于水，易溶于己醇和乙醚，与二元胺缩聚成聚酰胺，是制造尼龙66的主要原料，也用于制造增塑剂、润滑剂、工程塑料。

任务4-9　写出下列化学反应的产物。

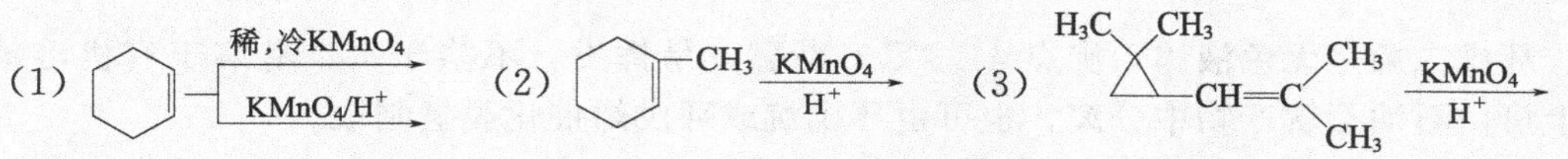

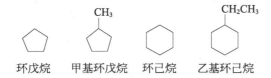

任务4-10　用化学方法鉴别以下化合物：

（1）丙烷　　（2）丙炔　　（3）环己烯　　（4）环丙烷

任务4-11　化合物A分子式为C_6H_{10}，与溴的四氯化碳溶液反应生成产物B（$C_6H_{10}Br_2$）。A在酸性高锰酸钾的氧化下，生成2-甲基戊二酸。试推测化合物A的构造式。

任务4-12　化合物A的分子式为C_4H_8，室温下A能使溴水退色，但不能使稀的高锰酸钾溶液退色。A与HBr反应生成B，B也可以从A的同分异构体C与HBr作用得到。室温下C能使溴的四氯化碳溶液退色，也能使稀的高锰酸钾溶液退色。推测A、B、C的构造式，并写出各步反应。

第四节　重要的化合物

一、环烷烃的来源

石油是环烷烃的主要工业来源。石油中主要含有五元环、六元环的环烷烃及其衍生物。例如：

环戊烷　　甲基环戊烷　　环己烷　　乙基环己烷

二、环己烷

环己烷为无色、有刺激性气味的液体，沸点80.8℃，极易燃烧，不溶于水而易溶于有机溶剂。相对于苯来说它的毒性较小，目前工业上作为苯的替代溶剂，常用于涂料脱漆剂、精油萃取剂等。环己烷主要用于制造合成纤维的原料，如己二酸、己二胺、己内酰胺等。

工业上生产环己烷主要采用石油馏分异构化法和苯催化加氢法。

1. 石油异构化法

将甲基环戊烷在氧化铝作用下，进行异构化反应，转化为环己烷。

$$\text{CH}_3\text{-环戊烷} \xrightarrow[80℃]{\text{AlCl}_3} \text{环己烷}$$

异构化后的产物经分离提纯，可得到含量达 95% 以上的环己烷。

2. 苯催化加氢法

$$\text{苯} + \text{H}_2 \xrightarrow[200\sim240℃,3.9\text{MPa}]{\text{Ni}} \text{环己烷}$$

三、环戊二烯与环戊二烯铁

环戊二烯是无色液体，沸点 41.5℃，易燃，易挥发，不溶于水，易溶于有机溶剂。工业上可由石油裂解产物中分离，也可由环戊烷或环戊烯催化脱氢制取。

环戊二烯是共轭二烯烃，可以发生 1,4-加成和双烯合成等反应。在双烯合成反应中，环戊二烯作为双烯体可以合成生物碱和萜类化合物。环戊二烯也是制备二烯类农药、医药、香料、合成树脂及塑料的原料。

此外，其亚甲基（—CH_2—）上的氢原子，由于处于两个双键的 α 位，变得非常活泼，具有一定酸性，可被钾、钠等金属离子取代，生成较为稳定的盐。例如：

$$\text{环戊二烯} + \text{K} \xrightarrow{\text{苯}} \text{环戊二烯钾} + \frac{1}{2}\text{H}_2$$

环戊二烯钾与氯化亚铁在溶剂四氢呋喃中反应可以得到环戊二烯铁。

$$2 \text{环戊二烯钾} + \text{FeCl}_2 \longrightarrow \text{二茂铁}$$

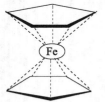

图 4-2　二茂铁的"夹心"结构

环戊二烯铁又叫二茂铁，是橙黄色针状晶体。熔点 173.5℃，不溶于水。可吸收紫外线并耐高温，加热到 400℃ 时不熔化也不分解。二茂铁是环戊二烯和亚铁离子的配合物，亚铁离子被对称地夹在两个平行的环戊二烯环的中间，形成一种特殊的"夹心"结构，如图 4-2 所示。

由于二茂铁结构特殊，性能稳定，与热碱、沸酸都不反应。常用作火箭的助燃剂、汽油的抗震剂、硅树脂的熟化剂和紫外线的吸收剂。

📖 **知识窗** -

萜类和甾族化合物在人类生命活动中的作用

萜类化合物和甾族化合物是广泛存在于植物、昆虫及微生物等生物体中的一大类有机化合物。并在动植物生命活动中起着重要的作用。它们有的是人类生命中必需的物质，如胡萝卜素、番茄红素、维生素 A、胆酸、胆固醇、睾丸酮素、雌二醇、肾上腺皮质激素、角鲨烯、孕甾酮等；有的直接用于医药、化妆品及食品工业中，如金合欢醇、山道年、薄荷醇、樟脑、虾青素等；还有的作为原料合成其他生物活性物质或药物，如麦角甾醇、叶绿醇等。

一、萜类化合物

萜类化合物是挥发油（香精油）的主要成分，是从植物的花、果、叶、茎及根中提取出来的有挥发性和香味的油状物质。它们都有一定的生理作用，如祛痰、止咳、祛风、发汗或镇痛等，广泛用于医药、香料、食品添加剂。

萜类化合物的结构特征是分子中的碳原子数都为 5 的整倍数，可看做是由若干个异戊二烯以头尾相连而成。各种异戊二烯的低聚物、氢化物及其含氧衍生物都称为萜类化合物。下面介绍几种重要的萜类化合物。

1. 香叶醇

香叶醇存在于橙花油、玫瑰油、香茅油等香精油中，为无色、有玫瑰香的液体，用于日用和食用香精的配制。当蜜蜂发现食物时，它便分泌出香叶醇以吸引其他蜜蜂，因此，香叶醇也是一种昆虫外激素。

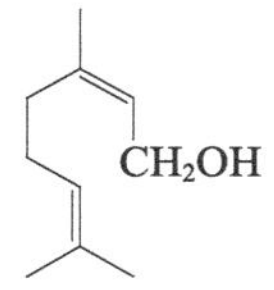

| 香叶醇 | 薄荷醇 | (±)-樟脑 |

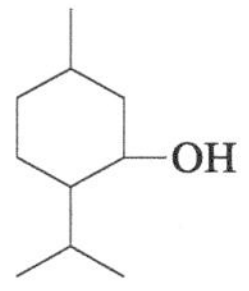

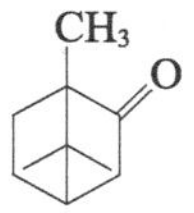

2. 薄荷醇

薄荷醇存在于薄荷油中，低熔点固体，具有芳香凉爽气味，有杀菌、防腐作用，并有局部止痛的效力。用于医药、化妆品及食品工业中，如清凉油、牙膏、糖果、烟酒等。

3. 樟脑

樟脑主要存在于樟脑树中，为无色闪光晶体，易升华，有愉快香味。樟脑气味有驱虫作用，可用作防虫剂。樟脑具有通关窍、利滞气、辟秽浊、消肿止痛等功效，在医药上用于制强心剂、十滴水、清凉油等。

4. 植物醇

植物醇是链状二萜类化合物，是叶绿素的水解产物之一，也是合成维生素 E 和维生素 K_1 的原料。

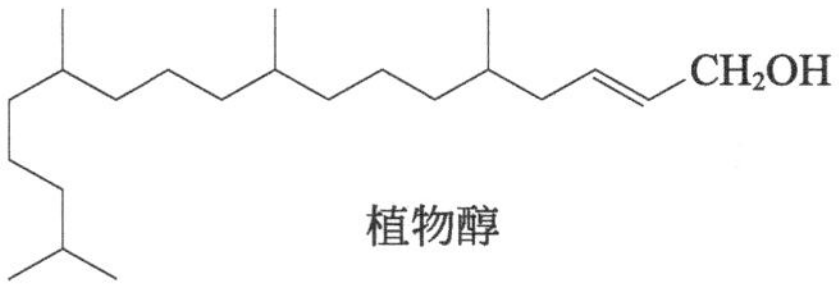

植物醇

5. 维生素 A

维生素 A 为哺乳动物正常生长和发育所必需的物质，体内缺乏维生素 A 则发育不健全，并能引起眼膜和眼角膜硬化症，初期的症状就是夜盲症。

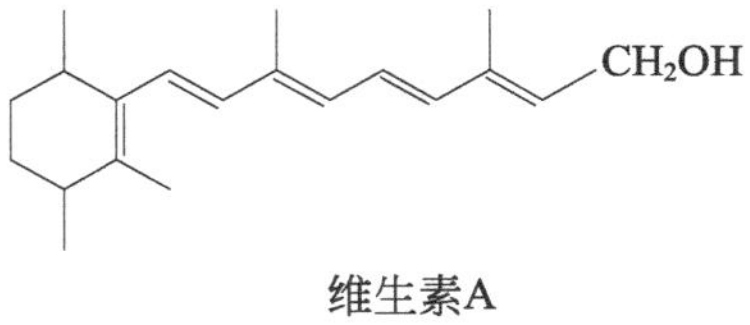

维生素A

6. 虾青素

虾青素是广泛存在于甲壳类动物和空肠动物体内的一种多烯色素，最初是从龙虾壳中发现的，虾青素在动物体内与蛋白质结合存在。它具有很强的还原性，被称为目前人类发现的自然界中的强大的抗氧化剂，它清除自由基的能力是维生素 E、蜂胶的 1000 倍，具有很强的抗衰老作用。

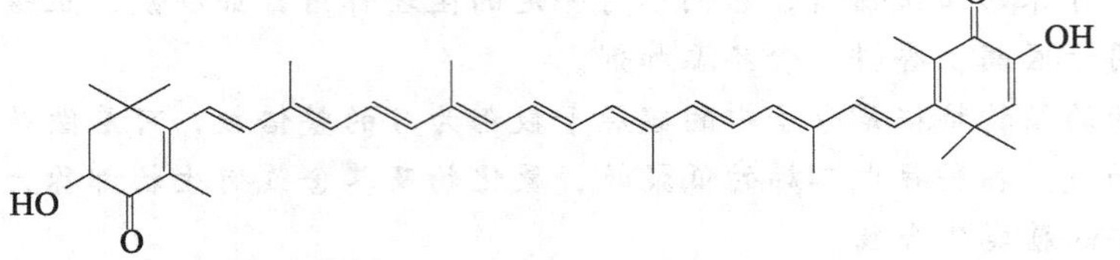

虾青素

二、甾族化合物

甾族化合物又称为类固醇化合物，甾族化合物是广泛存在于动植物组织中的一类重要的天然物质，并在动植物生命活动中起着重要的作用。在医疗与制药工业中有着广泛的应用。下面介绍几种重要的甾族化合物。

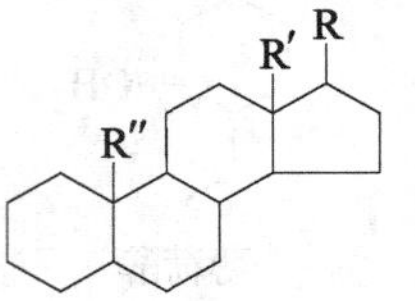

甾族化合物基本结构

1. 胆固醇（胆甾醇）

胆甾醇是最早发现的一个甾族化合物，存在于人及动物的血液、脂肪、脑髓及神经组织中，为无色或略带黄色的结晶。人体中胆固醇含量过高是有害的，它可以引起胆结石、动脉硬化等症。胆甾醇在酶催化下氧化成 7-脱氢胆甾醇。7-脱氢胆甾醇存在于皮肤组织中，在日光照射下发生化学反应，转变为维生素 D_3。维生素 D_3 是从小肠中吸收 Ca^{2+} 过程中的关键化合物。体内维生素 D_3 的浓度太低，会引起 Ca^{2+} 缺乏，不足以维持骨骼的正常生成而产生软骨病。

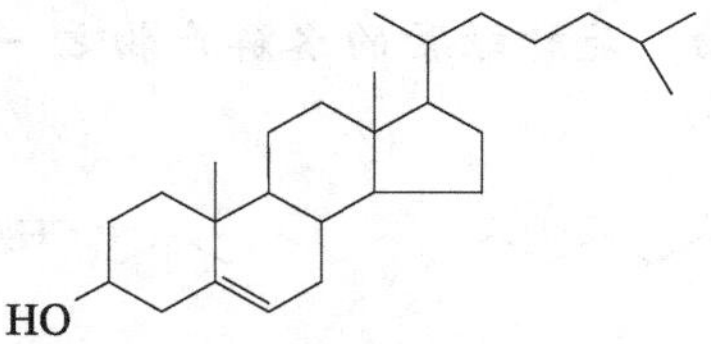

胆固醇

2. 胆酸

胆酸存在于动物的胆汁中，从人和牛的胆汁中所分离出来的胆汁酸主要为胆酸。胆酸是油脂的乳化剂，其生理作用是使脂肪乳化，促进它在肠中的水解和吸收。故胆酸被称为"生物肥皂"。

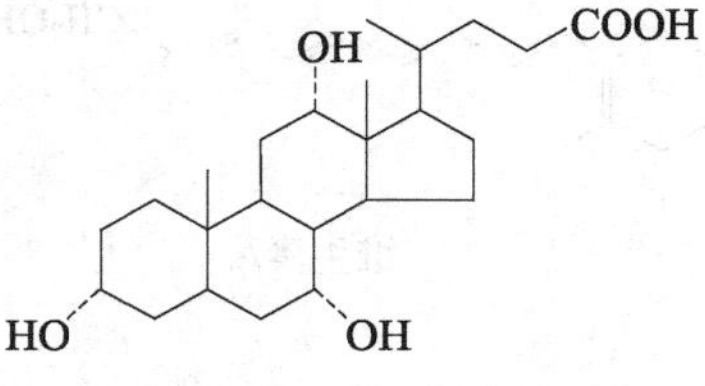

胆酸

3. 肾上腺皮质激素

肾上腺皮质激素是哺乳动物肾上腺皮质分泌的激素，皮质激素的重要功能是维持体液的电解质平衡和控制碳水化合物的代谢。动物缺乏它会引起机能失常以致死亡。皮质醇、可的松、皮质甾酮等皆为此类重要的激素。

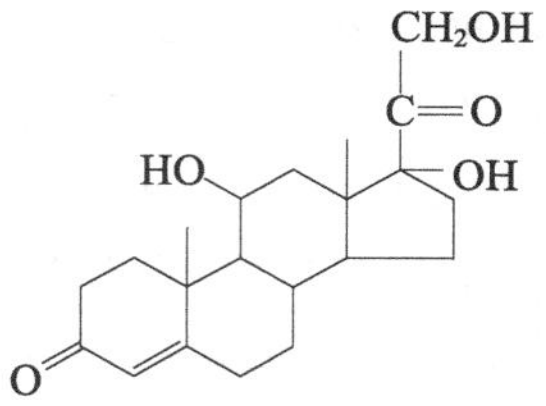

氢化可的松

4. 麦角甾醇

麦角甾醇是一种植物甾醇，最初是从麦角中得到的，但在酵母中更易得到。麦角甾醇经日光照射后，B环开环而成前钙化醇，前钙化醇加热后形成维生素 D_2（即钙化醇）。

麦角甾醇维生素 D_2 同维生素 D_3 一样，也能抗软骨病，因此，可以将麦角甾醇用紫外线照射后加入牛奶和其他食品中，以保证儿童能得到足够的维生素 D。

习题

4-1　命名下列化合物

(1) 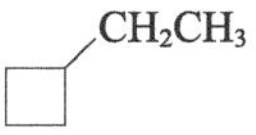 　(2) 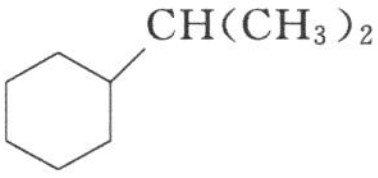 　(3) 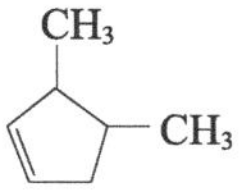 　(4)

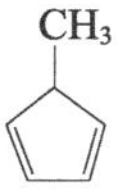

(5) 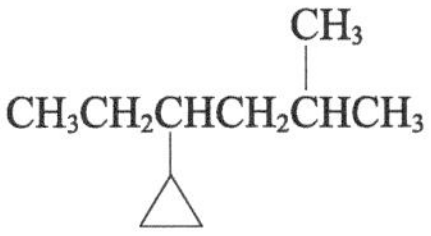 　(6) 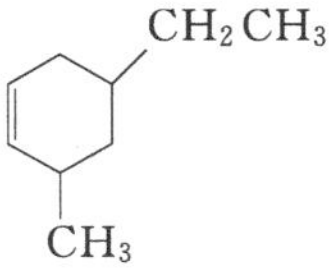 　(7)

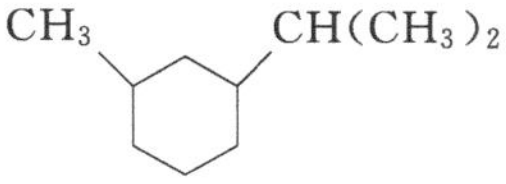

4-2　写出下列化合物的构造式

(1) 1,1-二甲基环己烷　　(2) 1-甲基-3-乙基环戊烯

(3) 1,3-环己二烯　　　　(4) 3-甲基-1,4-环己二烯

4-3　完成下列反应

(1) 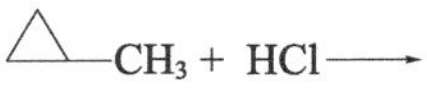 —CH_3 + HCl ——→

(2) —CH_3 + H_2 $\xrightarrow{Ni}$

(3) —CH_3 + Br_2 $\xrightarrow{CCl_4}$

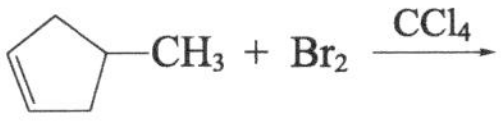

(4) + Cl_2 $\xrightarrow{500℃}$

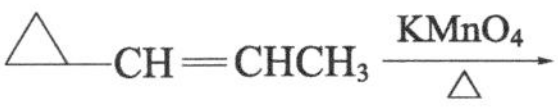

(5) 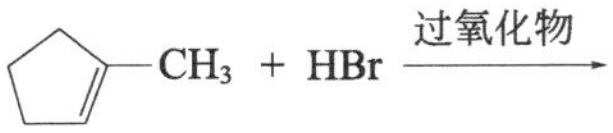 —CH_3 + HBr $\xrightarrow{过氧化物}$

(6) CH_3— + HBr ——→

(7) + Br_2(1mol) ——→

(8) —CH_3 $\xrightarrow{KMnO_4,H^+}$

(9) —$CH=CHCH_3$ $\xrightarrow[\triangle]{KMnO_4}$

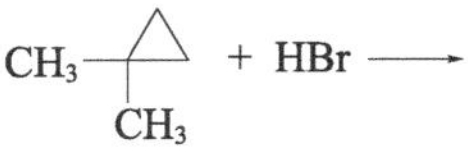

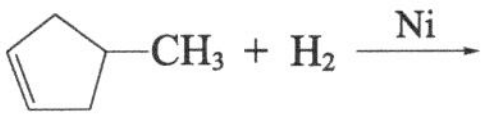

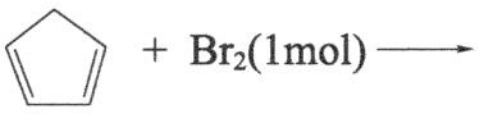

(10) 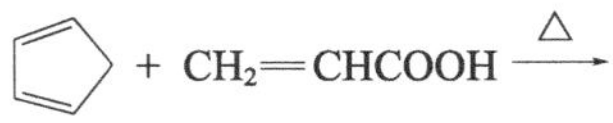 + $CH_2=CHCOOH$ $\xrightarrow{\triangle}$

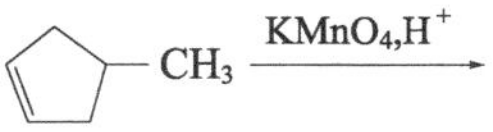

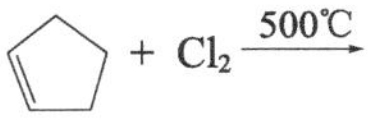

4-4　用简单的化学方法，鉴别下列各组化合物

（1）环戊烷和环戊烯　　　　　（2）异丁烯、甲基环己烷和甲基环丙烷

4-5　推断有机化合物的结构

（1）1,3-丁二烯聚合时，除生成高分子化合物外，还有一种环状结构的二聚体生成。该二聚体能发生下列反应：①催化加氢后生成乙基环己烷；②可与两分子溴加成；③用过量高锰酸钾氧化，生成 β-羧基己二酸。试推测该二聚体的构造式并写出有关反应式。

（2）化合物 A、B、C 的分子式均为 C_5H_8，在室温下都能与两分子溴起加成反应。三者均可以被高锰酸钾溶液氧化，除放出 CO_2 外，A 生成分子式为 $C_4H_6O_2$ 的一元羧酸；B 生成分子式为 $C_4H_8O_2$ 的一元羧酸，C 生成丙二酸（$HOOCCH_2COOH$）。A、B、C 经催化加氢后均生成正戊烷。试推测 A、B、C 的构造式，并写出各步反应式。

第五章 芳香烃

知识目标

1. 掌握单环芳烃的同分异构现象；掌握苯、萘及其衍生物的命名；掌握单环芳烃的化学性质及应用；掌握苯的衍生物芳环上亲电取代反应的定位规律及应用。

2. 理解苯、萘的结构与其芳香性的关系；理解苯的衍生物环上亲电取代反应活性的差异。

3. 了解萘的化学性质和萘的衍生物芳环上亲电取代反应的定位规律及应用。

能力目标

1. 能对常用的苯、萘的衍生物进行正确命名。

2. 能正确判断一、二元取代苯环上进行亲电取代反应的主要产物及反应活性的大小。

3. 能运用芳环取代反应特点及其定位规律，设计二、三元取代苯的最佳合成路线。

4. 运用芳烃侧链 α-H 的氧化性质，能设计区分侧链有无 α-H 原子芳烃的方法。

5. 运用芳烃的化学性质，能分析推测已知组成的芳烃构造式。

任务 5-1 举例说明芳香烃是否均含苯环。

芳香烃是芳香族化合物的母体，长期以来化学家把早期人类从植物中提取到的树脂、香精油等具有芳香气味的物质称为"芳香族化合物"。随着科学技术的发展，对芳香族化合物组成和结构分析的结果证明，绝大多数芳香族化合物在其结构上含有苯环，少数不含苯环的环状化合物，在其结构、性质上也含有与苯环相似的芳环。由于苯环和芳环的特有结构，芳香烃具有一些和脂肪烃不同的性质，即一般条件下，苯环与芳环上难以发生加成和氧化反应，易发生环上取代反应，并在紫外光谱、红外光谱、核磁共振谱上具有特征的吸收峰等。这些特殊性质被称为"芳香性"。后来发现，许多芳香族化合物并没有香味，而一些有香味的化合物又不具有"芳香性"。所以，今天"芳香族化合物及芳香烃"的概念已名不符实，只是人们习惯上的沿用。本章只介绍含有苯环的芳香烃。

第一节 苯的结构

众所周知，物质的性质取决于其组成和结构，结构往往起决定性作用。苯的特殊结构是芳香烃具有"芳香性"的主要因素，所以首先学习苯的结构。

任务 5-2 运用已学的杂化轨道理论、大 π 键和共轭效应等知识，解释苯的正六边形结构特点和为何具有芳香性。

一、苯的凯库勒（Kekule）结构式

实验证明苯的分子式为 C_6H_6，碳氢比例和乙炔相同，它应具有不饱和性，但实验证明苯极为稳定，在一般条件下不易氧化，难起加成反应，易发生取代反应。这充分说明，苯的性质与不饱和烃截然不同。化学家们提出了许多假设，其中 1865 年德国化学家凯库勒首先提出的碳环结构普遍被人们接受。即苯是一个六元碳环，6 个碳原子以单双交替键相连，每个碳原子上都结合着 1 个氢原子。

苯的凯库勒结构式为：

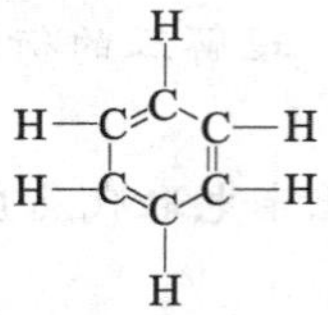

$$\begin{array}{c} H \\ | \\ H-C \overset{C}{} C-H \\ \| \quad \| \\ H-C \underset{C}{} C-H \\ | \\ H \end{array}$$
简写为：

凯库勒关于苯分子的六元环状结构的提出是一个非常重要的假设，但其存在的缺陷有三：其一，无法解释苯的不饱和结构和异常稳定性之间的矛盾；其二，无法解释实验结果，即苯是一个正六边形结构；其三，无法解释苯的邻二元取代物只有 1 种。

即

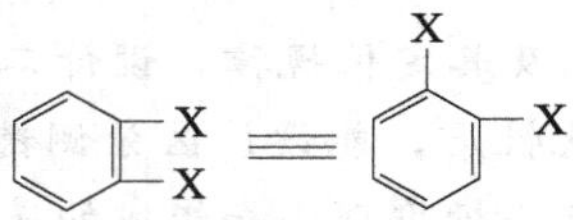

二、轨道杂化理论对苯结构的描述

近代物理方法证明，苯分子中的所有碳氢原子共平面，6 个碳原子构成了一个正六边形 [见图 5-1（a）]，碳碳键长为 0.139nm，碳氢键长为 0.110nm，键角为 120°。

按照轨道杂化理论，苯分子中的 6 个碳原子均为 sp^2 杂化，碳碳之间形成 6 个（C_{sp^2}—C_{sp^2}）σ 键，碳与氢之间形成 6 个（C_{sp^2}—H_s）σ 键 [见图 5-1（b）]。由于 sp^2 轨道是三角形构型，故所有碳氢原子分布在同一平面上，夹角都是 120°。此外，每个碳原子未杂化的 p 轨道垂直于碳氢原子所在平面，它们之间相互平行重叠形成了一个闭合的共轭体系，即环状的大 π 键 [见图 5-1（c）]。这种具有 6π 电子的闭合共轭体系中，原子轨道相互重叠程度大，π电子均匀分布在苯环平面的上下两侧 [见图 5-1（d）]，使得苯环具有高度的对称性和特殊的稳定性。

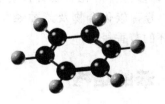

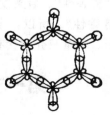

（a）苯分子的球棒模型　　　　　（b）苯的 σ 键示意图

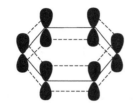

(c)苯分子中 p 轨道重叠示意图

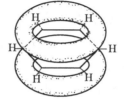

(d)苯的闭合大 π 键电子云示意图

图 5-1 苯分子的结构

从以上讨论可以看出，苯环中并没有一般的碳碳单键和碳碳双键，所以凯库勒式并不能满意地表示苯的结构。为了描述苯分子中完全平均化的大 π 键，近年来也常用下式表示苯的结构，圆圈表示苯的闭合 p 轨道的特征结构。

第二节 单环芳烃的分类、同分异构和命名

任务 5-3 列举你熟悉的 3～5 种芳香烃，写出它们的构造式和名称。

根据分子中所含苯环的数目和连接方式，芳香烃可分为：单环芳烃，如 ⬡（苯）；多环芳烃，如 ⬡—CH_2—⬡（二苯甲烷）；稠环芳烃，如 ⬡⬡（萘）。

一、单环芳烃的分类

单环芳烃是指分子中含有一个苯环的芳烃，依据侧链烃基的不同，可分类见表 5-1。

表 5-1 单环芳烃的分类

分 类	通 式	实 例	备 注
苯	分子式 C_6H_6	⬡	属于同系物
烷基苯	$C_nH_{2n-6}(n=6)$	CH_3—⬡	
烯基苯 环烷基苯	$C_nH_{2n-8}(n=8)$	$CH=CH_2$—⬡	
炔基苯	$C_nH_{2n-10}(n=8)$	$C≡CH$—⬡	

任务 5-4 写出芳香烃分子式为：C_9H_{12}、C_9H_{10} 的所有构造异构体。

二、单环芳烃的同分异构

分析任务 5-4 的结果可知，单环芳烃的构造异构有以下四种情况。

1. 苯环上的取代基异构

当苯环上所连的侧链含有 3 个以上碳原子时，碳链可采取不同的排列方式而产生构造异构体。例如：

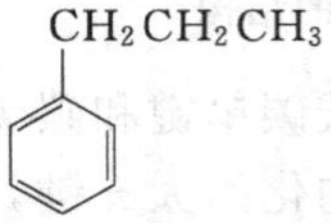

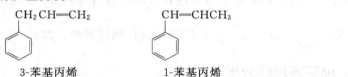

正丙苯 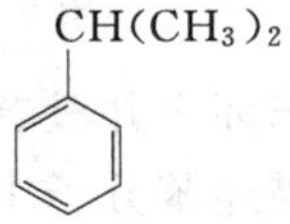　　　　　　　　异丙苯

2. 苯环上取代基位置异构

当苯环上连有两个或两个以上侧链时，就会因侧链在环上位置不同而产生异构体。例如：

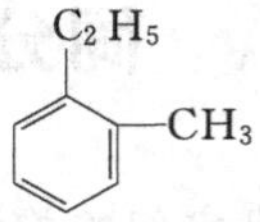

邻甲基乙苯 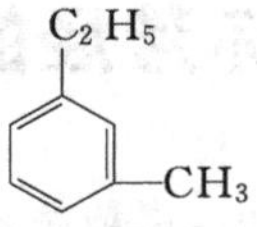　　　　　　间甲基乙苯

3. 苯环侧链上官能团的位置异构

3-苯基丙烯　　　　　　1-苯基丙烯

4. 苯环侧链上官能团异构

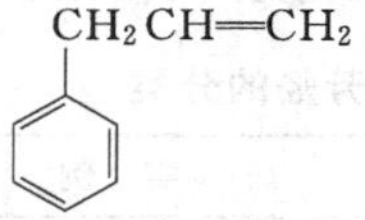

3-苯基丙烯 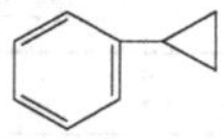　　　　　　环丙基苯

任务 5-5 写出芳香烃分子式为 C_9H_8 的所有构造异构体，并分析其相互之间属于哪种异构关系。

三、单环芳烃的命名

（1）当苯环上只连一个简单的烷基或环烷基时，侧链作为取代基，以苯环为母体命名为"某烃基苯"，其中"基"字常省略。

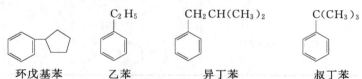

环戊基苯　　　　乙苯　　　　　异丁苯　　　　　叔丁苯

（2）当苯环上连有两个或三个相同烷基时，可用阿拉伯数字标明烷基的位置，也可用邻（o）、间（m）和对（p）或标明"连/邻"、"偏"、"均/间"标明取代基的相对位置。例如：

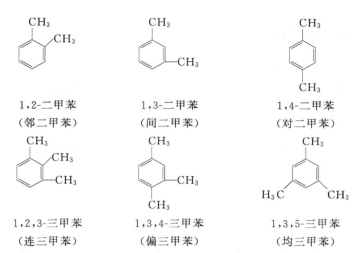

1,2-二甲苯　　　　　　1,3-二甲苯　　　　　　1,4-二甲苯
（邻二甲苯）　　　　　（间二甲苯）　　　　　（对二甲苯）

1,2,3-三甲苯　　　　　1,3,4-三甲苯　　　　　1,3,5-三甲苯
（连三甲苯）　　　　　（偏三甲苯）　　　　　（均三甲苯）

（3）当苯环上连有复杂烷基或不饱和烃基时，苯环作为取代基，以侧链烃为母体，按侧链脂烃相应的命名原则命名。例如：

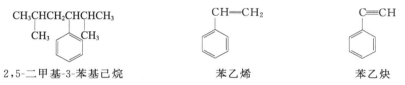

2,5-二甲基-3-苯基己烷　　　　　　苯乙烯　　　　　　　苯乙炔

四、简单芳基的命名

问题 5-1　下列基团如何命名？

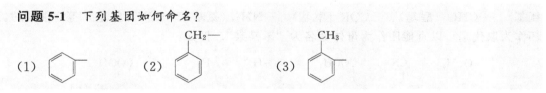

（1）　　　　　　　　（2）　　　　　　　　（3）

芳烃分子中的 1 个氢原子被去掉后，所余下的基团称为芳基，常用 Ar—表示。

如：苯分子去掉 1 个氢原子后余下的基团叫做苯基，用 Ph—表示；甲苯分子去掉 1 个甲基上的氢原子后余下的基团叫做苯甲基或苄基；甲苯分子中去掉甲基邻位苯环上的氢原子余下的基团叫做邻甲苯基。

任务 5-6　写出下列芳基的名称：

任务 5-7　出下列芳香烃的名称：

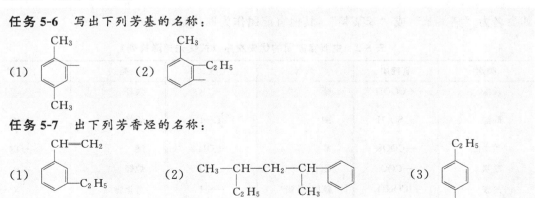

五、苯的衍生物的命名

苯环上的氢原子被其他原子或基团取代后生成的化合物叫做苯的衍生物。

任务 5-8 写出下列苯的衍生物的名称，分析并总结苯的衍生物的命名原则。

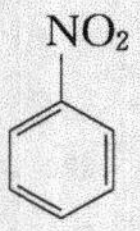

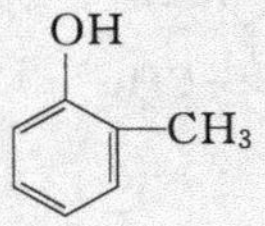

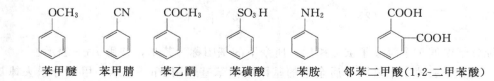

苯的衍生物的命名原则如下。

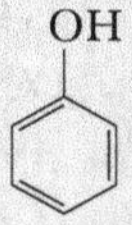

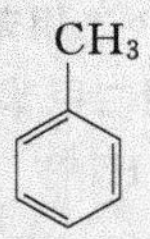

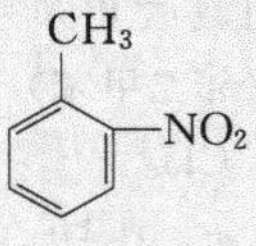

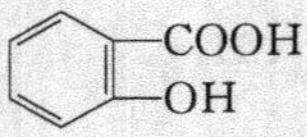

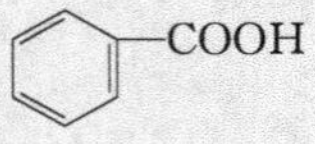

（1）当苯环上连有简单的烷基或环烷基、—X（卤原子）、—NO_2（硝基）时，侧链作为取代基，以苯环为母体命名为"某某苯"，例如：

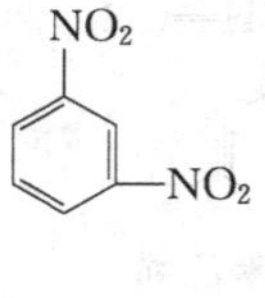

间二硝基苯 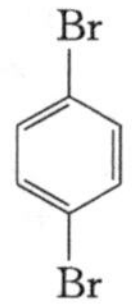　　　　　对二溴苯

（2）当苯环上连有如—COOH（羧基）、—SO_3H（磺基）、—OH（羟基）、—OR（烃氧基）、—CHO（醛基）、—COR（酰基）、—NH_2（氨基）、—CN（氰基）等官能团时，苯环作为取代基，以官能团作为母体命名为"苯某某"。例如：

苯甲醚 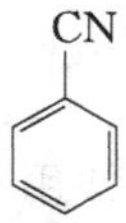　苯甲腈　　苯乙酮　　苯磺酸　　苯胺　　邻苯二甲酸(1,2-二甲苯酸)

（3）当苯环上连多个不同官能团时，其命名原则也遵循有机物命名的"三部曲"。

① 选母体　按官能团的优先次序选择母体，在表 5-2 中排在前面的官能团作母体，将其命名为"某某苯"或"苯某某"，其他官能团作为取代基。

表 5-2　主要官能团的优先次序（按优先递降排列）

类别	官能团	类别	官能团	类别	官能团
羧酸	—COOH	醛	—CHO	炔烃	—C≡C—
磺酸	—SO_3H	酮	C=O	烯烃	C=C
羧酸酯	—COOR	醇	—OH	醚	—OR
酰氯	—COCl	酚	—OH	烷烃	—R
酰胺	—$CONH_2$	硫醇,硫酚	—SH	卤化物	—X
腈	—CN	胺	—NH_2	硝基化合物	—NO_2

② 对苯环编号 首先确定第1位即母体官能团作为第1位；若有多个第1可供选择时，按"最低系列原则"确定第1位。编号顺序也是按"最低系列原则"确定，其中首先考虑所有母体官能团的位号，再考虑其他取代基的位号。

③ 写全名称 其原则与脂肪名称的书写原则一样。

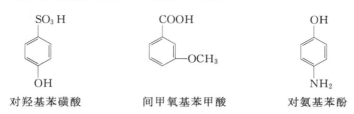

对羟基苯磺酸　　　　　间甲氧基苯甲酸　　　　　对氨基苯酚

任务 5-9 写出下列苯的衍生物的名称。

(1)　(2)　(3)

第三节　单环芳烃的物理性质及应用

问题 5-2 2006年某一天，中央电视台新闻报道说：我国南方一辆运输几十吨苯的货车因故将苯洒落在路边坑中，为了不浪费和保护环境，救援人员头戴防毒面具用防爆泵收取洒落的苯。正当按既定方法收集洒落苯量不到 2/3 时接到通知，说马上要有暴风雨来临，为了不使污染扩散，救援人员使用安全可靠的点燃方法将剩余苯燃烧掉，同时看到带有浓浓黑烟的火球升上空中。请分析在整个事故处理中使用的设备和采用的各种手段说明苯具有哪些特性。

苯和其他单环芳烃一般为无色液体，不溶于水，易溶于有机溶剂，液态芳烷烃本身也是良好的溶剂。它们的相对密度比水小，一般为 $0.86 \sim 0.93$，沸点随相对分子质量的升高而升高，闪点偏低，易燃易爆。芳香烃一般都有毒性，尤其是苯的毒性较大，长期吸入它们的蒸气，会损害造血器官及神经系统。常见单环芳烃的物理常数见表 5-3。

表 5-3　常见单环芳烃的物理常数

名称	闪点/℃	熔点/℃	沸点/℃	相对密度 d_4^{20}
苯	−11	5.5	80.1	0.8765
甲苯	4.4	−95.0	110.6	0.8669
邻二甲苯	17.4	−25.2	144.4	0.8802(10℃)
间二甲苯	25	−47.9	139.1	0.8642
对二甲苯	25	13.3	138.3	0.8611
乙苯	15	−95.0	136.2	0.8670
苯乙烯	34.4	−30.6	146	0.9060
苯乙炔	31	−44.8	142	0.9300

第四节　单环芳烃的化学性质及应用

除苯以外的其他单环芳烃，不仅具有芳香族化合物共有的特性——"芳香性"和相应烃的特性，还具有二者相互影响产生的特殊性——α-H 原子的性质，下面分类介绍，首先复习侧链相应烃的特性。

任务 5-10　实验室有三瓶无色液体试剂分别是苯乙烯、苯乙炔和苯，因故瓶上标签脱落而无法分辨，请设计区分它们的方案，给它们重新贴上标签。

任务 5-11　写出下列化学反应的产物。

一、芳烃侧链上 α-H 的特性

任务 5-12　设计由甲苯合成苯甲酸的路线。

1. 侧链 α-H 的卤代

该反应是在光照或高温加热的条件下，卤素取代苯环侧链 α-碳上的氢原子生成卤代芳烃，在化工生产中用于制备苯甲醇、苯甲醛、苯甲酸等芳香族化合物。

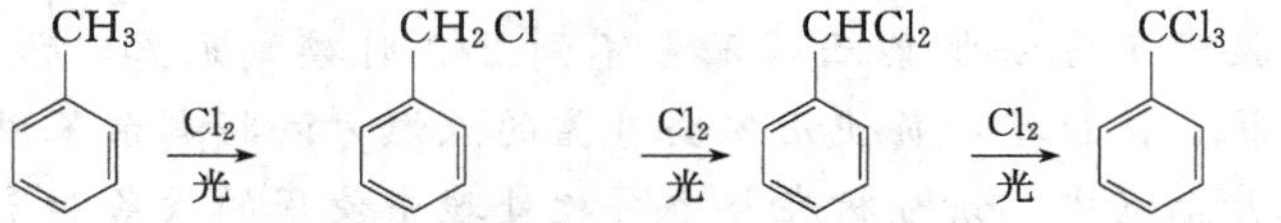

CH₃ $\xrightarrow[\text{光}]{Cl_2}$ CH₂Cl $\xrightarrow[\text{光}]{Cl_2}$ CHCl₂ $\xrightarrow[\text{光}]{Cl_2}$ CCl₃

苯氯甲烷(氯化苄)　　苯二氯甲烷　　苯三氯甲烷

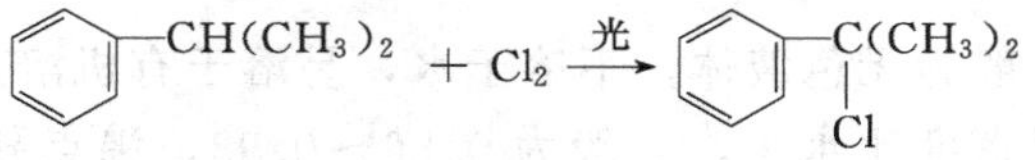

苯-CH(CH₃)₂ + Cl₂ $\xrightarrow{\text{光}}$ 苯-C(CH₃)₂Cl

2. 侧链 α-H 的氧化

在强氧化剂（高锰酸钾、重铬酸钾）的作用下，含有 α-H 原子的芳烃能使侧链发生氧化反应。例如：

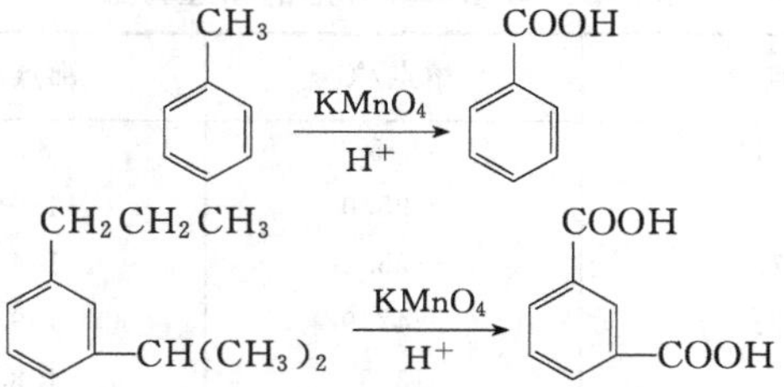

CH₃ $\xrightarrow[H^+]{KMnO_4}$ COOH

CH₂CH₂CH₃ / CH(CH₃)₂ $\xrightarrow[H^+]{KMnO_4}$ COOH / COOH

反应特点及用途：其一，只氧化 α-H 原子，对于侧链无 α-H 的烷基或环烷基苯则不能氧化。其二，无论侧链多长、数目多少，只要含 α-H 侧链均被氧化成羧基。这是制备芳香羧酸、鉴别苯环侧链有无 α-H 原子常用的方法，也可用于推测已知组成芳烃的构造式。

任务 5-13　写出下列化学反应的产物。

(1)

$$\underset{\text{C(CH}_3)_3}{\overset{\text{CH}_2\text{CH}_3}{\bigcirc}} \xrightarrow[\text{H}^+]{\text{KMnO}_4}$$

(2)

$$\left.\begin{array}{c}\text{（苯基环己烷）}\\\text{（苯基环丙烷）}\end{array}\right\} \xrightarrow[\text{H}^+]{\text{KMnO}_4}$$

任务 5-14　已知芳香烃 A、B、C 的组成均为 C_9H_{12}，实验证明化合物 A 和 B 能使酸性高锰酸钾溶液退色，而化合物 C 不能。化合物 A 被高锰酸钾氧化后生成一元芳酸，而化合物 B 氧化后生成邻位二元芳酸，试推测 A、B、C 可能的构造式。

二、苯环的加成与氧化反应

苯环稳定性强，一般条件下不易发生加成和氧化反应，但在强烈条件下也可以发生。

1. 苯环的氧化反应

$$\bigcirc + 4O_2 \xrightarrow[450℃]{V_2O_5} \text{（顺丁烯二酸酐结构式）} + H_2O + 2CO_2$$

顺丁烯二酸酐

用途：苯环的氧化是工业上生产顺丁烯二酸酐的主要方法。顺丁烯二酸酐又名马来酸酐，是一种很重要的有机原料，广泛用于生产不饱和聚酯树脂、农药、润滑油添加剂、食品添加剂、造纸助剂、表面活性剂等。

2. 苯环的加氢反应

$$\bigcirc + 3H_2 \xrightarrow[250℃]{\text{Ni/加压}} \bigcirc$$

三、苯环上的取代反应

1. 卤代反应

在铁或卤化铁等催化作用下氯或溴原子可取代苯环上的氢原子生成卤代芳烃。

$$\bigcirc + Cl_2 \xrightarrow[\text{或 Fe}]{FeCl_3} \bigcirc\text{—Cl} + HCl$$

$$\bigcirc + Br_2 \xrightarrow[\text{或 Fe}]{FeBr_3} \bigcirc\text{—Br} + HBr$$

$$\underset{}{\overset{\text{CH}_3}{\bigcirc}} + Cl_2 \xrightarrow[\text{或 Fe}]{FeCl_3} \underset{(33\%)}{\overset{\text{CH}_3}{\bigcirc}\text{—Cl}} + \underset{Cl\ (66\%)}{\overset{\text{CH}_3}{\bigcirc}} + HCl$$

发生环上的卤代反应时，烷基苯比苯容易进行，主要生成邻位和对位取代物。卤素的活性顺序为：$F_2 > Cl_2 > Br_2 > I_2$。其中，氟过于活泼，碘的活性又太低，因此，在实际应用中主要是氯代和溴代反应。

氯苯和溴苯易继续反应生成卤代反应，其主要产物也是邻位和对位取代物。例如：

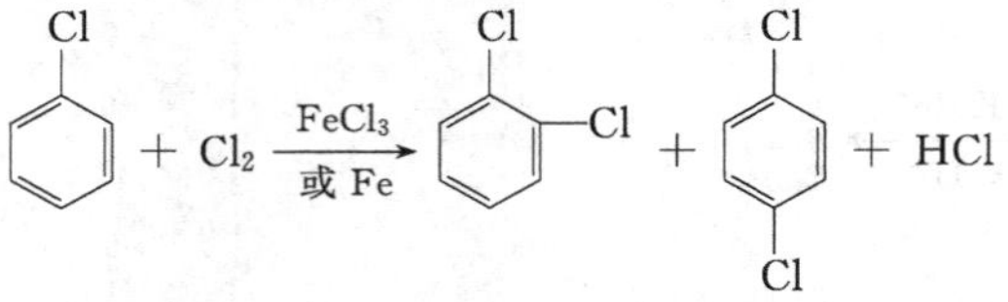

$$\text{Cl} + Cl_2 \xrightarrow[\text{或 Fe}]{FeCl_3} \text{(邻二氯苯)} + \text{(对二氯苯)} + HCl$$

（50%）　　（45%）

任务 5-15　选择合适的芳烃为主原料设计合成 TNT、对十二烷基苯磺酸钠（一种表面活性剂）的路线，并简述它们的主要用途。

任务 5-16　写出实际生产中常用的硝化和磺化试剂。

2. 硝化反应

苯与浓硝酸及浓硫酸的混合物（混酸）共热后，苯环上的氢原子能被硝基取代，生成硝基苯。在反应中，浓硫酸既是催化剂，又是脱水剂。

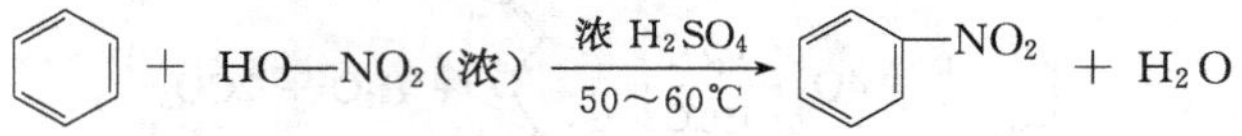

$$\bigcirc + HO—NO_2(浓) \xrightarrow[50\sim60℃]{浓\ H_2SO_4} \bigcirc—NO_2 + H_2O$$

硝基苯不易继续硝化，若增强反应条件可得二硝基苯，其主产物是间位取代。

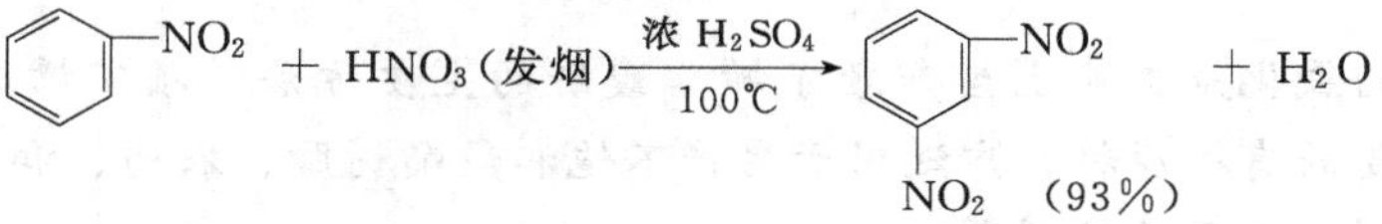

$$\bigcirc—NO_2 + HNO_3(发烟) \xrightarrow[100℃]{浓\ H_2SO_4} \bigcirc(NO_2)_2 + H_2O$$

（93%）

烷基苯的硝化反应比苯容易进行，但主要产物是邻、对取代。例如：

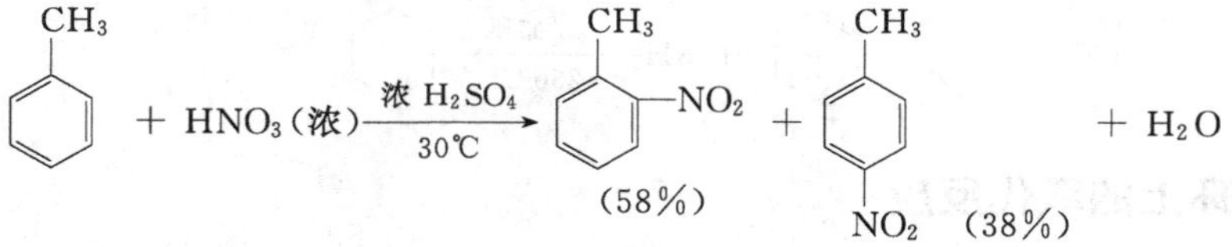

$$\bigcirc—CH_3 + HNO_3(浓) \xrightarrow[30℃]{浓\ H_2SO_4} \bigcirc + \bigcirc + H_2O$$

（58%）　　（38%）

3. 磺化反应

苯与浓硫酸、发烟硫酸、三氧化硫等磺化试剂反应，磺酸基取代苯环上的氢原子生成苯磺酸。

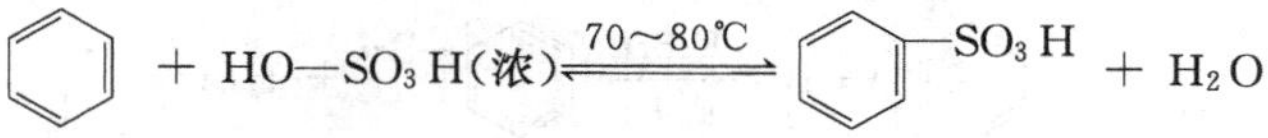

$$\bigcirc + HO—SO_3H(浓) \underset{70\sim80℃}{\rightleftharpoons} \bigcirc—SO_3H + H_2O$$

苯磺酸可继续磺化，但要在发烟硫酸及较高温度下，其主要产物是间位取代。

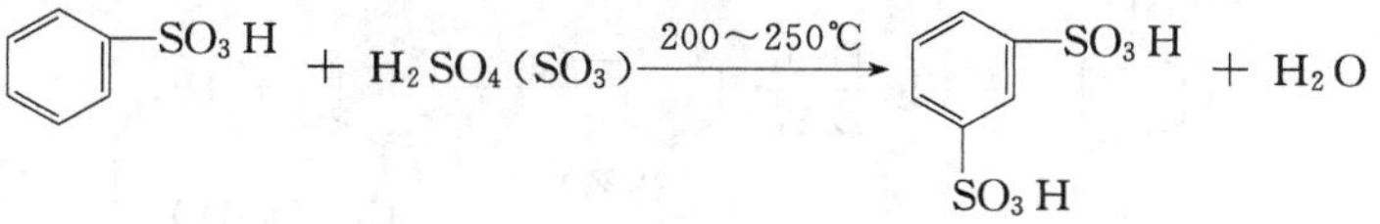

$$\bigcirc—SO_3H + H_2SO_4(SO_3) \xrightarrow{200\sim250℃} \bigcirc(SO_3H)_2 + H_2O$$

烷基苯的磺化反应比苯容易进行。例如，甲苯与浓硫酸在常温下即可发生磺化反应，主要产物是邻、对位甲苯磺酸，而在 $100\sim120℃$ 时反应，则对甲苯磺酸为主要产物。

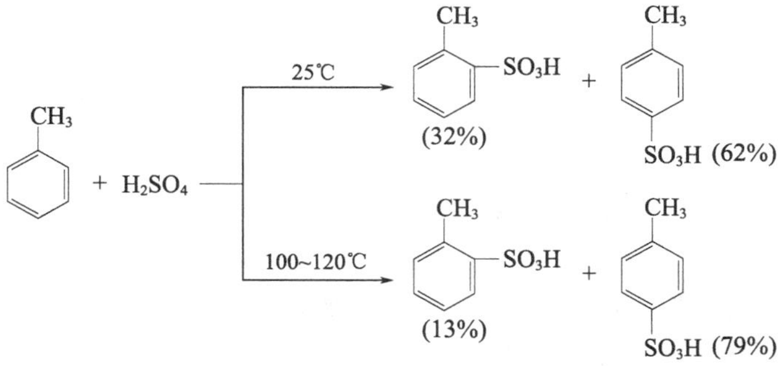

反应特点及用途：其一，磺化反应是可逆的，产物与水蒸气共热可脱去磺酸基。其二，芳烃高温磺化主要产物是对位取代物。因此在有机合成中常用磺酸基占位来在苯环的特定位置引入某些基团，即利用磺酸基占据苯环上的某一位置，待新的基团引入后，再将磺酸基水解脱除。

磺酸是有机强酸，其酸性可与无机强酸相比，其水溶性较大，利用这一性质，在难溶于水的芳香族化合物中引入磺酸基可增加其在水中的溶解度。也可用于芳烃的分离纯化。

任务 5-17 对乙烯基苯磺酸钠是一种重要的化工、医药聚合物单体。聚乙烯苯磺酸钠是一种具有独特作用的水溶性聚合物，应用于乳化剂、染色助剂、水处理剂（分散剂、凝絮剂）、硫磺交换树脂（膜）、写真药剂（膜片）、半导体、影像胶片、热传导产品等方面。请设计由乙苯合成对乙烯苯磺酸钠的路线。

4. 傅-克（Friedel-Crafts）反应

任务 5-18 设计由苯为主原料制备重要的化工医药中间体苯乙酮、叔丁基苯（主要用于合成农药、香料、医药等高附加值的精细化工产品）的路线。

（1）烷基化反应 苯与烷基化试剂（卤代烷、烯烃和醇）在路易斯酸（无水氯化铝等）催化下，环上的氢原子可被烷基取代生成烷基苯的反应称为傅-克烷基化反应。例如：

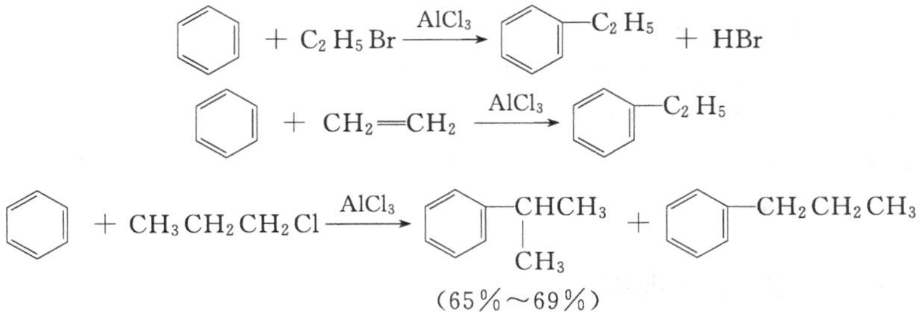

反应特点及用途：其一，因烷基苯的反应活性比苯强，反应时易得多元取代物，只有当苯过量时，才以一元取代物为主。其二，使用含 2 个以上碳原子的烷基化试剂时，异构化产物为主。这是制备重要的化工医药原料乙苯、异丙苯、叔丁苯的方法。

（2）酰基化反应 芳烃与酰基化试剂（酰卤和酸酐）在路易斯酸（无水氯化铝等）催化下，环上的氢原子可被酰基取代生成芳香酮的反应称为傅-克酰基化反应。例如：

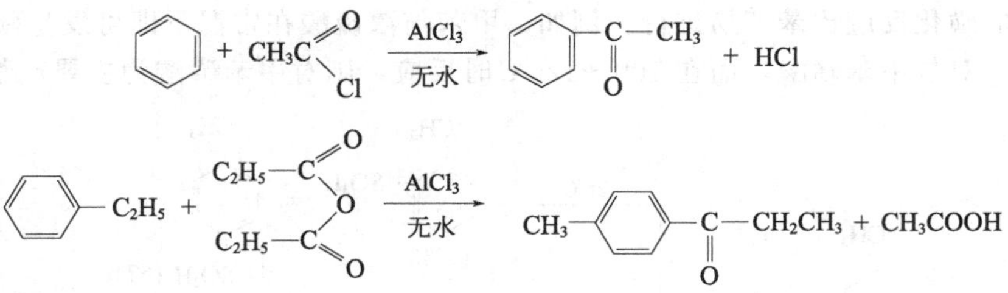

反应特点及用途：其特点是只生成一元取代产物，产率高，并且反应时不发生异构化。这是制备重要的化工医药原料乙酮苯等芳香酮和直链烷基苯的方法。

（3）傅-克反应常用催化剂　常用催化剂除无水氯化铝外，$FeCl_3$、$SnCl_4$、$ZnCl_2$、BF_3、HF、H_2SO_4 等均可作为该反应的催化剂，但对设备腐蚀性较大，目前使用了一些固体催化剂，如活性氧化铁、分子筛、离子交换树脂等。

（4）傅-克反应适用范围　当苯环上连有硝基、磺酸基、羧基、酰基等吸电子基团和氨基碱性基团时，傅-克反应不能发生。所以硝基苯是傅-克反应常用的良好溶剂。

任务 5-19　设计以苯为原料合成重要的化工医药中间体正丁基苯（用于合成染料、医药、农药、液晶显示材料等）的路线。

第五节　苯环上亲电取代反应的定位规律及应用

任务 5-20　设计由苯制备间硝基苯乙酮的路线。

一、定位规律

从前面讨论的一些苯环亲电取代反应可以看出，当苯的衍生物进行亲电取代反应时，有的比苯容易（如甲苯），有的比苯难（如苯乙酮、硝基苯），实验证明这是取代基对苯环上电子云密度影响的结果。有的基团（如甲基）能使苯环上电子云密度增大，使亲电取代反应活性增强，称其为活化基团。相反，有的基团（如硝基）能使苯环上电子云密度减小，使亲电取代反应活性减弱，则称其为钝化基团。

同时还可以看出，当苯的衍生物进行亲电取代反应时，新的基团取代环上不同位置氢原子的机会是不均等的，新的基团进入的位置主要取决于苯环上原有基团的性质。苯环上原有基团对新引入基团有定位的作用，起定位作用的原有基团称作定位基，这一作用称为定位基的定位效应，即定位规律。

二、一元取代苯的定位规律

根据大量的实验结果，可以将一些常见的基团按其定位效应分为两类。

1. 邻、对位定位基

邻、对位定位基（邻、对位产物之和大于 60%）也称第 I 类定位基，当苯环上连有这类基团之一，再进行取代反应时，主要产物是邻位和对位二元取代物。这类定位基多数是活化基团，按照它们对苯环的作用强弱分类见表 5-4。

表 5-4　第 Ⅰ 类定位基的分类

分　类	实　例
强活化基团	—O⁻（氧负离子）、—NR₂ 和—NHR（氨基）、—NH₂、—OH
中等活化基团	—OCH₃（甲氧基）、—NH—C—CH₃（乙酰氨基）、—O—C—CH₃（乙酰氨基） 　　　　　　　　　　‖　　　　　　　　　　‖ 　　　　　　　　　　O　　　　　　　　　　O
弱活化基团	—CH₃、—R（烃基）、—C₆H₅（苯基）
弱钝化基团	—X(Cl,Br)、—CH₂A[A＝—NH₂、—OH、—COOH、—X(卤原子)等]

2. 间位定位基

间位定位基（间位产物大于 40%）也称第 Ⅱ 类定位基，当苯环上连有这类基团之一，再进行取代反应时，主要产物是间位二元取代物。这类定位基都是钝化基团，按照它们的致钝作用强弱分类见表 5-5。

表 5-5　第 Ⅱ 类定位基的分类

分　类	实　例
强钝化基团	—N⁺H₃（铵基）、—N⁺(CH₃)₃（三甲铵基）、—NO₂（硝基）、—CF₃、—CCl₃—CN（氰基）、 —SO₃H（磺酸基）、—CHO（醛基）、—COOH
中等钝化基团	—C—R（某酰基）、—C—NH₂（酰氨基）、—C—OR（烃酰氧基）、—CHCl₂ 等 　‖　　　　　　　‖　　　　　　　　‖ 　O　　　　　　　O　　　　　　　　O

注意：反应条件（如温度、试剂种类、催化剂等）对产物各种异构体的比例也有一定的影响，但不能改变定位基的定位效应。

三、二元取代苯的定位规律

任务 5-21　判断下列苯的衍生物再进行苯环上亲电取代反应时，新基团主要进入的位置（即判断主要产物的数目），请用箭头标出。

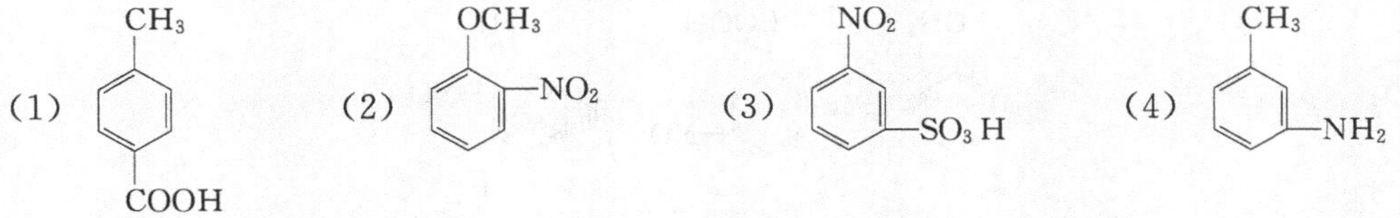

(1) 对甲基苯甲酸　(2) 邻甲氧基硝基苯　(3) 间硝基苯磺酸　(4) 间甲基苯胺

如果苯环上已有两个定位基时，再进行亲电取代反应时，第 3 个基团进入的位置主要取决于已有的两个定位基的定位能力。当两个定位基的定位效应不一致时，第 3 个基团进入的位置由定位能力强的定位基确定。

注意：空间位阻、反应条件等因素对产物各种异构体的比例也有一定的影响。

1. 定位基的定位能力

（1）不同类定位基的定位能力　第 Ⅰ 类定位基＞第 Ⅱ 类定位基。

（2）同类定位基的定位能力　强活化＞中等活化＞弱活化＞弱钝化；强钝化＞中等钝化。

2. 两定位基定位效应不一致

若苯环上原有的两个定位基的定位效应不一致时，会出现两种情况。

（1）两个定位基属于同一类时　第 3 个基团进入苯环的位置由定位能力强的定位基决

定。如：

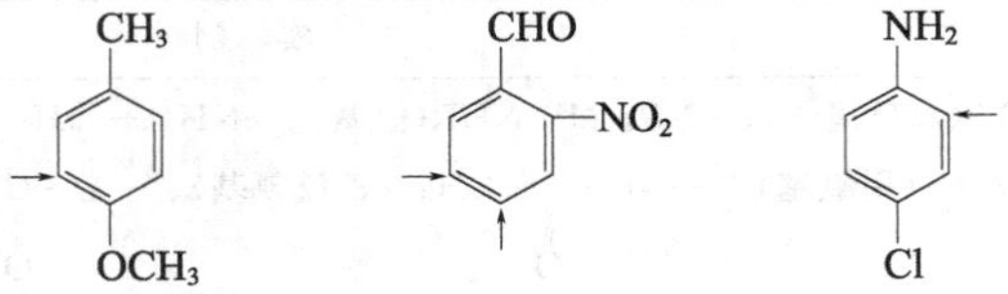

（2）两个定位基属于不同类时　第3个基团进入苯环的位置主要由邻、对位定位基决定。如：

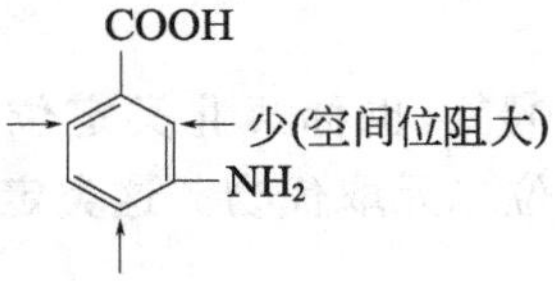

四、定位规律的应用

苯环上亲电取代反应的定位规律不仅可以预测苯的衍生物在进行取代反应时的产物，更重要的是可指导我们为多元取代苯的合成选择合适的路线。

1. 预测反应的主要产物

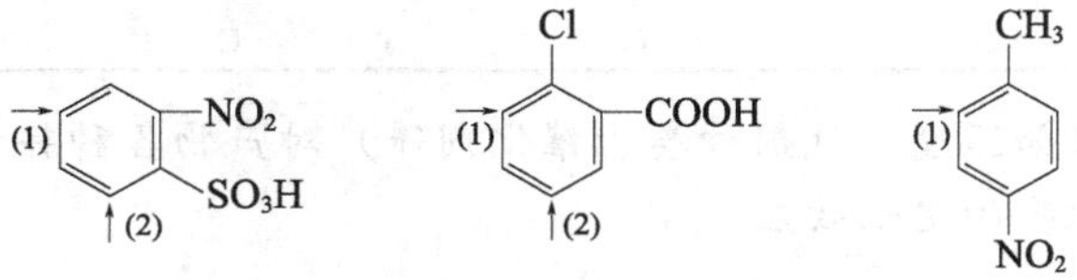

2. 选择合成多元取代苯合适的路线的案例分析

案例1：以甲苯为原料，设计合成具有广泛用途的化工医药原料间硝基苯甲酸和邻硝基甲苯的路线。即：

【案例分析】　原料甲苯中的甲基为邻、对位定位基，目的产物中的羧基可由甲基氧化而获得，羧基为间位定位基。因目的产物Ⅰ中的羧基与硝基互为间位，目的产物Ⅱ中的甲基与硝基互为邻位，因此合成目的产物Ⅰ要采用先将甲苯氧化成苯甲酸，然后再硝化的路线。而合成目的产物Ⅱ要采用先将甲苯高温磺化然后再硝化的路线，最后把磺酸基除掉，这样可以提高目的产物Ⅱ的产率，防止对硝基甲苯的生成。具体合成路线如下：

间硝基苯甲酸合成路线Ⅰ

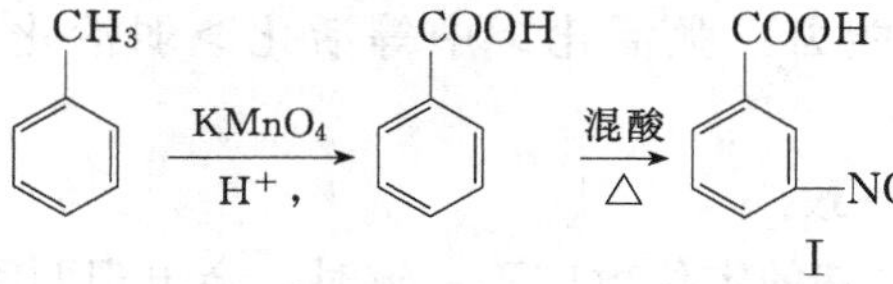

邻硝基甲苯合成路线Ⅱ

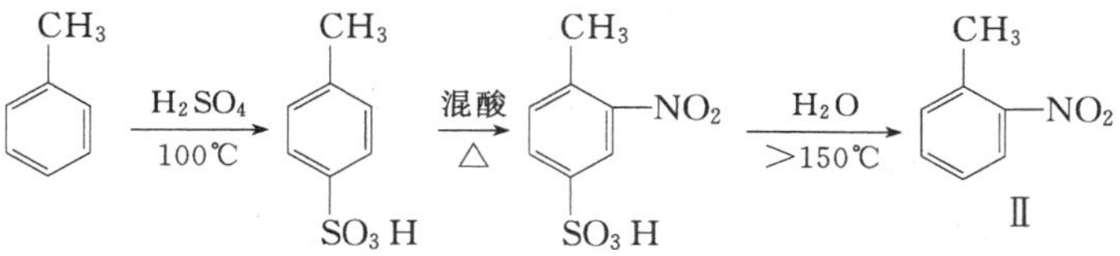

案例2： 完成以下转化可以用 2 个不同的路线，请分析选择最佳合成路线。

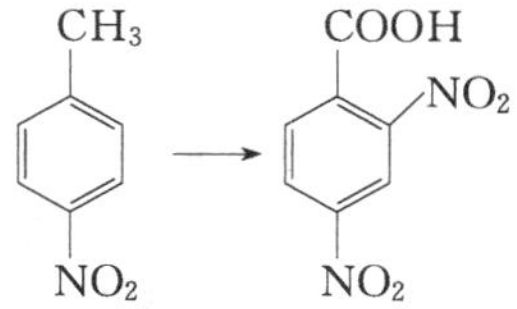

路线 1 先硝化，后氧化。

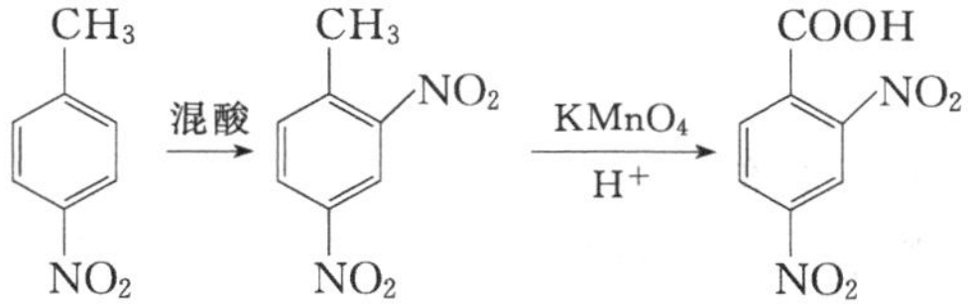

路线 2 先氧化，后硝化。

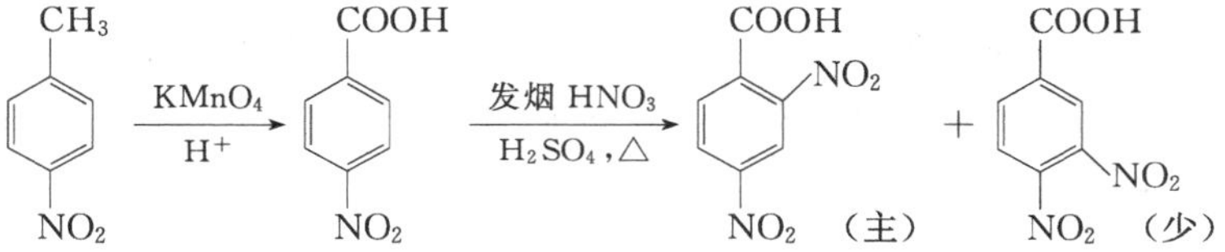

【案例分析】 路线 1 先硝化所得产物中的硝基和甲基的定位效应一致，所定位置正好是目的产物硝基应进的位置。实验证明，当定位效应一致时产物的产率高，副产物极少，因此经济效益高。路线 2 先氧化所得产物中的硝基和羧基的定位效应不一致，副产物所占比例与路线 1 相比大得多，并且硝基和羧基均为钝化基团，再发生硝化时需要的反应条件比路线 1 要高，耗能大，因此经济效益低。所以路线 1 为最佳选择。

任务 5-22 设计由甲苯合成 4-甲基-3-硝基苯磺酸的最佳路线。

任务 5-23 写出下列化学反应的产物。

(1)

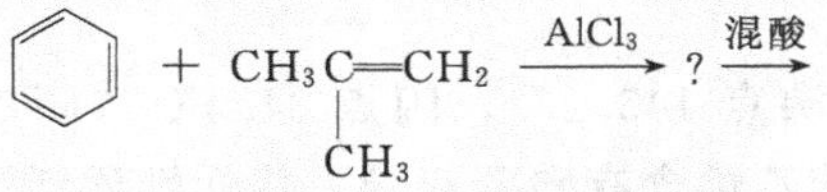

(2)

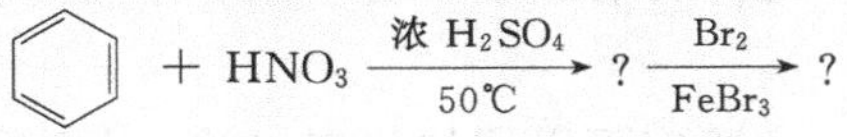

第六节 重要的单环芳烃

一、苯

苯是具有特殊芳香气味的无色液体，闪点 −11℃（闭口），熔点 5.5℃，沸点 80.1℃，易燃，不溶于水，易溶于有机溶剂，也是一种良好的溶剂，溶解有机分子和一些非极性的无机分子的能力很强；苯能与水生成恒沸物，沸点为 69.25℃，含苯 91.2%。因此，在有水生成的反应中常加苯蒸馏将水分出。

苯易挥发，其蒸气毒性大。一般慢性苯中毒时对造血器官及神经系统的损伤最为严重，但在高浓度苯的环境里会急性中毒，表现为头晕无力、肌体痉挛等症状，很快即可昏迷死亡。因此环保型油漆、涂料、黏合剂等产品不再用苯作溶剂。

苯主要来源于煤焦油和石油的芳构化。

它是基本有机化工原料之一，可通过其特性制备各种重要的化工、医药中间体——主要用于合成卤代苯、芳烃（乙苯、叔丁苯、苯乙烯等）、芳香酮、硝基苯、芳香胺、丙酮、苯酚、苯磺酸、对乙烯苯磺酸、顺丁烯二酸酐等。继而合成医药、农药、洗涤剂、橡胶、塑料、有机玻璃、增塑剂、涂料等产品。

二、甲苯

甲苯是无色液体，气味与苯相似。沸点为 110.6℃，闪点 4.4℃（闭口），易挥发易燃，不溶于水，易溶于常用的有机溶剂（如酒精、乙醚、氯仿、丙酮等）。甲苯有毒，毒性小于苯，但刺激症状比苯严重，通过呼吸道对人体造成危害。

甲苯主要来源于煤焦油和石油的铂重整。它是基本有机化工原料之一，可通过其特性制备苯、苯甲醛、甲苯二异氰酸酯（TDI）、苯甲酸、TNT 等重要化工、医药产品。也常用于油墨、黏合剂、杀虫剂、表面活性剂和制药的溶剂。

三、混合二甲苯

混合二甲苯是一种重要的基础石化原料，主要用来生产溶剂（用于油漆、涂料等）、航空汽油添加剂、杀虫剂和油墨等。也是合成邻苯二甲酸、苯酐、二苯甲酮、树脂、染料、聚酯纤维、涤纶、农药、医药和香料的原料。

混合二甲苯是无色液体，有邻、间、对 3 种异构体，有芳香气味。沸程为 137～140℃，易燃、易挥发，不溶于水，与乙醇、氯仿或乙醚能任意混合。二甲苯有毒，毒性小于苯。混合二甲苯由分馏煤焦油的轻油、轻汽油催化重整或由甲苯经歧化而制得。

四、苯乙烯

苯乙烯是无色油状液体，具有辛辣气味。沸点 145.2℃，闪点 34.4℃（闭口），可燃，略带毒性，能与乙醇、乙醚等有机溶剂混溶。苯乙烯含有碳碳双键，化学性质活泼，在室温下即能缓慢聚合，要加阻聚剂才能贮存。

在工业上，苯乙烯可由乙苯催化去氢制得。实验室可以用加热肉桂酸的办法得到。苯乙烯是良好的溶剂及重要的有机原料，是合成聚苯乙烯树脂、橡胶、ABS 树脂、离子交换树脂、聚酯和乳胶漆的原料。

任务 5-24 参照学习苯的知识点的方法，编写 PPT 讲稿。主要内容要包括以下几点：1. 萘的结构特点；2. 萘的衍生物的命名——举例归纳与苯的衍生物的异同点；3. 萘的理化性质及一元定位规律。

※第七节 稠环芳烃

两个或两个以上的苯环以共用两个相邻碳原子的方式相互稠合而成的芳烃称稠环芳烃。稠环芳烃一般是固体，且大多为致癌物质。其中比较重要的是萘、蒽、菲，它们是合成染料、药物等的重要化合物。

一、萘

1. 萘的结构

萘的分子式为 $C_{10}H_8$，是最简单的稠环芳烃。通过 X 射线测定，萘分子为平面结构，两个苯环共用两个碳原子互相稠合在一起，萘的构造式如下：

与苯相似，萘环上的每个碳原子都是 sp^2 杂化，碳原子间以及碳原子与氢原子间均以 σ 键相连，每个碳原子未杂化的 p 轨道平行重叠形成共轭大 π 键，垂直于萘环平面（见图 5-2）。由于各个碳原子 p 轨道的重叠程度不同，萘的 10 个碳原子上的电子云分布不同，所以萘环中碳碳键的键长有长有短。正是由于萘分子中键长平均化程度没有苯高，使萘的稳定性比苯差，反应活性比苯高。

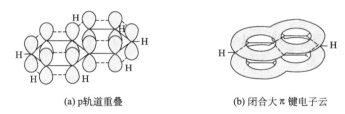

(a) p 轨道重叠 　　　　(b) 闭合大 π 键电子云

图 5-2　萘分子结构示意

另外，与两个苯环共用碳直接相连的碳原子称为 α 位，其余的碳原子称为 β 位。

$$
\begin{array}{c}
\overset{\alpha}{\underset{8}{}} \quad \overset{\alpha}{\underset{1}{}} \\
\beta 7 \quad\quad 2\beta \\
\beta 6 \quad\quad 3\beta \\
\underset{\alpha}{5} \quad \underset{\alpha}{4}
\end{array}
$$

2. 萘的衍生物的命名

萘的一元取代物有两种，即 α-取代物和 β-取代物。命名时可以用阿拉伯数字标明取代基的位次（α 位为第一位），也可用 α、β 字母标明取代基的位次。例如：

α-溴萘（1-溴萘）　　　　β-溴萘（2-溴萘）

萘的衍生物命名原则与苯的衍生物命名原则相似，不同的是萘环编号时要把能使母体官能团位号符合"最低系列原则"的 α 位作为第一位，编号顺序是先编一个苯环，再编另一个苯环，共用碳不编号；还有写全名称时要标出母体官能团的位号。例如：

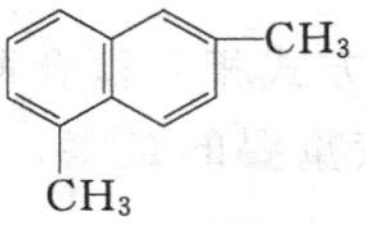

1,6-二甲基萘 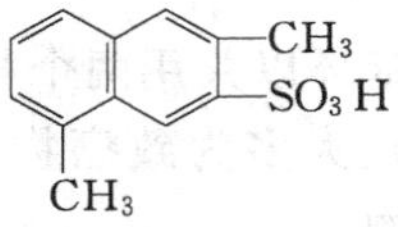　　　　　3,8-二甲基-2-萘磺酸

任务 5-25　写出下列萘的衍生物的名称。

(1) 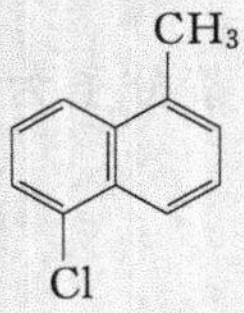　　　　　　　　　　(2)

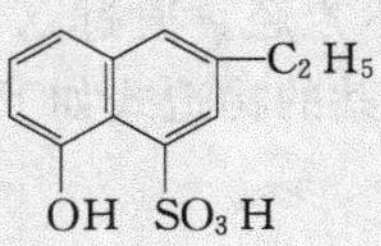

3. 萘的性质及应用

萘是白色片状晶体，熔点 80.5℃，沸点 218℃，不溶于水，溶于有机溶剂。有特殊气味，易升华。萘是有机化工基础原料之一，大部分用来制造邻苯二甲酸酐。它的很多衍生物是合成染料、农药、医药的重要中间体。

萘的化学性质比苯活泼，容易发生亲电取代反应、氧化反应和还原反应。

(1) 取代反应　萘可以起卤化、硝化、磺化等亲电取代反应，由于萘分子的 α 位电子云密度比 β 位大，所以取代反应较易发生在 α 位。

① 卤化反应　主要产物是 α-氯萘。

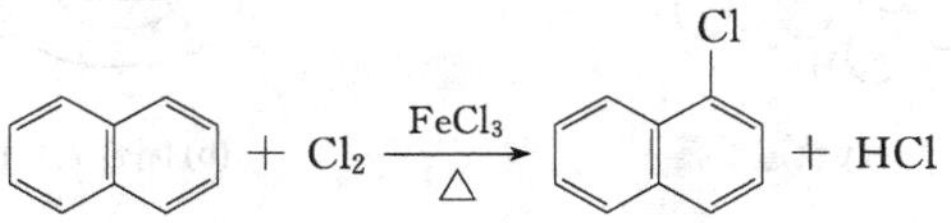

② 硝化反应　萘和混酸在室温就可发生硝化反应，主要产物是 α-硝基萘。

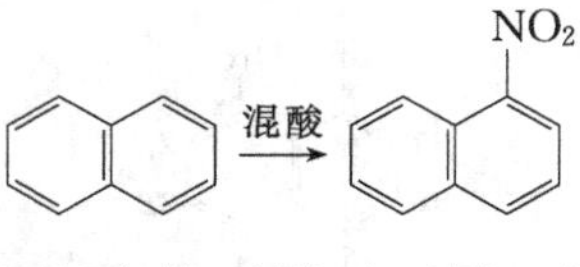

③ 磺化反应　萘的磺化产物随温度的不同而不同，低温主要生成 α-萘磺酸，高温主要生成 β-萘磺酸。

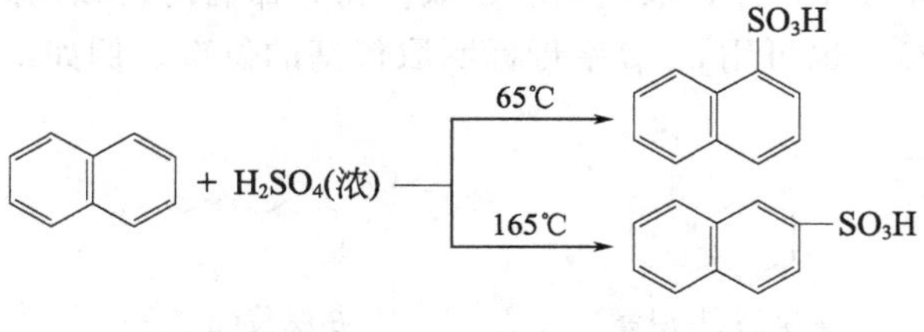

(2) 氧化反应　萘比苯易发生氧化反应，反应主要在 α 位。在缓和条件下，萘氧化生成醌，强烈条件下，氧化生成邻苯二甲酸酐。

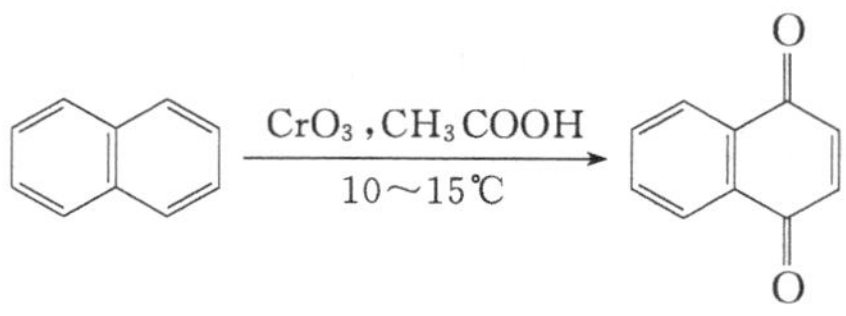

$$CrO_3, CH_3COOH, \ 10\sim15℃$$

1,4-萘醌

$$O_2, V_2O_5, \ 400\sim500℃$$

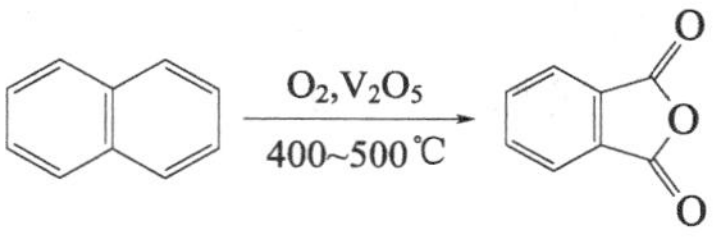

邻苯二甲酸酐

用途： 1,4-萘醌又称 α-萘醌，为黄色晶体。可用于生产蒽醌和 2,3-二氯萘醌，二氯萘醌是一种重要的农用杀菌剂，用于防治小麦腥黑穗病、稻瘟病、马铃薯晚疫病和蔬菜幼苗的立枯病等。邻苯二甲酸酐俗名苯酐，为白色针状晶体。是染料、医药、塑料、增塑剂及合成纤维的原料。

（3）还原反应　萘的还原反应可以在金属钠和醇的共同作用下实现，也可以通过催化加氢的方法实现。

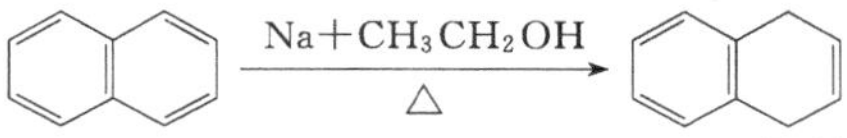

$$Na + CH_3CH_2OH, \ \triangle$$

1,4-二氢萘

$$H_2, Ni, \ 加热,加压$$

$$H_2, Ni, \ 加热,加压$$

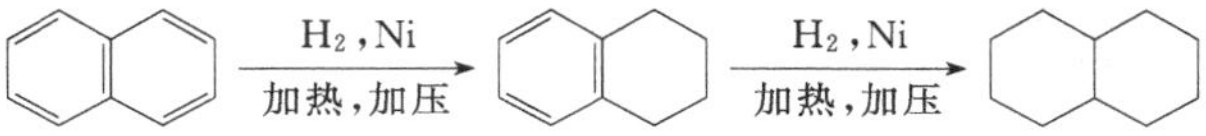

十氢化萘

4. 一元取代萘的定位规律

萘是由两个苯环共用相邻两个碳原子稠合而成的，因此，当萘上已有取代基时，第 2 个基团进入萘环的位置就比较复杂，下面介绍两种比较简单的情况。

（1）环上连有致活基团时，一般规律是新基团进入同环中的邻、对位中的 α 位。例如：

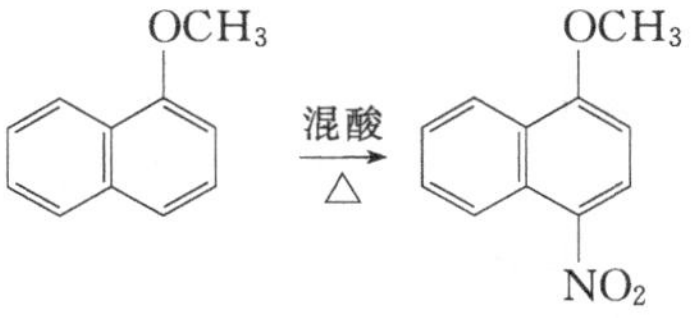

$$混酸, \ \triangle$$

4-硝基-1-萘甲醚

$$混酸, \ \triangle$$

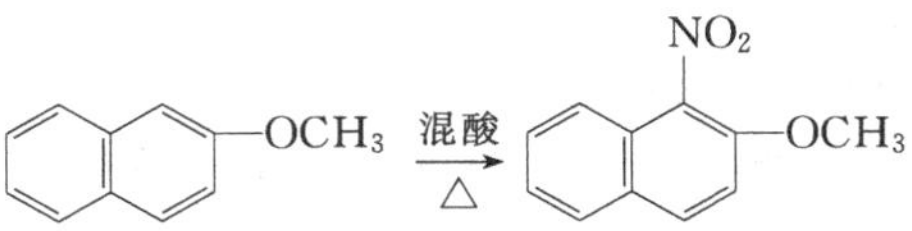

1-硝基-2-萘甲醚

（2）环上连有致钝基团时，一般规律是新基团进入异环中的 α 位。例如：

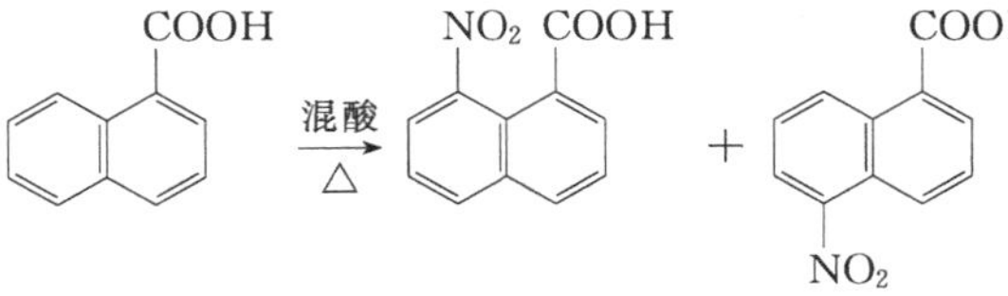

$$混酸, \ \triangle$$

8-硝基-1-萘甲酸　　5-硝基-1-萘甲酸

任务 5-26　4-氨基-1-萘磺酸钠是合成酸碱指示剂刚果红的原料之一，设计由萘为原料合成 4-氨基-1-萘磺酸钠的路线。

*二、蒽、菲

蒽和菲都是由 3 个苯环稠合而成的稠环芳烃。其中，蒽的 3 个苯环直线稠合排列，菲的 3 个苯环角式稠合排列。两者的分子式均为 $C_{14}H_{10}$，互为同分异构体。它们的构造式及分子中碳原子的编号如下：

蒽　　　　　　　　　　　　　菲

蒽和菲都可以从煤焦油中得到。蒽是浅蓝色有荧光的针状晶体，菲是白色有荧光的片状晶体，有毒。蒽和菲都比萘更容易发生氧化及还原反应，无论氧化或还原，反应都发生在 9,10 位，反应产物的分子中都保留两个稳定的苯环。

$$\xrightarrow[\text{H}_2\text{SO}_4]{\text{K}_2\text{Cr}_2\text{O}_7}$$

9,10-蒽醌　　　　　　　　　　　　　$$\xrightarrow[\text{Cu-Cr}]{\text{H}_2}$$　　　　　9,10-二氢化菲

蒽醌的衍生物是某些天然药物的重要原料，多氢菲的基本结构也存在于多种甾体药物中。

知识窗 -

苯泄漏事故的安全处理

苯是重要的化工原料，广泛应用于化工医药生产中。尽管我们作了最好的预防，但苯泄漏事故偶有发生。20 世纪 60 年代末上海焦化厂曾发生过一次纯苯入河殃及船民的事故，造成 17 人死亡，19 人受伤。1995 年江阴某精细化工厂库存纯苯自燃爆炸引起熊熊大火，这次大火吞没了大约 16 吨苯和其他化学品。2012 年苏州一化工厂因苯泄漏发生爆燃，大火烧了近 4 个小时，20 余吨苯及其他化工原料全被烧光，损失惨重。

苯是有毒无色透明液体，密度小于水，闪点低，易燃易爆，苯不溶于水，其蒸气比空气重，蒸气往往漂浮于地表及下水道及厂房死角等处有潜在爆炸危险。苯在沿管线流动时，流速过快，易产生静电，容易引发燃烧爆炸。对苯泄漏事故，我们必须快速有效反应，灵活处置，减少不必要的损失和人员伤亡。

一、苯泄漏事故特点

1. **易发生爆炸燃烧事故**　苯易挥发，泄漏后其蒸气容易与空气形成混合性爆炸气体，遇火容易爆炸燃烧，造成人员伤亡和财产损失。

2. **易造成人员中毒**　苯极易挥发，其蒸气损害人的神经系统，容易造成现场无有效防

护人员的中毒。

3. 易造成环境污染　苯具有流动性，液体泄漏后四处流散，流经之处会对土地及周围环境造成较大范围内的污染。

二、处置程序与措施

1. 报警

遇到苯泄漏时，首先要询问泄漏的地点、容器储量、泄漏部位、时间、人员伤亡等，并立即报警。

2. 侦察检测

协助救援单位掌握泄漏扩散区域及周围有无火源，利用仪器检测事故现场苯蒸气的浓度，测定现场及周围区域的风力和风向，搜寻遇险和被困人员，并迅速组织营救和疏散。

3. 警戒疏散

首先，及时疏散泄漏区域及扩散可能波及范围的人员。然后，根据侦察情况，确定警戒范围，设立警戒标志，大量泄漏时下风方向至少按照300m设置警戒区，严格控制进警戒区人员、车辆的出入。

4. 禁绝火源

切断警戒区内所有电源，熄灭明火；停止高热设备工作；关闭警区内抢险人员的手机，切断电话线；严禁穿戴化纤类服装和带铁钉的鞋进入警区，不准携带铁质工具进入扩散区参加救援。

5. 人员救助

组成救生小组，采取正确救助方式，进入事故现场的救援人员必须佩戴隔绝式呼吸器，进入内部的救援人员要着全封闭式救援防化服。将所有被困人员转移至安全区，将伤情较重人员送交医疗部门。

6. 稀释防爆

储罐、管道内液体外泄时，应在适当部位筑堤防止苯流散，并在苯上覆盖泡沫层，防止引燃。以泄漏点为中心，在储罐四周设置水幕或开花、喷射雾状水进行稀释降毒，用开花水流驱散苯蒸气，但水流不能流入围堤内的苯泄漏区域。要防止泄漏物进入水体、下水道、地下室或密闭性空间。

7. 关阀堵漏

生产装置或管道发生泄漏，阀门尚未损坏时，可协助技术人员或在技术人员的指导下，使用喷雾水枪掩护，关闭阀门，制止泄漏。

三、处置要求与注意事项

1. 防止发生燃烧

要严防引发燃烧爆炸，对泄漏液面可预先喷射泡沫覆盖保护，并保证有足够的厚度，但水和泡沫不能并用，使用无火花器具，处置人员严禁在泄漏区域的下水道等地下空间的顶部、井口处滞留。

2. 合理选择战斗位置

指挥部的设置及救援车辆停放应与危险区保持适当距离，并选择上风方向或侧风方向。

3. 消除安全隐患

堵漏结束后，要仔细检查是否还有不明显的泄漏源，尽可能减少泄漏点和泄漏量；对泄漏出来的苯液选用防爆泵抽或使用无火花盛器输转、收集，残余的苯要进行吸附清理，以防留下隐患。

更值得注意的是苯泄漏或发生大火时，切忌用大量水冲刷或灭火，因为这样处理的后果会导致苯伴随水流流淌到周围的地区，会埋下更大的隐患和祸根。扑救苯火灾最好选用干粉、二氧化碳、抗溶性泡沫灭火剂进行扑灭，以将事故范围缩小到最低程度。

📝 习题 -

5-1 填空题

（1）苯分子的构型是_____形。苯分子中的碳原子均为_____杂化，由于含有_____键，形成了一个_____体系，使苯分子异常稳定，从而具有易于取代，难以加成和氧化的特性，这种特性称之为_____性。

（2）苯中含有少量的环己烯，可采用_____将其在室温下洗涤除去。

（3）二甲苯的三个异构体中，一元硝化产物只有一种的是_____。

（4）当苯环上连有_____基团时，难以发生烷基化和酰基化反应。

（5）聚苯乙烯是一种性能优良的塑料，其单体的构造式是_____。

（6）甲苯的磺化反应在_____条件下，主要生成对位产物。芳烃不溶于浓硫酸，但磺化后生成的苯磺酸却可以溶解在硫酸中，利用这一性质可_____。

（7）C_9H_{12}的芳烃异构体中，不能被酸性高锰酸钾氧化成芳香族羧酸的芳烃构造式是_____。

5-2 选择题

（1）下列化合物中，含有 sp 杂化碳原子的是（　　）。

A. 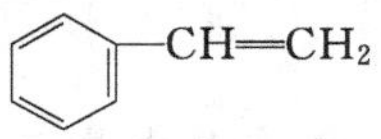 ⬡—CH=CH₂　　　　B. ⬡—C≡CH

C. ⬡—CH₂—⬡　　　　D. 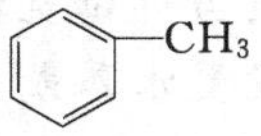 ⬡—CH₃

（2）下列化合物中，亲电取代反应活性最强的是（　　）。

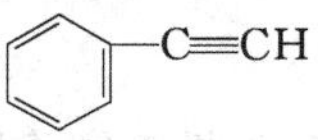

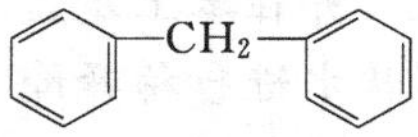

A.  ⬡　　　　B. 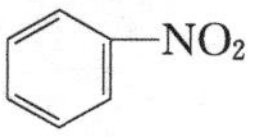 ⬡—NO₂

C. 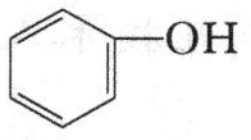 ⬡—OH　　　　D. 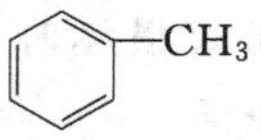 ⬡—CH₃

（3）下列基团中能使苯环钝化程度最大的是（　　）。

A. —NH₂　　　　B. —Cl

C. —NO₂　　　　D. —COOH

（4）下列烷基苯中，不宜由苯通过烷基化反应直接制取的是（　　）。

A. 异丙苯　　　　B. 叔丁苯

C. 乙苯　　　　D. 正丙苯

（5）由苯合成 ⬡（COOH、Cl、NO₂），下列最佳合成路线是（　　）。

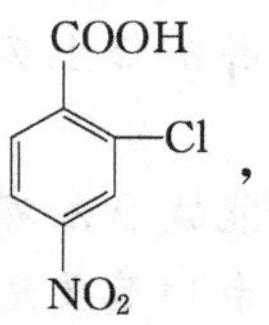

A. 烷基化、硝化、氯代、氧化　　B. 烷基化、氯代、硝化、氧化
C. 氯代、烷基化、硝化、氧化　　D. 硝化、氯代、烷基化、氧化

5-3 命名下列化合物

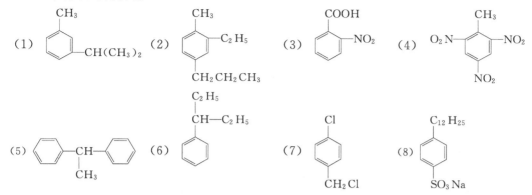

（1）　　　　　　（2）　　　　　　（3）　　　　　　（4）

（5）　　　　　　（6）　　　　　　（7）　　　　　　（8）

5-4 写出下列化合物的构造式

（1）叔丁苯　　　　　（2）邻二甲苯　　　　　（3）苯乙炔　　　　　（4）对溴甲苯

（5）4-氯-2,3-二硝基甲苯　　　　　（6）间硝基苯酚

（7）对烯丙基苯乙烯　　　　　（8）间甲氧基苯甲酸

5-5 比较下列各组化合物进行硝化反应的活性

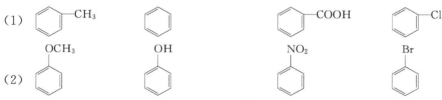

（1）

（2）

（3）邻二甲苯、甲苯、对甲基苯甲醚、对甲基苯甲酸

（4）对二氯苯、对氯乙酰苯胺、对硝基氯苯、对氯苯磺酸

5-6 完成下列化学反应式

（1） 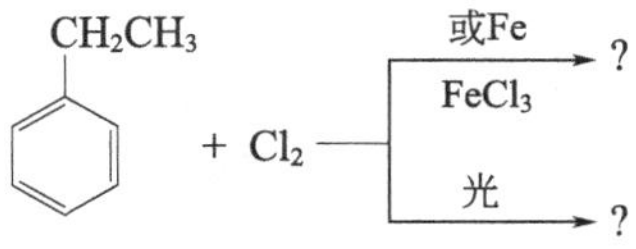　CH₂CH₃　＋ Cl₂　——或Fe／FeCl₃——→ ？　——光——→ ？

（2） 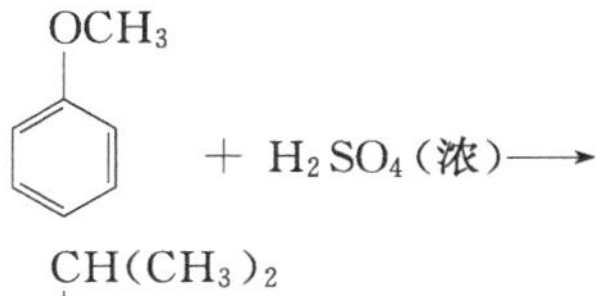　OCH₃　＋ H₂SO₄（浓）——→

（3） 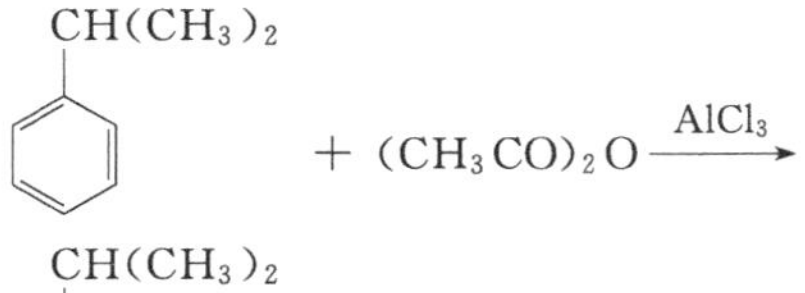　CH(CH₃)₂　＋ (CH₃CO)₂O ——AlCl₃——→

（4） 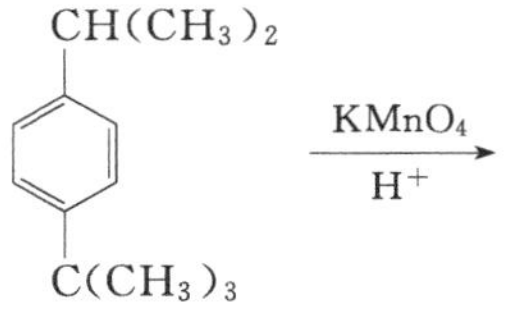　CH(CH₃)₂ ... C(CH₃)₃　——KMnO₄／H⁺——→

5-7 下列转变中有无错误，若有，请说明原因并给予纠正

(1) 苯 + $CH_3CH_2CH_2Cl$ $\xrightarrow{AlCl_3}$ 苯—$CH_2CH_2CH_3$

(2) 苯 + $CH_3CH_2CH_2\overset{O}{\underset{\|}{C}}Cl$ $\xrightarrow{AlCl_3}$ 苯—$\overset{O}{\underset{\|}{C}}CHCH_3$ 其中 CH_3

(3) 苯$\overset{O}{\underset{\|}{C}}CH_3$ $\xrightarrow{(CH_3CO)_2O/AlCl_3}$ 苯（间位）$\overset{O}{\underset{\|}{C}}CH_3$ 及 $COCH_3$

(4) 苯—NO_2，C_2H_5 $\xrightarrow{Cl_2/光}$ 苯—NO_2，CH_2CH_2Cl

(5) 苯—$CH_2CH_2CH_3$ $\xrightarrow{KMnO_4/H^+}$ 苯—CH_2CH_2COOH

5-8 以苯或烷基苯及其他无机试剂为原料，设计合成下列化合物的路线

(1) 苯—$CH(CH_3)_2$，对位—SO_3H 　　(2) 苯—$COOH$，邻位—Cl 　　(3) 苯—$COOH$，邻位—Br 　　(4) 苯—SO_3H，NO_2，Br

5-9 推断有机化合物的结构

(1) 分子式为 C_9H_{12} 的芳烃 A，以高锰酸钾氧化后得二元羧酸。将 A 硝化，得到两种一硝基产物。试推测该芳烃构造式并写出各步反应式。

(2) 某化合物 A 的分子式为 C_9H_8，它能和硝酸银氨溶液反应生成白色沉淀。A 经催化加氢得到 B，分子式为 C_9H_{12}，B 用酸性高锰酸钾溶液氧化得到酸性化合物 C，分子式为 $C_8H_6O_4$，C 加热后生成产物 D，分子式为 $C_8H_4O_3$，试推测 A、B、C、D 的构造式并写出各步反应式。

(3) 化合物 A 的分子式为 C_9H_{10}，A 能使溴水退色。A 经催化加氢得到 B（C_9H_{12}），将 B 与高锰酸钾的酸性溶液作用得到二元芳酸 C（$C_8H_6O_4$），C 发生硝化反应仅得到一种产物 D。试推测 A、B、C、D 的构造式并写出各步反应式。

5-10 鉴别下列各组化合物

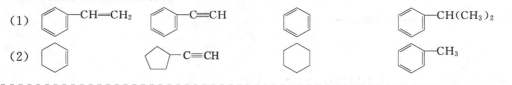

第六章 立体异构

知识目标

1. 掌握取代基的次序规则和有机物顺反异构体、旋光异构体构型的表示、判断及标记方法；掌握含一个手性碳原子化合物的对映异构现象。

2. 理解手性碳原子、手性分子、物质的旋光性、对映异构体、外消旋体等基本概念；理解利用旋光度测定法对旋光性物质的定性和定量分析原理。

3. 了解同分异构体的分类、含义及产生的原因；了解物质的旋光性与分子结构的关系；了解分子立体构型对其理化性质和生理活性的影响。了解含多个手性碳有机物的光学异构体。

能力目标

1. 能运用命名规则对各类有机物的顺反异构体、旋光异构体进行正确命名。

2. 会查找分子中的手性原子，并能判断简单分子是否有旋光性。

3. 会用构型式表示各类有机物的顺反异构体；会用费歇尔（Fischer）投影式表示有机物的旋光异构体。

4. 能利用旋光度与比旋光度的关系式，对旋光性物质进行定性和定量分析。

5. 能利用立体化学知识指导自己的生活、学习和工作，提高学生的立体化学知识素养。

任务 6-1 判断下列各组化合物互为何种异构体。

（1）D-葡萄糖与 L-葡萄糖　（2）*R*-乳酸与 *S*-乳酸　（3）正戊烷与新戊烷

（4）顺-2-丁烯与反-2-丁烯　（5）乙醇与甲醚　（6）乙醛与乙烯醇

在有机化学中，同分异构现象极为普遍，依据分子结构的含义，有机物的同分异构体可分为构造异构和立体异构两大类。由分子中各个原子相互连接的顺序和结合方式不同而产生的异构称为构造异构体；分子的构造式相同，但分子中各个原子或基团在空间的排列方式不同而产生的异构称为立体异构体，它又可分为构型异构和构象异构。同分异构体的分类及实例见表 6-1。

表 6-1　同分异构体的分类与实例

分类		实例
构造异构	碳链异构	$CH_3CH_2CH_2CH_3$ 和 $CH_3CH(CH_3)CH_3$

续表

分　类		实　例
构造异构	位置异构	$CH_3CH=CHCH_3$ 和 $CH_3CH_2CH=CH_2$
	官能团异构	CH_3CH_2OH 和 CH_3OCH_3
	互变异构	$CH_3\overset{\displaystyle O}{\overset{\|}{C}}-H \Longrightarrow \left[\overset{\displaystyle OH}{\underset{}{HC=CH_2}} \right]$
立体异构	构型异构 顺反异构	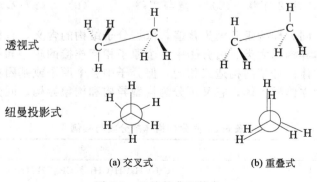
	构型异构 对映异构	
	构象异构	

表格中顺反异构实例、对映异构实例、构象异构实例见图。

第一节　构象异构

一、乙烷的构象

乙烷分子中的两个碳原子围绕着 C—C 键相对旋转时，一个碳原子上的 3 个氢原子与另一个碳原子上的 3 个氢原子之间可以相互处于不同的位置（见图 6-1）。这种由于围绕 C—C 单键旋转而产生的分子中原子或基团在空间的不同排列形式叫做构象。分子的构造式相同，而具有不同构象的化合物互称为构象异构体。常用来表示构象的方式有两种：透视式和纽曼（Newman）投影式，如图 6-1 所示。

透视式

纽曼投影式

(a) 交叉式　　　　　(b) 重叠式

图 6-1　乙烷的典型构象

由于乙烷的 C—C 键可自由旋转，因此乙烷的构象异构体会有无限种，但典型的构象只有两种（见图 6-1）。其中，(a) 代表交叉式构象，(b) 代表重叠式构象，其余构象介于 (a) 和 (b) 之间。

透视式是从侧面观察的，能直接反映出碳、氢原子和它们的空间排列；纽曼投影式则是沿着碳碳键观察得出的，式中 ⅄ 代表离观察者较近（前面）的碳原子，⌾ 代表后面的碳原子，每个碳原子上的 3 个 C—H 键呈 120°角。如沿 C—C 键轴旋转，就会由重叠式转为交叉式，反之亦然。

在交叉式中，不同碳原子上氢原子之间的距离最远，相互间的排斥力最小，即能量最低，是最稳定的构象，称为优势构象。在重叠式中，不同碳原子上的氢原子两两相对，距离最近，相互间的排斥力最大，即能量最高，最不稳定。但各种构象的能量差较小，室温下的热能就足以使这两种构象之间以极快的速度互相转变，因此可以把乙烷看作是无限个构象异构体的平衡混合物，只是最稳定的交叉式所占比例最大。因此不可能分离出单一构象异构体。

二、正丁烷的构象

正丁烷的构象可看作是乙烷分子中每个碳原子上有一个氢原子被甲基取代的产物，其构象异构要比乙烷复杂。以正丁烷的 $C_2—C_3$ 单键为轴旋转，根据不同碳原子所连接的两个甲基的空间相对位置，可以写出 4 种典型的构象式，如图 6-2 所示。

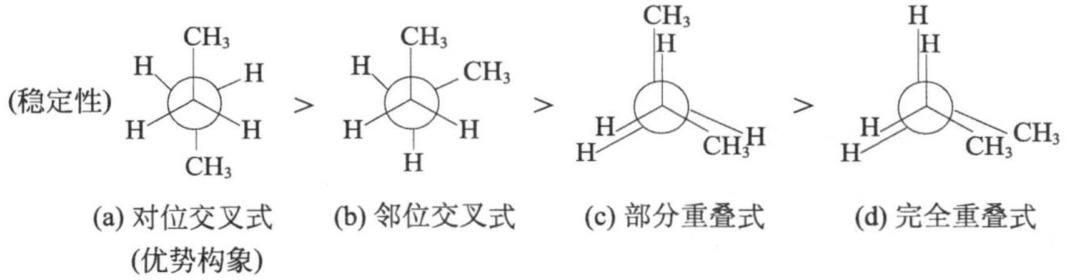

图 6-2 正丁烷的典型构象

这 4 种典型的构象式中，由于空间排布中基团的斥力不同，它们的能量也不同，即具有不同的稳定性，其中对位交叉式能量最低，为稳定的优势构象。

三、环己烷及其衍生物构象

1. 环己烷的船式构象和椅式构象

在环己烷分子中，碳原子是 sp^3 杂化。要使碳碳键角保持 $109.5°$，环己烷分子中的 6 个碳原子可以有两种典型的空间排列形式：一种像把椅子故叫椅式，一种像支船故叫船式，如图 6-3 所示。

无论船式或椅式，环中 C_2、C_3、C_5、C_6 都在一个平面上，船式中 C_1、C_4 在平面同侧，椅式中 C_1、C_4 在平面异侧。

环己烷的椅式构象和船式构象可通过碳碳键的扭动而相互翻转，它们在常温下处于相互翻转的动态平衡。在椅式构象中，所有相邻碳原子上的氢原子都处于交叉式的位置［见图 6-3（b）］，再加上环的两个对角［见图 6-3（b）中 1、4 位］上的氢原子距离最大，没有张力。这些因素共同导致椅式构象的高稳定性。在船式构象中，C_1 和 C_4、C_2 和 C_3、C_5 和 C_6

之间的碳氢键则处于全重叠式的位置 ［见图 6-3 （a）］，船头和船尾的两个碳氢键是内向伸展的，两个氢原子相互排斥，因此能量较高。所以环己烷的椅式构象为优势构象，环己烷及其衍生物在一般情况下都以椅式存在。

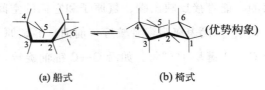

(a) 船式   (b) 椅式

图 6-3　环己烷的典型构象

2. 椅式构型中的直立键和平伏键

仔细考察环己烷的椅式构象可以看出：C_1、C_3、C_5 构成一个平面，C_2、C_4、C_6 构成一个平面，两个平面是平行的。每一个碳原子都有一个与两平面垂直的键，

称为直立键（用 a 表示），其变化规律为相邻碳上的呈上下交替变化；每一个碳原子上还连有一个与 a 键形成夹角约为 $109.5°$ 的键，称为平伏键（用 e 表示）。可见同一个碳原子上的两个碳氢键分别为 a 键和 e 键，如图 6-4 所示。

(a) 直立键(a键)   (b) 平伏键(e键)

图 6-4　环己烷椅式中的直立键和平伏键

3. 环己烷衍生物的优势构象

由以上椅式可以看出，所有以 a 键相连的氢原子之间的距离比以 e 键相连的氢原子之间距离近，因此取代环己烷的构象较复杂。如甲基环己烷中（图 6-5），甲基在 a 键时，受到 C_3 及 C_5 两个 a 键上的氢的排斥作用大，不太稳定。而甲基在 e 键时，甲基向环外伸展受 a 键上的氢的排斥作用小，比较稳定。因此，甲基以 e 键与环相连的为优势构象。多元取代环己烷的构象更为复杂，取代基连在 e 键上越多越稳定，空间位阻大的取代基连在 e 键比连在 a 键稳定。

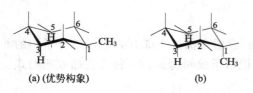

(a) (优势构象)   (b)

图 6-5　甲基环己烷的典型构象

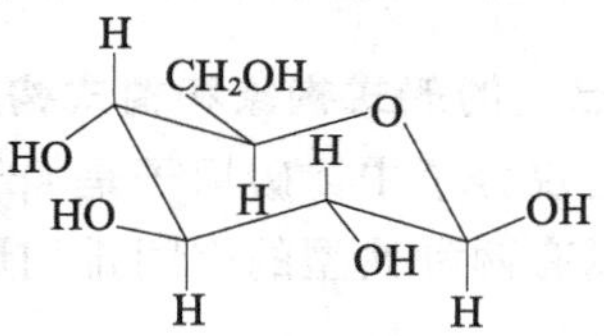

图 6-6　β-D-(＋)-葡萄糖的优势构象

在自然界中，万物的存在遵循能量最低原理，有机物的同分异构体也不例外，在一般情况下，有机物是以优势构象为主要存在形式（或唯一存在形式）。自然界的己糖都是以六元环的椅式优势构象存在，图 6-6 所示为葡萄糖在自然界的存在形式。

任务 6-2　写出 1-甲基-4-乙基环己烷所有椅式构象，并指出哪个是优势构象。

第二节 顺反异构

问题 6-2 有机物的顺、反两种异构体的性质相同吗？顺-1,4-聚异戊二烯橡胶与反-1,4-聚异戊二烯橡胶的性能有何区别？女性激素的合成代用品已烯雌酚的顺反两种立体异构体哪种的生物活性高？

一、顺反异构现象

1. 基本概念

前面已讨论过，直链丁烯因双键位置不同，有两种异构体 1-丁烯和 2-丁烯。但事实上，2-丁烯本身还有两种异构体，它们的分子式和构造式完全一样，但却是物理常数完全不同的两种化合物，见表 6-2。

表 6-2　2-丁烯的物理常数

化合物	沸点/℃	熔点/℃	相对密度 d_4^{20}	偶极矩 D/德拜
反-2-丁烯	0.9	−105.5	0.6042	0
顺-2-丁烯	3.5	−139.3	0.6213	0.33

我们知道，两个形成双键的碳原子和它们所连的 4 个原子处于同一平面上，如果把 2-丁烯的平面结构写在纸面上，就可以发现有以下两种不同的形式：

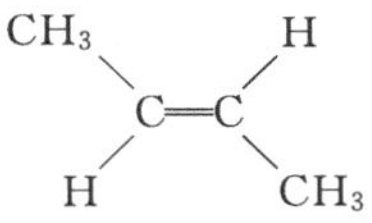

（a）　　　　　　　　（b）
反-2-丁烯　　　　　　顺-2-丁烯

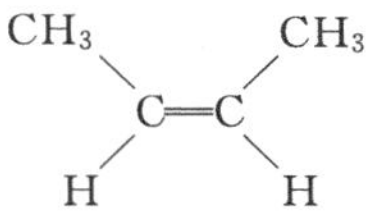

显然，两种 2-丁烯的差别在于它们的分子几何形状不同，其中（a）式，两个甲基（或氢原子）分别位于双键的两侧（异侧），称为反式；（b）式，两个甲基（或氢原子）在双键的同侧，称为顺式。这种由于原子或基团位于分子中双键的同侧或异侧而引起的异构现象叫做顺反异构现象。这两种异构体称为顺反异构体，也称几何异构体。

2. 产生的原因和条件

众所周知，双键中的 π 键是两个 p 轨道相互平行重叠而成，只有当两个 p 轨道的对称轴平行时，才能发生最大重叠形成 π 键，如果双键的一个碳原子沿键轴旋转，平行将被破坏，π 键势必被削弱或断裂。如图 6-7 所示。

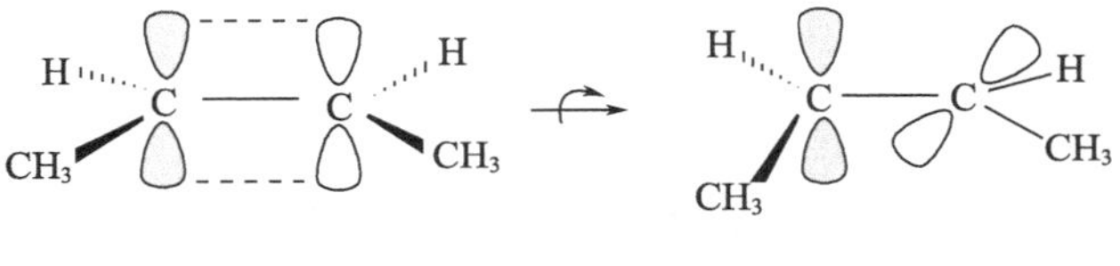

图 6-7　π 键断裂

因此，这两个不能自由旋转的碳原子上所连接的原子或基团在空间就有不同的排列方式（构型）。可见，顺反异构就是由于π键的存在限制了碳碳双键的自由旋转，使分子中各原子和基团的空间相对位置"固定"而引起的一种立体异构。

需要指出的是，并非所有含碳碳双键的化合物都具有顺反异构体。能产生顺反异构体的必须是每个双键碳原子上各自连接的两个原子或基团不相同。例如：

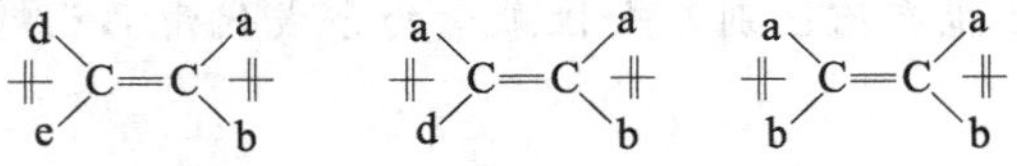

$$(1) \qquad\qquad (2) \qquad\qquad (3)$$

如果同一个双键碳原子上所连接的两个基团相同，就没有顺反异构体，例如：

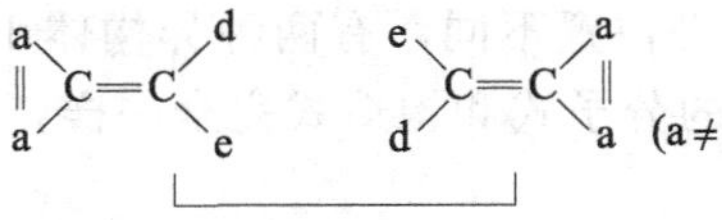

$(a \neq b \neq d \neq e)$

同一化合物

另外，在脂环类化合物中，由于环的存在，使环上碳碳σ键的自由旋转受到阻碍。当环上两个或两个以上的碳原子各自连有两个不相同的原子或基团时，就有顺反异构现象。与烯烃相似，当两个（或两个以上）相同基团在环的同一侧时，称为顺式；当两个（或两个以上）相同基团在环的异侧时，称为反式。例如：

顺-1,4-环己二醇（m. p. 161℃）　　　　反-1,4-环己二醇（m. p. 300℃）

综上所述，形成顺反异构体必须具备以下两个条件：

① 分子中必须存在旋转受阻的结构因素（一般指碳碳双键或环）；

② 双键的两个碳原子或脂环上的两个或两个以上的碳原子上，各自连有两个不同的原子或基团。

二、顺反异构体的构型标记法

有机化合物顺反异构体的命名就是在有机化合物构造式的名称前面用"顺/反"或"Z/E"标出其构型。

1. "顺/反"标记法

原则为：两个不同双键碳原子上连有的相同原子或基团位于双键（或环平面）同侧的，称为顺式异构体（cis-isomer）；位于双键（或环平面）异侧的，则称为反式异构体（trans-isomer）。

例如：

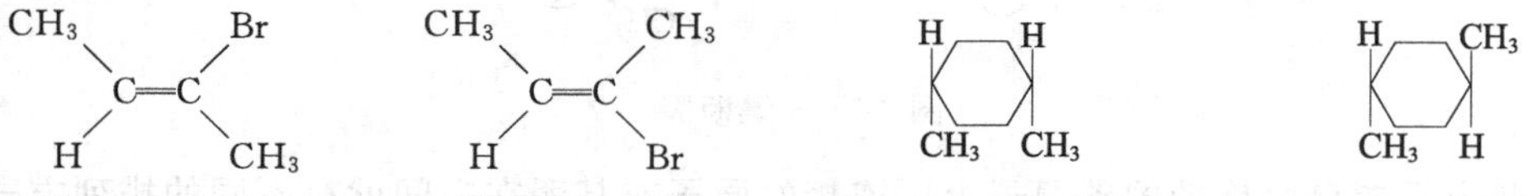

反-2-溴-2-丁烯　　　　顺-2-溴-2-丁烯　　　　顺-1,4-二甲基环己烷　　反-1,4-二甲基环己烷

"顺/反"标记法是有局限性的，只适用于两个双键碳原子（或两个成环碳原子）之间至少连有一对相同原子或基团的化合物，而下面构型的化合物也存在顺反异构体，却无法确定其顺、反构型。

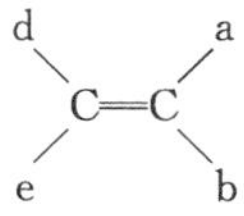

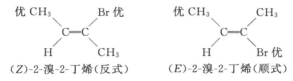

2. "Z/E"标记法

系统命名法规定用 Z/E 来标记顺反异构体的构型。Z 为德语 Zusammen 的字头（是"在一起"的意思）；E 为德语 Entgegen 的字头（是"相反"的意思）。该方法是用取代基"次序规则"来确定 Z 和 E 构型。

（1）"Z/E"标记法　其原则如下：

① 应用"次序规则"比较每个双键碳原子所连接的两个原子或基团的相对次序，从而确定"较优"基团；

② 如果两个"较优"基团在双键的同一侧，则称为 Z 型。反之，在异侧的则称为 E 型。

（2）取代基"次序规则"

① 比较与双键碳原子直接相连的两个原子的原子序数，原子序数大的基团排列在前（称为较优或优先基团），原子序数小的基团排列在后（称为非优基团）。

几种常见的原子按原子序数递减排列次序是 I＞Br＞Cl＞S＞P＞O＞N＞C＞D＞H（其中"＞"表示"优于"）。

按照 Z/E 标记法，2-溴-2-丁烯顺反异构体的命名应如下：按原子序数排列—Br＞—CH₃；—CH₃＞—H；—Br 和—CH₃ 在双键同侧的为 Z 构型，而在异侧者为 E 构型。

　　　　優 CH₃　　　　Br 優　　　　　　優 CH₃　　　　CH₃
　　　　　　　C＝C　　　　　　　　　　　　　　C＝C
　　　　　H　　　　CH₃　　　　　　　　H　　　　Br 優

　　　（Z）-2-溴-2-丁烯（反式）　　　　（E）-2-溴-2-丁烯（顺式）

② 如果两个基团与双键碳原子直接相连的第一个原子相同时，则比较与它直接相连的几个原子。比较时，按原子序数由大到小排列，先比较各组中最大者（例如 [Br，H，H] ＞[Cl，Cl，H]），若仍相同，再依次比较第二、第三个；若仍相同，则沿取代链逐次比较，直到能比出大小为止。

例如：比较—CH₂CH₂CH₃ 和—CH₂CH（CH₃）₂，在两个基团中与第一个碳直接相连的都是 [C，H，H]。无法分辨优先顺序，接下来依此类推向后比。即再看—CH₂CH₂CH₃ 中与第二个碳相连的是 [C，H，H]，而—CH₂CH（CH₃）₂ 中与第二个碳原子相连的是 [C，C，H]，所以—CH（CH₃）₂＞—CH₂CH₂CH₃。又如—CH₂Br 和—CHCl（OH）比较，在—CH₂Br 中碳与 [Br，H，H] 相连，而在—CHCl（OH）中碳与 [Cl，O，H] 相连，二者相比溴的原子序数最高，所以—CH₂Br＞—CHCl（OH）。

③ 当取代基是不饱和基团时，则把双键或三键看作是它以单键和 2 个或 3 个相同原子相连接。例如：

$$—C≡N \text{ 看作是 } —C\begin{matrix} N \\ N \\ N \end{matrix}\begin{matrix} C \\ C \\ C \end{matrix} \text{ ; } —C≡CH \text{ 看作是 } —C\begin{matrix} C \\ C \\ C \end{matrix}\begin{matrix} C \\ H \\ C \end{matrix}$$

所以　—C≡N＞—C≡CH

下面的两个异构体中，由于—COOH＞—H，—CH（CH₃）₂＞—CH₂CH₂CH₃，所以，
(a) 为（E）型，(b) 为（Z）型。

(a)
(E)-3-异丙基-2-己烯酸

(b)
(Z)-3-异丙基-2-己烯酸

三、顺反异构体的理化性质

顺反异构体的化学性质相似，但其物理性质不同，并表现出某些规律性。其中比较显著的是，顺式异构体的熔点、相对密度较反式异构体低，在水中的溶解度、燃烧热等较反式的大。一些顺反异构体的物理常数见表 6-3。

表 6-3　顺反异构体的物理常数

化合物	熔点/℃	相对密度 d_4^{20}	燃烧热/(kJ/mol)	溶解度/(g/100g 水)
顺-丁烯二酸	130	1.590	327	78.8
反-丁烯二酸	300	1.635	320	0.70
顺-2-丁烯酸	15	1.018	486	40.0
反-2-丁烯酸	72	1.0312	478	8.3

顺反异构体不仅物理性质不同，而且生理活性也有较大的差异。例如，女性激素的合成代用品己烯雌酚，反式己烯雌酚的生理活性很高，而顺式异构体几乎没有生理活性。

顺-己烯雌酚　　　　　　　　反-己烯雌酚

用途： 顺反异构体在理化性质、生理活性方面存在的差异，对化工、医药行业和我们的生活都具有深远意义。例如采用齐格勒-纳塔催化剂合成的顺-1,4-聚异戊二烯橡胶与天然橡胶性能相近，有较低的熔点，具有很好的弹性、耐寒性及很高的拉抻强度，是制造汽车轮胎、运输带、胶管等橡胶制品的良好橡胶材料；反-1,4-聚异戊二烯橡胶原子排列比较对称，因而具有较高的熔点，偶极矩较小，柔顺性较差，因此不适合做橡胶材料。又如，维生素A分子中的双键全部为反式构型；具有降血脂作用的花生四烯酸分子中的双键则全部为顺式构型，若改变以上物质的构型，将导致其生理活性降低，甚至丧失。

任务 6-3　判断下列化合物哪些有顺反异构体，若有，用构型式表示它们的顺反异构体，并用顺、反或 Z、E 标出其构型。

(1) 1,3-二甲基-1-乙基环己烷　　　　(2) 1,1,2-三溴环丁烷

(3) 4-甲基-3-乙基-2-戊烯　　　　　　(4) 2-甲基-3-乙基-2-戊烯

任务 6-4 依据"次序规则"将下列各组基团由大（即优先）到小排列成序。

（1）—C（CH$_3$）$_3$，—CH═CH$_2$，—C≡CH，—C$_6$H$_5$

（2）—CH$_2$OH，—CHCl$_2$，—CH$_2$CH$_2$I，—COOH

第三节　对映异构

问题 6-3 谷氨酸有左旋和右旋体两种，哪种是调味剂味精（谷氨酸钠）？为什么是谷氨酸盐？

对映异构体是旋光异构体中的一种，它是指空间构型相似却不能重合，相互呈实物与镜像对映关系的一对异构体。它们就像人的左、右手，相似而不能重叠，互为实物与镜像关系，因此又把这种特征称为手性。对映异构体都能表现出一种特殊的物理性质，即能改变平面偏振光的振动方向，或者说它们都具有旋光性。

一、物质的旋光性

1. 平面偏振光和旋光性

光是一种电磁波，其振动方向与传播方向互相垂直。普通光的光波在所有与其传播方向垂直的平面上振动。当普通光通过一个特制的叫做尼科尔（Nicol）棱镜（由方解石制成，其作用像一个栅栏）的晶体时，只有在与棱镜晶轴平行的平面上振动的光能够通过。通过尼科尔棱镜得到的这种只在某一个平面上振动的光叫平面偏振光，简称偏振光，如图 6-8 所示。

当偏振光通过水、乙醇、丙酮等物质时，其振动平面不发生改变，也就是说水、乙醇、丙酮等物质对偏振光的振动平面没有影响。而当偏振光通过葡萄糖、乳酸、氯霉素等物质（液态或溶液）时，其振动平面就会发生一定角度的旋转，如图 6-9 所示。物质的这种能使偏振光的振动平面发生旋转的性质叫做旋光性，具有旋光性的物质叫做旋光性物质或光学活性物质。

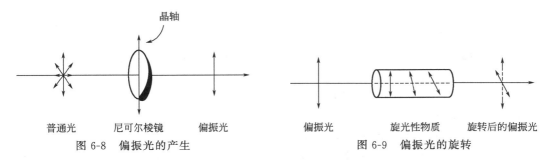

图 6-8　偏振光的产生　　　　　图 6-9　偏振光的旋转

能使偏振光的振动平面向右（顺时针方向）旋转的物质叫做右旋物质，反之，叫做左旋物质。通常用（＋）表示右旋，用（－）表示左旋。

问题 6-4 糖厂由甘蔗制白糖时，蒸煮到糖的浓度达到一定值进行结晶。如何测定糖的浓度？

2. 旋光度与比旋光度

偏振光通过旋光性物质时，其振动平面旋转的角度叫做旋光度，用"α"表示。旋光度及旋光方向可用旋光仪测定。旋光仪主要由光源、起偏镜、盛液管、检偏镜和目镜等几部分组成，如图 6-10 所示。一般用单色光如钠光灯作光源，起偏镜用来产生偏振光，检偏镜带有刻度盘用来检测物质的旋光度和旋光方向。

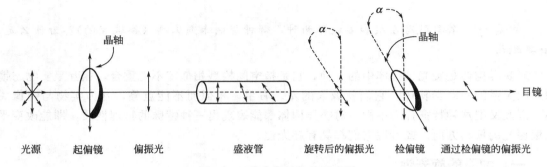

光源　　起偏镜　　偏振光　　　　　　盛液管　　旋转后的偏振光　检偏镜　通过检偏镜的偏振光

图 6-10　旋光仪的构造示意图

由旋光仪测得的旋光度与盛液管长度、被测样品浓度、所用溶剂及测定时温度和光源波长都有关系。为了比较不同物质的旋光性，通常把被测样品的浓度规定为 1g/mL，盛液管的长度规定为 1dm，这时测得的旋光度叫比旋光度。它是旋光性物质的物理常数，可在物理常数手册中查到。一般用 [α] 表示，同时要注明所用溶剂（水为溶剂时可略）、测定温度、光源波长。例如，在 20℃时用钠光灯作光源，测得葡萄糖的水溶液是右旋的，其比旋光度是 52.5°，则表示为 $[\alpha]_D^{20} = +52.5°$。在同样条件下，测得酒石酸的乙醇溶液的比旋光度为：$[\alpha]_D^{20} = +3.79°$（乙醇）。

但实际上，测定物质的旋光度时，不一定在上述规定的条件下进行，盛液管可以是任意长度，被测样品的浓度也不是固定不变的，因此比旋光度要按下式进行换算：

$$[\alpha]_\lambda^t = \frac{\alpha}{cL}$$

式中 α——用旋光仪所测的旋光度；

　　c——溶液的浓度，g/mL；若被测样品为纯液体时，用密度 ρ 代替；

　　L——盛液管的长度，dm；

　　λ——测定时光源的波长，用钠光灯作光源时，用 D 表示；

　　t——测定时的温度，℃。

用途：利用比旋光度可以对旋光性物质进行定性分析，即在一定条件下通过测定一定浓度的未知旋光性物质溶液的旋光度，依据旋光度与比旋光度的关系式得出该物质的比旋光度，再与化学手册中物质的比旋光度进行比较；也可以用于定量分析，即在一定条件下通过测定未知浓度的已知旋光性物质溶液的旋光度，依据旋光度与比旋光度的关系式得出该物质的含量；对于有旋光性物质参加的化学反应，通过测定不同阶段体系的旋光度，依据化学反应的比例系数和旋光度与比旋光度的关系式，通过计算可以判断化学反应进行的程度或化学反应的终点。

任务 6-5 由葡萄糖在 L-乳酸菌催化发酵制备左旋乳酸时，没有任何肉眼可观察的现象能帮助我们判断反应终点，请设计判断该反应终点的方案。

二、物质的旋光性与分子结构的关系

1. 分子的对称性、手性与旋光性

由上述可知，有些物质具有旋光性，而有些物质没有旋光性。大量事实表明，凡是具有手性的物质都具有旋光性。那么，什么是手性的物质呢？下面以乳酸为例讨论。通常从肌肉组织中分离出的乳酸是右旋乳酸，而从葡萄糖发酵得到的乳酸是左旋乳酸，这两种乳酸分子的构型如图 6-11 所示。

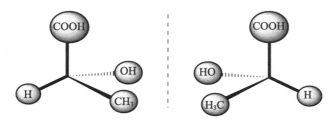

图 6-11 乳酸分子模型

通过观察乳酸分子的模型可知：这两种乳酸分子，就好像人的左右手，虽然分子构造相同，却不能重叠，二者互为实物与镜像的关系。这种与自身镜像不能重叠的分子，叫做手性分子。

凡是手性分子，必有互为镜像关系的两种构型，这种互为镜像关系的构型异构体叫做对映异构体。可见，手性分子必然存在着对映异构现象。或者说，分子的手性是产生对映异构的充分必要条件。

2. 对称因素

分子是否具有手性，与分子的对称性有关。分子的对称因素包括点（对称中心）、面（对称面）和线（对称轴）。不存在任何对称因素的分子称为不对称分子，不对称分子一定是手性分子，具有旋光性。一般来讲，不存在对称面和对称中心的分子是手性分子，即具有旋光性，但不一定是不对称分子。

（1）对称面 假设有一个平面，它可以把分子分割成互为镜像的两部分，这个平面就叫做对称面。例如 E-1-氯-2-溴乙烯和丙酸的分子中各自存在着一个对称面，二者不是手性分子。如图 6-12 所示。

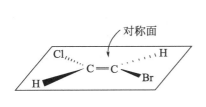 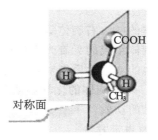

(a) E-1-氯-2-溴乙烯的对称面   (b) 丙酸的对称面

图 6-12 分子的对称面

（2）对称中心　当假想分子中有一个点与分子中的任何一个原子或基团相连线后，在其连线反方向延长线的等距离处遇到一个相同的原子或基团，这个假想点即为该分子的对称中心。图 6-13 中箭头所指处，因此它们也不是手性分子。

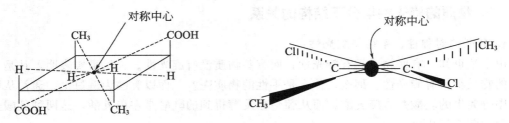

图 6-13　分子的对称中心

3. 手性碳原子

当化合物分子中饱和碳原子上连有 4 个不同的原子或基团时，该饱和碳原子称为手性碳原子或不对称碳原子，通常用 C* 表示。只含有一个手性碳原子的分子没有任何对称因素，所以是手性分子。例如乳酸（ CH₃ĊHCOOH ）分子中，有一个手性碳原子连，具有旋光性。

问题 6-5　酸奶中的乳酸是纯净物吗？人类在运动中肌肉释放出的乳酸和由葡萄糖在 L-乳酸菌催化发酵而得的乳酸是同一物质吗？它们的结构如何表示？

三、含一个手性碳原子化合物的对映异构

1. 对映异构体与外消旋体

乳酸是只含一个手性碳原子的化合物，它有两种不同的空间构型，并具有旋光性，是一对对映异构体。实验证明它们使偏振光振动平面旋转的角度相同，但方向相反，分别是左旋体和右旋体，分别用（-）-乳酸和（+）-乳酸表示，其比旋光度为：右旋乳酸 $[\alpha]_D^{20}=+3.8°$，左旋乳酸 $[\alpha]_D^{20}=-3.8°$。

在非手性条件下，对映体的物理性质和化学性质是相同的。如乳酸的右、左旋体的熔点都是 53℃，25℃时的 pK_a 值都是 3.79。但它们在生物体内手性环境中不仅反应活性不同，生理作用也不相同。如微生物在生长过程中，只能利用右旋丙氨酸；人体所需的糖类都是 D 构型，所需的氨基酸都是 L-构型；只有左旋的谷氨酸才有调味作用；右旋的维生素 C 具有抗坏血酸的作用，但左旋的维生素 C 则无此功效，并且右旋的维生素 C 营养价值高，更利于人体吸收。

将对映体的左、右旋体等量混合组成的体系，用旋光仪测得其无旋光性。这种由等量的左旋体和右旋体组成的无旋光性的体系叫外消旋体，用（±）表示。外消旋体不仅没有旋光性，而且其他的物理性质与对映体也有差异。如从酸奶中分离出的乳酸都是外消旋体，其熔点为 16.8℃。外消旋体的化学性质与对映体基本相同，但在生物体内，左、右旋体各自保持并发挥自己的功效。

2. 构型的表示方法

对映异构体在结构上的区别在于原子或基团在空间的相对位置不同，一般的平面表达式无法表示，因此采用透视式和费歇尔投影式表示。

（1）**透视式**　透视式是将手性碳原子置于纸平面，与手性碳原子相连的 4 个键，有 3 种不同的表示法：用细实线表示处于纸平面，用楔形实线表示伸向纸面前方，用楔形虚线表示伸向纸面后方。例如，乳酸分子的一对对映体可表示如下：

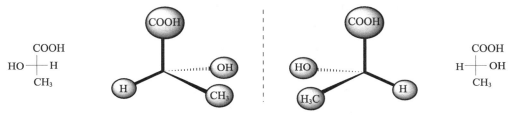

（2）**费歇尔投影式**　费歇尔投影式是利用分子模型在纸面上投影得到的表达式，其投影原则如下：

① 以手性碳原子为投影中心，画十字线，十字线的交叉点代表手性碳原子；

② 一般把分子中的碳链放在竖线上，且把氧化态较高的碳原子（即命名时编号最小的碳原子）放在上端，其他两个原子或基团放在横线上；

③ 竖线上的原子或基团表示指向纸平面的后方，横线上的原子或基团表示指向纸平面的前方。

例如，乳酸分子的一对对映体用模型和费歇尔投影式分别表示如下：

2. 构型标记法

构型的标记方法，一般采用 D/L 标记法和 R/S 标记法。

（1）D/L 标记法　根据系统命名原则（1980 年），在 X—H 型的构型异构体中，将其主链竖向排列，以氧化态较高的碳原子（或命名中编号最小的碳原子）放在上方，写出费歇尔投影式。取代基（X 为非氢原子或基团）在碳链右边的为 D 型，在左边的为 L 型。例如：

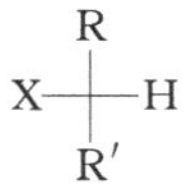

　　L-（＋）-甘油酸　　　　D-（－）-甘油酸　　　　L-（－）-甘油醛　　　　D-（＋）-甘油醛

D/L 标记法只能表示分子中一个手性碳原子的构型。对于含有多个手性碳原子的化合物，用这种标记法并不合适。目前，除氨基酸、糖类仍使用这种方法以外，其他化合物都采用了国际通用的 R/S 标记法。

（2）R/S 标记法 是根据手性碳原子所连 4 个原子或基团在空间的排列来标记的，其原则如下。

① 根据次序规则，将手性碳原子上所连的 4 个原子或基团（a，b，c，d）按优先次序排列。设：a＞b＞c＞d。

② 将次序最小的原子或基团（d）放在距离观察者视线最远处，并令其（d）和手性碳原子及眼睛三者成一条直线，这时，其他 3 个原子或基团（a，b，c）则分布在距眼睛最近的同一平面上。

③ 按优先次序观察其他 3 个原子或基团的排列顺序，如果 a→b→c 按顺时针排列，该

化合物的构型称为 R 型；如果 a→b→c 按逆时针排列，则称为 S 型。如图 6-14 所示。

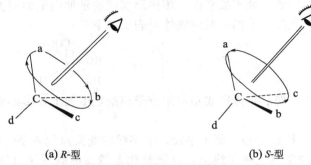

(a) R-型　　　　　　　　　　　　　(b) S-型

图 6-14　R/S 标记法

（3）费歇尔投影式 R/S 构型的判断方法

① 当化合物的构型以费歇尔投影式表示时，确定构型的方法是：当优先次序中最小原子或基团处于投影式的竖线上时，如果其他 3 个原子或基团按顺时针由大到小排列，该化合物的构型是 R 型；如果按逆时针排列，则是 S 型。例如：

R-2-丁醇　　　　　　　　　　　　S-2-丁醇

② 当优先次序中最小的原子或基团处于投影式的横线上时，如果其他 3 个原子或基团按顺时针由大到小排列，该化合物的构型是 S 型；如果按逆时针排列，则是 R 型。例如：

R-甘油醛　　　　　　　　　　　　S-甘油醛

任务 6-6　找出下列分子中的手性碳原子，并用"＊"标出。

(1) CH_2=CHCHCH$_3$
　　　　C_2H_5

(2)

(3) CH_3CHCH_2COOH
　　　　　　Br

任务 6-7　命名下列化合物并用 R/S 标记其构型。

(1)

(2)

(3)

(4)

任务 6-8　用费歇尔投影式表示下列化合物的构型式。

(1) S-乳酸　　　(2) R-2-氟-2-氯丁烷　　　(3) S-3-甲基己烷

＊四、　含两个手性碳原子化合物的对映异构

1. 含有两个不相同手性碳原子化合物的对映异构

1-苯基-2-甲氨基-1-丙醇（即麻黄碱和伪麻黄碱）分子中含有两个不相同的手性碳原子，

它具有 4 个旋光异构体，用费歇尔投影式表示如下：

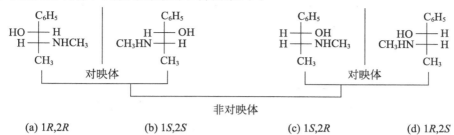

(a) 1*R*,2*R*　　　　(b) 1*S*,2*S*　　　　(c) 1*S*,2*R*　　　　(d) 1*R*,2*S*

这些异构体的构型也可以用 *R*/*S* 标记法来标记，其方法是分别标记每个手性碳原子的构型。如上式（a），构型是（1*R*，2*R*），因此可命名为（1*R*，2*R*）-1-苯基-2-甲氨基-1-丙醇。

在上述 4 种异构体中，（a）与（b）、（c）与（d）是两对对映体，（a）与（b）、（c）与（d）等量混合可以组成两种外消旋体。（a）与（c）或（d）、（b）与（c）或（d）之间不是互为实物与镜像关系，这种不是实物与镜像关系的旋光异构体叫非对映体。非对映体之间，不仅旋光性不同，其理化性质、生物活性（左旋麻黄碱的升压作用比外消旋体大 1.5 倍，比右旋体大 3.3 倍）也不相同（见表 6-4）。

表 6-4　麻黄碱和伪麻黄碱的物理性质

构型	熔点/℃	$[\alpha]_D^{20}$	溶解性
(1*R*,2*R*)-(−)伪麻黄碱	118	−52.5°	难溶水,溶于乙醇、乙醚
(1*S*,2*S*)-(+)伪麻黄碱	118	+52.5°	难溶水,溶于乙醇、乙醚
(±)-伪麻黄碱	118	0	难溶水,易溶乙醇、溶于乙醚
(1*R*,2*S*)-(−)麻黄碱	40	−34.4°(盐酸盐)	溶于水、乙醇、乙醚
(1*S*,2*R*)-(+)麻黄碱	40	+34.4°(盐酸盐)	
(±)-麻黄碱	77	0	

2. 含有两个相同手性碳原子化合物的对映异构

酒石酸（2,3-二羟基丁二酸）是含两个相同手性碳原子（即两个手性碳原子上连有同样的 4 个不同原子或基团）的化合物。因含两个手性碳原子，根据排列组合它也应有 4 种旋光异构体。用费歇尔投影式表示如下：

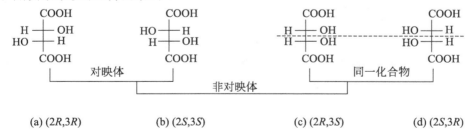

(a) (2*R*,3*R*)　　　　(b) (2*S*,3*S*)　　　　(c) (2*R*,3*S*)　　　　(d) (2*S*,3*R*)

可以看出（a）和（b）互呈实物与镜像关系，是对映体。从表面看（c）与（d）也呈实物与镜像的关系，但将构型（c）在纸面内旋转 180°，与构型（d）重合，显然它们不是对映体，而是同一化合物，在它的结构中 C_2—C_3 之间存在着一个对称面（投影式中的虚线所示），因此没有旋光性。这种由于分子中存在对称面而使分子内部旋光性相互抵消的化合物，称为内消旋体，用 *meso* 表示。酒石酸的 3 种旋光异构体不仅旋光性不同，其物理性质也不相同（见表 6-5）。

表 6-5　酒石酸的物理性质

构型	熔点/℃	$[\alpha]_D^{20}$	溶解度/(g/100g 水)	pK_{a1}	pK_{a2}
(2R,3R)-(＋)-酒石酸	170	＋12°	139	2.93	4.23
(2S,3S)-(－)-酒石酸	170	－12°	139	2.93	4.23
(2R,3S)-meso-酒石酸	140	0	125	3.11	4.80
(±)-酒石酸	206	0	20.6	2.96	4.24

内消旋体和外消旋体都没有旋光性，但它们的本质不同。前者是一个单纯的非手性分子，是纯净物。而后者是两种互为对映体的手性分子的等量混合物，可以用特殊的方法拆分成两种化合物。

问题 6-6　2,3-二羟基丁酸分子中有两个不同手性碳原子，请问它的四种旋光异构体的等量混合物是否有旋光性？

＊五、　含 n 个不同手性碳原子的化合物的对映异构

如果分子中含有 n 个不同的手性碳原子，根据排列组合它也应有 2^n 个构型异构体，其中有 2^{n-1} 对对映体，组成 2^{n-1} 个外消旋体。若分子中有相同的手性碳原子，因为存在内消旋体，所以构型异构体数目少于 2^n 个。

 知识窗 -

手性药物

一、手性药物

用于治疗疾病的药物大多存在着对映异构体，只含单一对映体的药物称为手性药物。大量研究结果表明，手性药物分子的立体构型对其药理功能影响很大。许多药物的一对对映体常表现出不同的药理作用，往往一种构型体具有较高的治病药效，而另一种构型体却有较弱或不具有同样的药效，甚至具有致毒作用。例如，在 1959 年，曾因人们对对映异构体的药理作用认识不足，造成孕妇服用外消旋的镇静剂"反应停"后，产生了畸胎事件，成为医学史上一大悲剧。研究发现，反应停的 S-构型体（右旋体）是很好的镇静剂，能缓解孕期妇女恶心、呕吐等妊娠反应，而 R-构型体（左旋体）不但没有这种功能，反而有强烈的致畸作用。又如，左旋氯霉素有抗菌的作用，而其对映体右旋氯霉素没有此疗效。由此，人们开始对手性药物引起了高度的重视，并相继开发研制出大量的手性药物。目前世界上使用的药物总数约为 1900 种，手性药物占 50％ 以上，在临床常用的 200 多种药物中，手性药物达 114 种，像大家所熟知的紫杉醇、青蒿素、沙丁胺醇和萘普生都是手性药物。由此可见手性药物在合成新药中已占据主导地位。

(R)-thalidomide　　　　　　　　　(S)-thalidomide

反应停

二、手性药物分类

根据对映异构体的药理作用不同，可将手性药物分为 3 种类型。

1. 对映体的药理作用不同

有些药物的对映异构体具有完全不同的药理作用。例如，曲托喹酚（速喘宁）的 S-构型体是支气管扩张剂，而 R-构型体则有抑制血小板凝聚的作用；1-甲基-5-苯基-5-丙基巴比土酸，其（R）-异构体有镇静、催眠生理活性，而（S）-异构体引起惊厥。生产该类药物时，应严格分离并清除有毒性的构型体，以确保用药安全。

2. 对映体的药理作用相似

有些药物的对映异构体具有类似的药理作用。例如，异丙嗪的两个异构体都具有抗组织胺活性，其毒副作用也相似。这类药物的对映异构体不必分离便可直接使用。

3. 单一对映体有药理作用

有些药物的对映异构体中，只有一种构型具有药理活性，而另一种则没有。例如抗炎镇痛药萘普生的 S-构型体有疗效，而 R-构型体则基本上没有疗效，但也无毒副作用。生产该类手性药物时，要注意提高有药理活性的构型体的产率。又如，氯霉素左旋体具有强杀菌药效，而右旋体几乎无效，但二者对人体的毒副作用相同，所以其外消旋体——合霉素已被淘汰。生产该类手性药物时，不仅要注意提高有药理活性的构型体的产率，还要分离并清除无药效的构型体，使用药的"毒副作用"降到最低。

三、手性药物制备

手性制药是医药行业的前沿领域，2001 年诺贝尔化学奖就授予分子手性催化的主要贡献者。在临床治疗方面，服用手性药物不仅可以排除由于无效（或不良）对映体所引起的毒副作用，还能减少药剂量和人体对无效对映体的代谢负担、能对药物动力学及剂量有更好的控制、能提高药物的专一性。手性制药就是利用这种原理开发出的药效高、副作用小的药物。手性药物的制取方法主要有以下两种。

1. 手性合成法

（1）化学合成 化学合成主要是以糖类化合物作起始原料，经不对称反应，在分子的适当部位，引进新的活性功能团，合成各种有生物活性的手性化合物。因为糖是自然界存在最广的手性物质之一，而且各种糖的立体异构都研究得比较清楚。一个六碳糖，可同时提供 4 个已知构型的不对称碳原子，用它作起始原料，经适当的化学改造，可以合成多种有用的手性药物。近年来新开发了不对称催化合成法。这一方法是用手性催化剂制取新的手性化合物。一个好的手性催化剂分子可产生十万个手性产物。因此，手性催化的研究已成为世界上许多著名有机化学研究室和各大制药公司开发研制手性药物的热点课题。

（2）生物合成 生物合成包括发酵法和生物酶法。发酵法就是利用细胞发酵合成手性化合物。例如，生物化学工业利用细胞发酵法生产 L-氨基酸。生物酶法是通过酶促反应将具有潜手性的化合物转化为单一光学异构体。可利用氧化还原酶、裂解酶、水解酶及环氧化酶等，直接从前体合成各种复杂的手性化合物，这种方法收率高，副反应少，反应条件温和，无环境污染，有利于工业化生产。

2. 手性拆分法

手性拆分就是将外消旋体拆分成单一光学异构体。这是制取手性药物最简单的方法。主要有结晶法拆分、动力学拆分、包结拆分、酶拆分和色谱拆分等方法。其中色谱拆分已可用微机软件控制操作。在手性色谱柱的一端注入外消旋体和溶剂，在另一端便可接收到已拆分开来的单一光学异构体。包结拆分是化学拆分中较新的一种方法。它是使外消旋体与手性拆分剂发生包结作用，从而在分子-分子体系层次上进行手性匹配和选择，然后再通过结晶方法将两种对映体分离开来。

随着社会需求的日益增长，手性药物的产量也在快速增加，21 世纪将成为手性药物和手性技术有突破性进展的新世纪。

📑习题 --

6-1　填空题

（1）有机化学中，立体异构是指构造式相同，但由于分子中原子或基团_____不同而产生的异构现象，包括构型异构和构象异构两种类型。其中构型异构又分为_____和_____两类。

（2）环己烷有两种典型的构象，分别是_____构象和_____构象，其中_____构象最稳定。在甲基环己烷中，甲基以_____键与环相连为优势构象。

（3）由于碳碳双键中_____键的存在限制了碳碳双键的自由旋转，当构成双键的两个碳原子上及环的两个或两个以上的碳原子，分别连有_____时，就会产生顺反异构体。

（4）顺反命名法（习惯法）的命名原则是要确定_____的原子或基团是否在双键（或环）的同侧或异侧，而 Z/E 命名法（系统法）的命名原则是要确定_____的原子或基团是否在双键（或环）的同侧或异侧，二者没有必然联系。

（5）对映异构是指分子的空间构型相似，但却不能_____，彼此间呈实物与_____的对映关系的异构现象。该特征如同人的左右手一般，相似却不能重合，因此又称为手性，具有手性的物质都表现一种特殊的物理性质，即具有_____。

（6）对映体中的一对左右旋体，它们使偏振光旋转的角度_____，但方向_____。在非手性环境中，对映体的物理性质和化学性质_____。将左右旋体等量混合，其旋光性_____，该混合物叫_____。

（7）只含一个 C* 的化合物_____（是或否）手性化合物，存在_____对对映体；含有两个不同 C* 的化合物存在_____种旋光异构体，_____对对映体；含有两个相同 C* 的化合物存在_____种旋光异构体，即_____对对映体和_____个内消旋体。

（8）含有 n 个不同 C* 的化合物存在_____种旋光异构体，其中不呈实物与镜像关系的异构体称为_____，这种异构体之间不仅旋光性_____，其理化性质、生物活性也_____。

6-2　选择题

（1）下列哪种情况，能确定分子具有手性（　　　）。

A. 分子不具有对称面　　　B. 分子不具有对称中心

C. 分子与其镜像不能重合 D. 分子不含有手性碳原子

（2）有关比旋光度叙述或表达不正确的是（　　　）。

A. $[\alpha]_\lambda^t = \dfrac{\alpha}{cL}$

B. 利用比旋光度，可以比较不同物质旋光活性的大小

C. 室温下，把被测样品的浓度规定为 1g/mL，盛液管的长度规定为 1dm，这时测定的旋光度叫做比旋光度。

D. 已知葡萄糖溶液的 $[\alpha]_D^{20} = +52.5°$，那么当它的溶液浓度为 $2g/mL$ 时，$[\alpha]_D^{20} = +105.0°$

（3）反-1,4-二甲基环己烷的最稳定构象是（　　）。

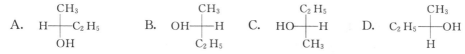

（4）下列化合物中，与

$$H \underset{C_2H_5}{\overset{CH_3}{\underset{|}{\overset{|}{-}}}} OH$$

为同一物质的是（　　）。

A. $H \underset{OH}{\overset{CH_3}{\underset{|}{\overset{|}{-}}}} C_2H_5$ 　　B. $OH \underset{C_2H_5}{\overset{CH_3}{\underset{|}{\overset{|}{-}}}} H$ 　　C. $HO \underset{CH_3}{\overset{C_2H_5}{\underset{|}{\overset{|}{-}}}} H$ 　　D. $C_2H_5 \underset{H}{\overset{CH_3}{\underset{|}{\overset{|}{-}}}} OH$

6-3 写出下列化合物的构造式并判断是否存在顺反异构体。

（1）2,3-二氯-2-丁烯　　　　（2）1,3-二溴环戊烷　　　（3）2-甲基-2-戊烯

（4）2,2,5-三甲基-3-己烯　（5）1-苯基丙烯

6-4 根据下列化合物的名称，写出相应的构型式，并用 Z/E 构型标记法命名。

（1）顺-3-甲基-2-戊烯　　　　（2）反-4,4-二甲基-2-戊烯

（3）顺-3,4-二甲基-3-己烯　（4）反-1,3-二乙基-1-氯环己烷

6-5 某一物质的水溶液浓度为 $1g/mL$，使用 $10cm$ 长的盛液管，以钠光灯为光源，$20℃$时测得其旋光度为 $+2.62°$，试计算该物质的比旋光度。若将其稀释成 $0.5\ g/mL$ 的水溶液，计算它的旋光度是多少？

6-6 使用钠光灯和 $1dm$ 的盛液管，在 $20℃$ 时测得乳酸水溶液的旋光度为 $+7.6°$，计算乳酸水溶液的浓度。（$[\alpha]_D^{20} = +3.8°$）

6-7 推断结构

（1）某烯 A（C_6H_{12}）具有旋光性，催化加氢后生成的烷烃 B（C_6H_{14}）没有旋光性，试写出 A 和 B 的构造式。

（2）化合物 A 和 B 的分子式均为 C_7H_{14}，均能和酸性高锰酸钾反应，其中 A 的氧化产物是 CO_2、H_2O 和具有旋光性的酮 C；B 的氧化产物是 CO_2、H_2O 和具有旋光性的酸 D。试写出 A、B、C 和 D 的可能构造式。

- -

第七章 卤代烃

知识目标

1. 掌握卤代烃的分类、同分异构、命名、化学性质及应用。
2. 掌握卤代烃中各类卤原子反应活性的差异。
3. 理解卤代烃结构与性质之间的关系；理解卤代烃的物理性质及其变化规律。
4. 熟悉重要卤代烃的性能及用途。

能力目标

1. 能运用命名规则对各类卤代烃的构造式、构型式进行正确命名。
2. 能利用卤代烃的理化性质及其变化规律进行卤代烃分离提纯、鉴别各类卤代烃。
3. 能运用格氏试剂的化学性质对含活泼氢的有机化合物进行定量。
4. 能利用卤代烃知识指导自己的生活、学习和工作，提高学生卤代烃的知识素养。

任务 7-1 请举例说明自然界卤代烃存在的范围。

烃分子中的氢原子被卤原子取代后生成的一类化合物称为卤代烃，常用 RX 或 ArX 表示。X 表示卤素（F、Cl、Br、I），其中卤原子为官能团。

第一节 卤代烃的分类、同分异构和命名

一、卤代烃的分类

根据卤代烃分子中所含卤原子的种类，可分为：氟代烃、氯代烃、溴代烃、碘代烃。例如：

$CF_2=CF_2$	CH_3CH_2Cl	CH_3CH_2Br	CH_3CH_2I
四氟乙烯	氯乙烷	溴乙烷	碘乙烷

根据卤代烃分子中所含卤原子数目的不同，可分为：一卤代烃、二卤代烃和多卤代烃。例如：

C_6H_5Br	CH_2Cl_2	CHI_3
溴苯	二氯甲烷	三碘甲烷(碘仿)

根据卤代烃分子中烃基结构的不同，可分为：饱和卤代烃（卤代烷烃）、不饱和卤代烃、

卤代脂环烃、卤代芳香烃。例如：

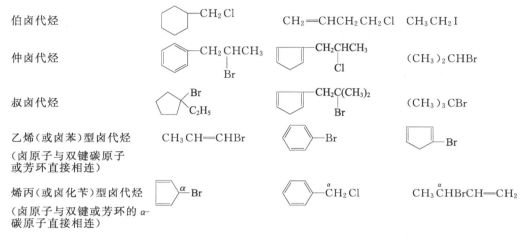

$CH_3CH_2CH_2Cl$　　　$CH_2=CHCl$

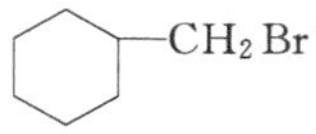

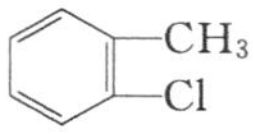

1-氯丙烷　　　　　　氯乙烯　　　　　环己基—溴甲烷　　　邻氯甲苯
（卤代烷烃）　　　（不饱和卤代烃）　　（卤代脂环烃）　　（卤代芳香烃）

根据卤代烃分子中与卤原子直接相连的碳原子类型，又可分为：伯卤代烃（一级卤代烃）、仲卤代烃（二级卤代烃）、叔卤代烃（三级卤代烃）、乙烯（或卤苯）型卤代烃、烯丙（或卤化苄）型卤代烃。例如：

伯卤代烃

仲卤代烃

叔卤代烃

乙烯（或卤苯）型卤代烃
（卤原子与双键碳原子
或芳环直接相连）

烯丙（或卤化苄）型卤代烃
（卤原子与双键或芳环的α-
碳原子直接相连）

二、卤代烃的同分异构

卤代烃的同分异构数目比相应烃的异构体要多，因为在烃的每一种异构体上改变卤原子的位置均能引起同分异构现象，所以在烃的同分异构体的基础上把卤原子的位置异构考虑进去即可得到相应卤代烃的同分异构体。

下面以 4 个碳的卤代烯烃为例，讨论卤代烃的同分异构现象。

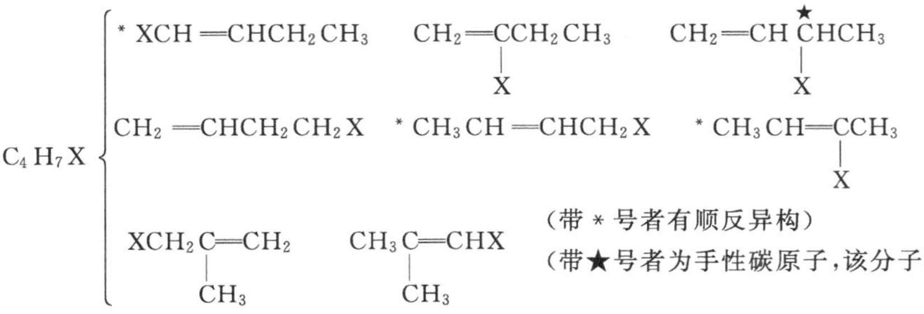

C_4H_7X

* $XCH=CHCH_2CH_3$　　　$CH_2=CCH_2CH_3$　　　$CH_2=CH\overset{\bigstar}{C}HCH_3$
　　　　　　　　　　　　　　　　　　|　　　　　　　　　　　　|
　　　　　　　　　　　　　　　　　X　　　　　　　　　　　X

$CH_2=CHCH_2CH_2X$　　* $CH_3CH=CHCH_2X$　　* $CH_3CH=CCH_3$
　　　　　　　　　　　　　　　　　　　　　　　　　　　　　|
　　　　　　　　　　　　　　　　　　　　　　　　　　　　X

$XCH_2C=CH_2$　　　$CH_3C=CHX$
　　　　|　　　　　　　　|
　　　CH_3　　　　　　CH_3

（带 * 号者有顺反异构）

（带 ★ 号者为手性碳原子，该分子有对映异构）

任务 7-2　请写出分子式为 C_5H_9Br 卤代烃的所有构造异构体，并标出属于哪类卤代烃。

三、卤代烃的命名

1. 习惯命名法
习惯命名法是根据卤原子所连的烃基的名称将其命名为"某烃基卤"。例如：

$$CH_3CH = CHCl \qquad\qquad CH_2 = CHCH_2Cl$$

丙烯基氯 　　　　　　　　　烯丙基氯

环己基溴　　　叔丁基溴　　　苄基氯（或氯化苄）

此法只适用于简单卤代烃的命名。

2. 系统命名法

结构复杂的卤代烃要用系统命名法。系统命名法是把卤代烃看作烃的卤素衍生物，即以烃为母体，卤原子只作为取代基。因此，其命名原则与相应烃的原则相同。例如：

（1）饱和卤代烃（卤代烷烃）　$CHClF_2$　二氟一氯甲烷

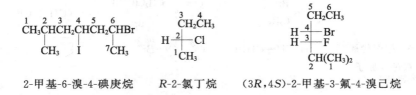

2-甲基-6-溴-4-碘庚烷　　　R-2-氯丁烷　　　$(3R,4S)$-2-甲基-3-氟-4-溴己烷

（2）不饱和卤代烃

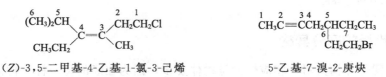

(Z)-3,5-二甲基-4-乙基-1-氯-3-己烯　　　　　5-乙基-7-溴-2-庚炔

（3）卤代环烃　卤原子直接连在环上时，环为母体，卤原子为取代基。如：

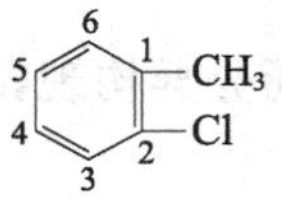

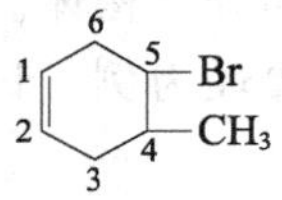

2-氯甲苯（或邻氯甲苯）　　　4-甲基-5-溴环己烯

若卤原子连在环的侧链上时，环和卤原子作为取代基，侧链烃为母体。如：

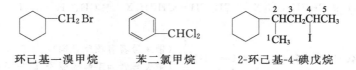

环己基一溴甲烷　　　苯二氯甲烷　　　2-环己基-4-碘戊烷

任务 7-3　请写出下列有机物的正确名称或结构式。

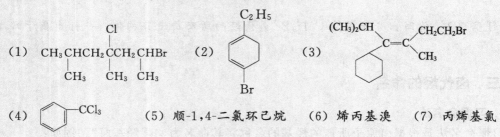

（4）　　　　　　（5）顺-1,4-二氯环己烷　　（6）烯丙基溴　　（7）丙烯基氯

第二节　卤代烃的物理性质及应用

一、物态及存放

在常温常压下，除氯甲烷、溴甲烷、氯乙烷、氯乙烯为气体外，其余多为液体，高级或一些多元卤代烃为固体。多数卤代烃是无色的，但碘代烃见光易产生游离的碘而常带红棕色，因此储存需用棕色瓶装并且要避光。不少卤代烃带香味，但其蒸气有毒，应防止吸入。

二、沸点

在卤原子相同的同一系列的卤代烃中，沸点随着碳原子数的增加而升高。在烃基相同的一元卤代烷中，沸点的变化规律是：RI＞RBr＞RCl。在同碳的卤代烷中，与烷烃相似，支链愈多的卤代烷沸点愈低。此外，由于卤代烃中的 C—X 键有极性，其沸点比相对分子质量相近的烃高。

三、密度

卤代烃的相对密度是值得注意的物理性质。一氟代烃和一氯代烷烃的相对密度小于1，其余卤代烃的相对密度多数大于1。此外，在一卤代烷烃的同系列中，相对密度随着碳原子数的增加反而降低，这是由于卤素在分子中所占比例逐渐减小的缘故。

四、可溶性

卤代烃不溶于水，易溶于醇、醚、烃等有机溶剂。许多卤代烃也是良好的溶剂，因此常用氯仿、四氯化碳从水层中提取有机物，在萃取时要注意水层在上而大多数卤代烃在下的特点。多元卤代烃一般都难燃或不燃。

五、毒性

卤代烃一般比母体烃类的毒性大，卤代烃经皮肤吸收后，侵犯神经中枢或作用于内脏器官，引起中毒。一般来说，碘代烃毒性最大，溴代烃、氯代烃、氟代烃毒性依次降低；低级卤代烃比高级卤代烃毒性强；饱和卤代烃比不饱和卤代烃毒性强；多卤代烃比含卤素少的卤代烃毒性强。使用卤代烃的工作场所应保持良好的通风。常见卤代烃的物理常数见表 7-1。

表 7-1　常见卤代烃的物理常数

名称	闪点/℃	熔点/℃	沸点/℃	相对密度（d_4^{20}）
氯甲烷	＜−50	−97	−24	0.920
溴甲烷	−44	−93	4	1.732
碘甲烷	−28	−66	42	2.279
二氯甲烷	不易燃物	−96	40	1.326
三氯甲烷	不燃物	−64	62	1.489
四氯甲烷	不燃物	−23	77	1.594
1-氯丙烷	−20	−123	47	0.890
2-氯丙烷	−32	−117	36	0.860
氯乙烯	＜−17.8	−154	−14	0.911
溴乙烯	＜−8	−138	16	1.517
氯苯	28	−45	132	1.107
氯化苄	65	−39	179	1.100

　　用途：卤代烃不仅是常用的有机溶剂，还可在有机合成的后处理或提取中用作萃取剂。由于卤代烃多数毒性较大，目前工业生产中正逐步以绿色溶剂（如：$SCCO_2$—超临界二氧化碳流体；碳酸二甲酯；2,5-二甲基己烷等）替代。此外，卤代烃可用于制冷剂——氟利昂（如：$CHClF_2$——商业代号 F_{22}；CCl_2F_2——商业代号 F_{12}）；灭火剂——CCl_4（电器类起火）；麻醉剂等。

第三节　卤代烃的化学性质及应用

　　任务 7-4　请设计由苯合成苯酚、由 1-溴丁烷合成 2-溴丁烷、由 1-丁烯合成 2-丁烯的方案。

　　由于卤代烃的化学性质比较活泼，能发生多种化学反应从而转化成其他类型的化合物。在有机合成中引入卤原子常常是改变分子性能的第一步反应，所以卤代烃的性质在有机合成中起着重要的桥梁作用。如在烃分子中引入羟基（如由烃制酚、醇）；在特定碳原子上引入卤原子；改变某些官能团（如 C＝C）的位置等。

　　卤代烷中由于卤原子的电负性较强，所以 C—X 键为较强的极性共价键，电子云偏向于卤原子，即 $\overset{d^+}{C}—\overset{d^-}{X}$。碳卤键（C—X）的极性为：C—Cl＞C—Br＞C—I。

　　在极性试剂的影响下，C—X 键的电子云会发生变形，由于氯原子的电负性较大，其原子半径又比较小，对周围的电子云束缚力较强，因此 C—Cl 键的可极化性较小。碳卤键的可极化性大小次序为：C—I＞C—Br＞C—Cl。可极化性大的共价键，易通过电子云变形而发生键的断裂，因此各种卤代烷的化学反应活性顺序为：RI＞RBr＞RCl。

　　另外，C—X 键的键能也比 C—H 键的键能小，因此卤代烷的反应主要发生在 C—X 键和受其影响而较活泼的 $\beta\text{-}H$ 原子上。

$$R\overset{\beta}{—}CH\overset{\delta^+}{—}CH_2$$

与Mg反应
取代反应
消除反应

一、取代反应及应用

　　在一定条件下，卤代烷可与许多试剂作用，分子中的卤原子被其他基团（如—OH、—CN、—NH_2、—OR、—C≡CR、—X 等）取代，生成醇、腈、胺、醚、炔等各类有机化合物。下面分类介绍。

1. 水解

　　卤代烷不溶于水，水解反应很慢，并且是一个可逆反应。为了加速反应并使反应进行到底，通常用强碱（KOH 或 NaOH）的水溶液与卤代烷共热，使卤原子被羟基（—OH）取代而生成醇。

$$R\!-\!X + H\!-\!OH \xrightarrow[\triangle]{NaOH} R—OH + NaX$$

　　用途：一般常用醇来制备卤代烷，因此此反应似乎没有合成价值，但它适合在有机合成中将结构复杂的分子先引入卤原子，再经水解转化为羟基来制备特殊结构的醇。

2. 氰解

卤代烷与氰化钠（或氰化钾）的醇溶液共热，卤原子被氰基（—CN）取代而生成腈。

$$R \!-\! \overline{X + Na} \!-\! CN \xrightarrow[\triangle]{ROH} R \!-\! CN + NaX$$

用途： 在有机合成中，可用烃为原料合成卤代烃，再氰解增长碳链合成羧酸，或再催化加氢增长碳链合成伯胺。该应用只适用于卤代甲烷或伯卤代烃，因氰化钾具有较强碱性，与仲、叔卤代烃反应的主产物是消除产物——烯烃。

$$烃 \longrightarrow R \!-\! X \xrightarrow[醇]{KCN} R \!-\! CN \xrightarrow[\triangle]{H_3^+O} RCOOH$$
$$\Big\downarrow \xrightarrow[Pt]{H_2} R \!-\! CH_2NH_2$$

3. 氨解

卤代烷与氨在醇溶液中共热，卤原子被氨基（—NH₂）取代而生成胺。

$$R \!-\! \overline{X + H} \!-\! NH_2 \xrightarrow[\triangle]{ROH} R \!-\! NH_2 + HX$$

因产物仍具有亲核性，所以可生成各种取代的胺以及季铵盐的混合物，因此在实际应用中多用于制备伯胺和季铵盐。

$$R \!-\! NH_2 \xrightarrow{R-X} R_2NH \xrightarrow{R-X} R_3N \xrightarrow{R-X} R_4N^+X^-$$
$$季铵盐$$

用途： 用于制备伯胺。例如，1-卤丁烷氨解可制得正丁胺。

$$CH_3CH_2CH_2CH_2 \!-\! \overline{X + H} \!-\! NH_2 （过量）\xrightarrow[\triangle]{ROH} CH_3CH_2CH_2CH_2NH_2 + NH_4X$$

正丁胺可用作石油产品添加剂、彩色相片显影剂。还可用于合成乳化剂、农药及治疗糖尿病的药物。

4. 醇解

卤代烷与醇钠的相应醇溶液作用，卤原子被烷氧基（RO—）取代而生成醚。此反应称为威廉逊（Williamson）反应。

$$R \!-\! \overline{X + Na} \!-\! OR' \xrightarrow[ROH]{ROH} R \!-\! OR' + NaX$$

用途： 威廉逊反应用于制备醚类化合物，是制备混醚和芳香醚最好的方法。使用时最好选用卤代甲烷或伯卤代烃，因醇钠具有强碱性，与仲、叔卤代烃反应的主产物是消除产物——烯烃。

任务 7-5 甲基叔丁醚是一种新型的高辛烷值汽油调和剂，可以提高汽油的使用安全性和质量，因不含铅而减少环境污染。请设计由卤代烃和醇合成甲基叔丁醚的最佳方案。

5. 与 $AgNO_3/C_2H_5OH$ 反应

卤代烷与硝酸银的乙醇溶液作用，卤原子被—ONO₂取代生成硝酸酯和卤化银沉淀。

$$R \!-\! \overline{X + AgONO_2} \xrightarrow{乙醇} RONO_2 + AgX \downarrow$$

其他类型的卤代烃与卤代烷一样也能反应，但它们的反应活性不相同。实验表明，反应时各类卤代烃的活性次序为：R—I＞R—Br＞R—Cl；烯丙型卤代烃＞叔卤代烃＞仲卤代烃＞伯卤代烃＞CH₃X＞乙烯型卤代烃。用肉眼可区分的反应现象如下：

烯丙型代烃 叔卤代烃 碘代烃 仲溴代烃		伯溴代烃 伯氯代烃 仲氯代烃		乙烯型卤代烃 卤苯型卤代烃 四氯化碳
	＞		＞	
室温下立刻有 AgX 生成		加热有 AgX 生成		加热无 AgX 生成

用途：常用于各类卤代烃的鉴定和定量分析。

任务 7-6 请设计鉴定下列各组化合物的方案。

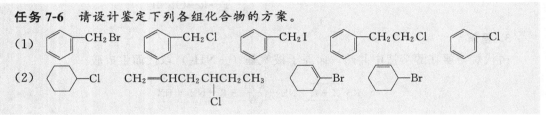

二、消除反应

卤代烷与强碱的醇溶液共热，分子中的 C—X 键和 β-C—H 键发生断裂，脱去一分子卤化氢而生成烯烃。这种从有机物分子中相邻的两个碳上脱去 HX（或 X₂、H₂、NH₃、H₂O）等小分子，形成不饱和化合物的反应，称为消除反应。例如：

$$CH_3CH_2\overset{\beta}{C}H\overset{\alpha}{C}H_2 \xrightarrow[\triangle]{KOH/C_2H_5OH} CH_3CH_2CH{=}CH_2 + KX + H_2O$$
$$\boxed{H\ X}$$

仲卤代烷和叔卤代烷在消除卤化氢时，反应可在不同的 β-碳原子上进行，生成多种不同产物。例如：

$$CH_3\overset{\beta'}{-}CH\overset{\alpha}{-}CH\overset{\beta}{-}CH_2 \xrightarrow[\triangle]{KOH/C_2H_5OH}$$

→ CH₃CH₂CH=CH₂ 1-丁烯 (19%)

→ CH₃CH=CHCH₃ 2-丁烯 (81%)

实验证明，卤原子主要是与含氢较少的 β-碳原子上的氢脱去卤化氢。或者说，主要生成双键碳原子上取代基较多的烯烃为主。这一经验规律称为查依采夫（Saytzeff）规律。但是，对于不饱和的卤代烃发生消除反应时，若能生成共轭烯烃，则共轭烯烃是主要产物。例如：

（结构式）→ —CH₃ 主要产物(共轭二烯)

→ —CH₃ 查依采夫产物

卤代烷发生消除反应的活性顺序为：叔卤代烷＞仲卤代烷＞伯卤代烷

上述卤代烷的消除和水解反应都是在碱的作用下进行的，二者是一对相互竞争的反应，哪一种占优势，与卤代烷的分子结构及反应条件如试剂的碱性、溶剂的极性、反应温度等有关。一般规律是：伯卤代烷、稀碱、强极性溶剂及较低温度有利于取代反应；叔卤代烷、浓的强碱、弱极性溶剂及高温有利于消除反应。所以卤代烷的水解反应，要在稀碱的水溶液中进行，而脱卤化氢的反应，在浓强碱的醇溶液中进行更为有利。

用途：卤代烷烃的消除反应用于合成不饱和烃及其衍生物。

任务 7-7　判断下列化学反应的主要产物。

(1) 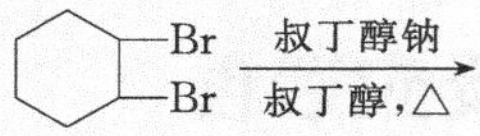 $\xrightarrow[\text{叔丁醇,}\triangle]{\text{叔丁醇钠}}$

(2) $\underset{\displaystyle\mathop{CH_3CH}^{\textstyle |}_{\textstyle Br}\mathop{-CH_2}^{\textstyle |}_{\textstyle Br}}{} \xrightarrow[\triangle]{KOH/C_2H_5OH}$

三、与金属镁反应

卤代烷在绝对乙醚（无水、无醇的乙醚，又称无水乙醚或干醚）中与金属镁作用，生成有机镁化合物——烷基卤化镁，称为格利雅（Grignard）试剂，简称格氏试剂，可用通式 RMgX 表示。例如：

$$CH_3CH_2CH_2CH_2Br + Mg \xrightarrow{\text{无水乙醚}} CH_3CH_2CH_2CH_2MgBr$$
$$\text{（94\%）正丁基溴化镁}$$

$$\underset{\displaystyle\mathop{CH_3CH_2CHCH_3}\limits_{\textstyle |~~~~}}{\underset{\textstyle Br}{}} + Mg \xrightarrow{\text{无水乙醚}} \underset{\displaystyle\mathop{CH_3CH_2CHMgBr}\limits_{\textstyle |~~~~~~}}{\underset{\textstyle CH_3}{}}\quad\text{（78\%）仲丁基溴化镁}$$

一般伯卤代烷产率高，仲卤代烷次之，叔卤代烷最差。当烷基相同时，各种卤代烷的活性顺序为：RI＞RBr＞RCl。

实验室中最常用的是溴代烷，因为它的反应速率比氯化物快，价格比碘化物便宜。反应中生成的格氏试剂能溶于乙醚，无需分离即可用于各种合成反应。

在烃基卤化镁分子中，由于碳原子的电负性（2.5）比镁的电负性（1.2）大得多，C—Mg 键是很强的极性键，性质非常活泼，可与醛、酮、二氧化碳、含活泼氢的化合物等多种试剂反应。

由于格氏试剂遇到含活泼氢的化合物会立即分解，所以制备格氏试剂时要在隔绝空气的条件下，使用无水、无醇的绝对乙醚作溶剂。

用途：用格氏试剂与含活泼氢的化合物（如水、醇、氨等）反应可制备烷烃；也可以定量分析水、醇等含有活泼氢的物质。具体方法是：通过 CH_3MgI 与样品作用产生的 CH_4 的体积来计算样品的纯度或计算出被测化合物中所含活泼氢原子的数目。例如：

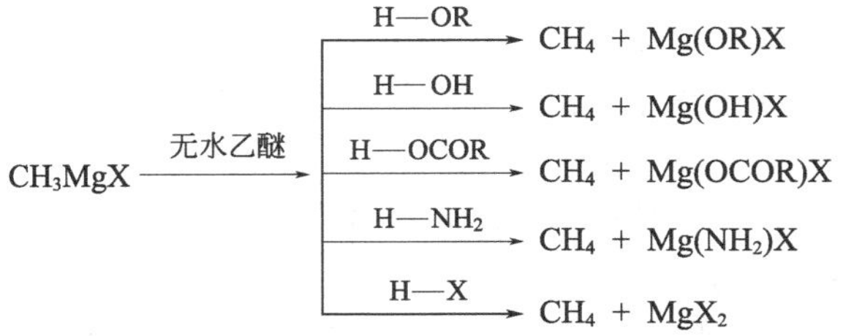

另外，格氏试剂与醛、酮、二氧化碳的反应可用于制备醇、醛、酮、羧酸（见第七章）等一系列重要化合物，在理论研究及有机合成上都很重要。

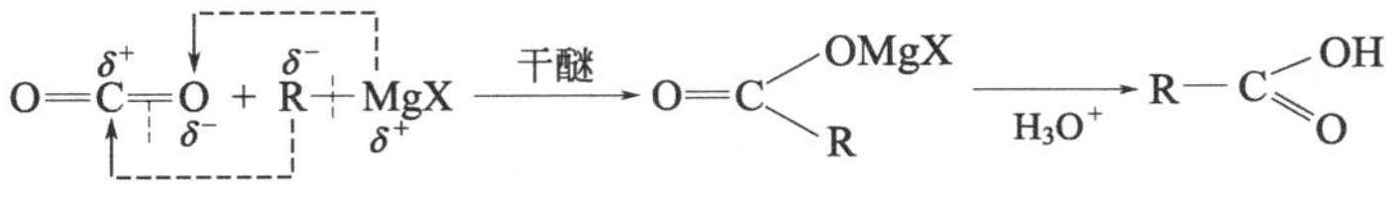

任务 7-8 设计由丙烯合成2-甲基丁二酸的环保方案。

卤原子连在不同碳原子上的多卤代烷（如 CH_2BrCH_2Br），化学性质与一卤代烷相似。但卤原子连在同一碳原子上的多卤代烷，随着卤原子的增加，其反应活性一般会依次递减。例如氯代甲烷的反应活性次序是：$CH_3Cl>CH_2Cl_2>CHCl_3>CCl_4$。多卤代烷大量用作冷冻剂、灭火剂、烟雾剂和工业溶剂等。

第四节 卤代烃中卤原子的反应活性

任务 7-9 查阅资料判断下列化学反应的主要产物，并归纳各类与原子的活性。

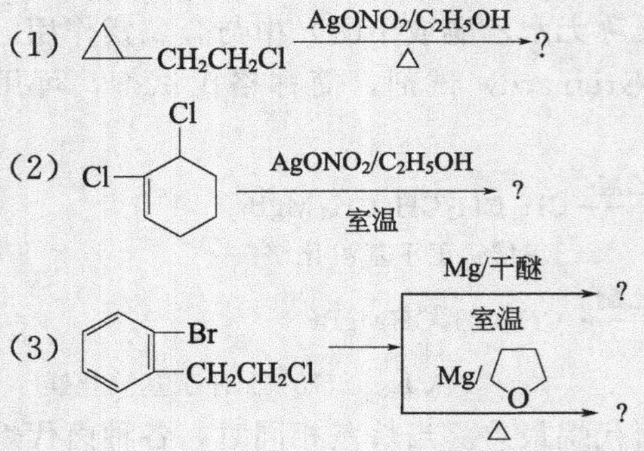

一、卤代烃中各类卤原子反应活性的差异

以上主要介绍了卤代烷烃的性质及反应活性，其他各类卤代烃的性质与卤代烷烃的性质基本相同，所不同的是各类卤代烃中卤原子的反应活性有差异。其中，卤代烃的取代反应机理有 S_N1 和 S_N2 两种，所以卤代烃的取代反应活性与反应机理、烃基的结构有关。其中烯丙型（或卤化苄型）卤代烃最活泼，易发生取代反应，也易制成格氏试剂；卤代烷（包括卤原子与双键碳原子或芳环相隔两个或多个碳原子的，称为孤立型的卤代烃）次之；乙烯型（或卤苯型）卤代烃最不活泼，一般条件下不发生取代反应，难制成格氏试剂。

$$CH_3\underset{\substack{|\\X}}{C}{=}CHCH_2X \xrightarrow[\text{室温}]{NaCN/C_2H_5OH} CH_3\underset{\substack{|\\X}}{C}{=}CHCH_2CN$$

综上所述，卤代烃的反应活性顺序为：$RI>RBr>RCl$；
烯丙型卤代烃>卤代烷（或孤立型的卤代烃）>乙烯型卤代烃。
若按 S_N1 反应机理进行取代反应活性顺序为：

烯丙型卤代烃>叔卤代烃>仲卤代烃>伯卤代烃>CH_3X>乙烯型卤代烃若按 S_N2 反应机理进行取代反应活性顺序为：

烯丙型卤代烃>CH_3X>伯卤代烃>仲卤代烃>叔卤代烃>乙烯型卤代烃

*二、 卤代烃中各类卤原子反应活性差异的理论解释

1. 烯丙型卤代烃

烯丙型卤代烃分子中的卤原子离解后生成了稳定的烯丙基正离子。这个带正电荷的碳原

子是 sp^2 杂化的，它的一个缺电子的 p 空轨道和相邻的 C=C 键的两个 p 轨道相互平行重叠形成 p-π 共轭体系（见图 7-1），因此正电荷得以分散而趋向稳定，使得卤原子易带负电荷离去，因而反应易进行。当发生取代反应时易按 S_N1 机理进行。若按 S_N2 机理进行，形成的过渡态也存在 p-π 共轭体系（见图 7-2），使其稳定性增大，因而反应活性最大。

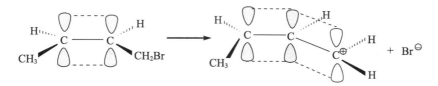

图 7-1　烯丙基正离子 p-π 共轭体系的形成

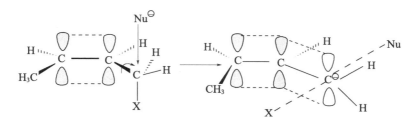

图 7-2　烯丙型过渡态 p-π 共轭体系的形成

2. 乙烯型卤代烃

乙烯型卤代烃分子中的卤原子的价电子层 np 轨道中的一个 p 轨道，在 C—X 键自由旋转时会与 C=C 键的两个 p 轨道（或苯环碳原子的 p 轨道）平行重叠，形成 p-π 共轭体系（见图 7-3 和图 7-4），因此 C—X 键之间电子云密度增加，键能增大，使碳原子和卤原子结合得更加紧密，卤原子很难离去。所以一般条件下难发生取代反应，难制成格氏试剂。

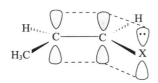

图 7-3　乙烯型分子 p-π 共轭体系的形成

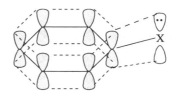

图 7-4　卤苯型分子 p-π 共轭体系的形成

第五节　重要的卤代烃

一、氯乙烯和聚氯乙烯

氯乙烯常温下是无色气体，沸点 $-13.8\,℃$。不溶于水，易溶于多种有机溶剂，与空气形成爆炸性混合物，爆炸极限 $3.6\%\sim26.4\%$。长期高浓度接触可引起许多疾病，并可致癌。

目前，工业上生产氯乙烯主要采用如下方法：

$$CH_2=CH_2 + HCl + O_2 \xrightarrow[\text{0.34}\sim\text{0.59MPa}]{\text{CuCl}_2,215\sim300℃} CH_2ClCH_2Cl \xrightarrow[\text{1.47}\sim\text{3.92MPa}]{470\sim650℃} CH_2=CHCl + HCl$$

氯乙烯主要用途是制备聚氯乙烯。

$$n CH_2=\underset{\underset{Cl}{|}}{CH} \xrightarrow[50\sim60℃,0.5\text{MPa}]{\text{引发剂}} \left[CH_2-\underset{\underset{Cl}{|}}{CH} \right]_n$$

聚氯乙烯是目前我国产量最大的塑料,简称 PVC,广泛用于农业、工业及日常生活中。但聚氯乙烯制品不耐热,不耐有机溶剂,而且在使用过程中由于其缓慢释放有毒物质而不可盛放食品。

二、四氟乙烯和聚四氟乙烯

四氟乙烯为无色气体,沸点 76.3℃。不溶于水,可溶于多种有机溶剂。其制备方法如下:

$$CHCl_3 + 2HF \xrightarrow{SbCl_5} CHClF_2 + 2HCl$$

$$2CHClF_2 \xrightarrow{600\sim800℃} CF_2=CF_2 + 2HCl$$

四氟乙烯主要用途是合成聚四氟乙烯。

$$n CF_2=CF_2 \xrightarrow{\text{催化剂}} \left[CF_2-CF_2 \right]_n$$

聚四氟乙烯商品名称为特氟隆 PTFE,是一种应用广泛、性能非常稳定的塑料。能耐360℃高温并具有耐寒性(-100℃),机械强度高,耐强酸强碱(不与"王水"反应),无毒。其生物相溶性也很好,是一种非常有用的工程和医用塑料,有"塑料王"之称。特氟隆PTFE 不粘涂料可以在 260℃连续使用,具有最高使用温度 290~300℃,极低的摩擦系数、良好的耐磨性以及极好的化学稳定性。

三、氟利昂

氟利昂(Freon)是氟氯代烷烃的总称(商品名),二氟二氯甲烷(CCl_2F_2)则是其中一种,1928 年,Midgley T 成功得到 CCl_2F_2,这是氟化学发展过程中的一个里程碑。CCl_2F_2 是无色、无臭的气体,沸点-29.8C。氟利昂类气体是最常见的制冷剂,它们具备加压容易液化,汽化热大,安全性高,不燃,不爆、无臭、无毒等优良性能。利用它们不同的沸点可用于不同的制冷设备。如家用冰箱用 CCl_2F_2,冷库用 $CClF_3$ 和 CHF_3,空调器用 $CClF_2CClF_2$ 等。氟利昂的另一大用处是作气溶剂,将杀虫剂和除草剂与适当的氟利昂组成的混合物加压溶解罐装,使用时氟利昂溶媒在大气压下膨胀蒸发,其中含有杀虫剂等溶质形成极为分散的细小粒子,使用效果极佳。因此,广泛用于香水、化妆品、农药、涂料、头发喷雾剂等。

【小资料】

氟氯烃的研究成果极大地改变了人类的生活质量,但它们到达臭氧层后,吸收 326nm波长以下的阳光,分解出氯自由基,使之与臭氧作用生成 ClO·自由基,引发链反应,一个氯自由基可以破坏十万个 O_3 分子,从而造成了对臭氧层的破坏作用。贴近地面的臭氧是一种污染,但是高高浮在臭氧层的臭氧可以吸收 200~300nm 波长的紫外线。臭氧层一旦出现空洞，便会引起植物生长受到抑制，生物体 DNA 中相邻的胸腺嘧啶发生二聚而造成基因改变并损伤细胞等。20 世纪 80 年代后，国际上签署了多个限制使用生产氟利昂的协议，目前残留在大气中的这些氟利昂还要等几十年后才会消失，那时候大气层才能恢复到臭氧层的原来水平。

目前，氟利昂代用品主要包括含氢的氟利昂，它们将在到达臭氧层之前的对流圈里就被分解，或者用不含氯的氟利昂如 CH_2F_2、CH_2FCF_3 等，即使它们到达臭氧层也不产生破坏作用。

四、全氟碳类血液代用品

全氟碳为一类氢原子全被氟原子所取代的环烃和链烃，用其制成的乳剂，由于能溶解大量的氧和二氧化碳，已被用作人类血液的代用品。这类商品最早是由日本生产出来，商品名为 Fuoslo-DA，我国也有类似的代用品生产。

📑 **知识窗** --

卤代烃的生理活性及药用

许多卤代烃有很强的生理作用，这与卤代烃中卤原子的理化性质、结构特点是密切相关的。例如烯丙型卤代烃 3-氯丙烯、氯化苄等，因为能刺激黏膜，所以有很强的催泪作用；3,3,3-三氯丙烯对神经有麻醉作用，对心脏传导系统产生影响而导致心律失常。这种生理作用是由于烯丙型卤代物中的卤原子很活泼，它很容易与亲核试剂作用，而生物体中存在含氮及硫的有生物活性的亲核化合物可以与烯丙型卤代物作用而失去其自身的生理功能。卤代物的这种破坏作用使黏膜受到刺激性，而流泪则是为了排除刺激性卤代物的一种反应。

许多农药的药理作用也是利用了卤代烃的生理活性。例如，DDT（4,4'-二氯二苯基三氯乙烷）对昆虫等冷血动物有很强的毒性，而且由于它的稳定性，药效可以保持很久，所以曾是 20 世纪 40 年代以后极受欢迎的杀虫剂。但长期使用后发现它对环境造成污染，影响人类的健康，目前已严禁使用。

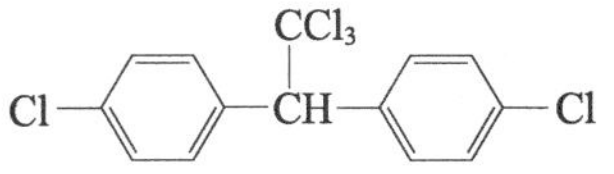

DDT

又如，抗癌药物氟尿嘧啶就是利用了其抗代谢机理。即利用了 C—F 键的稳定性，导致不能有效地合成胸腺嘧啶脱氧核苷酸，使酶失活，从而抑制 DNA 的合成，最后肿瘤细胞死亡。

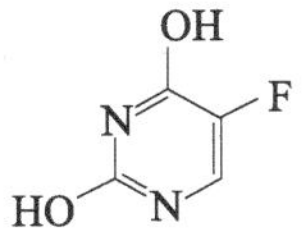

氟尿嘧啶 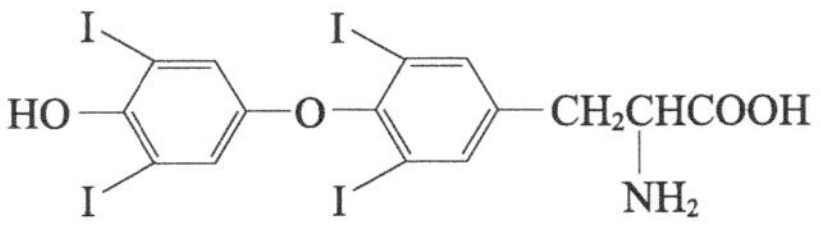　　　　　　　　甲状腺素

麻醉药是外科手术不可缺少的药物，人们最早使用的吸入性麻醉药是氯仿和乙醚，由于乙醚、氯仿具有不同的缺点，科学家开始寻找其他更好的全身麻醉药。研究发现，在烃类及醚类的分子中引入氟原子，可降低可燃性，增加麻醉作用，而且麻醉诱导期短，苏醒快，麻醉深度易于调整，肌肉松弛作用较好，不增加心肌对儿茶酚胺的敏感性，对呼吸道无明显刺

激，反复使用无明显副作用，因此，含氟全身麻醉药已经成为临床上应用最多的吸入性麻醉药物。在临床上，氟烷、七氟烷和氟环丙甲醚应用较多，氟烷（$CF_3CHClBr$）的麻醉强度比乙醚大 4 倍，比氯仿大两倍，对黏膜无刺激性，麻醉诱导期短，恢复快，且对肝、肾功能无持久性损害；七氟烷 [1,1,1,3,3,3-六氟-2-（氟甲氧基）丙烷] 具有快速失去和恢复知觉的特性（这是当代吸入麻醉剂的理想特性），它是一种特别有效的吸入麻醉剂，其特点如下：①能通过呼吸有效地调节血中麻醉药浓度（或分压），特别是能迅速将吸入麻醉药从身体"洗出"；②通过测定呼气末浓度可估计吸入麻醉药在其作用部位（中枢神经系统）的浓度（分压），因而在手术全身麻醉中，越来越受到人们的重视和采用；氟环丙甲醚（1,1,2,3-四氟-2-甲氧基-3-氯环丙烷）在临床上也用于全身麻醉，在 60% 的氧化二氮和 40% 的氧的混合气体中加入 4% 的本品，可达到深度麻醉，停止吸入 15～20min 后，麻醉作用逐渐消失，对心脏、循环和血象均无明显影响。

自然界中含卤素的有机物很少，目前已经得到的天然有机卤代物大多来源于海洋生物，这很好地说明了生物对环境的适应性，因为海水中含有大量的卤离子。在高级动物的代谢中，虽然大量存在的氯离子对于生命来说是必需的，但在肌体内并不能转化为含氯的有机物。卤素中只有碘在随食物进入体内后可以在甲状腺中积存下来，并通过化学反应形成甲状腺素。甲状腺素是一种控制许多代谢速度的激素，这种激素在体内的含量与碘的摄入量有一定关系，长期缺碘的地区应当适当补充含碘食物。

习题

7-1 填空题

（1）根据与卤原子相连的碳原子类型不同，可将卤代烷分为 _____ 卤代烷、_____ 卤代烷、_____ 卤代烷；卤代烯烃或卤代芳烃可分为三类，即 _____ 卤代烃、_____ 卤代烃、_____ 卤代烃；_____ 卤代烃最活泼，_____ 卤代烃最稳定。

（2）卤代烷的构造异构主要有 _____ 异构和 _____ 异构。

（3）不对称烯烃与卤化氢加成时遵守 _____ 规则；仲、叔卤代烷脱去卤化氢时遵守 _____ 规则，即总是从含氢 _____ β-碳原子上脱去氢。

（4）各级卤代烷发生消除反应的活性顺序是：_____ 卤代烷 > _____ 卤代烷 > _____ 卤代烷。

（5）室温下，卤代烃与 _____ 在 _____ 中作用生成烷基卤化镁，简称 _____，一般用 _____ 表示。

（6）不同类型的卤代烯烃或卤代芳烃与硝酸银醇溶液反应的活性次序是：_____ > _____ > _____。

7-2 选择题

（1）有关聚氯乙烯的叙述，下列错误的是（　　）。

A. 简称 PVC　　　　　　　　　　B. 不导电，是包覆电线的材料

C. 比聚乙烯较难承受酸的腐蚀　　D. 无毒，制成的塑料薄膜适于做食品包装袋

（2）有"塑料王"之称的是下列哪种物质（　　）。

A. 聚氯乙烯　　　B. 聚丙烯　　　C. 聚四氟乙烯　　　D. 聚乙烯

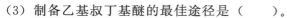

（3）制备乙基叔丁基醚的最佳途径是（　　）。

A. $(CH_3)_3CBr + CH_3CH_2ONa$　　　B. $(CH_3)_3COH + CH_3CH_2OH$

C. $CH_3CH_2Br + (CH_3)_3CONa$　　　D. $(CH_3)_3CF + CH_3CH_2ONa$

7-3 完成下列化学反应式。

（1）$CH_3\overset{\underset{\displaystyle CH_3}{|}}{C}=CH_2 \xrightarrow[HBr]{H_2O_2} ? \xrightarrow[Mg]{干醚} ?$

（2）
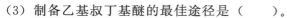
$\xrightarrow{Br_2} ? \xrightarrow[\triangle]{NaOH/醇} ?$

（3）
$\xrightarrow{HBr} ? \xrightarrow[CH_3OH]{CH_3ONa} ?$

（4）
$\xrightarrow[干醚]{Mg} ? \xrightarrow{CH_3OH} ?$

（5）$CH_3\overset{\underset{\displaystyle CH_3}{|}}{\underset{\displaystyle }{\overset{\displaystyle Br}{\underset{|}{C}}}}CH_2Cl \xrightarrow[\triangle]{NH_3/醇} ?$

（6）
$CH(CH_3)_2 \xrightarrow[h\nu]{Cl_2} ? \xrightarrow[\triangle]{NaOH/醇} ?$

（7）
$Cl,\ CH_3 \xrightarrow[h\nu]{Cl_2} ? \xrightarrow{C_2H_5ONa} ?$

（8）
$\overset{\underset{\displaystyle Br}{|}}{CH}-\overset{\underset{\displaystyle CH_3}{|}}{CH}CH_2CH_3 \xrightarrow[\triangle]{KOH/C_2H_5OH} ? \xrightarrow[H_3PO_4]{H_2O} ?$

7-4 指出下列转变中的各步有无错误（或是否合理），并说明理由。

（1）$CH_3CH=CH_2 \xrightarrow{\underset{A}{HOBr}} CH_3\overset{\underset{\displaystyle }{\overset{\displaystyle Br\ OH}{|\ \ |}}}{CH}CH_2 \xrightarrow[B]{Mg,干醚} CH_3\overset{\underset{\displaystyle }{\overset{\displaystyle MgBr}{|}}}{CH}CH_2OH$

（2）$(CH_3)_3C-Br \xrightarrow[\underset{A}{\triangle}]{CH_3OH/CH_3ONa} (CH_3)_3C-OCH_3$

（3）$CH_3\overset{\underset{\displaystyle CH_3}{|}}{C}=CH_2 \xrightarrow[A]{H_2O_2/HCl} (CH_3)_3C-Cl$

（4）
$\overset{\underset{\displaystyle Br}{}}{CH_2I} \xrightarrow[\triangle\ \ A]{NaOH/H_2O} \overset{\underset{\displaystyle OH}{}}{CH_2OH}$

（5）$CH_3CHClCH_2Cl \xrightarrow[\triangle]{NaOH/醇} CH_3C\equiv CH + 2HCl$

7-5 鉴别下列各组化合物。

（1）1-溴-2-丁烯、 2-氯-丙烷、 1-溴环己烯、氯苯

（2）
CH_2CH_2Cl 　　CH_2I 　　Br 　　CH_2CH_2Br

7-6　推断结构

（1）某具有旋光性的仲卤代烃 A，其分子式为 $C_5H_{11}Br$。A 与热的 $NaOH/H_2O$ 反应得到化合物 B，其分子式为 $C_5H_{12}O$。A 与热的 $NaOH/ROH$ 反应所得主要产物再与 HBr 加成得到无旋光性的叔卤代烃 C，其分子式为 $C_5H_{11}Br$。试推断 A、B、C 的构造式，并写出化合物 A 的 R 和 S 构型的费歇尔投影式。

（2）某卤代烃 A 的分子式为 $C_6H_{11}Br$，不能使溴水退色，与氢氧化钾的醇溶液作用生成化合物 B（C_6H_{10}），B 经酸性高锰酸钾氧化后得到 $CH_3COCH_2CH_2CH_2COOH$，B 与氢溴酸作用则得到 A 的异构体 C，试推测 A、B、C 的结构式并写出各步反应式。

醇 酚 醚

1. 掌握醇、酚、醚的命名和结构特点及其异同，从而理解它们在理化性质方面的差异。
2. 掌握醇的化学性质及伯醇、仲醇、叔醇的不同活性及鉴别方法。
3. 掌握酚的弱酸性、苯环的亲电取代反应、与氯化铁显色等性质及其应用。
4. 掌握醚键的稳定性、锌盐的生成、醚链的断裂等性质及其应用。
5. 掌握醚中过氧化物的检验、除去及防止生成的方法。
6. 理解醇、酚、醚的分类、物理性质及变化规律；熟悉重要醇、酚、醚的特性及应用。

能力目标

1. 能运用命名规则对醇、酚、醚化合物进行正确命名；能通过结构特点的分析学会醇、酚、醚的特征反应和鉴别、分离提纯醇、酚、醚的方法。
2. 能区分苯酚、取代苯酚、各种醇的酸性的强弱。
3. 能理解氢键对醇、酚、醚的沸点和溶解性的影响。
4. 会检验醚中过氧化物是否存在，若存在能将其除去，并能采取措施防止其生成。
5. 能利用醇、酚、醚知识指导日常生活和以后的学习、工作。

任务 8-1　列举你所熟悉的醇、酚、醚各 2 种，并说明它们的用途。

醇、酚、醚可看作烃分子中氢原子被羟基、烃氧基（—OR）取代的衍生物。若芳环上的氢原子被羟基取代称为酚（Ar—OH），而烃分子中（芳环上的氢原子除外）的氢原子被羟基取代则称为醇（R—OH）；若烃分子中的氢原子被烃氧基取代，所得的衍生物就是醚（R—O—R′、Ar—O—Ar′、Ar—O—R）。

醇和酚中的官能团均为羟基（—OH），由于醇和酚中羟基直接相连的碳原子的结构不同，使酚和醇的性质有明显的差别。本章将分别讨论醇、酚、醚。

第一节　醇

一、醇的结构、 分类和命名

任务 8-2　运用已学过的杂化轨道理论，解释醇为何是极性分子。

1. 醇的结构、分类

（1）醇的结构　在醇分子中，羟基中的氧原子以一个 sp^3 杂化轨道与氢原子的 $1s$ 轨道相互重叠形成 σ 键；而 C—O 键是碳原子的一个 sp^3 杂化轨道与氧原子的一个 sp^3 杂化轨道相互重叠而成的；氧原子的其他两个杂化轨道被自身的两对未共用电子对分别占据。

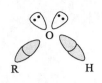
ROH分子轨道示意图

乙醇分子球棒模型

图 8-1　醇分子结构

由于氧的电负性比碳和氢大，使得碳氧键和氢氧键都具有较大的极性，醇为极性分子（见图 8-1）。

（2）醇的分类

① 根据醇分子中所含羟基的数目可分为一元醇、二元醇和多元醇。如：

$$CH_3CH_2OH \qquad \underset{\underset{OH}{|}}{CH_2}-\underset{\underset{OH}{|}}{CH_2} \qquad \underset{\underset{OH}{|}}{CH_2}-\underset{\underset{OH}{|}}{CH}-\underset{\underset{OH}{|}}{CH_2}$$

乙醇　　　　　　乙二醇　　　　　　　丙三醇

② 根据醇分子中烃基的类型，醇可分为饱和醇、不饱和醇、脂环醇和芳香醇。如：

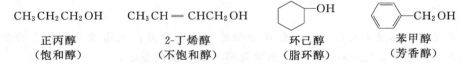

$$CH_3CH_2CH_2OH \qquad CH_3CH=CHCH_2OH$$

正丙醇　　　　　　　2-丁烯醇　　　　　　环己醇　　　　　苯甲醇
（饱和醇）　　　　　（不饱和醇）　　　　（脂环醇）　　　（芳香醇）

③ 根据醇分子中与羟基直接相连的碳原子类型，又可分为伯醇（一级醇）、仲醇（二级醇）、叔醇（三级醇）、烯丙（或卤化苄）型醇。例如：

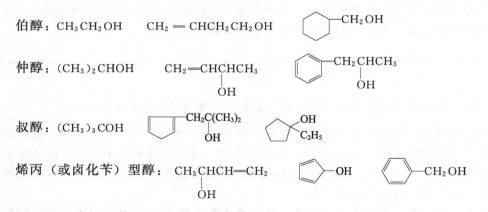

伯醇：$CH_3CH_2OH \qquad CH_2=CHCH_2CH_2OH$

仲醇：$(CH_3)_2CHOH \qquad CH_2=CHCHCH_3$
$\qquad\qquad\qquad\qquad\qquad\qquad \underset{OH}{|}$

叔醇：$(CH_3)_3COH$

烯丙（或卤化苄）型醇：$CH_3CHCH=CH_2$
$\qquad\qquad\qquad\qquad\qquad\quad \underset{OH}{|}$

本节主要讨论饱和一元醇，其通式为 $C_nH_{2n+1}OH$。

任务 8-3　写出下列醇的名称，分析并总结出醇的系统命名原则。

（1）$CH_3\underset{\underset{CH_3}{|}}{CH}CH_2OH$　　　（2）$CH_3\underset{\underset{OH}{|}}{CH}\overset{\overset{CH_2CH_3}{|}}{C}=CH_2$　　　（3）$CH_3\overset{\overset{CH_2OH}{|}}{\underset{\underset{CH_2OH}{|}}{C}}H$

2. 醇的命名

（1）习惯命名法　简单的醇采用习惯命名法，即在烃基后面加一"醇"字。如：

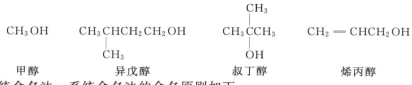

甲醇 　　　　　　异戊醇 　　　　　　　叔丁醇 　　　　　　烯丙醇

（2）系统命名法　系统命名法的命名原则如下。

① 饱和醇命名　选择含有羟基的最长的碳链为母体，根据母体所含碳原子数命名为"某醇/某二醇等"；从靠近羟基的一端开始将母体碳原子编号，使所有羟基所连的碳原子位号符合"最低系列原则"，羟基所连的碳原子位号居中时与烷烃编号原则一样；写全名称时要将羟基位号写在"某醇"前。如：

$$CH_3CH_2CHCHCHCH_2CH_3$$
$$H_3C \quad OHC_2H_5$$
3-甲基-5-乙基-4-庚醇

$$CH_3CHCH_2CHCH_2CH_3$$
$$OH \quad OH$$
2,4-己二醇

环戊甲醇

② 不饱和醇命名　不饱和醇命名应选择包括羟基和不饱和键在内的最长碳链为母体。编号首先考虑羟基位号符合"最低系列原则"，其次考虑重键，最后考虑取代基。如：

$$CH_3CH=CHCH_2CHCH_3$$
$$OH$$
4-己烯-2-醇

③ 芳香醇命名　芳香醇命名可将芳基作为取代基。如：

—CH₂CH₂CHCH₂OH
CH₃　2-甲基-4-苯基-1-丁醇

任务8-4　写出下列醇的结构式。

对乙基苯甲醇　2,2-二甲基-3-戊烯-1-醇　2,3-二甲基-2,3-丁二醇

任务8-5　写出下列醇的名称。

$$\begin{array}{cc} CH_3 & CH_3 \\ CH_3CHCH_2CHOH \end{array}$$

$$CH_3CHCH_2OH \\ Br$$

—CH₂CH₂OH

$$\begin{array}{c} CH_2CH_3 \\ CH_3C=CH_2 \\ OH \end{array}$$

二、醇的物理性质及应用

1. 物态及气味

直链的饱和一元醇中，C_4 以下的醇是无色透明带酒味的挥发性液体，比水轻；$C_5 \sim C_{11}$ 是具有不愉快气味的油状液体；C_{12} 以上的醇是无臭无味的蜡状固体。

任务8-6　为向酒中掺水的奸商找到理论依据。

2. 可溶性

由于水与醇均具有羟基，彼此可形成氢键，$C_1 \sim C_3$ 醇与水任何比例混溶；$C_4 \sim C_{11}$ 的一元醇微溶于水；C_{12} 以上的醇不溶于水。多元醇羟基越多，溶解度越大。醇也能溶于强酸

（H_2SO_4、HCl），这是由于它能和酸中的质子结合成锌盐 $[\ R—\overset{H}{\underset{}{O}}—H \ ]^+ X^-$。如正丁醇，在

水中溶解度只有 8%，但它能和浓硫酸混溶。

3. 沸点

直链饱和一元醇的沸点随相对分子质量的增加而升高。在醇的同碳异构体中，直链伯醇沸点最高，支链越多，沸点越低。多元醇羟基越多，沸点越高。常见醇的物理常数见表 8-1。

表 8-1 常见醇的物理常数

名称	闪点/℃	熔点/℃	沸点/℃	相对密度(d_4^{20})	溶解度/(g/100g 水)
甲醇	11.11(闭杯)16(开杯)	-93.9	64.7	0.7914	8
乙醇	12	-117.3	78.3	0.7893	8
1-丙醇	15	-126.5	97.4	0.8035	8
2-丙醇(异丙醇)	12(闭杯)	-89.5	82.4	0.7855	8
1-丁醇(正丁醇)	35(闭杯)40(开杯)	-89.5	117.2	0.8098	7.9
2-丁醇(仲丁醇)	24.4(开杯)	-89	99.5	0.8080	9.5
2-甲基-1-丙醇(异丁醇)	27	-108	108	0.8018	12.5
2-甲基-2-丙醇(叔丁醇)	11(开杯)	25.5	82.3	0.7887	8
1-戊醇(正戊醇)	33	-79	137.3	0.8144	2.7
3-甲基-1-丁醇(异戊醇)	43	-117	132	0.8092	3.6
乙二醇	111	-11.5	198	1.1088	8
丙三醇	160(闭杯)177(开杯)	20	290(分解)	1.2613	8

问题 8-1 $CaCl_2$ 是常用的干燥剂，能否用它干燥醇？

4. 结晶醇

低级醇可与一些无机盐（$MgCl_2$、$CaCl_2$、$CuSO_4$）形成结晶状的结晶醇，它们可溶于水，但不溶于有机溶剂。

用途： 醇能溶于浓硫酸（与醚一样形成镁盐），在有机分析中常被用来区别或分离醇与烷烃、卤代烷等；运用结晶醇的性质，可使醇与其他化合物分离，或从反应产物中除去少量醇。如工业用的乙醚中常含有少量乙醇，可利用乙醇与氯化钙生成结晶醇的性质，除去乙醚中少量的乙醇。

任务 8-7 请设计鉴别下列醇的方案。

(1) $CH_3CH_2CH_2CH_2OH$　　(2) $CH_3CHCH_2CH_3$　　(3) $CH_3-\overset{\underset{|}{CH_3}}{\underset{\underset{|}{CH_3}}{C}}-OH$
　　　　　　　　　　　　　　　　　　　$\underset{|}{\;}$
　　　　　　　　　　　　　　　　　　　OH

三、醇的化学性质及应用

醇的化学性质，主要由其官能团羟基决定。由于氧原子的电负性比氢原子、碳原子都强，因此 H—O 键和 C—O 键都是极性键，容易断裂发生反应。

$$R-\overset{\overset{\text{H}}{|}}{\underset{\underset{\text{H}}{|}}{\overset{\beta}{C}}}-\overset{\overset{\text{H}}{|}}{\underset{\underset{\text{H}}{|}}{\overset{\alpha}{C}}}\overset{d^+}{-}\overset{d^-}{O}-\overset{d^+}{H}$$

这样由于羟基的影响，α-碳上的氢原子和β-碳上的氢原子也比较活泼。

任务 8-8 找出下列醇中酸性最弱的醇。

(1) ![环己基，有OH和CH₃]　　(2) ![环己基—CH₂OH]　　(3) ![环己烯基—OH]

1. 弱酸性

醇与水相似，与活泼金属钠、钾等作用，生成醇钠、醇钾等物质，并放出氢气。如：

$$CH_3CH_2OH + Na \longrightarrow CH_3CH_2ONa + \frac{1}{2}H_2\uparrow$$

醇羟基的氢原子不如水分子中的氢原子活泼，因此醇与金属钠作用比水的反应缓和得多，说明醇是比水弱的酸。因此，醇钠是比氢氧化钠更强的碱。

醇钠遇水立刻水解成原来的醇和氢氧化钠。反应是可逆的，平衡偏向于生成醇和氢氧化钠。

$$RONa + HOH \Longleftrightarrow NaOH + ROH$$

工业上利用此反应的逆反应，用固体氢氧化钠、醇和苯共沸蒸馏，不断除去水使反应向左进行，以制得醇钠。此方法避免使用昂贵的金属钠，且生产也较安全。

其他活泼金属镁、铝等也可在高温下与醇作用生成醇镁和醇铝，铝与醇反应的典型产物是异丙醇铝$\{Al[OCH(CH_3)_2]_3\}$和叔丁醇铝$\{Al[OC(CH_3)_3]_3\}$。

各种不同结构的醇与金属钠反应的活性是：

$$甲醇 > 伯醇 > 仲醇 > 叔醇$$

用途：运用醇与活泼金属反应的活性差别鉴别不同醇。还可以制备有机合成常用试剂——甲醇钠、乙醇钠、异丙醇铝$\{Al[OCH(CH_3)_2]_3\}$和叔丁醇铝$\{Al[OC(CH_3)_3]_3\}$。醇钠的化学性质活泼，它是强碱，为白色固体，在有机合成中常被用作碱性催化剂，并可作引入烷氧基的烷氧化试剂。此外，运用醇与金属的反应处理实验过程中残留的钠渣。

2. 与氢卤酸反应

醇与 HX 反应，卤原子被羟基取代生成卤代烃。是制备卤代烃的重要方法。如：

$$ROH + HX \Longleftrightarrow RX + H_2O$$

反应是可逆的，常通过增加一种反应物用量或除去一种产物，使平衡向正反应方向移动，以提高卤代烃的产率。醇的结构及氢卤酸的种类都影响反应的速率。

醇的反应活性：烯丙醇、苄醇＞叔醇＞仲醇＞伯醇＞甲醇。

氢卤酸的反应活性：HI＞HBr＞HCl。

三卤化磷或亚硫酰氯（$SOCl_2$）也可与醇反应制卤代烃，是实验室制卤代烃的一种重要方法，它的优点是不发生重排。

$$CH_3CH_2CH_2OH \xrightarrow[85\sim90℃]{P+I_2(PI_3)} CH_3CH_2CH_2I$$

$$CH_3CH_2CH_2CH_2OH + SOCl_2 \xrightarrow{\triangle} CH_3CH_2CH_2CH_2Cl + SO_2\uparrow + HCl\uparrow$$

用途：工业生产中利用醇制氯代烃时，一般采用醇与 $SOCl_2$ 反应。此反应速率快、产率高，且副产物均为气体，易与氯代烃分离。而醇和 PCl_5、PCl_3 反应一般不被用来制备氯代烃，它的反应混合物不易分离提纯，因此影响产物的质量。

利用不同结构的醇与氢卤酸反应的活性差别，可区别 $C_4\sim C_6$ 的伯、仲、叔醇（C_6 以上一元醇不溶于 Lucas 试剂）。所用试剂为无水氯化锌的浓盐酸溶液，称卢卡斯（Lucas）试剂。Lucas 试剂与不同的醇反应，生成的小分子卤烷不溶于水，会出现分层或浑浊。如：

$$
\left.\begin{array}{l}
R_3C—OH \\
R_2CHOH \\
RCH_2OH
\end{array}\right\} \xrightarrow{\text{Lucas 试剂}}
\begin{array}{ll}
R_3C—Cl & \text{立即浑浊分层} \\
R_2CHCl & \text{几分钟后浑浊分层} \\
RCH_2Cl & \text{常温无变化，加热后浑浊分层}
\end{array}
$$

溶于 Lucas 试剂　　　　不溶于 Lucas 试剂

任务 8-9　用化学方法鉴别下列醇。

(1) $CH_3CH_2\underset{\underset{OH}{|}}{\overset{\overset{CH_3}{|}}{C}}CH_3$　　　　(2) $CH_3\underset{\overset{CH_3}{|}}{CH}CH_2CH_2OH$

(3) $CH_3\underset{\underset{OH}{|}}{CH}\overset{\overset{CH_3}{|}}{CH}CH_3$　　　　(4) $CH\!\equiv\!CCH\underset{\overset{CH_3}{|}}{}CH_2OH$

任务 8-10　工业上以月桂醇（正十二醇）为原料合成十二烷基硫酸钠，十二烷基硫酸钠是一种阴离子表面活性剂，常用作乳化剂、润湿剂、洗涤剂、牙膏发泡剂等，设计以正十二醇为主要原料合成十二烷基硫酸钠的路线。

3. 酯化反应

醇与有机羧酸、含氧无机酸如硝酸、硫酸、磷酸等作用，脱去水分子生成酯。例如：

$$CH_3CH_2\text{—}\,\boxed{OH + H}\text{—}OSO_3H \rightleftharpoons CH_3CH_2OSO_3H + H_2O$$

硫酸氢乙酯为酸性，经过减压蒸馏可得中性的硫酸二乙酯。

$$2CH_3CH_2OSO_3H \xrightarrow{\text{减压蒸馏}} (CH_3CH_2O)_2SO_2 + H_2SO_4$$

产品特性与用途：硫酸二乙酯其蒸气有剧毒，对呼吸器官和皮肤有强烈刺激作用，使用时应小心。它和硫酸二甲酯在有机合成中是重要的烷基化试剂。

醇与硝酸反应生成硝酸酯。例如：

$$
\begin{array}{l}
CH_2—OH \\
| \\
CH—OH \\
| \\
CH_2—OH
\end{array}
+ 3HONO_2
\xrightarrow[10\sim20℃]{H_2SO_4(\text{浓})}
\begin{array}{l}
CH_2—ONO_2 \\
| \\
CH—ONO_2 \\
| \\
CH_2—ONO_2
\end{array}
+ 3H_2O
$$

三硝酸甘油是一烈性炸药，有扩张血管的作用，是心绞痛的急救药。

用途：醇的无机酸酯具有多方面的用途。高级一元醇（含 8～18 个碳原子）的酸性硫酸酯盐（$ROSO_2ONa$）具有去垢能力，可作洗涤剂。软骨中的硫酸软骨质具有硫酸酯的结构。核酸、磷酸脂类含有磷酸酯的结构。如常用的表面活性剂十二烷基硫酸钠（月桂醇硫酸钠）就是以此方法制得：

$$C_{12}H_{25}OH + H_2SO_4 \xrightarrow{45\sim55℃} C_{12}H_{25}OSO_3H + H_2O$$

$$C_{12}H_{25}OSO_3H + NaOH \longrightarrow C_{12}H_{25}OSO_3Na + H_2O$$

任务 8-11　乙酸异戊酯具有香蕉气味，又称为香蕉油，是一种香精，请设计以异戊醇为主要原料合成乙酸异戊酯的路线。

4. 脱水反应

（1）分子内脱水　醇在酸催化下，较低温加热发生分子内脱水生成烯烃，与卤代烃消除规律一样符合查依采夫（Saytzeff）规则。醇的活性：叔醇＞仲醇＞伯醇。

$$CH_3CH_2CH_2CH_2CH_2OH \xrightarrow[140℃]{75\% \ H_2SO_4} CH_3CH_2CH_2CH = CH_2$$

$$CH_3CH_2\underset{\underset{OH}{|}}{C}HCH_3 \xrightarrow[100℃]{60\% \ H_2SO_4} CH_3CH = CHCH_3$$

$$CH_3\underset{\underset{OH}{|}}{\overset{\overset{CH_3}{|}}{C}}CH_3 \xrightarrow[80\sim90℃]{20\% H_2SO_4} CH_3\overset{\overset{CH_3}{|}}{C} = CH_2$$

（2）分子间脱水　醇在酸催化下，较高温加热发生分子间脱水生成醚。常用的脱水剂有硫酸、氧化铝等。例如：

$$CH_3CH_2 + OH + H + OCH_2CH_3 \xrightarrow[或Al_2O_3,240℃]{浓H_2SO_4,140℃} CH_3CH_2OCH_2CH_3 + H_2O$$

任务 8-12　呼吸分析仪是用于检验司机是否酒后驾车的一种仪器。它的原理就是利用醇的氧化反应，若 100mL 血液中酒精含量超过一定量时，呼出的气体中含乙醇量可使呼吸分析仪中的溶液颜色由橙色变成绿色，据此完成以下反应：

$$3C_2H_5OH + 2K_2Cr_2O_7 + 8H_2SO_4 \longrightarrow \ ?$$

5. 氧化与脱氢反应

（1）氧化反应　含 α-H 的醇易发生氧化反应，其氧化的一般规律如下。

伯醇：伯醇先被氧化成醛，醛继续被氧化为羧酸。

$$RCH_2OH \xrightarrow{[O]} RCHO \xrightarrow{[O]} RCOOH$$

仲醇：仲醇被氧化成含有相同数目碳原子的酮。

$$R\underset{\underset{OH}{|}}{C}H-R' \xrightarrow{[O]} R\underset{\underset{O}{\|}}{C}-R'$$

叔醇：叔醇分子中没有 α-H 原子，在通常情况下不被氧化。

常用氧化剂：$KMnO_4$、$K_2Cr_2O_7$、CrO_3/H_2SO_4、CrO_3-吡啶配合物等，其中 $KMnO_4$、$K_2Cr_2O_7$ 的氧化能力较强。

醛比醇更易氧化，要想制备醛，应选弱氧化剂（CrO_3-吡啶），同时把生成的醛立即从反应混合物中分离出。如实验室中采取边滴加氧化剂边分馏得醛，以防继续氧化成羧酸。

$$CH_3CH_2OH \xrightarrow[\triangle]{CrO_3/吡啶} CH_3CHO \quad 蒸出使其脱离反应体系$$

（2）脱氢反应　伯醇或仲醇的蒸气在高温下通过活性铜或银、镍等催化剂发生脱氢反应，分别生成醛和酮。例如：

$$CH_3CH_2OH \underset{250\sim350℃}{\overset{Cu}{\rightleftharpoons}} CH_3CHO + H_2$$

$$CH_3\underset{\underset{OH}{|}}{C}HCH_3 \underset{400\sim500℃,0\sim3MPa}{\overset{Cu}{\rightleftharpoons}} CH_3\underset{\underset{O}{\|}}{C}CH_3 + H_2$$

叔醇分子中没有 α-H 原子，因此不能进行脱氢反应。

反应特点及应用： 伯醇和仲醇的氧化或脱氢反应工业上用来制备醛、酮和酸，一般多采用脱氢氧化法。醇被重铬酸钾和硫酸氧化的同时，六价铬被还原为三价铬，溶液由橙红色转变为绿色，可用于鉴别醇。检查司机酒后驾车的"呼吸分析仪"就是据此原理设计的。

$$3C_2H_5OH + 2K_2Cr_2O_7 + 8H_2SO_4 \longrightarrow 3CH_3COOH + 2Cr_2(SO_4)_3 + 2K_2SO_4 + 11H_2O$$
（橙红）　　　　　　　　　　　　　　　　　　　（绿色）

任务 8-13 　完成下列反应

(1)
$$\underset{\underset{OH}{|}}{CH_3CH_2\overset{\overset{C_2H_5}{|}}{C}HCHCH_3} \xrightarrow[170^{\circ}C]{\text{浓 }H_2SO_4} ? \xrightarrow[H^+, \triangle]{KMnO_4} ?$$

(2)
$$\text{〇}-CH_2OH \xrightarrow[\triangle]{PBr_3} ? \xrightarrow[\text{绝对乙醚}]{Mg} ?$$

6. 邻二醇的特性

根据二元醇分子中两个羟基的位置不同，有 1,2-二醇、1,3-二醇和 1,4-二醇等。在二元醇中，两个羟基连在相邻碳原子上的称为邻二醇。

例如：

$$\underset{\underset{OH}{|}\quad\underset{OH}{|}}{CH_2-CH_2} \qquad\qquad \underset{\underset{OH}{|}\quad\underset{OH}{|}\quad\underset{OH}{|}}{CH_2-CH-CH_2}$$
乙二醇　　　　　　　　　丙三醇

邻二醇具有一元醇的一般性质，同时也具有邻二醇的特性。

（1）**氧化反应**　用高碘酸或四醋酸铅氧化邻二醇使两个羟基之间的碳-碳键断裂，生成两分子羰基化合物。例如：

$$\underset{\underset{OH}{|}\quad\underset{OH}{|}\quad\underset{OH}{|}}{CH_2\,\vdots\,CH\,\vdots\,CHCH_3} \xrightarrow{2HIO_4} HCOOH + HCHO + CH_3CHO + HIO_3$$
$$\downarrow{\scriptstyle AgNO_3}$$
$$AgIO_3\downarrow$$

用途： 反应是定量进行的，每断裂一根碳-碳键需 1 分子 HIO_4，根据消耗的 HIO_4 分子数和产物结构，可推测二元醇分子中有几组邻二醇结构，至于氧化反应是否发生了，可用 $AgNO_3$ 来检测。看它是否有白色 $AgIO_3$ 沉淀生成。

（2）**与金属氢氧化物反应**　邻二醇能与许多金属氢氧化物反应生成有颜色的螯合物。如：

$$\underset{\underset{OH}{|}\quad\underset{OH}{|}}{CH_2-CH_2} + Cu(OH)_2 \longrightarrow \underset{\underset{Cu}{\diagdown\diagup}}{\overset{\overset{CH_2-CH_2}{|}}{O}\quad O}\text{（蓝色溶液）} + 2H_2O$$

$$\underset{\underset{CH_2-OH}{|}\quad\underset{}{}}{\overset{\overset{CH_2-OH}{|}}{CH-OH}} + Cu(OH)_2 \longrightarrow \underset{\underset{CH_2-OH}{|}}{\overset{\overset{CH_2-O}{|}}{CH-O}}\!\diagdown Cu \text{（蓝色溶液）} + 2H_2O$$

用途： 上述反应现象比较明显，是鉴别邻二醇结构的多元醇的常用方法。

任务 8-14 　应用已学的反应，总结鉴别醇的方法。

四、重要的醇

1. 甲醇

甲醇为无色透明、易燃、易挥发、略有酒精味的液体，沸点 64.5℃，闪点 11.11℃（闭杯），16℃（开杯），自燃点 455℃，空气中甲醇蒸气的爆炸极限 6.0%～36.5%（体积分数）。最初是由木材干馏得到，因此俗称木精。近代工业是以合成气或天然气为原料，在高温高压和催化剂的作用下合成。甲醇能与水及许多有机溶剂混溶。甲醇有毒，内服 10mL 可致人失明，30mL 可致死，其机理是它的氧化产物甲醛和甲酸在体内不能同化利用所致。甲醇是优良的溶剂，也是重要的燃料和化工原料，可用于合成甲醛、羧酸甲酯、有机玻璃和许多医药产品的原料。

2. 乙醇

乙醇为无色易燃液体，俗称酒精。沸点 78.3℃，闪点 12℃，蒸气与空气能形成爆炸性混合物，爆炸极限 3.5%～18.0%（体积分数）。乙醇是重要的化工原料。70%～75% 的乙醇杀菌效果最好，在医药上用作消毒剂。另外，乙醇还用于制备酊剂及提取中草药中的有效成分。

乙醇最早是以甘薯谷物等淀粉或糖蜜为原料发酵而得，这一方法沿用至今。目前，工业用乙醇主要是利用石油裂解气中的乙烯进行催化加水制得。95.57%（质量分数）乙醇与 4.43% 水组成一恒沸混合物，因此制备乙醇时，用直接蒸馏法不能将水完全去掉。实验室制备无水乙醇常加入生石灰，使水分与生石灰结合后再进行蒸馏，所得产品仍含 0.5% 的水，再加金属钠或金属镁除去余下水分。

3. 乙二醇

乙二醇具有甜味，故乙二醇有时称为甘醇，是最简单的二元醇。目前工业上主要普遍采用环氧乙烷水合法制备。

$$CH_2{=}CH_2 + O_2 \xrightarrow[250℃]{Ag} CH_2{-}CH_2 \xrightarrow[200℃]{H_2O,H^+} \underset{\underset{OH}{|}}{CH_2}{-}\underset{\underset{OH}{|}}{CH_2}$$

它是一种无色微黏的液体，沸点是 197.4℃，冰点是 −11.5℃，闪点 111℃，能与水任意比例混合。乙二醇可以作为抗冻剂，60% 的乙二醇水溶液在 −40℃ 时结冰，所以乙二醇用作汽车水箱的防冻剂及飞机发动机的制冷剂。乙二醇的溶解能力很强，但它容易代谢氧化，生成有毒的草酸，因而不能广泛用作溶剂，它主要应用于制聚酯涤纶和树脂、吸湿剂、表面活性剂、合成纤维、化妆品和炸药等。

4. 丙三醇

丙三醇为无色具有甜味的黏稠液体，俗称甘油。长期放在 0℃ 的低温处，能形成熔点为 17.8℃ 有光泽的斜方晶体。沸点 290.0℃（分解）。折射率 1.4746。闪点（开杯）177℃。以酯的形式广泛存在于自然界中。丙三醇最早是由油脂水解而得的。近代工业以石油热裂气中的丙烯为原料，用氯丙烯法（氯化法）或丙烯氧化法（氧化法）制备。丙三醇与水能以任意比例混溶，具有很强的吸湿性，对皮肤有刺激性，作皮肤润滑剂时，应用水稀释。甘油在药剂上可作溶剂，制作碘甘油、酚甘油等。对便秘患者，常用 50% 的甘油溶液灌肠。

5. 山梨醇

山梨醇又称山梨糖醇、己六醇、D-山梨醇，为结晶状粉末，有甜味，是一种人能缓慢代谢的多元糖醇，熔点 95℃，沸点 296℃。它的化学性质稳定，不易被空气氧化，易溶于水、热乙醇、丙酮、乙酸和二甲基甲酰胺 等有机溶剂，广泛分布于自然界植物果实中，不易被各种微生物发酵，耐热性能好，高温下（200℃）也不分解。

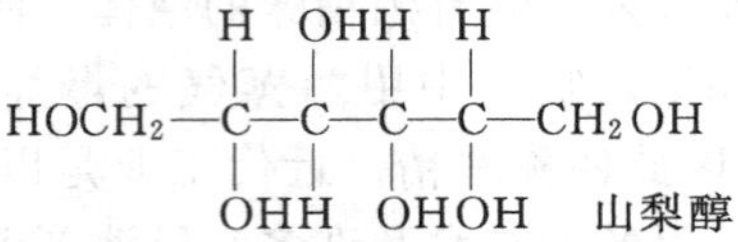

$$HOCH_2-\overset{\overset{H}{|}}{C}-\overset{\overset{OH}{|}}{C}-\overset{\overset{H}{|}}{C}-\overset{\overset{H}{|}}{C}-CH_2OH \quad 山梨醇$$

山梨醇被广泛用作食品添加剂，可用于提高食品保湿性。可作甜味剂，如常用于制造无糖口香糖。也用作化妆品及牙膏的保湿剂，并可用作甘油代用品。其他工业用途：分散剂、防锈剂及制作乳化剂的原料；水产品加工用添加剂；维生素 C 生产的主要原料。

第二节　酚

一、酚的结构、 分类和命名

任务 8-15　根据苯酚的结构特点，比较苯酚与苯甲醇的酸性强弱。

1. 酚的结构

酚通式：Ar—OH，羟基是酚的官能团，也称酚羟基。酚羟基中氧原子为 sp^2 杂化，氧上两对孤对电子，一对占据 sp^2 杂化轨道，另一对占据未杂化的 p 轨道，并与苯环的大 π 键形成 p-π 共轭，如图 8-2 所示。

(a) 苯酚分子中的p-π共轭体系　　(b) 对苯二酚分子的球棒模型

图 8-2　酚的结构

酚分子中的 p-π 共轭，使氧的 p 电子云向苯环移动，苯环电子云密度增加，受到活化而更易发生取代反应；另一方面，p 电子云的转移导致了氢氧之间电子云进一步向氧原子转移，使氢更易离去。

2. 酚的分类

根据与酚羟基相连的—Ar 基团的结构不同，酚可分为苯酚和萘酚等；按羟基的数目，可将酚分为一元酚和多元酚，含两个以上酚羟基的统称为多元酚。如：

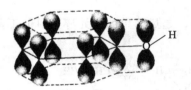

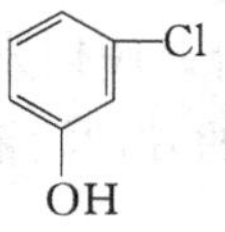

间氯苯酚 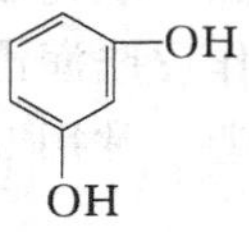　　　　间苯二酚 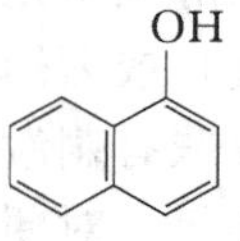　　　　α-萘酚 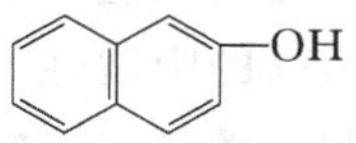　　　　　β-萘酚

任务 8-16　写出下列化合物的名称。

(1) 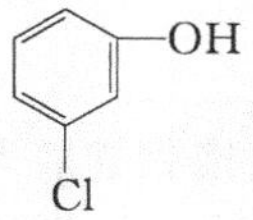 　　(2) 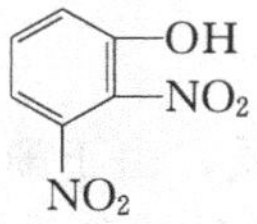 　　(3)

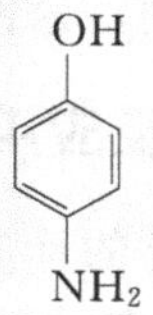

3. 酚的命名

一般—OH 与苯环一起为母体，芳环名称后面加上"酚"字，芳环上所连接的其他基团作取代基，其位次和名称写在母体前面，称为"某酚"。如：

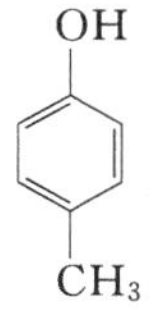

对甲基苯酚 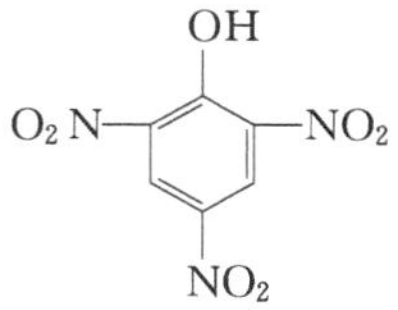　　　　2,4,6-三硝基苯酚 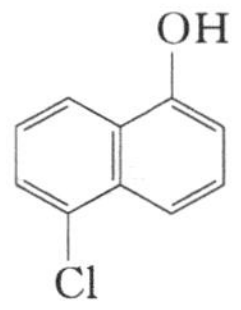　　　　5-氯-1-萘酚

若苯环上有比—OH 优先的基团，则—OH 作取代基。如：

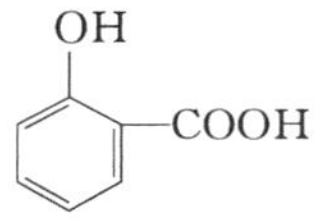

邻羟基苯甲酸（水杨酸） 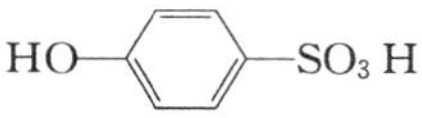　　　　对羟基苯磺酸

二、酚的物理性质及应用

1. 物态

除少数烷基酚为液体外，酚多为结晶性固体。除硝基酚外，多数酚是无色的，由于易氧化，往往带有红色至褐色。

2. 熔点、沸点

由于酚分子间能形成氢键，所以酚类化合物的沸点较高。而熔点和分子的对称性有关，同分异构体重对称性大的酚熔点高（表 8-2）。

表 8-2　常见酚的物理常数

名称	闪点/℃	熔点/℃	沸点/℃	溶解度/(g/100g 水)	pK_a(20℃)
苯酚	79(闭杯)85(开杯)	40.8	181.8	8	9.98
邻甲苯酚	81.1~86	30.5	191	2.5	10.29
间甲苯酚	86	11.9	202.2	2.6	10.09
对甲苯酚	94.4	34.5	201.8	2.3	10.26
邻硝基苯酚	108	44.5	214.5	0.2	7.21
间硝基苯酚	101.7	96	194(9.31kPa)	1.4	8.39
对硝基苯酚	169	114	295	1.7	7.15
α-萘酚	125	96	279	难	9.34
β-萘酚	161	123	286	0.1	9.01

3. 可溶性

一元酚微溶于水，分子中羟基越多，水溶性越大。酚能溶于乙醇、乙醚等。

4. 杀菌作用

酚具有杀菌和防腐作用，杀菌能力随羟基数目的增多而增大。

三、酚的化学性质及应用

酚的化学性质包括苯环的性质和羟基的性质，由于酚羟基与苯环直接相连，与苯环形成 p-π 共轭体系，不易发生羟基被取代的反应。同时苯环受羟基影响，比芳烃易发生亲电取代反应。

> **任务 8-17** 将下列酚类化合物按酸性强、弱的顺序排序。
> (1) 对氨基苯酚　　(2) 2,4,6-三硝基苯酚　　(3) 对氯苯酚　　(4) 苯酚

1. 弱酸性

从酚的结构分析，苯酚羟基中的氢易以 H^+ 的形式离去，而使酚显弱酸性，它能溶于氢氧化钠水溶液中。

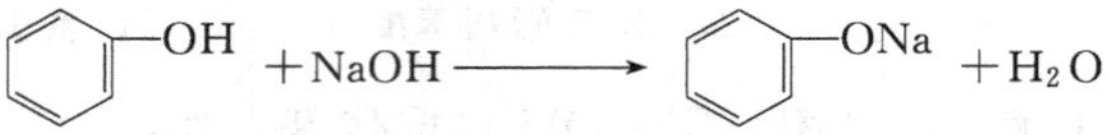

苯酚俗称石炭酸（$pK_a = 9.98$），向酚钠水溶液中通入二氧化碳，酚即从碱液中游离出来，因此苯酚是比碳酸（$pK_a = 6.38$）还弱的弱酸。

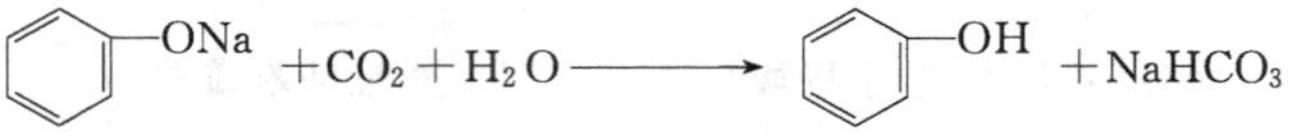

酚的酸性与芳环上所连的取代基有关。当芳环上连有给电子基时，会使酚的酸性减弱，且给电子能力越强，酸性越弱；当芳环上连有吸电子基时，会使酚的酸性增强，且吸电子能力越强，酸性也越强。

用途： 酚的弱酸性，可用于苯酚的鉴别、分离和提纯。工业上从煤焦油中分离酚时，就是用稀的氢氧化钠溶液处理煤焦油中的含酚馏分，使酚成钠盐溶于水，分离后再向水层通入二氧化碳，酚即析出。工业上也常用来回收和处理含酚污水。

> **任务 8-18** 分离苯酚、苯甲醇、苯甲酸三者的混合物。
> **任务 8-19** 比较下列化合物酸性的相对强弱。
> (1) 水　　(2) 乙醇　　(3) 碳酸　　(4) 苯酚　　(5) 醋酸
> **任务 8-20** 乙酰水杨酸又称阿司匹林，为解热镇痛药，也用于防治心脑血管病。设计以苯酚和乙酸酐为主要原料合成乙酰水杨酸的路线。

2. 成醚反应

酚钠与卤代烷或硫酸二甲酯等烷基化试剂作用可生成酚醚，这是制备芳香醚的常用方法。

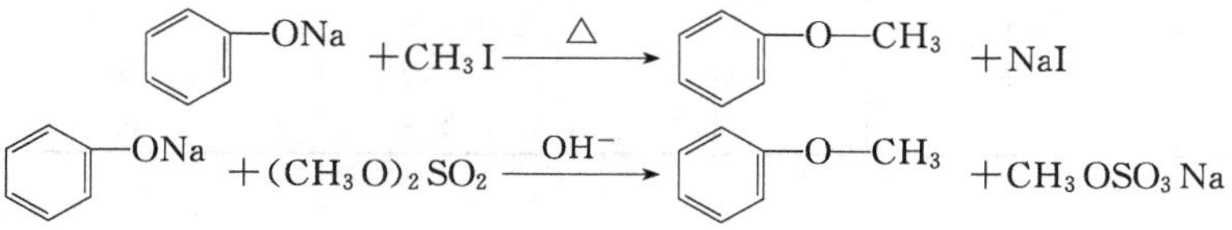

苯甲醚又称大茴香醚，是具有芳香气味的无色液体，常用于香料及医药行业。

3. 成酯反应

醇与羧酸易生成酯，但酚不易与羧酸直接生成酯，需用酸酐或酰氯为原料。

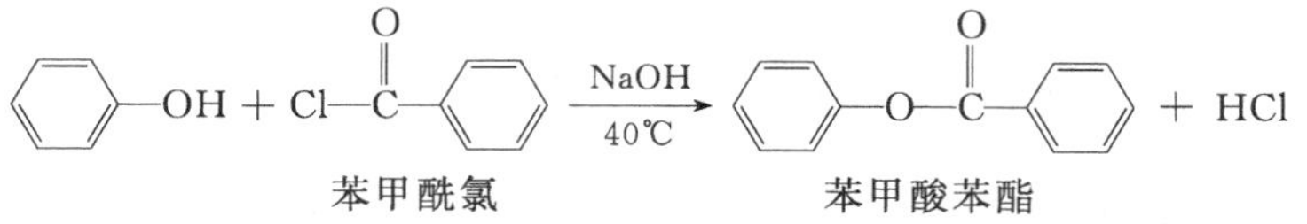

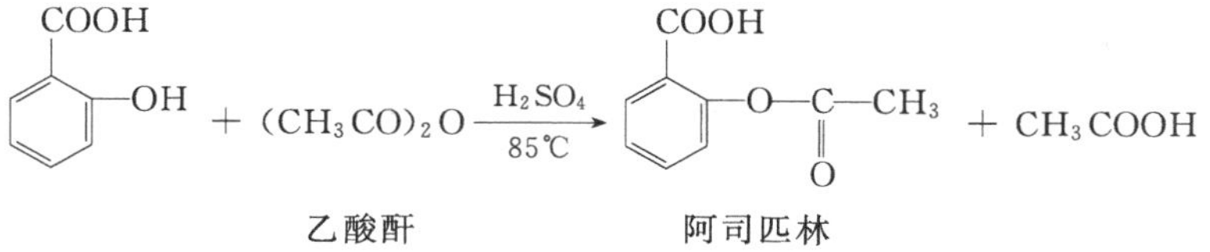

苯甲酸苯酯为制备甾体激素类药物的中间体，也是有机合成的重要原料。阿司匹林即乙酰水杨酸，是白色针状晶体，为解热镇痛药，也用于防治心脑血管病。

4. 与氯化铁的显色反应

任务 8-21　用化学方法鉴别下列化合物：

（1）苯酚　　　（2）水杨酸　　　（3）苯甲醇　　　（4）邻氯甲苯

酚与氯化铁溶液发生显色反应，不同的酚类化合物呈现不同的特征颜色（见表 8-3），大多数酚、烯醇类化合物能与氯化铁溶液反应生成配合物。

$$6C_6H_5OH + FeCl_3 \longrightarrow [Fe(OC_6H_5)_6]^{3-} + 3HCl + 3H^+$$

用途：根据反应过程中的颜色变化可以鉴别酚。

表 8-3　酚类化合物与氯化铁的显色

化合物	显色	化合物	显色
苯酚	蓝紫	邻苯二酚	绿
邻甲苯酚	红	间苯二酚	蓝～紫
对甲苯酚	紫	对苯二酚	暗绿
邻硝基苯酚	红～棕	α-萘酚	紫
对硝基苯酚	棕	β-萘酚	黄～绿

5. 氧化反应

问题 8-2　纯净的苯酚是无色的，但为什么实验室中一瓶已开封的苯酚试剂呈粉红色？为什么在橡胶、塑料制品中加入酚能强其抗老化性？

酚比醇容易氧化，不仅可用氧化剂如重铬酸钾等氧化，就是较长时间与空气接触，也可被空气中的氧氧化，颜色逐渐变为粉红、红直至红褐色。苯被氧化时，羟基及其对位的碳氢键也被氧化，生成对苯醌：

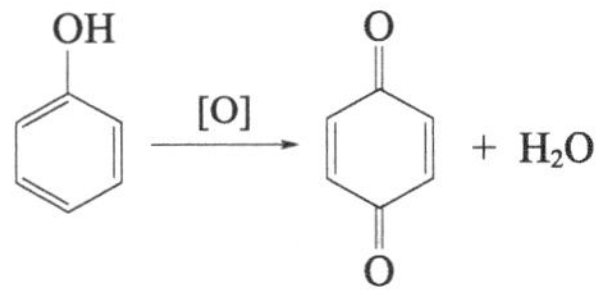

用途：石油、橡胶和塑料等工业中，常加入少量酚作抗氧化剂。

6. 芳环上的亲电取代反应

任务 8-22 用化学方法鉴别下列化合物：
(1) 甲苯和对甲基苯酚　　　(2) 氯苯和对氯苯酚

问题 8-3 为什么苯酚的卤化反应和硝化反应都比苯容易进行？

由于—OH 是强的致活基团，使酚的芳环上亲电取代反应比苯更易进行。

(1) 卤化反应　在室温下苯酚与溴水立即反应，生成 2,4,6-三溴苯酚白色沉淀。

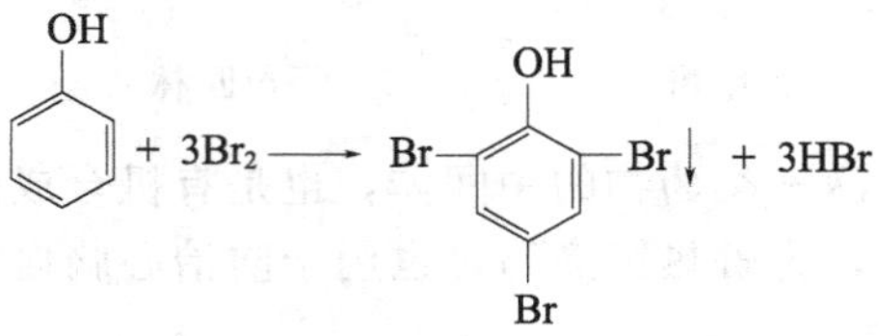

反应特点及用途：只要酚羟基的邻、对位上还有氢的酚均可与溴水反应，生成三溴代难溶物，反应的灵敏性很高，可用作酚类化合物的定性检验和定量检测。

(2) 硝化反应　苯酚在室温下就可与稀硝酸作用，生成邻硝基苯酚和对硝基苯酚的混合物。

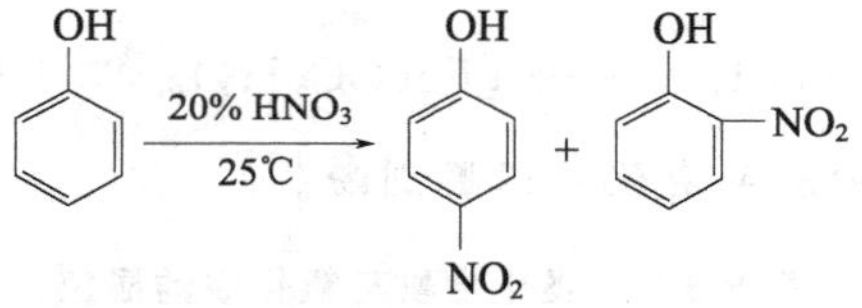

用途：邻硝基苯酚是浅黄色针状晶体，对硝基苯酚是无色或淡黄色晶体，能溶于水和乙醇，有毒。它们都是化工及医药的重要原料。对硝基苯酚在医药上可作为合成扑热息痛的中间体。邻硝基苯酚可形成分子内氢键，与对硝基苯酚相比，其沸点较低，挥发性强，水溶性小。在生产中用水蒸气蒸馏法将两种异构体分离。

(3) 磺化反应　在室温下苯酚就可被浓硫酸磺化，产物以邻羟基苯磺酸为主，若反应温度升到 100℃，则产物主要是对羟基苯磺酸，如果温度继续升高，可得二元取代产物 4-羟基-1,3-苯二磺酸。

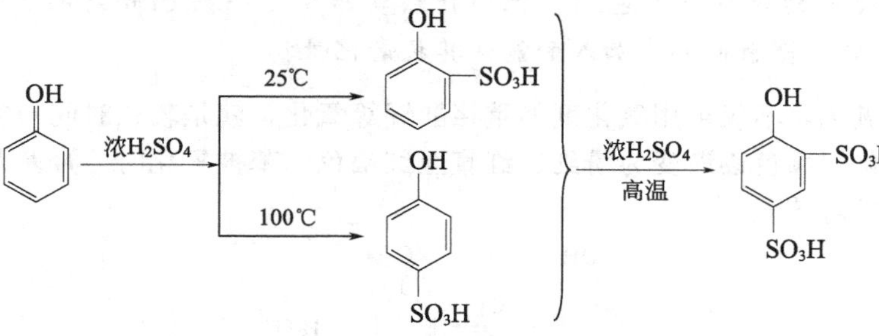

(4) 傅-克烷基化反应　酚的烷基化反应易得多烷基取代产物。由于酚能与 $AlCl_3$ 作用形成酚盐，酚的烷基化反应一般使用浓硫酸、磷酸、三氟化硼等作催化剂。如：

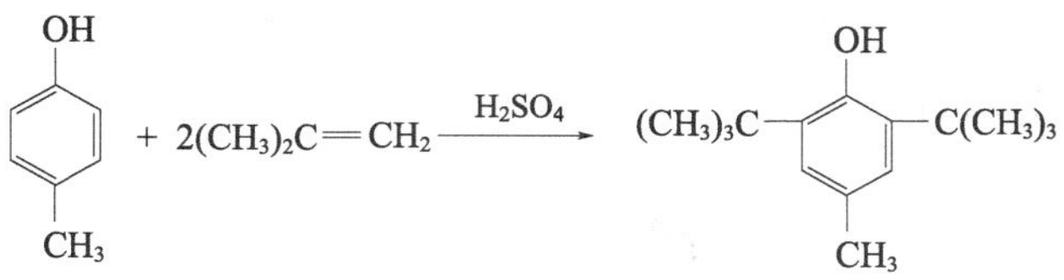

用途：该反应是工业上制备防老化剂-264（也称抗氧剂 BHT：4-甲基-2,6-二叔丁基苯酚）的方法。防老剂-264 具有抗氧化性，广泛用于二次加工汽油、润滑油、天然橡胶、合成橡胶、树脂等。

任务 8-23 苯酚也是重要的工业原料，可用于制造塑料、染料、药物等。请总结出酚的制备方法。

四、重要的酚

任务 8-24 列举你熟悉的 3 种酚，并说明它们的用途。

1. 苯酚

苯酚俗称石炭酸，为无色棱形结晶，有特殊气味。由于易氧化，应装于棕色瓶中避光保存。苯酚能凝固蛋白质，对皮肤有腐蚀性，使用时要小心，如不慎触及皮肤，会出现白色斑点，应立即用蘸有酒精的棉花擦洗，直到触及的部位不呈白色，并不再有苯酚的气味为止。苯酚有杀菌作用，医药临床上，是使用最早的外科消毒剂，因为有毒，现已不用。此外，苯酚是重要的有机化工原料，可用于制造酚醛树脂、药物、染料、炸药及其他高分子材料。

在工业上，苯酚主要采用合成制取。最主要的方法是异丙苯氧化：

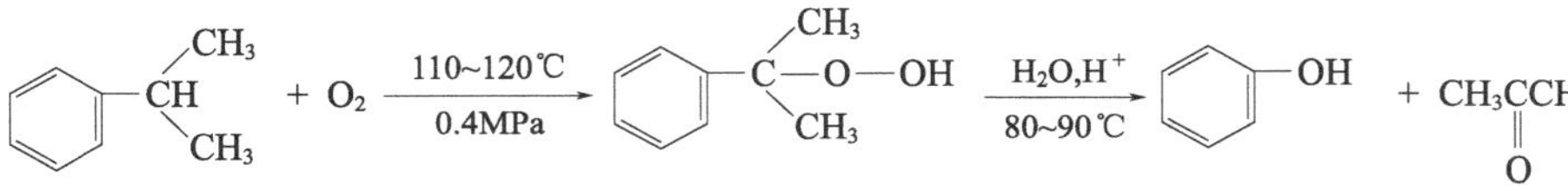

异丙苯在液相中于 $100\sim120\,^{\circ}\mathrm{C}$ 通入空气，经催化氧化生成过氧化氢异丙苯，后者与稀硫酸作用后，分解得苯酚，同时也得到另一重要化工原料丙酮。

此外制备酚的方法还有氯苯水解、芳磺酸碱熔法（如 β-萘酚的制备）、重氮盐的水解（见第十一章）等方法。例如：

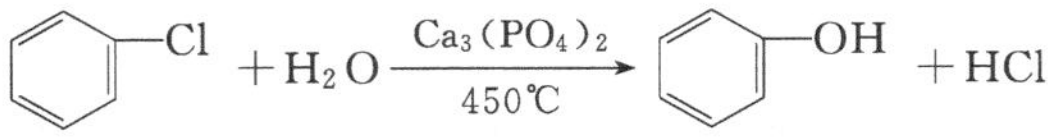

2. 甲苯酚

甲苯酚有邻、间、对 3 种异构体，它们的沸点相近，不易分离，在实际中常混合使用。甲苯酚有苯酚气味，毒性与苯酚相同，但杀菌能力比苯酚强，医药上用含 $47\%\sim53\%$ 的肥皂水消毒，这种消毒液俗称"来苏水"，由于它来源于煤焦油，也称作"煤酚皂溶液"。

3. 对苯二酚

对苯二酚称氢醌，是白色针状结晶，可燃，可溶于热水、乙醚和乙醇，微溶于苯。有毒，可深入皮肤内引起中毒。熔点 $172\sim175\,^{\circ}\mathrm{C}$，沸点 $285\,^{\circ}\mathrm{C}$，闪点 $165\,^{\circ}\mathrm{C}$；具还原性，经温和氧化得到褐色的对苯醌。主要用于制取黑白显影剂、蒽醌染料、偶氮染料、防老剂、稳定剂和阻聚剂等。

4. 萘酚

萘酚有 α-萘酚和 β-萘酚两种异构体。α-萘酚为白色针状结晶，β-萘酚为白色或稍带黄色的片状结晶，它们呈弱酸性，都溶于乙醇、乙醚等有机溶剂。萘酚是重要的医药、染料中间体，广泛用于合成偶氮染料。

第三节　醚

任务 8-25　写出下列化合物的名称。

(1) CH_3-O-CH_3　　(2) $H_3C-\underset{}{\bigcirc}-OCH_3$

(3) $CH_3-CH_2-\underset{\underset{OCH_3}{|}}{\overset{\overset{OC_2H_5}{|}}{CH}}-CH-CH_3$

一、醚的结构、分类和命名

1. 醚的结构

醚是醇或酚羟基中的氢原子被烃基取代后的产物，烃基可以是烷基、烯基或芳基。C—O—C 叫醚键，是醚的官能团（图 8-3）。

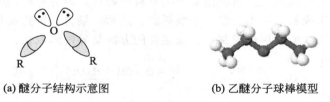

(a) 醚分子结构示意图　　　　(b) 乙醚分子球棒模型

图 8-3　醚的分子结构

2. 醚的分类

醚分子中两个烃基相同，称"单醚"；两个烃基不同，则称"混醚"。若氧所连接的两个烃基形成环状，则称"环醚"。

3. 醚的命名

结构简单的单醚在命名时，习惯按它的烃基名称命名，称"二某醚"，单醚中烃基为烷基时，往往把"二"字省略。如：

$$CH_3-O-CH_3 \qquad CH_3CH_2-O-CH_2CH_3 \qquad \bigcirc-O-\bigcirc$$

甲醚　　　　　　　　　乙醚　　　　　　　　　　　二苯醚

混醚在命名时，将较小的烃基放在前面；若烃基中有一个是芳香基时，将芳香基放在前面。如：

$$CH_3-O-CH_2CH=CH_2 \qquad \bigcirc-O-CH_3$$

甲基烯丙基醚　　　　　　　　　　苯甲醚

环醚一般称为"环氧某烷"。如：

$$H_2C \text{—} CH_2 \qquad H_3C \text{—} CH \text{—} CH_2 \qquad H_2C \text{—} CH_2$$

环氧乙烷　　　　　1,2-环氧丙烷　　　　1,4-环氧丁烷(四氢呋喃)

烃基结构复杂的醚，按系统命名法命名。即以烃基为母体，烷氧基作取代基。如：

$$CH_3CHCH_2CHCH_3$$
$$\quad | \qquad | $$
$$\quad CH_3 \quad OC_2H_5$$

2-甲基-4-乙氧基戊烷　　　　　3-甲氧基苯酚

二、醚的物理性质及应用

任务 8-26 比较乙醚与正丁醇的沸点高低，并说明原因。

在常温下除甲醚和甲乙醚为气体外，大多数醚为易燃的无色液体并常用作溶剂，有特殊气味。低级醚的熔、沸点比相对分子质量相近的醇低得多（由于醚分子中间不能存在氢键），醚的沸点和相对分子质量相当的烷烃略高。醚有极性，可与水分子形成氢键，所以醚在水中的溶解度与醇相似，并能溶于许多有机溶剂中。常见醚的物理常数见表 8-4。

表 8-4　常见醚的物理常数

名　称	闪点/℃	熔点/℃	沸点/℃	相对密度 d_4^{20}	水中溶解度
甲醚	-41	-140	-24	0.661	1 体积水溶解 37 体积气体
乙醚	-45	-116	34.5	0.713	约 8g/100g 水
正丙醚	-12	-12.2	91	0.736	微溶
正丁醚	25	-95	142	0.773	微溶
正戊醚	57	-69	188	0.774	不溶
乙烯醚	-30	-30	28.4	0.773	溶于水
苯甲醚	41	-37.3	155.5	0.996	不溶
二苯醚	115	28	259	1.075	不溶
β-萘甲醚	$272\sim274$	$72\sim73$	274	1.064	不溶

三、醚的化学性质及应用

问题 8-4 醚的化学性质稳定，在有机合成中常用作溶剂，但使用前需干燥，如何干燥醚？

1. 醚的稳定性

除环醚外，C—O—C 键是很稳定的，醚与碱、氧化剂、还原剂均不发生反应，在许多反应中，用醚作溶剂。常温下也不与金属钠作用，因此，可用金属钠干燥醚类化合物。但在一定条件下，醚也可发生其特有的反应。

任务 8-27 实验室有两瓶无色液体试剂分别是正戊烷和乙醚，因故瓶上标签脱落而无法分辨，请设计区分它们的方案，给它们重新贴上标签。

2. 锌盐的形成

醚都能溶解于冷的浓强酸中。由于醚中的氧原子上具有孤电子对，能接受浓强酸（浓硫酸和浓盐酸）中的 H^+ 而生成锌盐。

$$R\overset{\cdot\cdot}{-}\overset{\cdot\cdot}{O}-R + H^+Cl^- \longrightarrow [R-\overset{+}{\underset{H}{\overset{\cdot\cdot}{O}}}-R]Cl^-$$

锌盐

锌盐不稳定，遇水又可分解为原来的醚。

$$[R-\overset{+}{\underset{H}{\overset{\cdot\cdot}{O}}}-R]Cl^- + H_2O \longrightarrow ROR + H_3O^+ + Cl^-$$

用途：利用锌盐的性质，可将醚与烷烃、卤代烃区分和分离。

3. 醚键的断裂

在较高温度下，浓的氢卤酸能使醚键断裂，生成醇（酚）和卤代烷。其中，氢碘酸效果最好。反应中若氢碘酸过量，则生成的醇可进一步转化为碘代烃。

例如：

$$CH_3-O-CH_2CH_3 + HI \overset{\triangle}{\longrightarrow} CH_3CH_2OH + CH_3I$$
$$\downarrow HI$$
$$CH_3CH_2I$$

若生成酚，则无此转化。

$$\text{（苯环）}-OCH_3 + HI \overset{\triangle}{\longrightarrow} \text{（苯环）}-OH + CH_3I$$

反应特点及应用：混醚与 HI 反应时，通常是含碳原子数少的烷基形成碘代烷。若是芳香基烷基醚与氢碘酸作用，总是烷氧键断裂，生成酚和碘代烷。

苯甲（或乙）醚与氢碘酸的反应是定量完成的，生成的碘代烷可用硝酸银的乙醇溶液吸收，根据生成碘化银的量，可计算出原来分子中甲（或乙）氧基的含量，这一方法叫蔡塞尔（Zeisel）测定法。

任务8-28 完成下列化学反应式：

（1）$CH_3CH_2OCH_2CH_2CH_3 + HI \longrightarrow$

（2）（苯环）$-OCH_2CH_3 + HI \longrightarrow$

任务8-29 分子式为 $C_4H_{10}O$ 的3种异构体A、B、C，可发生如下反应：A和B与 CH_3MgBr 反应都放出一种可燃性气体。B能与高锰酸钾溶液作用，A、C不能。A和B与浓硫酸加热脱水得到相同的产物。C与过量的氢碘酸作用只生成一种碘化物。试写出A、B、C的构造式和各步反应式。

任务8-30 久置的醚在使用前需重新蒸馏，但蒸馏时会发生爆炸，找出原因和预防措施。

4. 醚的过氧化物的生成

醚的 α-碳原子上连有氢时，长期存放易被空气中氧氧化产生过氧化物，过氧化物不稳定受热易分解爆炸。久置的醚在蒸馏前要检验是否有过氧化醚，若有应除去，以免发生爆炸事故。

醚的安全使用：醚类化合物应存放在深色玻璃瓶中，并加入少量活泼金属（如 Na、Zn 等），防止过氧醚的生成。在蒸馏前必须检验是否有过氧化物存在。检验的方法是用淀粉、碘化钾试纸（或硫氰亚铁溶液），若试纸变蓝（容易变成血红色），说明有过氧化物存在，应加入硫酸亚铁、亚硫酸钠等还原性物质处理后再使用。

任务8-31　总结已学反应鉴别醚有哪些方法？

任务8-32　列举你熟悉的2种醚，并说明它们的用途。

四、重要的醚

1. 乙醚

乙醚是最常用且最重要的醚，为无色具有香味的液体。沸点 34.5℃，闪点−45℃，自燃温度 160℃，极易挥发和着火，其蒸气与空气以一定比例混合，遇火就会猛烈爆炸，爆炸极限 1.9％～36.0％（体积分数）。使用时要远离明火。乙醚性质稳定，可溶解许多有机物，是优良的溶剂。另外，乙醚可溶于神经组织脂肪中引起生理变化，而起到麻醉作用，早在 1850 年就被用于外科手术的全身麻醉，但大量吸入乙醚蒸气可使人失去知觉，甚至死亡。

2. 环氧乙烷

环氧乙烷是最简单的环醚，常温下为无色有毒气体。可与水互溶，也能溶于乙醇、乙醚等有机溶剂。沸点为 11℃，闪点−29℃，可与空气形成爆炸混合物，爆炸极限 3％～100％（体积分数）。常贮存于钢瓶中。

环氧乙烷的性质非常活泼，在酸或碱的作用下，可与许多含活泼氢的试剂发生开环反应，开环时，碳-氧键断裂：

$$CH_2\text{—}CH_2 + H\text{—}Cl \longrightarrow CH_2\text{—}CH_2$$
$$\underset{O}{\diagdown\diagup} \qquad\qquad\qquad OH \quad Cl$$

$$CH_2\text{—}CH_2 + H\text{—}NH_2 \longrightarrow CH_2\text{—}CH_2$$
$$\underset{O}{\diagdown\diagup} \qquad\qquad\qquad OH \quad NH_2$$

此外，环氧乙烷还可与格氏试剂反应，产物经水解后，可得比格氏试剂中的烷基多两个碳原子的伯醇。

$$CH_2\text{—}CH_2 + RMgBr \xrightarrow{\text{干醚}} RCH_2CH_2OMgBr \xrightarrow[H^+]{H_2O} RCH_2CH_2OH$$

环氧乙烷是一种重要的有机合成原料，用于制造乙二醇作为涤纶纤维的原料，食品添加剂牛磺酸的原料，用来合成洗涤剂、非离子型活性剂、消毒剂、杀虫剂、谷物熏蒸剂、乳化剂、缩乙二醇、增塑剂、润滑剂、橡胶和塑料等产品。环氧乙烷还可用作火箭等喷气式推进器的燃料，用作军事武器制造炸弹（相当于小型核爆）。

📋**知识窗** -

液晶材料

1888 年，澳大利亚叫莱尼茨尔的科学家，合成了一种奇怪的有机化合物，它有两个熔点。把它的固态晶体加热到 145℃时，便熔成液体，只不过是浑浊的，而一切纯净物质熔化时却是透明的。如果继续加热到 175℃时，它似乎再次熔化，变成清澈透明的液体。后来，德国物理学家莱曼发现许多有机物都可以出现这种情况，并把处于"中间地带"的浑浊液体叫做液晶。研究表明，液晶是介于液体和晶体之间的一种特殊的热力学稳定相态，它既具有晶体的各相异性，又有液体的流动性。液晶是自然界两大基本原则流动性和有序性的有机结合，人们形象地称为"流动的晶体"。

随着人们对液晶的逐渐了解，发现液晶物质基本上都是有机化合物，现有的有机化合物中每200种中就有一种具有液晶相。从成分和出现液晶相的物理条件来看，液晶可以分为热致液晶和溶致液晶两大类。溶致液晶是指将某些有机物放在一定的溶剂中，由于溶剂破坏结晶晶格而形成的液晶。比如：简单的脂肪酸盐、离子型和非离子型表面活性剂等。溶致液晶广泛存在于自然界、生物体中（如纤维素、多肽、核酸、蛋白质、细胞及细胞膜等），与生命息息相关，但在显示中尚无应用。而热致液晶则是由于温度变化而出现的液晶相。低温下它是晶体结构，高温时则变为液体，目前用于显示的液晶材料基本上都是热致液晶。

由于液晶具有特殊的物理、化学、光学特性，当前，液晶材料已经广泛地应用到许多尖端技术领域和日常生活中，例如，电子工业的显示装置、化工的公害测定、仪器分析、高分子反应中的定向聚合、航空机械及冶金产品的无损探伤和微波测定等。不仅提高了人们在科学研究方面的成就，也大大方便了人们的生活。

由于液晶本身不发光，而是利用外部光源来发光，以及它的厚度可做到几十微米以下的特点，液晶被广泛用于显示器中，液晶显示材料具有明显的优点：驱动电压低、功耗微小、可靠性高、显示信息量大、彩色显示、无闪烁、对人体无危害、生产过程自动化、成本低廉、可以制成各种规格和类型的液晶显示器等。例如日常生活中所用的液晶显示手表、计算器、笔记本电脑和高清晰的彩色电视等。液晶显示技术对显示显像产品结构产生了深刻影响，促进了微电子技术和光电信息技术的发展，使显示技术领域发生了重大的革命性变化。

根据液晶会变色的特点，人们利用它来指示温度、报警毒气等。例如，液晶能随着温度的变化，使颜色从红变绿、蓝。这样可以指示出某个实验中的温度。液晶遇上氯化氢、氢氰酸之类的有毒气体，也会变色。在化工厂，人们把液晶片挂在墙上，一旦有微量毒气逸出，液晶变色了，就提醒人们赶紧去检查、补漏。

液晶还与生命现象有着紧密联系。许多物理、化学、生物学者对生物膜分子具有液晶态结构很感兴趣，液晶生物物理已经受到各国科学家的普遍重视。相信液晶材料在未来会有更多出人意料的研究发展。

- -

习题

8-1 填空题

（1）醇分子的结构特点是羟基直接和_____相连；醇分子中由于氧原子的电负性强，故 C—O 键或 O—H 键都是_____键。

（2）酚具有酸性，是因为分子中存在_____效应，但它的酸性比碳酸_____。苦味酸近似于无机强酸，它的酸性比碳酸_____，它能与_____反应，放出_____气体。

（3）醚的沸点比醇低是因为醚分子中没有活泼氢，醚分子间不能形成_____。但醚有极性，可与水分子形成氢键，所以醚在水中溶解度比烷烃_____。

（4）除了醚可以形成钅羊盐外，还有_____、_____、_____等这些物质也可以形成钅羊盐。

（5）检验醚中是否有过氧化物存在的常用方法是_____试纸（或试液）检验，若试纸（或试液）出现_____色，则说明有过氧化物存在；除去过氧化物的方法是用_____、_____等还原性物质。储存乙醚时，常加入少量的_____或_____，以避免过氧化物的生成。

（6）低级醇可以和一些无机盐形成_____，因此不能用_____、_____等无机盐干燥醇。

（7）甲苯酚因其杀菌能力比苯酚强，医药上用其 47%～53% 的肥皂水消毒，这种消毒液俗称"_____"，也称"_____"。

8-2　选择题

（1）下列有关酒精的叙述，正确的是（　　）。

　　A. 其化学式为 C_2H_5OH，其水溶液 pH 值小于 7

　　B. 有人误饮假酒中毒，以致失明，甚至死亡，是因为假酒中掺了有毒的甲醇

　　C. 用普通精馏法可得到纯度为 99% 的酒精

　　D. 酒精发酵不会产生二氧化碳

（2）下列醇中与金属钠反应最快的是（　　）。

　　A. 乙醇　　　　B. 异丁醇　　　　C. 叔丁醇　　　　D. 甲醇

（3）下列醇中最易脱水生成烯烃的是（　　）。

　　A. <化学结构：环己醇>—OH　　B. $CH_3CH_2CH_2OH$　　C. $CH_3-\underset{\underset{CH_3}{|}}{\overset{\overset{CH_3}{|}}{C}}-OH$　　D. CH_3CHOH（带 CH_3 支链）

（4）用于制备解热镇痛药"阿司匹林"的主要原料是（　　）。

　　A. 水杨酸　　B. 苦味酸　　　C. 安息香酸　　　D. 乙酰水杨酸

（5）用乙醚萃取脂溶性液体实验中，在回收乙醚的操作时，热源选择正确的是（　　）。

　　A. 用酒精灯直接加热　　　　B. 用电炉直接加热

　　C. 用水浴加热　　　　　　　D. 用油浴加热

（6）苯酚和稀硝酸反应生成邻硝基苯酚和对硝基苯酚，它们可用（　　）的方法分开。

　　A. 简单蒸馏　　B. 分馏　　C. 减压蒸馏　　　D. 水蒸气蒸馏

（7）下列化合物中，能与 $FeCl_3$ 发生显色反应的是（　　）。

　　A. <苯环>—CH_2OH　　B. <环己烷>—OH　　C. <苯环>—OH　　D. <环己烯>—OH

（8）下列各组化合物中属于同分异构体的是（　　）。

　　A. 苄醇和苯甲醚　　B. 木精和甲醚　　C. 苯甲醇和苯酚　　D. 环氧乙烷和乙醇

8-3　完成下列化学反应式

（1）$CH_3CHCH_2CH_3 \xrightarrow{HBr} ? \xrightarrow[\text{醇}]{NaOH} ?$
　　　　|
　　　　OH

（2）<间硝基苯酚结构：苯环上 —OH 和 —NO_2> $\xrightarrow{NaOH} ? \xrightarrow{CO_2+H_2O} ? \xrightarrow{溴水} ?$

(3)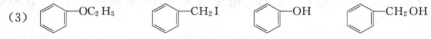

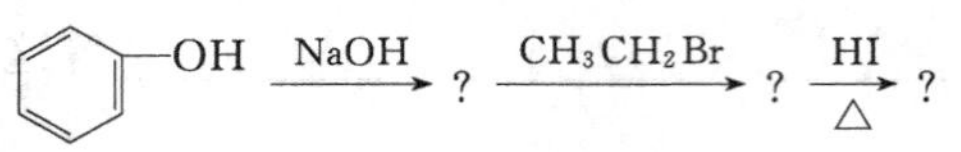

(4) $CH_2 = CH_2 + H_2O \xrightarrow[\text{7MPa,300℃}]{\text{磷酸/硅藻土}} ? \xrightarrow[\text{140℃}]{\text{浓 }H_2SO_4} ?$

(5) $CH_3CH_2CH_2OH \xrightarrow[\text{H}^+]{\text{K}_2\text{Cr}_2\text{O}_7} ?$

8-4 鉴别下列各组化合物

(1) 正丁醚、正丁醇、仲丁醇、叔丁醇

(2) 戊烷、乙醚、环戊醇、1-甲基环戊醇

(3)   〔苯〕—OC₂H₅   〔苯〕—CH₂I   〔苯〕—OH   〔苯〕—CH₂OH

8-5 除去下列化合物中少量的杂质

(1) 苯甲醇中含有少量苯酚

(2) 乙醚中含有少量乙醇

(3) 石油醚中含有少量乙醚

8-6 用指定原料合成下列化合物（其他无机试剂任选）

(1) $(CH_3)_3CH \longrightarrow (CH_3)_3CCH_2COOH$

(2) $CH_3CH_2CH = CH_2 \longrightarrow HC \equiv CCH_2CH_3$

(3) 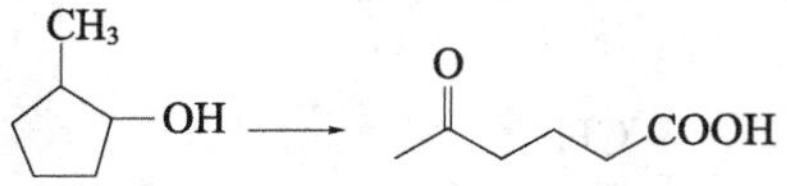   〔1-甲基-2-环戊醇〕 $\longrightarrow$ 〔CH₃CO—CH₂CH₂CH₂—COOH〕

8-7 推断结构

(1) 某化合物 A 和 B 分子式均为 C_7H_8O。A 可溶于氢氧化钠生成 C，A 与溴水作用立即得白色沉淀 D，B 不溶于氢氧化钠，与氢碘酸受热分解的产物之一 E 能与氯化铁溶液显色，试写出 A、B、C、D、E 的构造式和各步反应式。

(2) 化合物 A、B、C 分子式均为 $C_5H_{12}O$，A、B 在酸性条件下与重铬酸钾不反应，而 C 能反应；A 与 C 和 Na 反应放出 H_2，而 B 不反应，但 B 和 HI 共热后产物之一为异丙醇；化合物 C 能发生碘仿反应、并且分子具有手性。试推断 A、B、C 可能的构造式，写出相关的化学反应方程式。

第九章 醛 酮 醌

任务 9-1 列举两种你熟悉的属于羰基化合物的物质，举例说明它们的用途。

醛、酮和醌都是含有羰基（ $\diagdown C{=}O$ ）官能团的化合物，因此统称为羰基化合物。这三类化合物中，醛和酮较为重要。

第一节　醛和酮的结构、 分类和命名

羰基碳原子上连有一个氢原子的官能团叫做醛基（可表示为 $\overset{\diagdown}{\underset{H}{}}C{=}O$ ），醛基碳原子连一个氢原子或烃基的化合物叫做醛，可用通式 $\overset{(H)R}{\underset{H}{}}C{=}O$ 表示。在羰基的两端都连有烃基的化合物叫做酮，可用通式 $R{-}\overset{O}{\overset{\|}{C}}{-}R'$ 表示，酮分子中的羰基也叫做酮基。分子式相同的醛

和酮互为官能团异构体。

任务 9-2 运用已学的杂化轨道理论、烯烃结构、电负性等知识，比较烯烃的碳碳双键与醛酮碳氧双键的异同；并说明醛酮是极性分子的原因。

一、醛和酮的结构

羰基是碳氧双键官能团中，羰基碳原子为 sp^2 杂化，与碳碳双键类似，碳氧双键也是由 1 个 σ 键和 1 个 π 键组成，羰基也具有平面三角形结构。但羰基中碳氧双键又不同于碳碳双键。由于氧原子电负性较大，使得氧原子周围电子云密度较高，带有部分负电荷，而碳原子带部分正电荷，形成一个极性不饱和键，因此醛酮有极性。这种极性结构（见图 9-1）显著影响着醛和酮的性质。

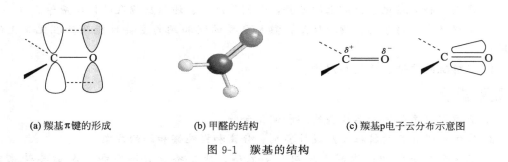

(a) 羰基π键的形成　　　　(b) 甲醛的结构　　　　(c) 羰基p电子云分布示意图

图 9-1　羰基的结构

二、醛和酮的分类

醛和酮根据分子中烃基结构不同，可分为脂肪醛（酮）、脂环醛（酮）和芳香醛（酮）。又可根据烃基是否饱和，分为饱和醛（酮）和不饱和醛（酮）。还可根据分子中所含的羰基数目分为一元醛（酮）、二元醛（酮）和多元醛（酮）。

任务 9-3 用表格的方式，请将下列醛酮（1）按烃基结构分类；（2）按烃基是否饱和分类；（3）按含羰基数目分类。

$$
\begin{array}{ccc}
\underset{\text{CH}_3\text{CHO}}{\text{CH}_3-\overset{\displaystyle O}{\overset{\|}{\text{C}}}-\text{CH}_2\text{CH}_3} &
\underset{\text{CH}_2=\text{CHCHO}}{\text{CH}_2=\text{CH}-\overset{\displaystyle O}{\overset{\|}{\text{C}}}-\text{CH}_3} &
\underset{\text{OHCCH}_2\text{CHO}}{\text{CH}_3-\overset{\displaystyle O}{\overset{\|}{\text{C}}}-\overset{\displaystyle O}{\overset{\|}{\text{C}}}-\text{CH}_3}
\end{array}
$$

酮分子还可按与羰基直接相连两个烃基种类分为：单酮（指两个烃基相同的）、混酮（指两个烃基不相同的）、甲基酮（指两个烃基中至少有一个是甲基的）。

任务 9-4 指出任务 9-3 中的醛酮哪个是脂肪族甲基酮，哪个是芳香族甲基酮。

三、醛和酮的命名

任务 9-5 列举你熟悉的 2～4 种醛酮，写出其构造式和名称.

1. 习惯命名法

简单的醛和酮常采用习惯命名法，醛的习惯命名法：脂肪醛根据烃基结构称为"正、异、新某醛"，其中"某"字是指整个分子中的碳原子数。例如：

$$CH_3CH_2CH_2CHO \qquad (CH_3)_2CHCHO \qquad (CH_3)_3CCHO$$

正丁醛 　　　　　　　　异丁醛 　　　　　　　　新戊醛

脂环醛或芳香醛一般按 HCHO 为母体衍生而来，称为"某某甲醛"，而简单环酮一般称为"环某酮"。例如：

环己基甲醛 　　　　　　苯甲醛 　　　　　　环戊酮

酮的命名是在羰基所连接的两个烃基名称后再加上"甲酮"两字。脂肪混酮命名时，要把"次序规则"中较优先烃基写在后面。例如：

二苯甲酮 　　　　　　甲基乙基甲酮

另外，一些醛常常用其俗名。例如：

$$CH_3CH{=\!=}CHCHO$$

巴豆醛 　　　　　肉桂醛 　　　　水杨醛 　　　　香草醛

2. 系统命名法

醛和酮系统命名法的原则如下。

（1）选主链（母体）　选择含有羰基的最长碳链作为主链。不饱和醛酮的命名，主链需包含不饱和键。

（2）编号　从靠近羰基的一端开始给主链编号。主链碳原子位次有时也用希腊字母表示，与羰基直接相连的碳原子为 α 碳原子，其余依次为 β、γ、δ……ω 位。

（3）写名称　将取代基的位次、数目、名称及羰基的位次依次写在醛酮母体名称之前。醛基总在碳链的一端，不标位次。不饱和醛酮要注明不饱和键的位次。

（4）二醛或二酮的命名，只需将两个羰基的位次分别标出即可。或用 α（相邻），β（隔一个碳），γ（隔两个碳）来表示。

例如：

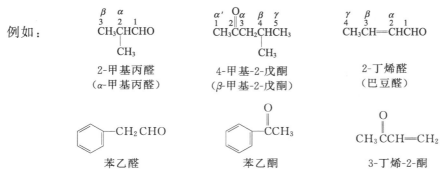

2-甲基丙醛 　　　　　4-甲基-2-戊酮 　　　　　2-丁烯醛
（α-甲基丙醛）　　　　（β-甲基-2-戊酮）　　　　（巴豆醛）

苯乙醛 　　　　　　苯乙酮 　　　　　3-丁烯-2-酮

$$\underset{\text{乙二醛}}{H-\overset{\overset{O}{\|}}{C}-\overset{\overset{O}{\|}}{C}-H} \qquad \underset{\text{3,4-己二酮(}\alpha\text{-己二酮)}}{CH_3CH_2-\overset{\overset{O}{\|}}{C}-\overset{\overset{O}{\|}}{C}-CH_2CH_3} \qquad \underset{\text{2,4-戊二酮(}\beta\text{-戊二酮)}}{CH_3-\overset{\overset{O}{\|}}{C}-CH_2-\overset{\overset{O}{\|}}{C}-CH_3}$$

任务 9-6 根据命名规则，请命名下列醛酮。

(1) $CH_3CH = CHCHO$ (2) 〇—$CH=CHCHO$ (3) 〇〇—CHO

(4) 〇—$\overset{\overset{O}{\|}}{C}CH_3$ (5) 〇$=O$ (6) $CH_3-\overset{\overset{O}{\|}}{C}-CH_2CH_3$

第二节 醛和酮的物理性质及应用

问题 9-1 来自 2013 年 1 月 25 日贵阳新闻网的消息；贵阳宝山路上，一家饮品店晚上装修完次日便开业，顾客落座半小时后，被店内气味熏得"受不了"。请问这家新装修、新开张的小店内"熏顾客"的罪魁祸首是什么物质。

问题 9-2 2012 年 5 月 4 日，山东电视台生活频道曝光了山东省个别地区在大白菜贮运过程中喷洒甲醛溶液保鲜的问题。这些"甲醛白菜"还能吃么？

问题 9-3 你知道在农业上为给种子消毒，常用什么浸种？你知道在医院里尸体解剖前，为了完好保存，要浸泡在什么里面？

问题 9-4 炖肉时常放入桂皮，以使肉味香醇，你知道这里边含有哪种醛吗？

一、物态与气味

常温下，除甲醛是气体外，12 个碳原子以下的醛、酮都是液体，高级醛和酮是固体。低级醛具有强烈刺激气味，但 $C_8 \sim C_{13}$ 的中级脂肪醛和一些芳醛、芳酮有花果香味，常用于香精香料、食品添加剂、医药及饲料等行业中。由于低级醛分子间易形成氢键，36％～40％的甲醛水溶液在常温下能自动聚合为三聚甲醛，使用时在酸性条件下加热，可解聚重新生成甲醛。值得注意的是，甲醛沸点低，在常温下是气态，有较高毒性，具有强烈的致癌和促癌作用，要正确使用甲醛。

二、沸点

由于羰基极性较大，分子间作用力强，故它们的沸点高于相应的烃和醚。又因为醛和酮分子间不能形成氢键，没有缔合现象，因此沸点低于相应的醇。例如：

化合物	正戊烷	乙醚	正丁醛	丁酮	正丁醇
相对分子质量	72	74	72	72	74
沸点/℃	36	35	76	80	118

与其他同系列一样，醛酮的沸点也随着碳原子数的增加，而且随着相对分子质量的增加，醛酮和烃类等的沸点之差也逐渐缩小。

三、可溶性

低级醛和酮在水中溶解度较大。如甲醛、乙醛、丙酮可以任意比例与水混溶，这是因为它们与水分子之间形成氢键的缘故。但随着分子中碳原子数的增加，形成氢键难度加大，醛和酮在水中溶解度也逐渐减小，直至不溶。醛酮在苯、醚、四氯化碳等有机溶剂中容易溶解。除此之外，丙酮、丁酮能溶解很多有机化合物，所以醛和酮也是良好的有机溶剂。

四、密度

一元脂肪醛（酮）的相对密度小于1，比水轻；多元脂肪醛（酮）和芳香醛（酮）的相对密度大于1，比水重。

五、闪点

商品甲醛也称"福尔马林"，含甲醛37％，其闪点为50℃；乙醛闪点为－38℃，极易燃，甚至在低温下的蒸气也能与空气形成爆炸性混合物，包装要求密封，不可与空气接触。丙酮的闪点为－20℃，环己酮闪点63.9℃。一般而言，醛酮闪点也随碳原子数的增加而增大。一些常见的醛和酮的物理常数见表9-1。

表 9-1　常见醛和酮的物理常数

名称	闪点/℃	熔点/℃	沸点/℃	相对密度(d_4^{20})	溶解度/（g/100g 水）
甲醛	50	－92	－21	0.815	55
乙醛	－38	－123	21	0.781	溶(8)
丁醛	－9.4	－97	75	0.817	7
乙二醛	104	15	50	1.140	溶(8)
丙烯醛	15	－88	53	0.841	溶
苯甲醛	64	－26	179	1.046	0.33
丙酮	－20	－95	56	0.792	溶(8)
丁酮	－9	－86	80	0.805	35
环己酮	63.9	－16	156	0.943	微溶
苯乙酮	82	21	202	1.026	微溶

任务 9-7　将下列化合物的沸点按由高到低的顺序排列，并说明理由。

(1) $CH_3CH_2CH_3$ 　　　　(2) $CH_3CH_2CH_2OH$

(3) $CH_3OCH_2CH_3$ 　　　　(4) CH_3COCH_3

任务 9-8　请阐述乙醛能与水混溶，而正戊醛则微溶于水的理由。

第三节　醛和酮的化学性质及应用

醛和酮分子中都含有活泼的羰基，由于结构上的共同特点，使它们具有许多相似的化学性质。但醛和酮又不完全相同，因此化学性质也就表现出差异。一般反应中，醛比酮更活泼，某些反应为醛所特有，而酮不能发生，酮类中又以甲基酮比较活泼。

一、羰基的加成反应

醛和酮分子上羰基上的 π 键容易断裂，因此醛和酮可以与氢氰酸、亚硫酸氢钠、醇以及氨的衍生物等试剂发生亲核加成反应。

1. 与氢氰酸加成

$$\begin{array}{c} R \\ \underset{(CH_3)H}{} \end{array} C = O + H + CN \xrightarrow{OH^-} \begin{array}{c} R \\ \underset{(CH_3)H}{} \end{array} C \begin{array}{c} OH \\ CN \end{array}$$

α-羟基腈(氰醇)

反应范围：在少量碱的催化下，醛、脂肪族甲基酮和低级环酮（C_8 以下）能与氢氰酸发生加成反应，生成 α-羟基腈（即氰醇）。

反应条件：少量碱催化。由于 HCN 是一个极弱的酸，不容易离解为 H^+ 和 CN^-，因此，未经离解的 HCN 与羰基的反应很慢。如果在溶液中加入碱，则可以大大加快反应速率，若加入酸，则可抑制反应的进行。

安全生产：氢氰酸有剧毒，易于挥发，一般采用 NaCN＋HCl 代替 HCN，使得氢氰酸一生成立即与醛或酮反应，但在加酸时应控制溶液 pH 值为 8，以利于反应的进行。

用途：产物 α-羟基腈比原来的醛或酮增加了一个碳原子，这是使碳链增长的一种方法。羟基腈在酸性水溶液中水解，即可得到羟基酸。

$$CH_3-\overset{O}{\overset{\|}{C}}-H + HCN \longrightarrow CH_3\overset{OH}{\underset{|}{C}HCN} \xrightarrow{H_2O, H^+} CH_3\overset{OH}{\underset{|}{C}HCOOH} + NH_3$$

α-羟基丙腈 α-羟基丙酸(乳酸)

氰醇中氰基还可还原成氨基，可以进一步转化成多种有机化合物。

任务 9-9 写出工业上生产"有机玻璃"，用到丙酮与 HCN 加成，再水解的反应。

2. 与亚硫酸氢钠加成

$$\begin{array}{c} R \\ \underset{(CH_3)H}{} \end{array} C = O + H + SO_3Na \xrightarrow{OH^-} \begin{array}{c} R \\ \underset{(CH_3)H}{} \end{array} C \begin{array}{c} OH \\ SO_3Na \end{array}$$

α-羟基磺酸钠

反应范围：醛、脂肪族甲基酮和低级环酮（C_8 以下）都能与亚硫酸氢钠饱和溶液（40%）发生加成反应，生成 α-羟基磺酸钠。

用途：α-羟基磺酸钠为无色结晶，易溶于水，但不溶于饱和亚硫酸氢钠溶液，以结晶析出。生成的 α-羟基磺酸钠遇稀酸或稀碱都可以分解为原来的醛或酮，所以这个反应可用于鉴别、分离或提纯醛、脂肪族甲基酮和 C_8 以下的环酮。也可用于定量分析给定范围的醛酮。

$$R-\overset{OH}{\underset{H(CH_3)}{\overset{|}{\underset{|}{C}}}}-SO_3Na \begin{array}{c} \xrightarrow{稀HCl} R-\overset{O}{\overset{\|}{C}}-H(CH_3) + NaCl + SO_2\uparrow + H_2O \\ \xrightarrow{稀Na_2CO_3} R-\overset{O}{\overset{\|}{C}}-H(CH_3) + Na_2SO_3 + NaHCO_3 \end{array}$$

此外，α-羟基磺酸钠与氰化钠或氰化钾水溶液反应，磺酸基可被氰基取代，也可生成 α-羟基腈，优点是：这样可避免使用易挥发而又有剧毒的氢氰酸，并且产率也比较高，在有机合成中有着广泛的应用。

$$CH_3-\overset{O}{\overset{\|}{C}}-H + NaHSO_3 \xrightarrow{\text{稀 } OH^-} CH_3\overset{OH}{\underset{}{\overset{|}{C}H}}SO_3Na \xrightarrow{NaCN} CH_3\overset{OH}{\underset{}{\overset{|}{C}H}}CN + Na_2SO_3$$

任务 9-10 实验室有两瓶无色液体试剂，分别是 2-戊酮和 3-戊酮，请设计区分它们的方案，给它们贴上标签。

任务 9-11 你知道甲基酮与非甲基酮的区别吗？什么样的才是脂肪族甲基酮呢？请指出下列能与饱和亚硫酸氢钠加成的化合物。

(1) $\underset{}{\overset{O}{\overset{\|}{C}}CH_3}$ （苯环）   (2) （环己酮） $=O$ (3) $CH_3-\overset{O}{\overset{\|}{C}}-CH_2CH_3$

(4) $CH_3CH_2\overset{O}{\overset{\|}{C}}CH_2CH_3$ (5) $CH_3-\overset{O}{\overset{\|}{C}}-CH_2CH_2CH_3$ (6) $CH_3-\overset{O}{\overset{\|}{C}}-\underset{\underset{CH_3}{|}}{C}HCH_3$

3. 与醇加成

$$\underset{H}{\overset{R}{C}}=O + H{+}OR' \xrightarrow{\text{干 HCl}} \underset{H}{\overset{R}{C}}\overset{OH}{\underset{OR'}{}} \underset{\text{干HCl}}{\overset{R'OH}{\rightleftharpoons}} \underset{H}{\overset{R}{C}}\overset{OR'}{\underset{OR'}{}} + H_2O$$

（半缩醛）   （缩醛）

反应条件：干燥氯化氢气体或其他无水强酸催化。

反应特点：醛能与一分子醇发生加成反应生成半缩醛，半缩醛不稳定，继续与另一分子醇进一步发生脱水反应生成缩醛。

上述反应可简化为：

$$\underset{H}{\overset{R}{C}}=O \begin{array}{c} H{+}OR' \\ H{+}OR' \end{array} \xrightarrow{\text{干 HCl}} \underset{H}{\overset{R}{C}}\overset{OR'}{\underset{OR'}{}} + H_2O$$

例如：

$$\underset{H}{\overset{CH_3CH_2}{C}}=O + \begin{array}{c} H-OCH_3 \\ H-OCH_3 \end{array} \xrightarrow{\text{干 HCl}} \underset{H}{\overset{CH_3CH_2}{C}}\overset{OCH_3}{\underset{OCH_3}{}} + H_2O$$

丙醛缩二甲醇

缩醛可以看作是一个同碳二元醚，性质与醚相似，不受碱的影响，对还原剂及氧化剂也很稳定。但与醚不同的是缩醛在稀酸溶液中很容易水解成原来的醛和醇。例如：

$$CH_3CH_2CH\overset{OCH_3}{\underset{OCH_3}{}} \xrightarrow[H^+]{H_2O} CH_3CH_2CHO + 2CH_3OH$$

用途: 在有机合成中常常利用缩醛（酮）的生成和水解来保护比较活泼的羰基。

任务 9-12 请利用"醛基保护"知识，设计由 $CH_3CH =\!\!= CHCHO$ 生成 $CH_3CH_2CH_2CHO$ 合理的合成路线。

酮和一元醇形成半缩酮或缩酮要困难些，但酮可以和某些二元醇（如乙二醇）反应，生成环状二酮。例如：

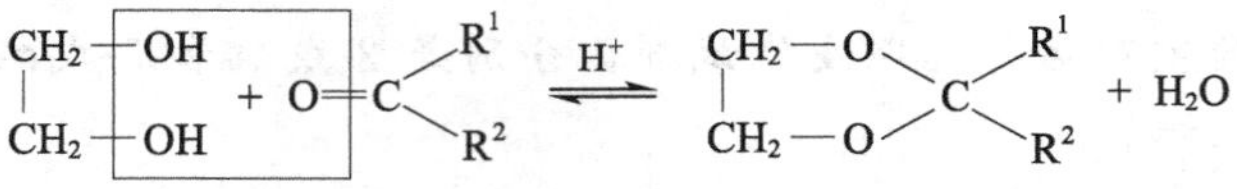

用途: 醛酮和二元醇的缩合在企业生产中有重要应用。例如高分子产品聚乙烯醇的分子中含有很多羟基，易溶于水，所以不能作为合成纤维使用。为了提高其耐水性，在酸催化下用甲醛使它部分缩醛化，则可得到性能优良的合成纤维——维尼纶。

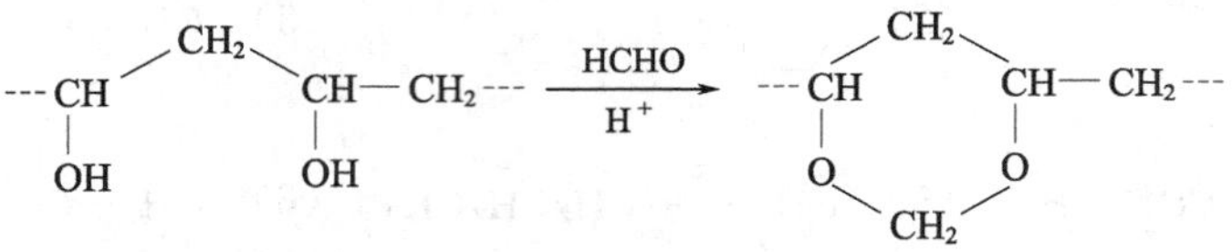

聚乙烯醇　　　　　　　　　　维尼纶

相关链接: 维尼纶是聚乙烯醇缩醛纤维的商品名称。其性能接近棉花，有"合成棉花"之称，是现有合成纤维中吸湿性最大的品种。除用于衣料外，还有多种工业用途。但因其生产工业流程较长，纤维综合性能不如涤纶、锦纶和腈纶，年产量较小，居合成纤维品种的第5位。

4. 与格氏试剂加成

醛和酮能与格氏试剂（RMgX）加成，加成产物水解则生成不同种类的醇。

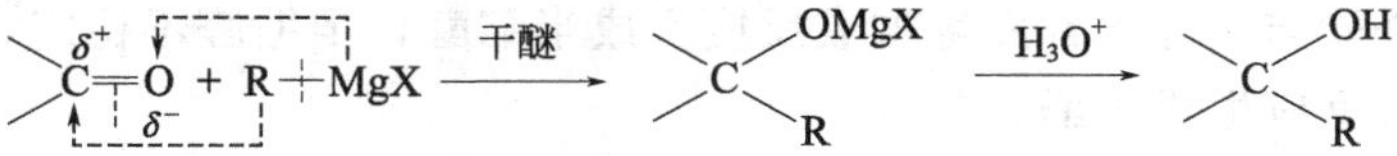

（1）甲醛

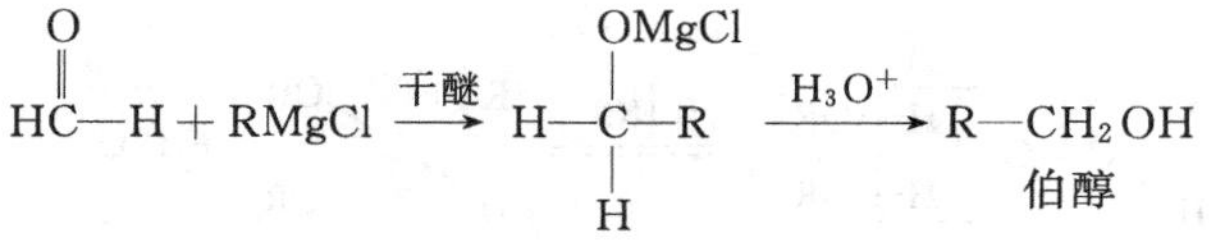

伯醇

（2）其他醛

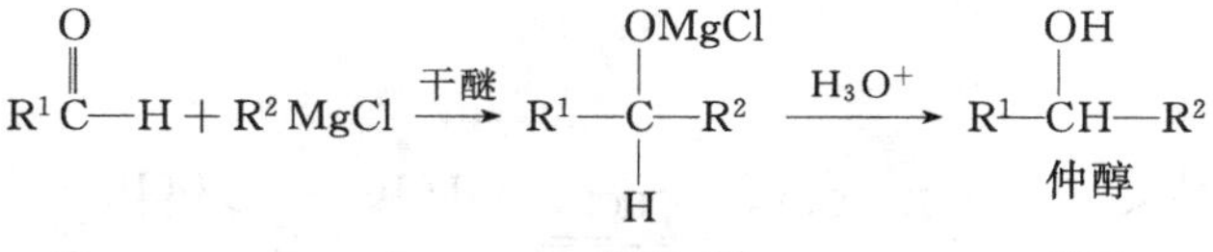

仲醇

（3）酮

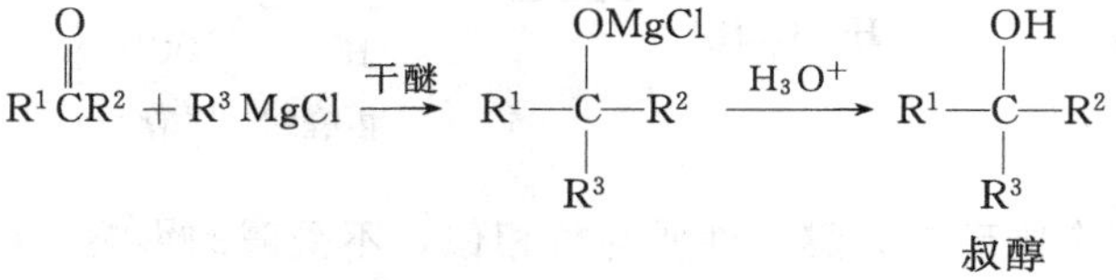

叔醇

例如：

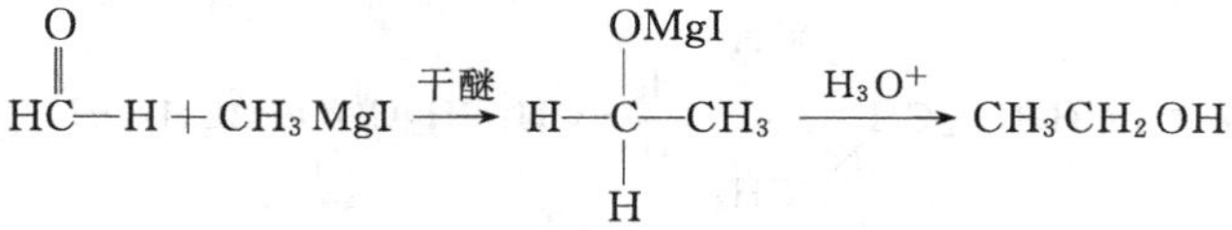

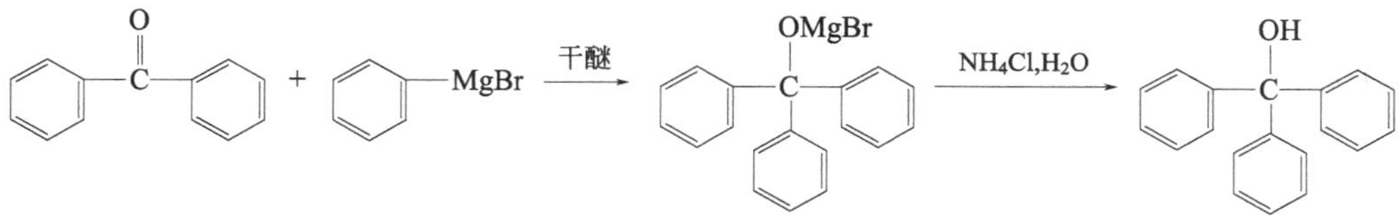

三苯甲醇(55%)
(叔醇)

用途：这是应用广泛的制备醇且增长碳链的合成法。

任务 9-13　用丙烯及适当的无机试剂为原料合成 3-己醇。

【任务分析】

（1）由原料到产物需增加碳原子，因此使用格氏试剂是较好的方法。

（2）合成产物是仲醇，可由格氏试剂与醛反应制得。

（3）羟基所在碳原子应是原来醛酮的羰基碳。

（4）用"切断法"把被合成化合物分成两部分。共有两种切断方式，根据所给原料按方法①切断较好。

$$
\overset{\text{OH}}{\underset{①\quad\quad②}{\text{CH}_3\text{CH}_2\text{CH}_2 {\mid} \text{CH} {\mid} \text{CH}_2\text{CH}_3}}
$$

根据所选择的切断方式再进行倒推，可知合成物由丙醛和正丙基卤化镁加成而得。

由此可见，只要选择适当的原料，除甲醇外几乎所有的醇都可用格氏试剂来合成。而且利用"切断法"同一种醇可用不同的格氏试剂与不同的羰基化合物合成。

问题 9-5　何谓缩合反应？如何鉴定醛和酮？

5. 与氨的衍生物加成——缩合反应

氨的衍生物是指氨分子中氢原子被其他原子或基团取代后生成的化合物。如羟胺（NH_2OH）、肼（NH_2NH_2）、苯肼（NH_2NH-）、2，4-二硝基苯肼

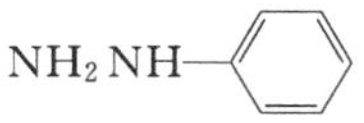

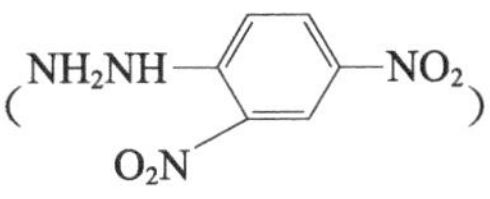

（）等都是氨的衍生物。它们都可以和醛、酮发生加成反应，产物分子内容易继续脱水得到含有碳氮双键的化合物，分别生成肟、腙、苯腙及 2,4-二硝基苯腙。这一反应可用下列通式表示：

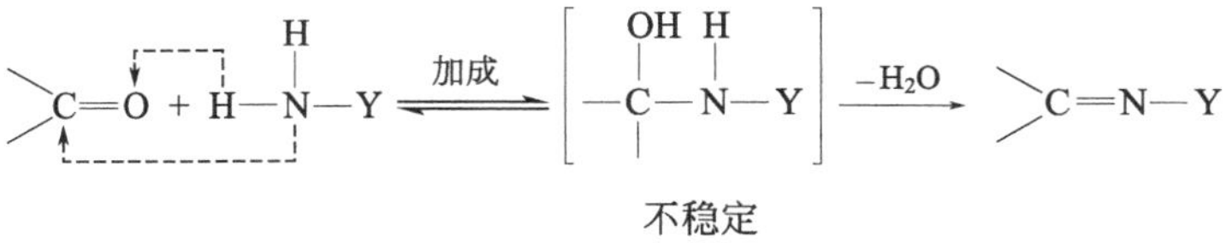

不稳定

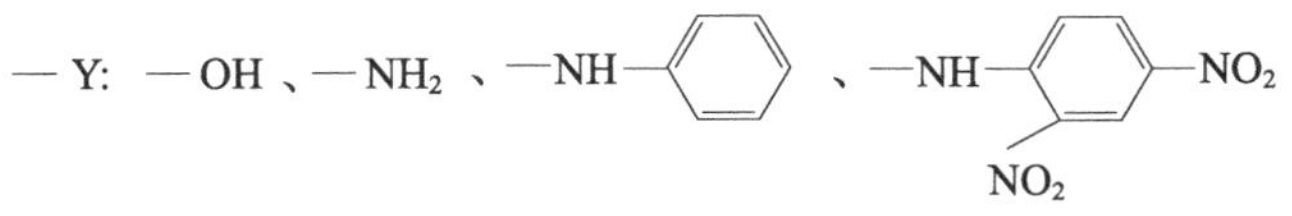

—Y：—OH、—NH₂、—NH、—NH

上式也可直接写成：

所以醛和酮与氨的衍生物的反应是加成-消除反应，这一反应又叫做羰基化合物与氨的衍生物的缩合反应。例如：

$$\begin{matrix}
\text{H}_2\,|\,\text{N—OH} \\
\text{羟胺} \\
\text{H}_2\,|\,\text{N—NH}_2 \\
\text{肼} \\
\text{H}_2\,|\,\text{N—NH—} \\
\text{苯肼} \\
\text{H}_2\,|\,\text{N—NH—} \\
\text{2,4-二硝基苯肼}
\end{matrix}$$

丙酮-2,4-二硝基苯腙

用途1：醛和酮与氨的衍生物的缩合产物一般都是具有固定熔点的结晶固体，因此，只要测定反应产物的熔点，就能确定参加反应的醛和酮。醛和酮与 2,4-二硝基苯肼作用生成的 2,4-二硝基苯腙是黄色晶体，反应明显，便于观察，常被用来鉴别醛和酮。所以上述氨的衍生物又称为羰基试剂。

此外，反应产物在稀酸作用下可分解成原来的醛和酮，因此又可用于醛、酮的分离和提纯，通常分子量大的醛和酮采用生成肟的方法，一般的醛和酮采用生成苯腙的方法。

> **任务9-14** 实验室有两瓶无色液体试剂分别是 2-戊酮和 2-戊醇，请设计区分它们的方案，给它们贴上标签。

用途2：利用醛和酮与过量的盐酸羟胺（$NH_2OH \cdot HCl$）能生成肟与酸，来定量测定醛酮。其化学反应式为：

$$\begin{matrix}
R \\
C=O + NH_2 \cdot HCl \longrightarrow \\
(H)R'
\end{matrix}
\quad
\begin{matrix}
R \\
C=N-OH + HCl + H_2O \\
(H)R'
\end{matrix}$$

生成的强酸（HCl）可用 NaOH 标准溶液滴定，以溴酚蓝做指示剂，剩余的 $NH_2OH \cdot HCl$ 虽有弱酸性，但不影响滴定。

6. 与希夫试剂的反应

希夫试剂：品红与二氧化硫反应得到的无色溶液。又称为品红醛试剂。

希夫试剂与醛类作用，显红色，酮不起作用，用于鉴别醛酮。

甲醛与希夫试剂作用，其颜色加硫酸后不消失，其他醛会退色。可鉴别甲醛与其他醛。

相关链接1：品红：分子式 $C_{20}H_{19}N_3$，相对分子质量 301.38。又称碱性品红。棕红色晶体。微溶于水，水溶液呈红色。溶于乙醇和酸。用于棉、人造纤维、纸张、皮革的印染，也用于喷漆、墨水等。品红可与二氧化硫结合成不稳定的无色物质，经较长时间或受热时又可分解，出现红色。

相关链接2：希夫（Schiff）试剂的配制：将 0.5g 碱性品红溶于 100mL 热蒸馏水中，使之充分溶解，待溶液冷却至 50℃时过滤，再冷却到 25℃时加入 1 mol 盐酸（HCl）10mL 和 1g 亚硫酸氢钠（$NaHSO_3$）或 1.5g 偏重亚硫酸钠（$Na_2S_2O_5$），放置暗处，静置24h后，加 0.25～0.5g 活性炭摇荡 1min，过滤，溶液呈无色，装入棕色瓶中塞紧瓶塞，保存在冰箱内（0～4℃），用前预先取出，使之恢复至室温后再用。如溶液呈粉红色就不能用，需重配。

二、α-氢原子的反应

醛和酮 α-碳上的氢原子因受羰基的吸电子诱导效应和超共轭效应影响而具有较大的活泼性，可被其他原子或基团取代。因此，也可以说醛和酮的 α-氢原子具有弱酸性。一般简单醛和酮的 pK_a 值约为 $19\sim20$，比乙炔的酸性（$pK_a=25$）强。

1. 卤代与卤仿反应

问题 9-6 哪些物质能发生卤仿反应？

醛和酮分子中的 α-氢原子容易被卤素取代，这类反应可以被酸或碱所催化，在酸催化下，卤代反应可以控制在生成一卤代烃阶段。例如：

$$R-\underset{O}{\overset{O}{C}}-CH_3 + Br_2 \xrightarrow[\triangle]{H^+ (CH_3COOH)} R-\underset{O}{\overset{O}{C}}-CH_2Br + HBr$$

在碱催化下，卤代反应速率很快，含有三个同碳 α-氢原子的乙醛、甲基酮与次卤酸钠或卤素的碱溶液作用时，甲基上的三个 α-氢原子全部被卤代。例如：

$$(H)R-\underset{O}{\overset{O}{C}}-CH_3 + 3NaOX \longrightarrow (H)R-\underset{O}{\overset{O}{C}}-CX_3 + 3NaOH$$
$$(X_2+NaOH) \qquad\qquad \Big\downarrow NaOH$$
$$(H)RCOONa + CHX_3$$

上式可直接简化为：

$$CH_3-\underset{O}{\overset{O}{C}}-H(R) + 3NaOX \longrightarrow H(R)COONa + CHX_3 + 2NaOH$$

因为这个反应有卤仿生成，所以称为卤仿反应。如果用次碘酸钠作试剂，会产生具有特殊气味的黄色晶体——碘仿（CHI_3），称为"碘仿反应"。

用途："碘仿反应"可用来鉴别具有：乙醛、甲基酮、乙醇和甲基仲醇。因为次卤酸盐是一种氧化剂，可将乙醇和甲基仲醇氧化成相应的乙醛和甲基酮。例如：

$$CH_3CH_2OH \xrightarrow{NaOI} CH_3CHO \xrightarrow{NaOI} HCOONa + CHI_3 \downarrow$$
$$\text{碘仿（黄色）}$$

卤仿反应也是缩短碳链的反应之一，还可用来制备其他方法难以制备的羧酸。

任务 9-15 请找出下列各化合物中能发生碘仿反应的有机物。

(1) CH_3CHO 　　　　(2) $HCHO$ 　　　　(3)

(4) $CH_3CH_2CCH_2CH_3$ 　　(5) 　　(6) $CH_3CC(CH_3)_3$
　　　　　　　$\underset{\quad}{\overset{O}{|}}$　　　　　　　　　　　　　$\overset{O}{|}$

(7) 　　　　(8)

2. 羟醛缩合反应

（1）羟醛缩合 在稀碱作用下，一分子醛的 α-氢原子加到另一分子醛的羰基氧原子上，剩余部分加到羰基碳原子上，生成 β-羟基醛。这个反应称为羟醛缩合。β-羟基醛在加热下易脱水生成 α,β-不饱和醛。例如：

$$CH_3-\overset{O\leftarrow\text{-----}H}{\underset{}{C}}-H + CH_2CHO \xrightarrow[5℃]{10\% NaOH} CH_3\overset{OH}{\underset{}{C}}H-\overset{H}{\underset{}{C}}HCHO \xrightarrow[\triangle]{-H_2O} CH_3CH=CHCHO$$

$$\underset{\beta\text{-羟基丁醛}}{} \qquad \underset{\text{2-丁烯醛(巴豆醛)}}{}$$

α,β-不饱和醛还可进一步加氢还原，制备饱和与不饱和醇。

除乙醛外，其他醛缩合时，都得到在 α-碳原子上带有支链的产物。例如：

$$CH_3CH_2CH_2\overset{}{\underset{H}{C}}=O + H-\overset{}{\underset{CH_2CH_3}{C}}HCHO \xrightarrow{\text{稀NaOH}} CH_3CH_2CH_2\overset{}{\underset{OHCH_2CH_3}{C}}HCHCHO$$

$$\xrightarrow[-H_2O]{\triangle} CH_3CH_2CH_2CH=\overset{}{\underset{CH_2CH_3}{C}}CHO \xrightarrow{\underset{Ni}{H_2}} CH_3CH_2CH_2CH_2\overset{}{\underset{CH_2CH_3}{C}}HCH_2OH$$

$$\underset{\text{2-乙基己醇}}{}$$

用途：2-乙基己醇为无色至淡黄色油状液体，有甜味和淡淡的花香。难溶于水，易溶于有机溶剂。沸点 183℃，熔点-70℃。用于生产增塑剂、消泡剂、分散剂、选矿剂和石油添加剂，也用于印染、油漆、胶片、食用香料等。

通过醛的自身羟醛缩合可以合成比原来醛的碳原子数多一倍的醛或醇，在有机合成中具有广泛的应用。

（2）交叉羟醛缩合 两种含有 α-氢原子的不同醛之间发生的羟醛缩合反应称为交叉羟醛缩合。产物为 4 种产物的混合物，在有机合成上意义不大。

不含 α-氢原子的醛，如甲醛、苯甲醛、三氯乙醛等不能发生羟醛缩合。

如果一个含 α-氢原子的醛和另一个不含 α-氢原子的醛反应时，采用分批加料（α-氢原子的醛）的方法可控制以一种为主，产率较高。例如：苯甲醛和乙醛反应时，先将苯甲醛与稀碱混合，再慢慢滴加乙醛，则生成的主要产物为肉桂醛。

$$\text{〔苯环〕}-CHO + CH_3CHO \xrightarrow{\text{稀 NaOH}} \text{〔苯环〕}-CH=CH-CHO$$

$$\underset{\text{肉桂醛}}{}$$

最新合成工艺：由 2004 年专利得知，一种环境友好的近临界水中以苯甲醛和乙醛为原料的绿色合成肉桂醛方法已问世。即在密闭反应釜中，注入经过用氮气鼓吹 1～5h 脱氧处理的去离子水，并充入氮气，加压至 2～25MPa，升温至 180～300℃，再注入摩尔比为（1：1）～（1：5）苯甲醛与乙醛进行反应，原料和水体积比为（1：5）～（1：20），反应时间为 1～8h。本发明的优点是不使用有机溶剂和酸碱催化剂，无盐类副产物产生，省去了常规方法中繁琐的中和、分离步骤，无污染。

（3）酮的缩合 含有 α-氢原子的酮也能起类似反应，但反应比醛困难，产率很低。但二羰基化合物能发生分子内的缩合反应，生成环状化合物，可用于 5～7 元环的化合物的合成。该反应在药物合成中有较大的用途。例如：

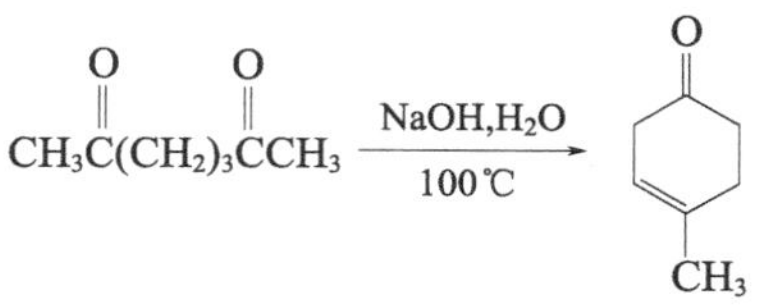

$$CH_3C(CH_2)_3CCH_3 \xrightarrow[100℃]{NaOH,H_2O}$$

任务 9-16 查阅文献，设计合成肉桂醛（3-苯基丙烯醛）的绿色环保方案。

三、氧化还原反应

1. 还原反应

（1）还原成醇 醛或酮都能很容易地分别被还原为伯醇或仲醇。

$$R—\overset{O}{\underset{}{C}}—H(R') \xrightarrow{[H]} R—\overset{OH}{\underset{}{CH}}—H(R')$$

在不同的条件下，用不同的试剂可以得到不同的产物。

① 用金属氢化物还原 醛和酮通常选用金属氢化物（如硼氢化钠 $NaBH_4$、氢化铝锂 $LiAlH_4$）做还原剂，金属氢化物可以使不饱和基团有选择性地被还原。硼氢化物属于比较缓和的还原剂，它只还原醛和酮中的羰基，选择性高；氢化铝锂（要在无水条件下进行）的还原性较强，不仅能还原醛和酮，而且能还原—CN、—NO_2、羧酸和酯中羰基等不饱和基团。但是，它们都不能还原碳碳双键和碳碳三键。

$$CH_3CH = CHCHO \xrightarrow{KBH_4} CH_3CH = CHCH_2OH$$

② 催化加氢 在镍、钯、铂等催化剂存在下，醛和酮可与氢催化加成生成醇，其特点为：产率高，后处理简单，但是催化剂价格较贵，并且分子中的其他不饱和基团也将同时被还原。

$$CH_3CH = CHCHO \xrightarrow{H_2}{Ni} CH_3CH_2CH_2CH_2OH$$

（2）还原成烃 醛和酮可以被还原成烃，常用的还原方法有以下两种。

任务 9-17 请设计制备直链烷基苯的方案。

① 克莱门森（Clemmensen）还原 醛和酮与锌汞齐和浓盐酸共热，羰基可直接还原成亚甲基。这个反应称为克莱门森还原。这个还原反应对直链烷基苯的合成具有重要的意义。例如：

② 沃尔夫-凯惜纳-黄鸣龙（Wolff-Kishner-Huangminglong）还原醛和酮与水合肼在高沸点溶剂（如二甘醇、三甘醇等）中与碱共热，羰基被还原成亚甲基。例如：

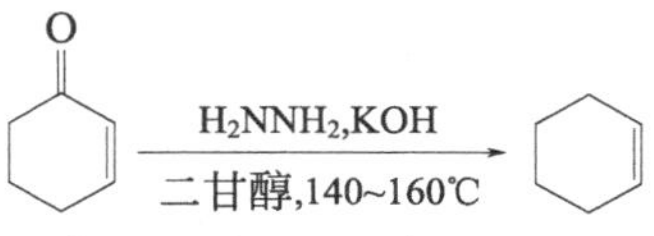

注意：以上两种反应都是把羰基还原成亚甲基的反应。但克莱门森反应是在强酸性条件下进行的，不适用于对酸敏感的化合物。而沃尔夫-凯惜纳-黄鸣龙反应是在强碱性条件下进行的，不适用于对碱敏感的化合物。这两种还原法，可以互相补充，根据反应物分子中所含其他基团对反应条件的要求，选择使用。

任务 9-18 在下列反应式中，填上适当的还原剂。

(1) CH_2=$\underset{CH_3}{C}CHO \xrightarrow{?} CH_3\underset{CH_3}{CH}CH_2OH$ (2) CH_3CH=$\underset{CH_3}{C}CHO \xrightarrow{?} CH_3CH$=$\underset{CH_3}{C}CH_2OH$

(3) $CH_3\overset{O}{\underset{\|}{C}}CH_2CH_3 \xrightarrow{?} CH_3\underset{OH}{CH}CH_2CH_3$ (4) $CH_3\overset{O}{\underset{\|}{C}}CH_2CN \xrightarrow{?} CH_3CH_2CH_2CN$

(5) $\bigcirc$—$CH_2\overset{O}{\underset{\|}{C}}CH_3 \xrightarrow{?} \bigcirc$—$CH_2CH_2CH_3$

问题 9-7 你知道镜子、暖壶瓶胆是用什么制成的吗？你见过铜镜吗？

2. 氧化反应

酮一般条件下不与氧化剂反应，但在强烈条件下可被强氧化剂氧化，其产物是在羰基碳与 α-碳之间发生断裂生成羧酸，一般对称性强的环酮在化工生产中有实用价值。例如：

$$\overset{O}{\underset{\|}{\bigcirc}} \xrightarrow[V_2O_5]{HNO_3} \underset{己二酸}{HOOC(CH_2)_4COOH}$$

醛的羰基碳原子上的氢原子很活泼，易被氧化，即使弱的氧化剂也可以将醛氧化成同碳原子数的羧酸。因此，可以利用弱氧化剂来区别醛和酮。常用的弱氧化剂有托伦试剂、费林试剂和本尼迪特试剂。

（1）与托伦（Tollen）试剂反应　托伦试剂是硝酸银的氨溶液，具有较弱的氧化性。它与醛共热时，醛被氧化为羧酸，同时 Ag^+ 被还原成金属 Ag 析出。如果反应器壁非常洁净，会在容器壁上形成光亮的银镜。因此这一反应又称为银镜反应。

$$\underset{(无色)}{RCHO} + 2[Ag(NH_3)_2]OH \xrightarrow[水浴]{\triangle} RCOONH_4 + \underset{(银镜)}{2Ag\downarrow} + 3NH_3\uparrow + H_2O$$

（2）与费林试剂（Fehling）反应　费林试剂是由硫酸铜与酒石酸钾钠的碱溶液等体积混合而成的蓝色溶液。其中起氧化作用的是二价铜离子，费林试剂能将脂肪醛氧化成脂肪酸，但费林试剂不能氧化芳香醛。因此可用费林反应来区别脂肪醛和芳香醛。

$$\underset{(蓝色)}{RCHO + 2Cu^{2+}} + NaOH + H_2O \xrightarrow{\triangle} RCOONa + \underset{(砖红色)}{Cu_2O\downarrow} + 4H^+$$

甲醛的还原性强，与费林试剂反应可生成铜镜，此性质可鉴别甲醛和其他醛。

$$HCHO + Cu^{2+} + NaOH \xrightarrow{\triangle} HCOONa + Cu\downarrow + 2H^+$$

（3）与本尼迪特（Benedict）试剂反应　本尼迪特试剂是由硫酸铜、碳酸钠和柠檬酸钠组成的溶液。它也是一种弱氧化剂，该试剂与醛的作用原理和费林试剂相似，临床上常用它来检查尿液中的葡萄糖。

任务 9-19 设计鉴别甲醛、乙醛、苯甲醛、丙酮四种溶液的方案。

3. 坎尼扎罗（Cannizzaro）反应

不含 α-氢原子的醛在浓碱溶液作用下，可以发生自身氧化还原反应。一分子醛被还原成醇，另一分子醛被氧化成羧酸，此反应叫做坎尼扎罗反应。又叫做歧化反应。例如：

$$2 \bigcirc\text{—CHO} \xrightarrow[\text{②H}^+]{\text{①浓 NaOH}} \bigcirc\text{—COOH} + \bigcirc\text{—CH}_2\text{OH}$$

苯甲酸　　　　苯甲醇

　　两种不含 α-氢原子的醛在浓碱的作用下，也能发生坎尼扎罗（Cannizzaro）反应，但产物复杂没有使用价值。若两种醛之一为甲醛，由于甲醛的还原性较强，反应结果总是甲醛被氧化成甲酸（盐），而另一种无 α-氢原子的醛被还原成相应的醇。该反应在有机合成上具有重要的意义。

　　例如：

$$\text{HCHO} \xrightarrow[\text{②H}^+]{\text{①浓 NaOH}} \text{HCOOH} + \text{CH}_3\text{OH}$$

　　任务 9-20　季戊四醇是一种白色或淡黄色的粉末状固体，主要用于涂料、油漆工业，请设计用甲醛和乙醛为原料制取季戊四醇的初步方案。

第四节　重要的醛和酮

一、甲醛

　　甲醛俗称蚁醛，在常温下是无色的有特殊刺激性气味的气体，沸点 -21℃，易燃，与空气混合后遇火爆炸，爆炸范围 7%～77%（体积分数）。

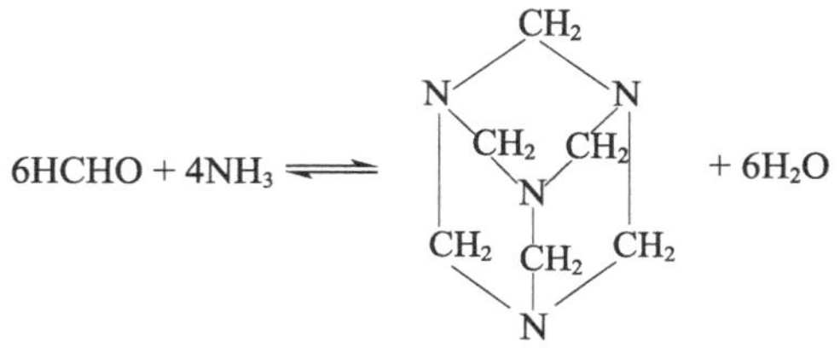

$$6\text{HCHO} + 4\text{NH}_3 \Longrightarrow \text{（六亚甲基四胺）} + 6\text{H}_2\text{O}$$

六亚甲基四胺(乌洛托品)

　　甲醛易溶于水，它的 31%～40% 水溶液（常含 8% 甲醇作稳定剂）称为"福尔马林"。常用作消毒剂和防腐剂，也可用作农药防止稻瘟病。原因是甲醛溶液能使蛋白质变性，致使细菌死亡，因而有消毒、防腐作用。甲醛有毒，对眼黏膜、皮肤都有刺激作用，过量吸入蒸气会引起中毒。

　　甲醛与氨作用，可得六亚甲基四胺，俗称乌洛托品（Urotropine）。乌洛托品是溶于水的无色晶体，熔点 263℃，具有甜味。在医药上用作利尿剂和尿道杀菌剂。

　　甲醛是一种非常重要的化工原料，大量用于生产酚醛树脂、季戊四醇、乌洛托品以及其他药剂及染料。

二、乙醛

　　乙醛是无色有刺激性臭味的易挥发液体，闪点 -39℃，易燃；沸点 21℃，易挥发。可溶于水、乙醇、乙醚中。蒸气与空气能形成爆炸性混合物，爆炸极限为 4.0%～57.0%。

　　在少量酸存在下很易聚合成三聚乙醛（液体，熔点 12.6℃），低温时生成多聚乙醛。以上两种聚合体能在少量硫酸作用下分解为乙醛。

　　在工业上主要由乙炔在高汞盐的催化下水合而成；新的生产方法是将乙烯在氯化铜-氯

化钯的催化下用空气直接氧化。主要用于生产乙酸、乙酸乙酯和乙酸酐，也用于制备季戊四醇、巴豆醛、巴豆酸和水合三聚乙醛。

三、丙酮

丙酮是无色、易燃、易挥发的具有清香气味的液体，沸点56℃，在空气中的爆炸极限为2.55％～12.80％（体积分数）；丙酮是常用的有机溶剂，能溶解油脂、树脂、蜡和橡胶等许多物质。丙酮也是各种维生素和激素生产过程中的萃取剂；糖尿病患者由于新陈代谢的紊乱，体内生成的过量丙酮可随排尿或呼吸排出体外。

丙酮具有典型的酮的化学性质，是重要的有机化工原料，可用来制造环氧树脂、有机玻璃、氯仿等。

四、环己酮

环己酮为无色透明液体，不纯物为浅黄色，随着存放时间生成杂质而显色，具有强烈的刺鼻臭味。环己酮是重要化工原料，是制造尼龙、己内酰胺和己二酸的主要中间体。也是重要的工业溶剂，常用于油漆的生产。

五、苯甲醛

苯甲醛为无色液体，具有特殊的杏仁气味。它是苦杏仁油提取物中的主要成分，可从杏、樱桃、月桂树叶、桃核中提取得到；也在果仁和坚果中以与糖苷结合的形式（苦杏苷）存在。

苯甲醛当前主要的制备途径为甲苯的液态氯化或氧化。苯甲醛可被氧化为白色具有不愉快气味的苯甲酸固体，在容器内壁上结晶出来。

 知识窗 -

二氧化碳化学简介

一、二氧化碳的产生途径

1. 生物的呼吸作用

人类、动物及植物的呼吸不断向空气中释放二氧化碳，微生物对动植物遗体及粪便中有机物的分解也会释放出大量的二氧化碳，据估计地球上的二氧化碳有90％是由微生物的生命活动产生的。

2. 化石燃料及其制品的燃烧与火山爆发

人类广泛使用的煤、石油、天然气等化石燃料，主要是动植物遗体长期压在地下，未被微生物全部分解，通过一系列化学变化而形成的。它们在燃烧时产生二氧化碳。现在，以这种方式产生二氧化碳的量正逐渐增大，甚至有可能超过来自其他途径的二氧化碳的量。火山爆发也会释放出大量的二氧化碳。

二、二氧化碳的消费利用

1. 二氧化碳在自然界中的循环过程

自然界中的绿色植物是二氧化碳的重要消费者，绿色植物吸收二氧化碳是通过光合作用将吸收的太阳能固定于糖类化合物中，这些有机营养物质一部分通过植物自身呼吸作用分解，一部分沿食物链传递并在各级生物体内氧化释放能量，从而带动群落整体的生命活动，并向大气释放氧气。据估计，它们每年的光合作用能将 750 亿吨的碳转化为糖类化合物。动、植物死后，残体中的碳，通过微生物的分解作用也成为二氧化碳而最终排入大气。大气中的二氧化碳这样循环一次约需 20 年，因此糖类化合物是生物圈中的主要能源物质。如果没有补充，空气中的二氧化碳在 25～30 年的时间内就会全部被植物用尽。而空气中的二氧化碳含量始终基本保持平衡，这是自然界中碳循环的作用。

2. 二氧化碳的工业利用途径

二氧化碳是自然界中碳循环的中间物质，如果二氧化碳失衡，将给人类及生物生存带来极大的危害。近年来，随着工业的快速发展，人们使用大量的煤、石油、天然气等燃料，排放了大量的二氧化碳，使空气中二氧化碳的含量升高，导致了地球的"温室效应"。因此，一方面我们应注意低碳环保的生活方式，控制二氧化碳的排放，更要加强对二氧化碳工业利用的研究，变废为宝，从而稳定大气中二氧化碳的含量，使自然界中的碳循环保持平衡。二氧化碳的高效固定乃至高附加值利用正是解决上述困难的主要方案之一，已经成为化学化工领域的世界热点。

二氧化碳是一种重要的化工原料。传统产品如尿素、白炭黑、碳酸盐、甲醇、甲烷、水杨酸、双氰胺、异氰酸酯等化学品的合成使用了大量的二氧化碳。随着以二氧化碳为主要原料直接催化合成二氧化碳共聚物塑料等新型绿色高分子材料（如脂肪族聚碳酸酯）的出现，二氧化碳化学已成为碳化学的重要分支。

二氧化碳共聚物是以二氧化碳为主要原料经化学方法合成而制得的，其既可利用二氧化碳化害为利，变废为宝，又可完全生物降解，是节省石油资源的重要绿色生态材料。目前已用于石油开采压裂液、生物医用材料、牺牲型陶瓷胶黏剂、聚电解质、防风固沙材料等多个领域。

我国中国科学院长春应用化学所近几年研究并通过与企业合作，突破了二氧化碳共聚物研究中的系列技术关键，创造了该研究领域的 7 项世界第一，研发成果处于国际领先水平。

二氧化碳化学方兴未艾，它将为人类生活做出越来越多的贡献。

📝 **习题** --

9-1 填空题

（1）醛和酮都是含有_____官能团的化合物，醛的官能团是_____，酮的官能团是_____，同碳数的醛和酮互为_____异构体。

（2）醛和酮的沸点低于相对分子质量相近的醇，这是因为醛酮分子间不能形成_____的缘故，但它们的沸点又比相应烷烃和醚的高，这是因为醛酮分子的_____大于烷烃和醚。

（3）甲醛又名_____，它的 37％～40％ 的水溶液称为"_____"，广泛用作消毒剂和_____剂，对_____起到保护作用。

（4）只氧化醛基不氧化碳碳双键的氧化剂是_____，只还原羰基不还原碳碳双键的还原剂是_____，既还原羰基又还原碳碳双键的方法是_____。

（5）常用_____试剂来鉴定羰基结构；能发生碘仿反应的是_____醛、_____醇、_____酮；_____酮不与饱和 $NaHSO_3$ 作用；_____族醛不与 Fehling（费林）试剂反应；Tollen（托伦）试剂常用来鉴别_____。

9-2 选择题

（1）茉莉醛具有浓郁的茉莉花香，其构造式为：

$$\text{（苯环）—CH=C—CHO（H），侧链—CH}_2\text{CH}_2\text{CH}_2\text{CH}_3$$

关于茉莉醛的下列叙述中，错误的是（　　）。

  A. 又名 α-戊基肉桂醛，属于 α,β-不饱和醛

  B. 可以发生 Cannizzaro（坎尼扎罗）反应

  C. 可以发生自身的羟醛缩合反应

  D. 广泛应用于各类日化香精，调配茉莉、铃兰、紫丁香等，用作茉莉香型香精的重要成分，也用于紫丁香、风信子等的调合香料及皂用香料

（2）下列化合物既能发生碘仿反应又能与饱和 $NaHSO_3$ 溶液加成的是（　　）。

  A. 苯乙酮 B. 苯甲醛 C. 三氯乙醛 D. 丙酮

（3）仲醇用催化脱氢的方法氧化可得到（　　）。

  A. 烯烃 B. 醛 C. 酮 D. 羧酸

（4）下列化合物中难以发生自身聚合反应的是（　　）。

  A. 乙烯 B. 甲醛 C. 乙醛 D. 丙酮

（5）下列化合物中还原性最强的是（　　）。

  A. 苯甲醛 B. 乙醛 C. 甲醛 D. 叔丁基甲醛

（6）制备 2,3-二甲基-2-丁醇由下列（　　）方法合成。

$$\text{A.} \quad CH_3\overset{O}{\underset{\underset{CH_3}{|}}{C}}CH_3 + CH_3CHMgBr \qquad\qquad \text{B.} \quad CH_3\overset{O}{\underset{\underset{CH_3}{|}}{C}}CH_2CH_3 + CH_3CHMgBr$$

$$\text{C.} \quad CH_3\overset{O}{C}CH_2CH_3 + CH_3CH_2MgBr \qquad \text{D.} \quad CH_3CH_2CHO + (CH_3)_2CHMgBr$$

9-3 完成下列化学反应。

（1）$2CH_3CHO \xrightarrow{\text{稀 } OH^-} ? \xrightarrow{\triangle} ? \xrightarrow{[Ag(NH_3)_2]OH} ?$

（2）（苯）$\xrightarrow[Fe]{Br_2} ? \xrightarrow[\text{干醚}]{Mg} ? \xrightarrow{\text{苯—CHO}} ? \xrightarrow[H^+]{H_2O} ?$

（3）（环戊基）$-OH \xrightarrow[H^+]{K_2Cr_2O_7} ? \xrightarrow{NaHSO_3} ? \xrightarrow{\text{稀HCl}} ?$

（4）$CH_3C{\equiv}CH + H_2O \xrightarrow[H_2SO_4]{HgSO_4} ? \xrightarrow[NaOH]{I_2} ? + ?$

（5）$(CH_3)_3CCHO + HCHO \xrightarrow[\text{②}H^+]{\text{①浓 } NaOH} ? + ?$

（6）（苯）$-OH \xrightarrow[Ni]{H_2} ? \xrightarrow[H^+]{K_2Cr_2O_7} ? \xrightarrow{H_2N-NH_2} ?$

（7）（苯）$+ CH_3COCl \xrightarrow{AlCl_3} ? \xrightarrow[\text{浓 HCl}]{Zn-Hg} ?$

9-4 设计并说明

试设计一个最简便的化学方法，帮助某工厂分析其排出的废水中是否含有醛类，是否含

有甲醛？并说明理由。

9-5　用指定原料合成下列化合物（其他无机试剂任选）。

（1）由乙烯合成正丁醇

（2）由 CH_3CH ═ CH_2 合成 CH_3CH_2CH ═ $\overset{\overset{\displaystyle CH_3}{\displaystyle |}}{C}CH_2OH$

9-6　推断结构

某化合物 A 的分子式是 $C_6H_{14}O$，能发生碘仿反应，被氧化后的产物能与 $NaHSO_3$ 饱和溶液反应，A 用浓硫酸加热脱水得到 B。B 经高锰酸钾氧化后生成两种产物：一种产物能发生碘仿反应；另一种产物为乙酸。写出 A、B 的构造式，并写出各步反应式。

第十章　羧酸及其衍生物

任务 10-1　举例说明你熟知的有机物哪些属于羧酸，哪些属于羧酸衍生物。

分子中含有羧基（—COOH）的化合物叫做羧酸，常用 RCOOH 表示。羧酸广泛存在于自然界中，与人类生活密切相关，同时也是有机合成中的重要原料。例如：

$$HOOC(CH_2)_4COOH \qquad CH_2 = CHCOOH \qquad CH=CHCOOH$$

己二酸　　　　　　　丙烯酸　　　　　　　苯丙烯酸

羧基中的羟基被其他原子或基团取代后的化合物称为羧酸衍生物，一般是指酰卤、酸酐、酯、酰胺四类化合物。常用 $R-\overset{O}{\underset{}{C}}-Y$ 表示羧酸衍生物。

第一节　羧酸

一、羧酸的分类和命名

任务 10-2　根据已学有机含氧化合物的分类方法将下列有机羧酸进行分类。

$$CH_3CH_2CH_2COOH \qquad H_2C = CHCOOH \qquad HOOC-COOH$$

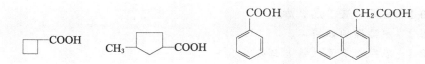

羧酸根据分子中含羧基的个数分为一元、二元和多元羧酸；又可按照羧基所连烃基的种类分为脂肪族羧酸、脂环族羧酸和芳香族羧酸；还可按烃基是否饱和，分为饱和羧酸和不饱和羧酸。

羧酸的命名如下。

（1）系统命名法　羧酸系统命名法与醛相似，其原则是：选择含有羧基的最长碳链作主链，若分子中含有重键，则选含有羧基和重键的最长碳链为主链。从羧基中的碳原子开始给主链上的碳原子编号。根据主链上碳原子的数目称"某酸"或"某烯（炔）酸"。

芳香族羧酸和脂环族羧酸，可把芳环和脂环作为取代基来命名。若芳环上连有取代基，则从羧基所连的碳原子开始编号，并使取代基的位次最小。

二元羧酸命名时，选择包含两个羧基的最长碳链为主链，根据主链碳原子的数目称为"某二酸"。

（2）俗名　有些羧酸常根据它们的来源而用俗名。如甲酸，因最初从一种蚂蚁中得到，称为蚁酸。乙酸称为醋酸，乙二酸称为草酸，丁酸称为酪酸，邻羟基苯甲酸称水杨酸等。一些常见羧酸的俗名见表 10-1。

表 10-1　常见羧酸的名称和物理常数

构造式	名称		熔点/℃	沸点/℃	相对密度(d_4^{20})
	系统名	俗名			
HCOOH	甲酸	蚁酸	8.6	100.5	1.220
CH_3COOH	乙酸	醋酸	16.7	118.0	1.049
$CH_3(CH_2)_2COOH$	丁酸	酪酸	-7.9	163.5	0.959
$CH_3(CH_2)_{10}COOH$	十二酸	月桂酸	44	225	0.868(d_4^{50})
$CH_3(CH_2)_{14}COOH$	十六酸	软脂酸（棕榈酸）	63	271.5(13.3kPa)	0.849(d_4^{70})
$CH_3(CH_2)_{16}COOH$	十八酸	硬脂酸	71.5	383	0.941
$CH_3CH=CHCOOH$	2-丁烯酸	巴豆酸	72	185	1.018
HOOC—COOH	乙二酸	草酸	189.5	157（升华）	1.90
C_6H_5COOH	苯甲酸	安息香酸	122.0	249	1.266
$HOOC(CH_2)_4COOH$	己二酸	肥酸	152	330.5（分解）	1.366
CH—COOH ‖ CH—COOH	顺丁烯二酸	马来酸（失水苹果酸）	130.5	135（分解）	1.590
⬡—CH=CHCOOH	β-苯丙烯酸	肉桂酸	133	300	1.245

任务 10-3　请给出下列羧酸正确的名称。

（1）　$CH_3-CH_2-\underset{\underset{CH_3}{|}}{CH}-COOH$

（2）　$CH_3-\underset{\underset{CH_3}{|}}{CH}-CH_2-\underset{\underset{CH_3}{|}}{CH}-COOH$

（3）　$CH_3CH=CHCOOH$

（4）　$HOOC(CH_2)_4COOH$

（5）　⬡—CH=CHCOOH

（6）

（7）

问题 10-1　被马蜂蛰了怎么办？

问题 10-2　冰醋酸何以得名？

问题 10-3　衣服上有了铁锈怎么办？

问题 10-4　分子量相近的羧酸与醇的沸点相比，谁的更高？

二、羧酸的物理性质及应用

1. 物态与气味

常温时，$C_1 \sim C_3$ 是有刺激性气味的无色透明液体，$C_4 \sim C_9$ 是具有腐败气味的油状液体，C_{10} 以上的直链一元酸是无臭无味的白色蜡状固体。脂肪族二元酸和芳香族羧酸都是白色晶体。

2. 熔、沸点

羧酸分子间以氢键彼此发生缔合，比醇分子之间的氢键还强，相对分子质量较小的羧酸如甲酸、乙酸即使在气态时也以二缔合体形式存在。因此，相对分子质量相近的不同类物质沸点高低顺序为：羧酸＞醇＞醛（酮）＞醚＞烷烃。

$$R-C \begin{matrix} O \cdots H-O \\ O-H \cdots O \end{matrix} C-R$$

有机化合物	相对分子质量	沸点/℃	熔点/℃
乙酸	60	118	16.6
丙醇	60	97	−126.5
氯乙烷	64	12	−136
丁烷	60	−0.5	−138.3

饱和一元羧酸的熔点变化规律与烷烃相似，但也有差异，含偶数碳原子的羧酸的熔点比相邻两个奇数碳原子的羧酸的熔点高（见图 10-1）。

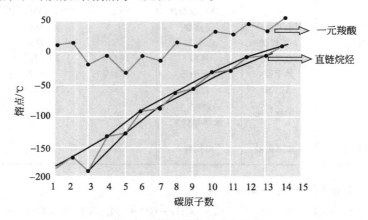

图 10-1　羧酸的熔点变化规律

3. 可溶性

羧酸分子中羧基可与水形成氢键，增强其水溶性，俗称亲水基。$C_1 \sim C_4$ 的羧酸与水以任意比例互溶；随着相对分子质量的增大，分子中非极性的烃基愈来愈大，使羧酸的溶解度逐渐减小，C_{10} 以上的一元羧酸已不溶于水，但都易溶于有机溶剂。芳酸的水溶性极小，常常在水中重结晶。脂肪族一元羧酸一般都能溶于乙醇、乙醚、卤仿等有机溶剂中。常见羧酸的物理常数见表 10-1。

三、羧酸的化学性质及应用

羧酸是比较稳定的有机物，所以在自然界中存在较多，其化学反应主要发生在官能团羧基和受羧基影响变得比较活泼的 α-H 原子上。

问题 10-5 伯醇、醛可被 $KMnO_4$ 氧化生成酸，那么酸还可以被继续氧化吗？

问题 10-6 既然伯醇、醛可被氧化生成酸，那么酸可以被还原吗？用催化氢化的方法能实现羧酸的还原吗？

1. 羧酸的稳定性

（1）**不易氧化** 一般饱和脂肪链性质很稳定，不能被高锰酸钾等氧化剂氧化。但甲酸、草酸除外。甲酸分子结构比较特殊，羧基和氢原子直接相连，它不但有羧基结构，同时也含有醛基的结构，是一个具有双官能团的化合物。

$$\text{醛基}\quad H{-}\underset{\underset{O}{\|}}{C}{-}OH \quad\text{羧基}$$

因此，甲酸既有羧酸的一般通性，也有醛类的某些性质。例如甲酸有还原性，不仅容易被高锰酸钾氧化，还能被弱氧化剂如托伦试剂氧化而发生银镜反应，这也是甲酸的鉴定反应。

草酸分子中两个羧基直接相连，由于羧基是吸电子基，使得碳-碳键稳定性降低，易被氧化而断键生成二氧化碳和水。

任务 10-4 请用简便的化学方法鉴别甲酸、乙酸和草酸。

（2）**不易还原** 采用一般情况下催化加氢的方法，羧基不受影响。但 250℃、10MPa 的压力下催化加氢羧基才可被还原。除此，羧基也能被氢化铝锂还原成醇。例如：

$$CH_3\underset{\underset{O}{\|}}{C}CH_2COOH \xrightarrow[Ni]{H_2} CH_3\underset{\underset{OH}{|}}{C}HCH_2COOH$$

$$CH_3\underset{\underset{O}{\|}}{C}CH_2COOH \xrightarrow{LiAlH_4} CH_3\underset{\underset{OH}{|}}{C}HCH_2CH_2OH$$

相关链接：$LiAlH_4$ 对羧基的还原条件温和，在室温下即可进行。常用无水乙醚、四氢呋喃做溶剂，能获得高产率的伯醇，同时还可保留双键。由于 $LiAlH_4$ 价格昂贵，一般仅用于科学实验。

2. 酸性

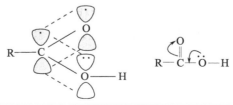

有机化合物	羧酸	碳酸	苯酚	醇
pK_a	3.5～5	6.38	10.0	15.9

问题 10-7 从上图能否看出，羧酸为何有较明显的酸性？

羧酸在水溶液中能解离出氢离子呈弱酸性，由以上数据可知其酸性强于碳酸。

用途： 羧酸可与 NaOH、Na_2CO_3 等碱作用生成羧酸盐，羧酸盐与无机强酸作用又可游离出羧酸，可用不溶于水的羧酸分离、回收和提纯和有机酸的定量分析。

$$RCOOH + NaOH \longrightarrow RCOONa + H_2O$$

$$RCOOH + NaHCO_3 \longrightarrow RCOONa + H_2O + CO_2 \uparrow$$

任务 10-5 请分离苯甲醇与苯甲酸。

任务 10-6 青霉素 G 具有抗菌消炎作用，但不能直接进行肌肉注射，试着用所学知识给护士支招。

羧酸的酸性受烃基的影响。如果烃基上连有吸电子基团，酸性增强，连有给电子基团，酸性减弱。

任务 10-7 比较下列酸的酸性强弱

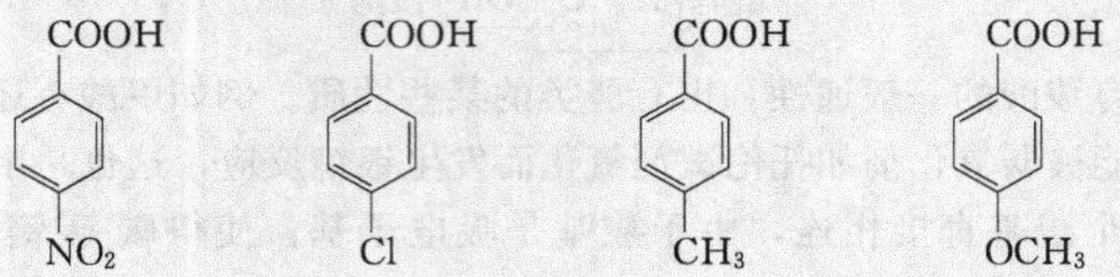

3. α-氢原子的卤代反应

羧基是一个吸电子基团，使 α-氢原子比分子中其他碳原子上的氢活泼，在少量红磷、碘或硫等作用下被氯或溴取代，生成 α-卤代酸。

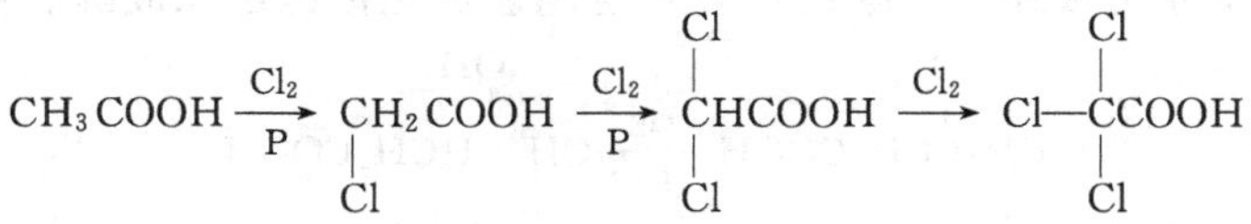

一氯乙酸　　二氯乙酸　　三氯乙酸

控制反应条件和卤素的用量，可以得到产率较高的一氯乙酸。

用途： 一氯乙酸是染料、医药、农药及其他有机合成的重要中间体，可用于制备乐果、植物生长激素和增产灵。三氯乙酸可用作萃取剂，也可用于制备氯仿。

问题 10-8 羧酸是如何转变为其衍生物的？

4. 羧基中羟基的取代反应

羧酸分子中羧基上的羟基被其他原子或基团取代后的产物称为羧酸衍生物。

(1) 酰卤的生成　羧酸（甲酸除外）与三氯化磷、五氯化磷、亚硫酰氯（$SOCl_2$）等作用时，分子中的羟基被卤原子取代，生成酰卤。例如：

$$3R-\overset{\overset{\Large O}{\|}}{C}-OH + PCl_3 \longrightarrow 3R-\overset{\overset{\Large O}{\|}}{C}-Cl + H_3PO_3$$

$$R-\overset{\overset{\Large O}{\|}}{C}-OH + PCl_5 \longrightarrow R-\overset{\overset{\Large O}{\|}}{C}-Cl + POCl_3 + HCl$$

$$R-\overset{\overset{\displaystyle O}{\|}}{C}-OH + SOCl_2 \longrightarrow R-\overset{\overset{\displaystyle O}{\|}}{C}-Cl + SO_2\uparrow + HCl\uparrow$$

采用亚硫酰氯（$SOCl_2$）法产物纯，易分离，产率高，是合成酰卤的好方法。

$$CH_3(CH_2)_4COOH + SOCl_2 \longrightarrow CH_3(CH_2)_4COCl + SO_2\uparrow + HCl\uparrow$$

沸点/℃： 205 76 153

注意：反应生成的酰氯的性质活泼，易水解，反应应在无水条件下进行，否则生成的酰氯就会水解。

（2）酸酐的生成 羧酸（除甲酸外）在脱水剂（如五氧化二磷、乙酐等）作用下分子间脱水生成酸酐。例如：

$$RCOO-H + HO-\overset{\overset{\displaystyle O}{\|}}{C}-R \xrightarrow{P_2O_5} RCOO-\overset{\overset{\displaystyle O}{\|}}{C}-R + H_2O$$

$$CH_3-\overset{\overset{\displaystyle O}{\|}}{C}-O-\boxed{H + HO}-\overset{\overset{\displaystyle O}{\|}}{C}-CH_3 \xrightarrow[\triangle]{P_2O_5} CH_3-\overset{\overset{\displaystyle O}{\|}}{C}-O-\overset{\overset{\displaystyle O}{\|}}{C}-CH_3 + H_2O$$

某些二元酸（如丁二酸、邻苯二甲酸等）加热就可发生分子内脱水生成酸酐。例如：

$$\begin{array}{l} CH_2-COOH \\ | \\ CH_2-COOH \end{array} \xrightarrow{300℃} \begin{array}{l} CH_2-C \overset{O}{\diagdown} \\ \quad\quad\quad O \\ CH_2-C \diagup \\ \quad\quad\quad O \end{array} + H_2O$$

某一苯COOH COOH $\xrightarrow{196\sim199℃}$ 邻苯二甲酸酐 $+ H_2O$

问题 10-9 在企业生产中一般是采用什么方法移走酯化反应中的水？

（3）酯的生成 羧酸与醇在酸的催化作用下生成酯的反应，称为酯化反应。

$$R-\overset{\overset{\displaystyle O}{\|}}{C}-OH + HO-R' \underset{}{\overset{H^+}{\rightleftharpoons}} R-\overset{\overset{\displaystyle O}{\|}}{C}-OR' + H_2O$$

酯化反应是可逆反应，为了提高产率，一种方法是加入过量的反应物，通常加入过量的酸，因它与碱成盐，溶于水易分离。除此之外，实验室常采用分水器装置，将反应生成的水移走，使平衡向右移动。在企业生产中常采用以苯带水，苯能与水形成恒沸物，沸点69.25℃，含苯91.2％，加苯蒸馏，将水带出。

（4）酰胺的生成 羧酸与氨或胺反应，首先生成铵盐，羧酸铵在脱水剂存在下受热脱水生成酰胺。

例如：

$$R-\overset{\overset{\displaystyle O}{\|}}{C}-OH + NH_3 \longrightarrow R-\overset{\overset{\displaystyle O}{\|}}{C}-ONH_4 \xrightarrow[\triangle]{P_2O_5} R-\overset{\overset{\displaystyle O}{\|}}{C}-NH_2 + H_2O$$

$$CH_3-\overset{\overset{\displaystyle O}{\|}}{C}-OH \xrightarrow[\textcircled{2}\triangle]{\textcircled{1}NH_3} CH_3-\overset{\overset{\displaystyle O}{\|}}{C}-NH_2$$

四、重要的羧酸

1. 甲酸

甲酸俗称蚁酸，是无色刺激性的液体，沸点 100.7℃，有极强的腐蚀性，使用时要避免与皮肤接触，能与水和乙醇混溶。在自然界中，甲酸存在于某些昆虫如蜜蜂、蚂蚁中。人们被蜜蜂或蚂蚁蛰会感到肿痛，就是因这些昆虫分泌了甲酸所致。

工业上是将一氧化碳和氢氧化钠水溶液在加热、加压下制成甲酸钠，再经酸化而制成的。

$$CO+NaOH \xrightarrow[210℃]{0.6\sim0.8MPa} HCOONa$$

$$2HCOONa+H_2SO_4 \longrightarrow 2HCOOH+Na_2SO_4$$

甲酸在工业上用作还原剂、橡胶的凝固剂，也用于染料及合成酯，在医药上用作消毒剂和防腐剂。

2. 乙酸

乙酸俗称醋酸，是食醋的主要成分，一般食醋含乙酸 6%～8%。乙酸为无色刺激性的液体，沸点 118℃，熔点 16.6℃。当室温低于 16.6℃时，无水乙酸很容易凝结成冰状固体，故常把无水乙酸称为冰醋酸。乙酸可与水、乙醇、乙醚混溶。

乙酸是重要的化工原料。在照相材料、合成纤维、香料、食品、制药等行业具有广泛应用。

3. 乙二酸

乙二酸俗称草酸，通常以盐的形式存在于多种草本植物中。草酸是无色透明结晶，150～160℃升华。分析中用于检定和测定多种金属离子及用作校准高锰酸钾和硫酸铈溶液的标准溶液。生活中可用来除去衣服上的铁锈、蓝墨水和血迹。在建筑行业涂刷外墙涂料前，由于墙面碱性较强可先涂刷草酸除碱。印染工业用作显色助染剂、漂白剂等。

4. 苯甲酸

苯甲酸存在于安息香胶及其他一些树脂中，故俗称安息香酸。是白色晶体，熔点 121.7℃，受热易升华，微溶于热水、乙醇和乙醚中。苯甲酸的工业制法主要是甲苯氧化法和甲苯氯代水解法。苯甲酸是重要的有机合成原料，可用于制备染料、香料、药物等。苯甲酸及其钠盐有杀菌防腐作用，所以常用作食品和药液的防腐剂。

5. 己二酸

己二酸为白色晶体，熔点 151℃，微溶于水，易溶于乙醇。己二酸是合成尼龙 66 的重要原料，还可用来制造增塑剂、润滑剂等。工业上主要以环己醇或环己烷为原料生产。

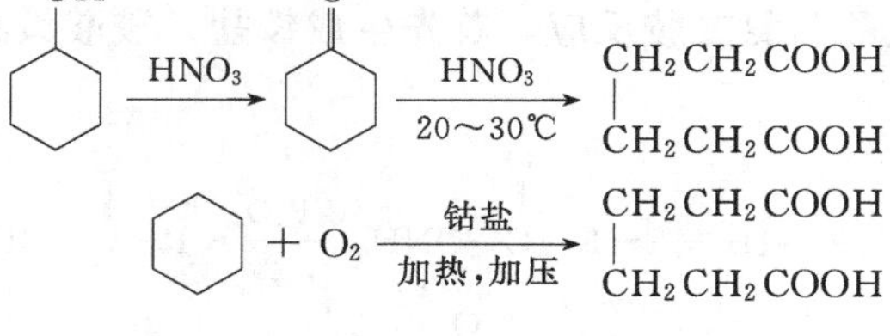

6. 山梨酸

化学名称为反，反-2,4-己二烯酸，天然存在于花椒树籽中，也叫花椒酸。山梨酸是白色针状晶体，溶于醇、醚等多种有机溶剂，微溶于热水，沸点 228℃（分解）。山梨酸是安全性很高的防腐剂，人们将山梨酸誉为营养型防腐剂，是一种新型食品添加剂。

任务 10-8 完成下列化学反应。

(1) $CH_3COOH + CH_3CHCH_2CH_2OH \xrightarrow{H^+}$?
                             $|$
                            CH_3

(2) CH_3CH_2COOH $\begin{cases} \xrightarrow[S]{Cl_2} ? \\ \xrightarrow{SOCl_2} ? \end{cases}$

(3) $\xrightarrow[H^+]{KMnO_4}$? $\begin{cases} \xrightarrow[\triangle]{P_2O_5} ? \\ \xrightarrow[\triangle]{NH_3} ? \end{cases}$

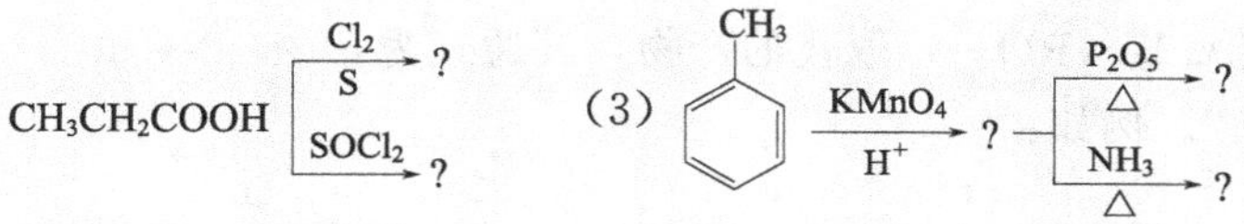

第二节　羧酸衍生物

一、羧酸衍生物的分类和命名

羧酸分子中去掉羟基后剩余的基团称为酰基。例如：乙酰基 $CH_3\overset{\overset{\displaystyle O}{\|}}{C}-$ 。重要的羧酸衍生物有酰卤、酸酐、酯和酰胺，下面讨论它们的分类及命名。

1. 酰卤

酰卤是指羧酸中羟基被卤素取代的产物，其通式为：$R\overset{\overset{\displaystyle O}{\|}}{C}-X$（X＝F、Cl、Br、I）。酰卤的命名是以相应的酰基和卤素的名称，称为"某酰卤"。例如：

乙酰氯　　　　　丙酰溴　　　　　丙烯酰碘　　　　苯甲酰氯

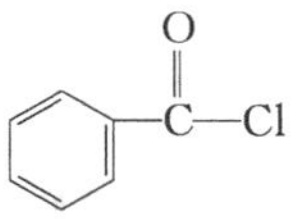

任务 10-9 命名以下酰卤并总结规律。

(1)　　　　　　　　　　(2)

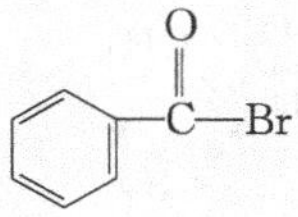

2. 酸酐

酸酐是指羧酸分之间脱水生成的产物，其通式是：$R\overset{\overset{\displaystyle O}{\|}}{C}-O-\overset{\overset{\displaystyle O}{\|}}{C}-R'$ 。

乙酸酐是最简单的酸酐，酸酐的命名由相应的羧酸加"酐"字组成。若烃基相同称为单酐，命名为"某酸酐"；不同称为混酐，命名为"某某酸酐"；二元羧酸分子内失水形成环状酐称为内酐（属于单酐）。

乙酸酐（单酐）　　　　　　　　丙丁酐（混酐）

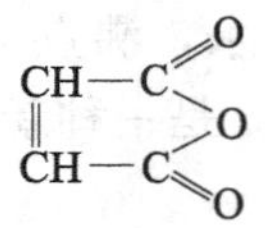

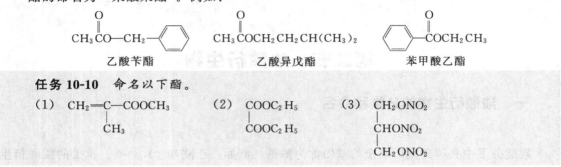

顺丁烯二酸酐(内酐) 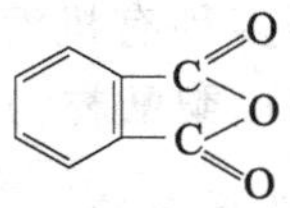　　　邻苯二甲酸酐(内酐)

3. 酯

酯是指羧酸中羟基被烃氧基（RO—）取代的产物，其通式为：$R-\overset{O}{\underset{}{C}}-OR'$。

酯的命名为"某酸某酯"。例如：

$CH_3\overset{O}{\underset{}{C}}O-CH_2-\bigcirc$　　　　$CH_3\overset{O}{\underset{}{C}}OCH_2CH_2CH(CH_3)_2$　　　　$\bigcirc\overset{O}{\underset{}{C}}OCH_2CH_3$

乙酸苄酯　　　　　　　　乙酸异戊酯　　　　　　　　苯甲酸乙酯

任务 10-10　命名以下酯。

（1）$CH_2=\underset{CH_3}{\overset{|}{C}}-COOCH_3$　　（2）$\underset{COOC_2H_5}{\overset{COOC_2H_5}{|}}$　　（3）$\underset{CH_2ONO_2}{\overset{CH_2ONO_2}{\underset{|}{\overset{|}{CHONO_2}}}}$

4. 酰胺

酰胺是指羧酸中羟基被氨基（包括取代氨基—NHR、—NR$_2$）取代的产物，其通

式为：$R\overset{O}{\underset{}{C}}-NH_2$。酰胺分为取代酰胺和非取代酰胺，非取代酰胺的命名是根据酰基的

名称，称为"某酰胺"。例如：

$CH_3-\overset{O}{\underset{}{C}}-NH_2$　　　　$\bigcirc-\overset{O}{\underset{}{C}}-NH_2$　　　　$CH_2=CH-\overset{O}{\underset{}{C}}-NH_2$

乙酰胺　　　　　　　　苯甲酰胺　　　　　　　　丙烯酰胺

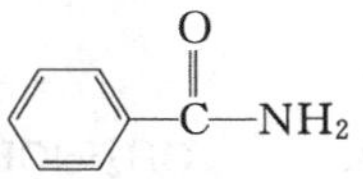

取代酰胺命名时，把氮原子上所连的烃基作为取代基，写名称时用"N"表示其位次。
例如：

$CH_3-\overset{O}{\underset{}{C}}-NHCH_3$　　　$H\overset{O}{\underset{}{C}}N\overset{CH_3}{\underset{CH_3}{<}}$　　　$\bigcirc-\overset{O}{\underset{}{C}}-N\overset{CH_3}{\underset{CH_2CH_3}{<}}$

N-甲基乙酰胺　　　　N,N-二甲基甲酰胺 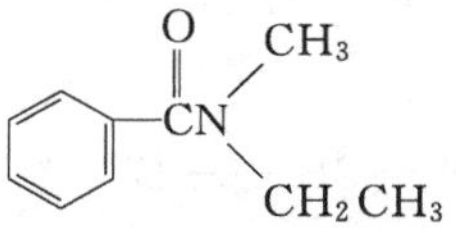　　　　N-甲基-N-乙基苯甲酰胺

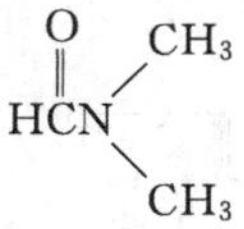

二、羧酸衍生物的物理性质及应用

1. 酰氯

低级酰氯是具有刺激性气味的无色液体，高级酰氯为白色固体。酰氯的沸点比相应的羧
酸低。例如，乙酸沸点为118℃，乙酰氯沸点为52℃。低级酰氯遇水易分解，高级酰氯不溶
于水，易溶于有机溶剂。酰氯是常用的酰化试剂。

2. 酸酐

低级酸酐是具有刺激性气味的无色液体，高级酸酐为固体。酸酐难溶于水而易溶于有机
溶剂，酸酐常用作酰化试剂。饱和一元羧酸的酸酐沸点比相应羧酸的高，如乙酸酐沸点为

139.6℃，乙酸沸点为118℃。

问题 10-10　酯都有哪些香味？有哪些用途？

3. 酯

低级酯是具有水果香味的无色液体，广泛存在于水果和花草中。如苹果中含有戊酸异戊酯，香蕉和梨中含有乙酸异戊酯，茉莉花中含苯甲酸甲酯。高级酯为蜡状固体。低级酯微溶于水，其他酯难溶于水，易溶于乙醇、乙醚等有机溶剂。酯是极性化合物，其沸点比相对分子质量相近的醇和羧酸都低。

问题 10-11　酰胺的沸点为何比相对分子质量相近的羧酸的高？

4. 酰胺

除甲酰胺是液体外，其余酰胺均为固体。低级酰胺溶于水，随着相对分子质量的增大，在水中溶解度逐渐降低。酰胺由于分子间的缔合作用较强，沸点比相对分子质量相近的羧酸、醇都高。一些常见羧酸衍生物的物理常数见表 10-2。

表 10-2　一些常见羧酸衍生物的物理常数

名称	熔点/℃	沸点/℃	名称	熔点/℃	沸点/℃
乙酰氯	−112	51	甲酸甲酯	−100	32
苯甲酰氯	−1	197.2	乙酸乙酯	−83	77
乙酸酐	−73	140	乙酸异戊酯	−78	142
丁二酸酐	119.6	261	乙酰胺	82	221
苯甲酸酐	42	360	N,N-二甲基甲酰胺	−61	153

羧酸衍生物都可溶于有机溶剂，其中乙酸乙酯大量用于油漆工业。

三、羧酸衍生物的化学性质及应用

任务 10-11　比较羧酸衍生物的反应活性强弱。

羧酸衍生物分子中都含有酰基，酰基上所连接的基团都是极性基团，因此它们具有相似的化学性质。因不同的羧酸衍生物中酰基所连接的原子或基团不同，所以它们的反应活性存在差异。反应活性强弱的顺序是：

$$\underset{R-C-Cl}{\overset{O}{\parallel}} > \underset{R-C-O-C-R'}{\overset{O\quad\quad O}{\parallel\quad\quad\parallel}} > \underset{R-C-OR'}{\overset{O}{\parallel}} > \underset{R-C-NH_2}{\overset{O}{\parallel}}$$

1. 水解

羧酸衍生物都能发生水解反应生成羧酸。

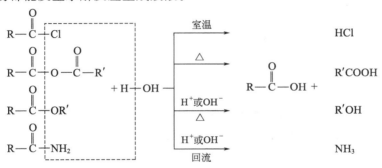

酯在碱性溶液中（如 NaOH 水溶液）水解时，得到羧酸盐（钠盐），由于高级脂肪酸的钠盐用作肥皂，故酯的碱性水解反应也称为皂化反应。

用途：酰氯最容易水解，放出的氯化氢气体立即形成白雾，并且可使湿的 pH 试纸变红色；酰胺碱性下加热水解，放出的氨气可使湿的 pH 试纸变蓝色。利用该特性可鉴别酰氯及酰胺；对羧酸衍生物水解生成的酸进行滴定分析，可用于羧酸衍生物的定量分析。

任务 10-12　请设计区分苯甲酰氯和氯代环己烷的方案。

2. 醇解

酰卤、酸酐和酯与醇作用生成酯的反应，称为醇解。

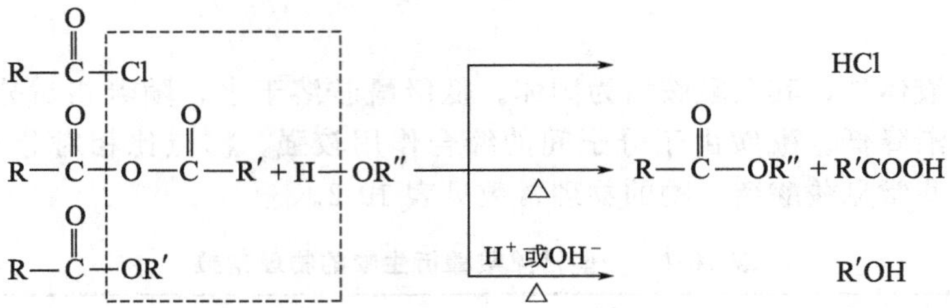

酯与醇反应，生成另外的酯和醇，称为酯交换反应。

任务 10-13　请设计由一种低级醇制备高级醇的实验方案。

任务 10-14　试用酯交换原理解释企业中生产涤纶的生产工艺。

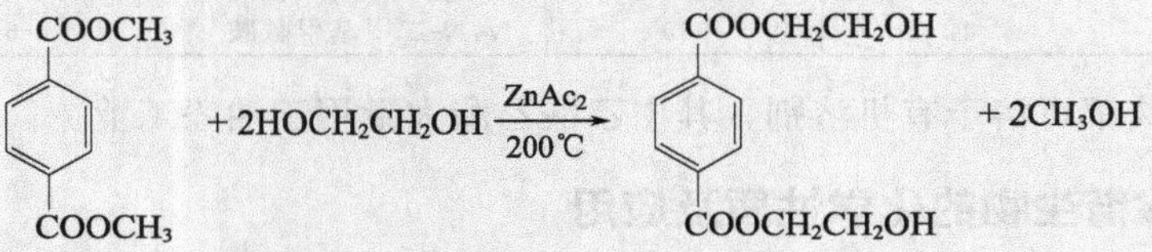

对苯二甲酸二甲酯　　乙二醇　　对苯二甲酸二乙二醇酯

3. 氨解

酰卤、酸酐和酯与氨或胺作用生成酰胺的反应，称为氨解。

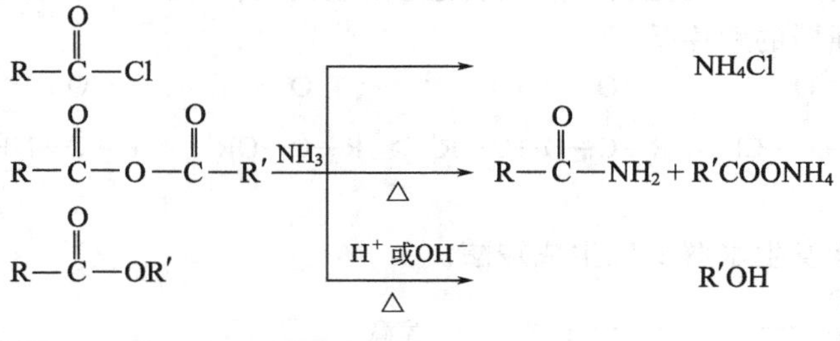

酰胺与过量的胺作用可得到 *N*-取代酰胺。

$$\overset{\large O}{\underset{}{\|}}\!\!\!\!\!\!\text{RCNH}_2 + \text{H—HNR}' \longrightarrow \text{R}\overset{O}{\overset{\|}{\text{C}}}\text{—HNR}' + \text{NH}_3$$

羧酸衍生物的水解、醇解和氨解反应相当于在水、醇、氨分子中引入酰基。凡是向其他分子中引入酰基的反应都叫酰基化反应。提供酰基的试剂叫酰基化试剂。酰氯、酸酐是常用的酰基化试剂。

任务 10-15　请总结我们学过的酰基化反应。

4. 酰胺的特性

酰胺除具有羧酸衍生物的通性外，还具有一些特殊性质。

（1）酸碱性　在酰胺分子中，由于氮原子上的孤对电子与羰基形成 p-π 共轭，使氮原子上的电子云密度降低，氮原子与质子结合能力下降，所以碱性比氨弱，只有在强酸作用下才显示弱碱性。例如：

$$\underset{\displaystyle RCNH_2}{\overset{\displaystyle O}{\|}} + HCl \longrightarrow \underset{\displaystyle RCNH_2}{\overset{\displaystyle O}{\|}} \cdot HCl$$

这种盐不稳定，遇水即分解为乙酰胺。

（2）脱水反应　把酰胺加热或与脱水剂［如 P_2O_5、$(CH_3CO)_2O$ 等］作用，发生分子内脱水生成腈。例如：

$$CH_3CH_2 - \underset{\displaystyle}{\overset{\displaystyle O}{\overset{\displaystyle \|}{C}}} - NH_2 \xrightarrow[\triangle]{P_2O_5} CH_3CH_2 - C\equiv N + H_2O$$

（3）霍夫曼降级反应　酰胺与次氯酸钠或次溴酸钠作用，失去羰基生成比原来少一个碳原子的伯胺，这个反应叫霍夫曼（Hofmann）降级反应。例如：

$$R - \underset{\displaystyle}{\overset{\displaystyle O}{\overset{\displaystyle \|}{C}}} - NH_2 \xrightarrow{NaOH, Br_2} R - NH_2$$

四、重要的羧酸衍生物

1. 乙酸酐

乙酸酐为具有刺激性的无色液体，沸点 139.5℃，是良好的溶剂。它与热水作用生成乙酸。乙酸酐具有酸酐的通性，是重要的乙酰化剂，它也是重要的化工原料，在工业上大量用于制造醋酸纤维、合成染料、医药、香料、油漆和塑料等。

工业上最重要的酸酐是乙酸酐，它最重要的生产方法是由乙酸与乙烯酮反应制得，而乙烯酮是由丙酮或乙酸制得。

2. 苯酐

邻苯二甲酸酐俗称苯酐，英文简写为 PA。它是白色鳞片状固体及粉末，或白色针状晶体，熔点 130.8℃，沸点 284.5℃，易升华，稍溶于冷水，易溶于热水并水解为邻苯二甲酸，溶于乙醇、苯和吡啶，微溶于乙醚。

苯酐是一种重要的有机化工原料，主要用于生产塑料增塑剂、醇酸树脂、染料、不饱和树脂、医药和农药等产品。

3. 乙酰氯

乙酰氯为无色有刺激性气味的液体，沸点 51℃。乙酰氯暴露在空气中，立刻吸湿分解放出氯化氢气体形成白雾，所以酰氯必须密封贮存。乙酰氯具有酰卤的通性，它的主要用途是作乙酰化试剂。

在工业上乙酰氯用亚硫酰氯（$SOCl_2$）或三氯化磷或五氯化磷与乙酸制取。

4. α-甲基丙烯酸甲酯

在常温下，α-甲基丙烯酸甲酯为无色液体，熔点 $-48.2℃$，沸点 $100\sim101℃$，微溶于水，溶与乙醇和乙醚。易挥发、易聚合。

α-甲基丙烯酸甲酯在引发剂（如偶氮二异丁腈）存在下，聚合生成聚 α-甲基丙烯酸甲酯。

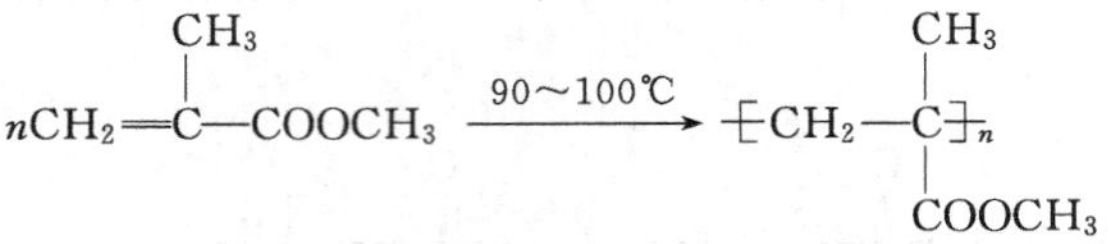

$$nCH_2=\underset{\underset{COOCH_3}{|}}{\overset{\overset{CH_3}{|}}{C}}-COOCH_3 \xrightarrow{90\sim100℃} \left[CH_2-\underset{\underset{COOCH_3}{|}}{\overset{\overset{CH_3}{|}}{C}}\right]_n$$

聚 α-甲基丙烯酸甲酯

聚 α-甲基丙烯酸甲酯是无色透明的聚合物，俗称"有机玻璃"，质轻、不易碎裂，溶于丙酮、乙酸乙酯、芳烃等。由于它的高度透明性，多用于制造光学仪器和照明用品，如航空玻璃、仪表盘、防护罩等，着色后可制纽扣、广告牌等。

5. DMF——万能溶剂

N,N-二甲基甲酰胺，简称 DMF。是带有氨味的无色液体，沸点 $153℃$。它的蒸气有毒，对皮肤、眼睛和黏膜有刺激作用。

工业上，用氨、甲醇和一氧化碳为原料，在高压下反应制得。

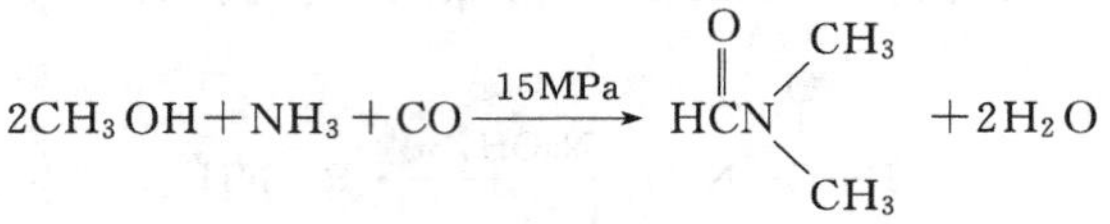

$$2CH_3OH+NH_3+CO \xrightarrow{15MPa} HC\underset{}{\overset{\overset{O}{\|}}{}}N\begin{smallmatrix}CH_3\\CH_3\end{smallmatrix}+2H_2O$$

N,N-二甲基甲酰胺能与水及大多数有机溶剂混溶，能溶解很多无机物和许多难溶的有机物，特别是一些高聚物。例如它是聚丙烯腈抽丝的良好溶剂，也是丙烯酸纤维加工中使用的溶剂，它有"万能溶剂"之称。

6. 除虫菊酯

除虫菊酯存在于除虫菊的花中。其结构为：

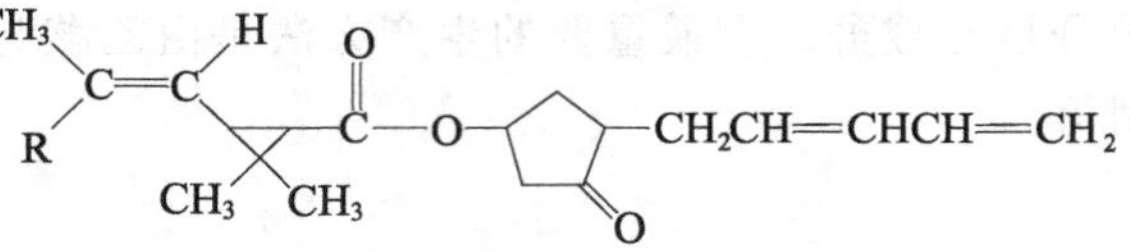

除虫菊酯具有麻痹昆虫中枢神经的作用，为触杀性杀虫剂，昆虫不易产生抗药性，同时也是广谱性杀虫剂。天然除虫菊酯见光分解成无毒成分，是国际上公认最安全无害的第三代农药。

任务 10-16 完成下列反应式：

（1） 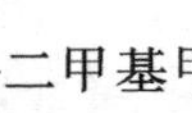 $\text{C}_6\text{H}_5\text{-CH}_2\text{COOH} \xrightarrow[\text{②H}_2\text{O}]{\text{①LiAlH}_4}$

（2） $CH_3CH_2COOH \xrightarrow[\triangle]{P_2O_5}$

（3） $C_{11}H_{23}COOC_{12}H_{25}+CH_3CH_2OH \xrightarrow{H^+}$

（4） $CH_3CH_2CH_2COOH \xrightarrow[\triangle]{NH_3} \xrightarrow{NaOH,Br_2}$

*第三节　油脂和表面活性剂

一、油脂

油脂普遍存在于动植物体的脂肪组织中，是动植物贮藏和供给能量的主要物质之一。油脂进入人体后，经过化学反应，一部分供给人体活动所需要的能量，多余的会合成人体脂肪，在人体皮下贮存起来，贮存过多，人就会发胖。油脂经过反应后产生的热量比蛋白质、淀粉反应后放出的热量高一倍以上，所以食用含油脂多的食物不易感到饿。它也是维生素等许多活性物质的良好溶剂，在人体内还起到维持体温和保护内脏器官免受振动及撞击。另外，油脂还用来制备肥皂、护肤品和润滑剂等。

1. 油脂的组成和结构

油脂包括油和脂肪。习惯上将常温下为液态的称为油，固态或半固态的称为脂肪。油脂是直链高级脂肪酸的甘油酯。其构造式可表示为：

$$
\begin{array}{l}
CH_2-O-\overset{\displaystyle O}{\overset{\displaystyle \|}{C}}-R \\[4pt]
CH-O-\overset{\displaystyle O}{\overset{\displaystyle \|}{C}}-R' \\[4pt]
CH_2-O-\overset{\displaystyle O}{\overset{\displaystyle \|}{C}}-R''
\end{array}
$$

其中，R、R′和R″都相同，称为单纯甘油酯，不同的称为混合甘油酯。自然界中存在的油脂大多数是混合甘油酯。

油脂中高级脂肪酸的种类很多，有饱和脂肪酸，也有不饱和脂肪酸（见表10-3）。

表 10-3　油脂中的重要脂肪酸

类别	名称	构造式	熔点/℃
饱和脂肪酸	月桂酸（十二酸）	$CH_3(CH_2)_{10}COOH$	44
	豆蔻酸（十四酸）	$CH_3(CH_2)_{12}COOH$	58
	软脂酸（十六酸）	$CH_3(CH_2)_{14}COOH$	63
	硬脂酸（十八酸）	$CH_3(CH_2)_{16}COOH$	71.2
	花生酸（二十酸）	$CH_3(CH_2)_{18}COOH$	77
	掬焦油酸（二十四酸）	$CH_3(CH_2)_{22}COOH$	87.5
不饱和脂肪酸	棕榈油酸（9-十六碳烯酸）	$CH_3(CH_2)_5CH=CH(CH_2)_7COOH$	0.5
	油酸（9-十八碳烯酸）	$CH_3(CH_2)_7CH=CH(CH_2)_7COOH$	16.3
	亚油酸（9,12-十八碳二烯酸）	$CH_3(CH_2)_4CH=CHCH_2CH=CH(CH_2)_7COOH$	−5
	亚麻酸（9,12,15-十八碳三烯酸）	$CH_3CH_2CH=CHCH_2CH=CHCH_2CH=CH(CH_2)_7COOH$	−11.3
	花生四烯酸（5,8,11,14-二十碳四烯酸）	$CH_3(CH_2)_4CH=CHCH_2CH=CHCH_2CH=CHCH_2CH=CH(CH_2)_3COOH$	−49.5

2. 油脂的性质

（1）物理性质　纯净的油脂无色、无味、无臭，相对密度小于1，比水轻。难溶于水，易溶于有机溶剂。由于天然油脂是混合物，所以没有固定的熔点和沸点。

（2）化学性质

① 水解　油脂与氢氧化钠（或氢氧化钾）水溶液共热，发生水解反应，生成甘油和高

级脂肪酸盐，此盐就是日常所用的肥皂。因此，油脂在碱性溶液中的水解称为皂化。

$$
\begin{array}{c}
CH_2-O-\overset{\overset{O}{\|}}{C}-R \\
CH-O-\overset{\overset{O}{\|}}{C}-R' \\
CH_2-O-\overset{\overset{O}{\|}}{C}-R''
\end{array}
\ +3KOH \xrightarrow{\triangle}
\begin{array}{c}
CH_2-OH \\
CH-OH \\
CH_2-OH
\end{array}
\begin{array}{l}
RCOOK \\
+R'COOK \\
R''COOK
\end{array}
$$

工业上把 1g 油脂皂化所需氢氧化钾的质量（以 mg 计）称为皂化值。根据皂化值的大小，可估算油脂的相对分子质量。皂化值越大，油脂的相对分子质量越小。

② 加成　油脂中含不饱和脂肪酸，其分子中的碳碳双键，可以和氢气、卤素发生加成反应。

加氢：不饱和油脂经催化加氢，可转化为饱和脂肪酸的油脂。加氢后油脂由液态转变为固态或半固态，这一过程称为油脂的硬化。氢化后的油脂叫氢化油或硬化油。油脂硬化后，不仅提高了油脂的熔点，而且不易被空气氧化变质，便于贮存和运输。

加碘：油脂与碘的加成反应，常用于测定油脂的不饱和程度。100g 油脂所能吸收碘的质量（以 g 计）叫碘值。碘值越大，表示油脂的不饱和程度越大。

③ 干性　有些油脂暴露在空气中，其表面能形成有韧性的固态薄膜，油的这种结膜特性叫做干性。

干性的化学反应是很复杂的，主要是由于一系列氧化聚合的结果。实践证明，油的干性强弱（即干结成膜的快慢）是和分子中所含双键数目及双键的相对位置有关的，含双键数目越多，结膜快，数目少，结膜慢。

油的干性可以用碘值大小来衡量。一般碘值大于 130 的是干性油；碘值在 100～130 之间的为半干性油；碘值小于 100 的为不干性油。

油能结膜的特性，就使油成为油漆工业中的一种重要原料。干性油、半干性油可作为油漆原料。桐油是最好的干性油，它的特性与桐酸的共轭双键体系有关。用桐油制成的油漆不仅成膜快，而且漆膜坚韧，耐光，耐冷热变化，耐腐蚀。桐油是我国的特产，产量占世界总产量的 90％以上。

④ 酸败　油脂放置过久，受空气中的氧气或微生物的作用，经一系列变化，部分生成相对分子质量较小的脂肪酸、醛、酮等，产生难闻的气味，这种现象称为酸败。油脂分子中含有碳碳双键时，更容易发生酸败。湿气、热和光对酸败有促进作用，所以，油脂应在干燥、避光、密封的条件下保存。酸败油脂不宜食用。

二、表面活性剂

凡能显著降低水的表面张力或两种液体（如水和油）界面张力的物质称为表面活性剂。当表面活性剂溶于液体后，它能使溶液具有润湿、乳化、起泡、消泡、洗涤、润滑、杀菌和防静电等作用。表面活性剂的种类很多，但在结构上有共同的特征，就是分子内既有亲水基团，也有憎水基团（亲油基团）。常见的亲水基有羧基、磺酸基、羟基、伯、仲、叔铵盐和季铵盐等强极性基团。憎水基大多是较长碳链的烃基，如 $C_{10} \sim C_{18}$ 的烷基或烷基取代的芳烃基。当在不相溶的水油两相物质中加入表面活性剂时，亲油基插入油滴中，而把亲水基留在油滴的外部，将油分散为微小的粒子，粒子的外面由一层亲水基包围，从而将不溶于水的油分散在水中。

表面活性剂的分类方法很多，根据使用的目的不同，表面活性剂可分为：洗涤剂、乳化剂、润湿剂、分散剂和发泡剂等。按照分子结构，即溶于水时能否电离，以及电离后生成离子的种类可分为：阴离子、阳离子、两性和非离子表面活性剂。

1. 阴离子表面活性剂

这类表面活性剂溶于水后生成离子，其亲水基为带有负电荷的基团。它主要有羧酸盐、磺酸盐和硫酸酯盐三类。例如：

$$CH_3(CH_2)_{10}CH_2OSO_3^- Na^+$$

十二烷基硫酸钠

$$C_{12}H_{25}\!-\!\!\langle\ \rangle\!\!-\!SO_3Na$$

十二烷基苯磺酸钠

（1）羧酸盐　羧酸盐主要包括皂类，由油脂加碱水解制得。日常用的肥皂是高级脂肪酸的钠盐，它是硬质固体。高级脂肪酸的钾盐，质软，不能凝成硬块，称为软肥皂，软肥皂主要制成洗发膏、水或医用乳化剂。如消毒用的煤酚皂溶液就是甲苯酚的软肥皂溶液。

肥皂不能在硬水中使用，因为在含 Ca^{2+}、Mg^{2+} 的硬水中肥皂转化为不溶性的高级脂肪酸的钙盐或镁盐。在酸性水中转变成不溶于水的脂肪酸，从而失去去污能力。因此肥皂不适于在硬水或酸性水中使用。

（2）磺酸盐　磺酸盐的通式为 $R\!-\!SO_3Na$。其中最具代表性的是十二烷基苯磺酸钠，是市售合成洗涤剂的主要成分之一。十二烷基苯磺酸钠是强酸盐，可以在酸性溶液中作用，在硬水中也具有良好的去污力。另外，十二烷基苯磺酸钠被广泛用作干洗用洗涤剂的原料以及切削油等矿物油乳化剂成分。十二烷基苯磺酸钙广泛用作农药乳化剂，也可用作防锈油等。

（3）硫酸酯盐　硫酸酯盐通式为 $R\!-\!OSO_3Na$。其中以十二烷基硫酸钠最常见，它的水溶性、洗涤性均优于肥皂。其水溶液呈中性，对羊毛等无损害，在硬水中也可以使用，主要用于制造各种洗涤剂、香波及牙膏等。

2. 阳离子表面活性剂

这类表面活性剂溶于水后生成离子，其亲水基为带有正电荷的基团。主要有胺盐型和季铵盐型两大类。

阳离子表面活性剂价格较高，洗涤力较差，但具有很强的杀菌力和润湿、起泡、乳化等性能，以及容易吸附在金属和纤维表面，因此可作杀菌剂、纤维柔软剂、金属防锈剂、抗静电剂等。例如：

$$\left[\ \langle\ \rangle\!-\!CH_2\!-\!\overset{\overset{\displaystyle CH_3}{|}}{\underset{\underset{\displaystyle CH_3}{|}}{N^+}}\!-\!C_{12}H_{25}\ \right]Br^-$$

溴化二甲基十二烷基苄基铵（新洁尔灭）

溴化二甲基十二烷基苄基铵又称新洁尔灭，具有较强的杀菌力，主要用于外科手术前皮肤、器械的消毒。

值得注意，阴离子表面活性剂不能与阳离子表面活性剂一同使用，但可与非离子表面活性剂一同使用。

3. 两性表面活性剂

亲水基由阴离子和阳离子以内盐的形式构成的表面活性剂，称为两性表面活性剂。其中阴离子部分主要是羧酸盐、磺酸盐或硫酸盐；阳离子部分是胺盐或季铵盐。两性表面活性剂在酸性介质中，显示阳离子性质；在碱性介质中显示阴离子性质。这类表面活性剂易溶于水，杀菌作用温和、刺激性小、毒性小，可用作洗涤剂、柔软剂、抗静电剂、分散剂等。其代表物有：

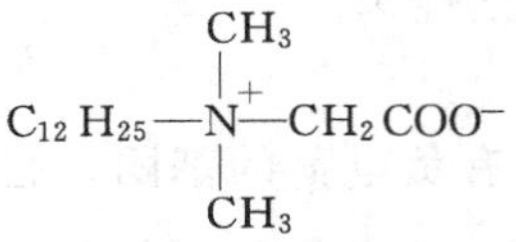

二甲基十二烷铵基乙酸盐 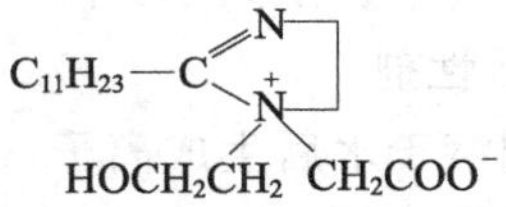　　　　　　1-羟乙基-1-羧甲基-2-十一烷基咪唑啉

二甲基十二烷铵基乙酸盐溶于水呈透明液体，易起泡、洗涤力很强，用作洗涤剂。1-羟乙基-1-羧甲基-2-十一烷基咪唑啉具有低毒、低刺激、去污力强、配伍性好，可用作洗涤剂、柔软剂、抗静电剂等，广泛应用于制造高档香波。

4. 非离子表面活性剂

非离子表面活性剂在水中不解离成离子。一般以羟基、醚键等作为亲水基团。主要有聚氧乙烯缩合物和多元醇两种类型。例如：

$$C_{12}H_{25}O(CH_2CH_2O)_nH$$

聚氧乙烯十二烷基醚

由于在溶液中不解离，因此非离子表面活性剂稳定性高，不易受酸、碱、盐的影响，与其他类型表面活性剂配伍性好。主要用于洗涤剂、助染剂和乳化剂等，少数用作纤维柔软剂。

*第四节　碳酸衍生物

碳酸是不稳定的二元酸，只存在于水溶液中。碳酸在结构上可看成是羟基甲酸。

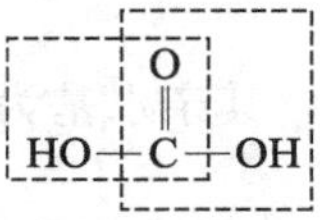

其分子中的一个或两个羟基被其他原子或基团取代后生成的化合物叫做碳酸衍生物。碳酸的一元衍生物不稳定，很难单独存在；二元衍生物比较稳定，具有实用价值。例如，碳酰胺、碳酸二甲酯等都是主要的碳酸衍生物。

一、尿素

碳酰胺又称尿素或脲。存在于人和哺乳动物的尿液中，其结构式如下：

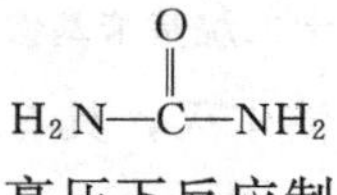

$$
\begin{array}{c}
O \\
\parallel \\
H_2N\!-\!C\!-\!NH_2
\end{array}
$$

工业上用二氧化碳与氨气在高温、高压下反应制备。

$$2NH_3 + CO_2 \xrightarrow[20MPa]{180\sim200℃} NH_2COONH_4 \xrightarrow{\triangle} NH_2CONH_2 + H_2O$$

尿素具有酰胺的结构，所以酰胺有相似的性质，但由于分子中两个氨基连在同一羧基上，因此又具有一些特性。

（1）碱性　尿素分子中有两个氨基，其中一个氨基可与强酸成盐，呈弱碱性。

$$H_2N\overset{\overset{\displaystyle O}{\|}}{C}NH_2 + NHO_3 \longrightarrow H_2N\overset{\overset{\displaystyle O}{\|}}{C}NH_2 \cdot HNO_3$$

硝酸脲

生成的硝酸脲难溶于水而易结晶，利用这种性质可从尿液中提取尿素。

（2）水解 尿素在酸、碱或尿素酶的作用下，易发生水解反应，生成氨和二氧化碳。

（3）缩合 将尿素缓慢加热，两分子尿素脱去一分子氨生成缩二脲。

$$H_2NCONH_2 + H_2O \xrightarrow[\text{或尿素酶}]{H^+ \text{或} OH^-} 2NH_3 + CO_2$$

$$H_2N\overset{\overset{\displaystyle O}{\|}}{C}\underset{\dashleftarrow}{[NH_2 + H]}HN\overset{\overset{\displaystyle O}{\|}}{C}NH_2 \xrightarrow{\triangle} H_2N\overset{\overset{\displaystyle O}{\|}}{C}NH\overset{\overset{\displaystyle O}{\|}}{C}NH_2 + NH_3$$

缩二脲能与硫酸铜的碱溶液作用显紫色，这个颜色反应叫做缩二脲反应。凡分子中含有两个或两个以上酰胺键的化合物，都发生这种颜色反应。

（4）与亚硝酸反应 尿素与亚硝酸作用生成二氧化碳和氮气。

$$H_2NCONH_2 + 2HNO_2 \longrightarrow CO_2\uparrow + 2N_2\uparrow + 3H_2O$$

尿素除用作肥料外，也是重要的工业原料。它用于生产脲醛树脂、染料、除草剂、杀虫剂和药物等。例如，尿素与丙二酸二乙酯作用生成丙二酰脲，俗称巴比土酸，它的衍生物是一类安眠药。

任务 10-17 总结鉴别尿素的方法。

二、碳酸二甲酯

碳酸二甲酯（ $CH_3O\overset{\overset{\displaystyle O}{\|}}{C}OCH_3$ ），简称 DMC，是一种十分有用的有机合成中间体，从 DMC 出发可合成聚碳酸酯、异氰酸酯、丙二酸酯等化工产品。它在制取高性能树脂、溶剂、药物、防腐剂等领域的用途越来越广泛。碳酸二甲酯无毒，可代替剧毒的光气和硫酸二甲酯作羰基化试剂和甲基化试剂，对环境无污染，属于绿色化学的合成方法。

传统生产碳酸二甲酯是以光气为原料醇解，现已开发了甲醇氧化羰基化法合成的新技术，其反应如下：

$$2CH_3OH + \frac{1}{2}O_2 + CO \xrightarrow{Cu_2Cl_2} CH_3O\overset{\overset{\displaystyle O}{\|}}{C}OCH_3 + H_2O$$

📖**知识窗** -

合成洗涤剂与人体健康

合成洗涤剂是由表面活性剂和洗涤助剂两大主要部分组成的复配物，每一种原料均有各自的功能，彼此之间又有某种联系。随着洗涤用品工业的发展，合成洗涤剂正向浓缩化、功能化、专用化的趋势发展，正逐步成为当今人类必需的生活用品。合成洗涤剂按其外观形态可分为固体和液体两种，固体洗涤剂产量最大，但液体洗涤剂近年来发展较快，以其与水易溶、弱碱或中性等优点越来越受到人们的青睐。

一、日用合成洗涤剂的主要成分

1. 表面活性剂（也称洗涤主剂）

　　表面活性剂是洗涤剂能够发挥去污作用的主要物质。由亲油基团和亲水基团两部分构成。它能够降低溶剂的表面张力，并产生润湿、乳化、分散、柔顺和增溶等作用，从而使污垢被洗掉。常用的表面活性剂有十二烷基苯磺酸钠、脂肪酸钠、烷基聚氧乙烯醚硫酸钠、脂肪醇聚氧乙烯醚和季铵盐类等。

　　2. 常用助剂

　　广义上讲，合成洗涤剂中凡与去污有关、能增加洗涤剂特性的辅助材料统称为洗涤助剂。洗涤助剂的加入，不仅可以降低洗涤剂的成本，还能提高洗涤剂的去污能力，使表面活性剂的效果得到增强，具有一定的助洗性能和抗再沉淀性能，进而提高洗涤剂的综合性能。

　　（1）磷酸盐、沸石　它们是合成洗涤剂中常用的助剂，起软化水的作用，从而提高表面活性剂的去污能力。由于磷酸盐对生态环境和人类健康危害较大，1980年美国环保局正式宣布在洗涤剂中使用4A沸石（硅铝酸钠）作为磷酸盐的替代品，我国多数厂家已生产无磷洗涤剂。

　　（2）纯碱　纯碱（即碳酸钠）本身就具有去污能力，洗涤剂中加入它，可以提高去污能力。

　　（3）硅酸钠　硅酸钠（俗称水玻璃）是一种重要的助剂，具有缓冲、提高去污力、改善料浆和粉体的流动性、保护织物、抗腐蚀、软化水等作用，它可使洗涤剂保持一定的弱碱性。

　　（4）释氧物　洗涤剂中加入释氧物目的是提高去污效果，主要有过硼酸钠和过碳酸钠。在溶液中，过硼酸钠在较高温度下放出具有漂白作用的初生态氧，适用于动、植物纤维和合成纤维的洗涤漂白。它的作用不受pH的影响。过碳酸钠发生漂白作用的温度比较低

　　（5）酶　酶是一种专一性的生物催化剂。蛋白酶可以催化水解肉、蛋、奶污渍，淀粉酶可以催化水解酱、粥等污渍，脂肪酶可以催化各种动植物油脂和人体皮脂腺分泌物。原来的洗涤剂多使用单一的蛋白酶，现在开始多使用多种成分的复合酶。

　　（6）增溶剂　配制液体洗涤剂时，通常需要加增溶剂，以使配方中的所有组分都能保持溶解状态。增溶剂是一种在分子中含有亲水基和亲油基的化合物，具有使其他有机物高浓度地溶解于水或盐类水溶液的性质。它的分子形态与表面活性剂相似，但亲油基是低分子烃类。

　　（7）抗再沉积剂　合成洗涤剂能脱除织物上黏附的污垢，但脱落下来的污垢还会重新附着在织物的纤维表面上，这种现象称为污垢的"再沉积"。目前广泛使用的抗再沉积剂为羧甲基纤维素（CMC），近年来聚乙烯吡咯烷酮也被使用，因它对各种纤维都有良好的抗再沉积效果，而且有溶解度大、与无机盐相溶性好的优点。

　　二、日用合成洗涤剂对健康的影响

　　表面活性剂能去污，但也可以渗入人体。沾在皮肤上的洗涤剂大约有0.5%渗入血液，皮肤上若有伤口，则渗透力提高10倍以上。进入人体内的化学洗涤剂毒素可使血液中钙离子浓度下降，血液酸化，人容易疲倦。这些毒素还使肝脏的排毒功能降低。使原本该排出体外的毒素淤积在体内积少成多，使人们免疫力下降。化学洗涤剂的有害成分侵入人体，与其他化学物质结合后，毒性会增加数倍，尤其可能诱发癌变。据有关报道，人工实验培养胃癌细胞、注入化学洗涤剂基本物质LAS（直链烷基苯磺酸盐）会加速癌细胞的恶化。LAS的血溶性也很强，容易引起血红蛋白的变化，造成贫血症。

　　洗涤剂问世以来，它给人类带来极大的方便，为人类做出了重大贡献。由于洗涤剂等产品与人们日常生活最为密切，因此也最易引起社会公众的关注。随着人们环保意识的增强，

人们对洗涤剂产品要求也越来越高，要求洗涤剂产品在给人们带来诸多方便的同时，也要求产品对环境质量的保护——要求产品对人体无毒，对环境无害。随着人们认识水平的提高和科研力量的加强，研究手段不断革新，在以前我们认为是安全的某些洗涤剂化学品可能会提出新的见解。为了人类健康，为了使洗涤剂更加安全，应接受这个挑战，积极行动，加强科研力度，使洗涤剂更加日臻完善，为人类做出更大的贡献。

📑习题 --

10-1　填空题

（1）甲酸俗称_____，其构造式为_____；_____俗称醋酸，是具有刺激性气味，无色透明的_____，纯醋酸在低于_____时呈冰状晶体，故称_____。

（2）羧酸的沸点比相对分子质量相近的醇的沸点高，是因为羧酸_____能形成较强的_____；羧酸的溶解度比相应醇的溶解度更大，是因为羧酸和_____能形成较强的_____。

（3）羧酸具有酸性是因为分子中存在_____效应的缘故。脂肪族羧酸酸性的强弱与_____效应有关，一般情况下，α-C 上连有吸电子基，酸性_____，连有供电子基，酸性_____。

（4）草酸的酸性比其他二元酸_____，是因为两个_____直接相连，一个羧基对另一个羧基有较强的_____效应的结果；草酸还具有还原性，在定量分析中用于标定_____的浓度。

（5）酰胺由于分子间可以通过氨基上的氢原子形成_____而缔合，所以_____相当高，一般多为_____体，只有氨基上的氢原子被_____取代的酰胺，由于失去_____作用，而多为液体。

（6）羧酸衍生物发生水解反应的活性由强到弱顺序是_____＞_____＞_____＞_____。其中_____和_____常用作酰基化剂。

（7）$\overset{O}{\overset{\|}{\text{HCN(CH}_3)_2}}$ 系统名称叫_____，简称_____，由于能溶解多种有机物，有_____之称。

10-2　选择题

（1）下列化合物中沸点最高的是（　　）。
　　A. 丙酰氯　　B. 丙酰胺　　C. 乙酸甲酯　　D. 丙酸

（2）下列化合物能使 $FeCl_3$ 溶液显色的是（　　）。
　　A. 安息香酸　　B. 马来酸　　C. 肉桂酸　　D. 水杨酸

（3）下列化合物中不与格氏（Grignard）试剂反应的是（　　）。
　　A. 绝对乙醚　　B. 乙酸　　C. 乙醛　　D. 环氧乙烷

（4）下列化合物的水溶液酸性最强的是（　　）。

A. 〔苯环-COOH〕　　B. 〔苯环-COOH，对位-NO₂〕　　C. 〔苯环-COOH，对位-OCH₃〕　　D. 〔苯环-COOH，对位-Cl〕

（5）下列化合物中不属于羧酸衍生物的是（　　）。

  A. 蜡   B. 油脂   C. $CH_3CHCOOH$ D. $CH_3\overset{O}{\overset{\|}{C}}NH_2$
                $\underset{NH_2}{|}$

（6）下列反应不属于水解反应的是（　　）。

  A. 乙酰氯在空气中冒白烟 B. 丙酰胺与 Br_2、NaOH 共热

  C. 乙酐与水共热   D. 皂化

（7）下列化合物中不能发生碘仿反应的是（　　）。

  A. 乙酸   B. 乙醇   C. 乙醛   D. 丙酮

（8）将羧酸还原为醇，常用的还原剂是（　　）。

  A. $LiAlH_4$ B. H_2/Ni（常温）NaBH$_4$ D. Zn-Hg/HCl

10-3 完成下列化学反应。

（1）$CH_3CH = CH_2 \xrightarrow{HBr} ? \xrightarrow[\text{无水乙醚}]{Mg} ? \xrightarrow{HCHO} ? \xrightarrow{H_2O} ? \longrightarrow (CH_3)_2CHCOOH \xrightarrow{PCl_5} ?$

（2）$CH_3CH_2OH \xrightarrow{?} CH_3CH_2Br \longrightarrow CH_3CH_2MgBr \xrightarrow[②H_2O]{①CO_2} ? \xrightarrow[P]{Cl_2} ?$

（3）含苯基的化合物 $\overset{O}{\overset{\|}{C}}-CH_3$ $\xrightarrow[②H^+]{①NaOH+I_2} ? \xrightarrow{SOCl_2} ? \xrightarrow[\triangle]{NH_3} ? \xrightarrow{NaOH+Br_2} ?$

10-4 比较下列各组化合物的酸性强弱。

（1）CH_3COOH 苯-COOH 苯-CH_2OH 苯-OH

（2）CH_3CH_2OH CH_3COOH $CH_2(COOH)_2$

（3）$CH_3CH_2\underset{Cl}{\overset{Cl}{\underset{|}{\overset{|}{C}}}}COOH$ $CH_3CH_2\underset{Cl}{\overset{|}{C}H}COOH$ $CH_3\underset{Cl}{\overset{|}{C}H}CH_2COOH$

10-5 用化学方法鉴别下列各组化合物。

（1）甲酸 乙酸 乙醛 丙酮

（2）正丁醇 正丁醚 正丁醛 正丁酸

10-6 由指定原料合成下列化合物（无机试剂任选），以乙烯为原料合成乙酸乙酯。

10-7 推断结构

化合物 A、B、C 的分子都是 $C_3H_6O_2$，A 能与碳酸钠作用放出二氧化碳，B 和 C 在氢氧化钠溶液中水解，B 的水解产物之一能发生碘仿反应。推测 A、B、C 的构造式。

第十一章 含氮化合物

知识目标

1. 掌握各类含氮化合物的命名方法；芳香族硝基化合物的性质及应用；胺的理化性质及应用、碱性强弱的比较；掌握氨基的保护在有机合成中的应用和各类胺的鉴别方法；重氮盐的制备方法及其在有机合成中的应用。

2. 理解硝基对芳环上邻、对位基团化学性质的影响和各类胺其碱性不同的理论解释。

3. 了解含氮化合物的分类及其结构特点；熟悉重要含氮化合物的性能及用途。

能力目标

1. 能运用命名规则对各类含氮化合物进行正确命名。

2. 能通过胺的结构特征的分析，正确比较各类胺的碱性强弱；能通过芳环结构的分析，会比较苯环上连有硝基时对苯环上其他官能团反应活性的影响。

3. 能利用含氮化合物的理化性质及其变化规律进行含氮化合物的分离提纯及鉴别。

4. 能以最基本的芳烃化工原料合成各类芳香族化工产品。

5. 能利用含氮化合物知识指导日常生活和今后的工作，提高学生的有机化学知识素养。

任务 11-1 列举 5 种生活中常见的含氮化合物，并说明其用途。

有机含氮化合物可以看作是烃分子中的氢原子被各种含氮原子的官能团取代而生成的化合物（例如前面各章遇到过的酰胺、腈等）。它们广泛存在于自然界，许多有机含氮化合物具有生物活性，有些甚至是生命活动不可缺少的物质（如生物碱、氨基酸、蛋白质等）；许多配位体、药物、染料等也都是有机含氮化合物，如乙二胺四乙酸（简称 EDTA），其二钠盐是分析化学中常用的金属螯合剂，酸碱指示剂甲基橙就是一种偶氮化合物。可以说，有机含氮化合物是一类非常重要的化合物。本章主要讨论芳香硝基化合物、胺、重氮和偶氮化合物以及腈等化合物。

第一节　芳香硝基化合物

烃分子中的一个或多个氢原子被硝基（—NO_2）取代生成的一类化合物，称为硝基化合物。按烃基结构可分为脂肪硝基化合物和芳香硝基化合物。芳香硝基化合物是指硝基与苯环直接相连的一类化合物，可用通式 Ar—NO₂ 来表示。工业上脂肪硝基化合物很少应用，而芳香硝基化合物及其还原产物芳胺则是有机合成的重要中间体，因此本节重点介绍芳香硝基化合物。

任务 11-2 列举你熟悉的 3 种芳香硝基化合物，写出它们的构造式和名称。

一、芳香硝基化合物的结构和命名

在硝基化合物中，—NO₂ 是官能团，其结构可表示为：$-N\overset{O}{\underset{O}{\diagdown}}$。其中两个氮氧键，一个是氮氧双键，另一个是氮氧单键（配位键）。从形式上看，两者应是不同的。但是经电子衍射法测定表明，硝基具有对称结构，两个氮氧键是相同的，键长均为 0.121nm（介于 N—O 和 N ═ O 之间）。这是因为氮原子为 sp^2 杂化，硝基的结构中存在 p-π 共轭体系。如图 11-1 所示。

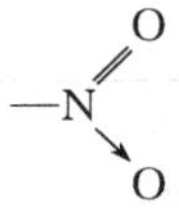

图 11-1　硝基的结构（p-π 共轭）

芳香硝基化合物的命名遵循苯、萘衍生物的命名原则。例如：

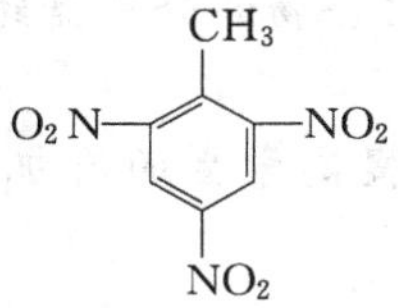

2,4,6-三硝基甲苯(俗称 TNT) 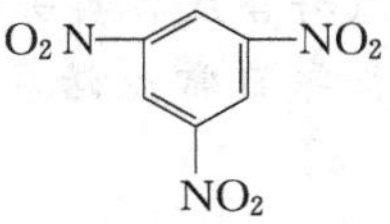　　　1,3,5-三硝基苯(俗称 TNB) 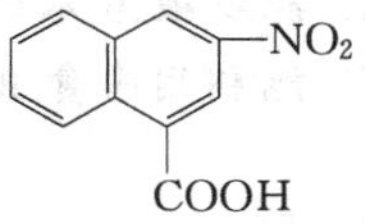　　　3-硝基-1-萘甲酸

任务 11-3 写出下列芳香硝基化合物的名称。

（1） 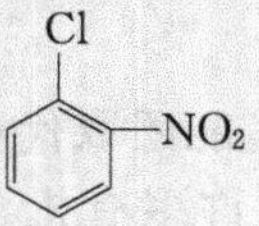　　　　　　　　（2） 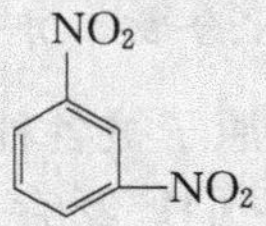　　　　　　　　（3）

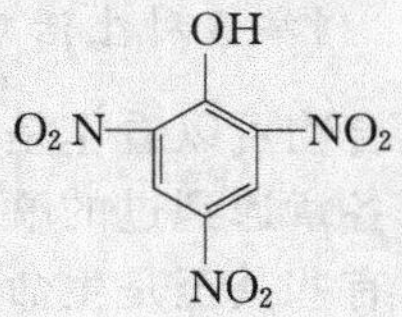

二、芳香硝基化合物的物理性质及应用

问题 11-1 硝基苯有哪些物理性质，基于这些性质，它有哪些用途？

硝基为强极性基团，因此硝基化合物分子的极性较大，具有较高的沸点。一元芳香硝基化合物为无色或淡黄色液体或固体，多硝基化合物为黄色固体，受热易分解，具有爆炸性，有的还具有强烈香味（如人造麝香 3,5-二甲基-2,4,6-三硝基叔丁苯），可用作香料。硝基化合物的相对密度都大于 1，难溶于水，易溶于有机溶剂。芳香硝基化合物一般都具有毒性，它的蒸气能透过皮肤被肌体吸收而引起中毒，使用时应注意防护。

一些芳香硝基化合物的物理常数见表 11-1。

表 11-1　一些芳香硝基化合物的物理常数

名称	熔点/℃	沸点/℃	闪点/℃	相对密度(d_4^{20})
硝基苯	5.7	210.8	87.8(闭杯)	1.203
邻二硝基苯	118	319	50	1.565(17℃)
间二硝基苯	89.8	291	136.9	1.571(0℃)
对二硝基苯	174	299	154.4	1.625
邻硝基甲苯	−4	222	106	1.163
间硝基甲苯	16	231	106	1.157
对硝基甲苯	52	238.5	106.1	1.286
2,4,6-三硝基甲苯	82	分解	167.1	1.654

任务 11-4　间硝基苯胺为黄色晶体，主要用于生产偶氮化合物。在利用偶氮化合物的还原可合成特殊结构的药物中间体——胺类，是很有用的化工医药产品，设计由苯合成间硝基苯胺的路线。

三、芳香硝基化合物的化学性质及应用

1. 硝基的还原反应

（1）**与活泼金属反应**　芳香族硝基化合物在酸性或碱性介质中与活泼金属反应，可使硝基被还原成氨基，生成芳伯胺。常用的还原剂有铁、锡和锌等。例如：

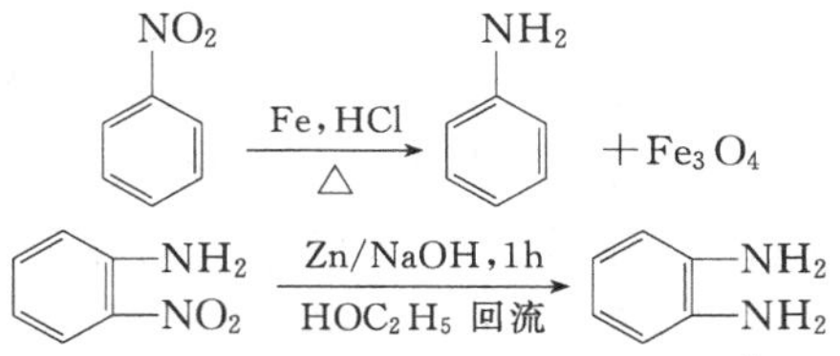

用途：邻苯二胺是合成抗组胺药——奥沙米特的中间体。

（2）**催化加氢**　在化工生产中，常用 Cu、Ni 或 Pt 等做催化剂，在一定温度和压力下通过催化加氢的方法还原芳香硝基化合物。例如：

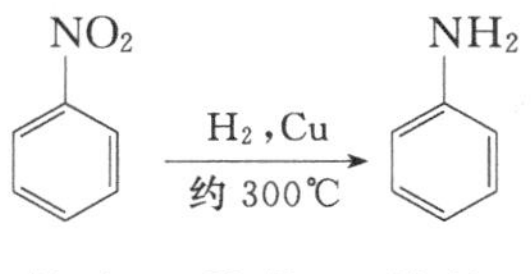

催化加氢法在产品质量和收率等方面均优于其他还原法，是目前生产苯胺最常用的方法。

（3）**选择还原**　多元芳香硝基化合物用硫氢化铵、硫化铵、多硫化铵（或钠）等作还原剂，可选择还原其中的一个硝基变成氨基。利用多硝基苯的选择还原可以制取许多有用的化工产品。

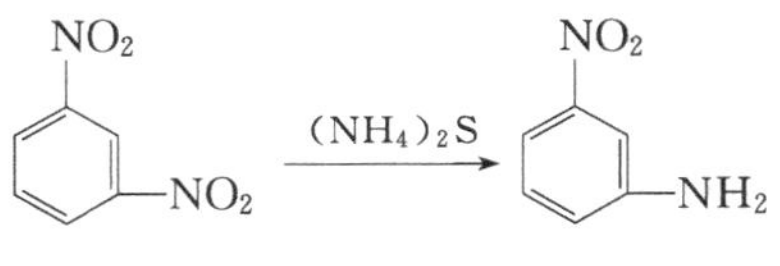

问题 11-2 傅-克（Friedel-Crafts）反应为何能用硝基苯做溶剂？

2. 芳环上的取代反应

硝基是间位定位基、强致钝基团。因此，硝基苯环上的取代反应主要发生在间位，且只能发生卤代、硝化和磺化，不能发生傅-克（Friedel-Crafts）反应。

例如：

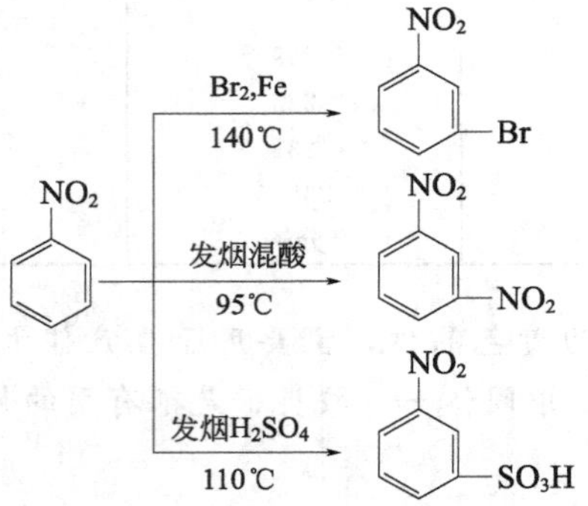

任务 11-5 设计以氯苯为原料合成 2,4,6-三硝基苯酚的路线。

3. 硝基对芳环上其他基团特性的影响

硝基同苯环相连后，对苯环呈现出强的吸电子诱导效应和共轭效应，不仅使芳环上亲电取代反应活性大为降低，而且对苯环上其他取代基的特性也会产生显著的影响。

（1）使卤原子活性增强　在通常情况下，卤苯很难发生水解反应。但当其连有硝基时，由于硝基具有强的吸电子作用，使苯环上的电子云密度降低，特别是邻、对位上的电子云密度降低得更多，有利于亲核试剂（OH$^-$）的进攻，因此，卤原子的亲核取代反应变得容易发生。硝基越多，反应越容易进行。例如，氯苯的水解需在强烈条件下与强碱作用才能发生，而硝基氯苯的水解反应在温和条件下与弱碱溶液就可反应。

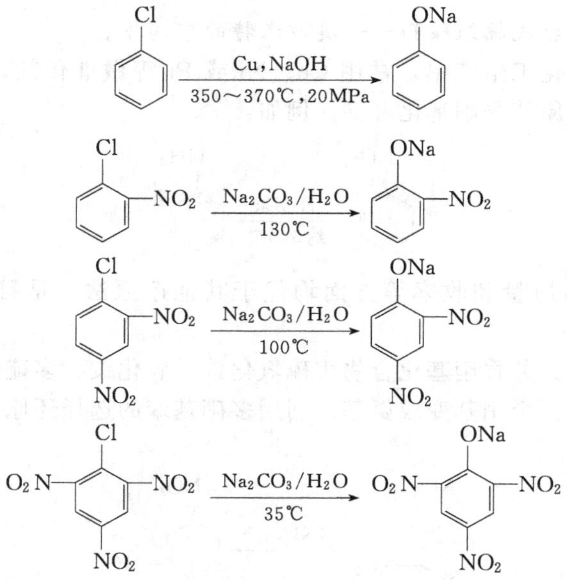

用途：这是制备各种重要的硝基酚类常用的方法。

问题 11-3　下面苦味酸的合成路线为什么不选2,4,6-三硝基氯苯水解制得？

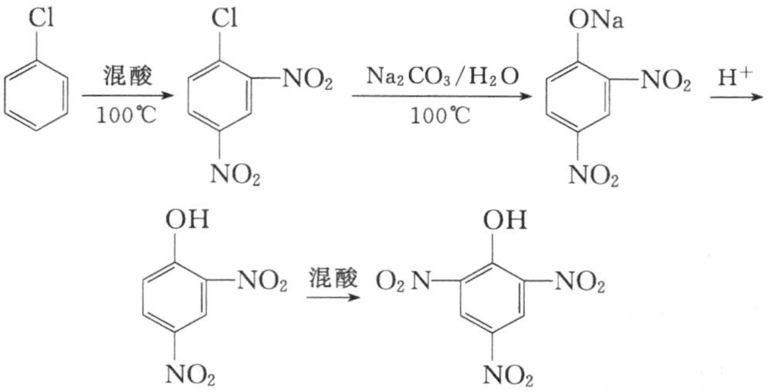

（2）使酚的酸性增强　当酚芳环上有硝基时，由于硝基的吸电子作用，使酚羟基氧原子上的电子云密度降低，氧负离子的稳定性增强，对氢原子的吸引力减弱，容易变成质子离去，因而使酚的酸性增强，硝基越多，酸性越强（见表11-2）。

用途：在化工生产中利用酚的弱酸性，可将其与碱性、中性或强酸性化合物分离、鉴别。

表 11-2　苯酚及硝基苯酚的 pK_a 值

名称	pK_a(20℃)	名称	pK_a(20℃)
苯酚	9.98	对硝基苯酚	7.15
邻硝基苯酚	7.21	2,4-二硝基苯酚	4.00
间硝基苯酚	8.39	2,4,6-三硝基苯酚	0.38

任务 11-6　写出下列有机物的构造式。

（1）TNT　　（2）苦味酸　　（3）对硝基苯酚　　（4）间硝基苯胺

任务 11-7　比较下列有机物酸性强弱。

（1）苯酚　（2）邻硝基苯酚　（3）2,4-二硝基苯酚　　（4）2,4,6-三硝基苯酚

四、重要的芳香硝基化合物

1. 硝基苯

硝基苯为淡黄色油状液体，具有苦杏仁味，俗称苦杏仁油，沸点210.8℃，闪点87.8℃（闭杯），相对密度为1.203。遇明火、高热会燃烧、爆炸。不溶于水，可溶于苯、乙醇等有机溶剂，有毒。它是强极性液体，不仅可以溶解有机物，也可以溶解部分无机物，是常用的有机溶剂和温和的氧化剂，在傅-克反应中用硝基苯作溶剂可使反应在均相进行。硝基苯是重要的化工原料，可由苯直接硝化得到。主要用于制备苯胺、染料、医药、农药等产品的中间体。

2. 2,4,6-三硝基苯酚

2,4,6-三硝基苯酚为黄色晶体，熔点121.8℃，苦味，俗称苦味酸。不溶于冷水，可溶于热水、乙醇和乙醚等有机溶剂。有毒，并有强烈的爆炸性。苦味酸是一种强酸，其酸性与无机强酸相近。由2,4-二硝基氯苯经水解再硝化制得。苦味酸是制备硫化染料的原料，也可作为生物碱的沉淀剂，医药上用作外科收敛剂。

第二节 腈

任务 11-8　写出乙腈的结构式，并说明它有哪些用途。

一、腈的结构

腈是指分子中含有氰基（—CN）官能团的一类有机化合物，它可以看成是氢氰酸分子中的氢原子被烃基取代后的产物。常用通式 RCN 或 ArCN 表示。氰基中的碳原子与氮原子以三键相连，碳原子和氮原子均为 sp 杂化，结构式为—C≡N，可简写成—CN。

二、腈的物理性质及应用

腈是较强的极性化合物，其沸点比相对分子质量相近的烃、醚、醛、酮和胺的沸点高，与醇相近，比羧酸的沸点低。低级腈为无色液体，高级腈为固体。低级腈易溶于水，随着碳原子数的增加，在水中溶解度降低。例如，乙腈与水混溶，丁腈以上难溶于水。乙腈可以溶解许多有机物和无机盐类，因此乙腈也是一种良好的溶剂。

任务 11-9　设计以丙烯为原料合成 2-羟基丁酸的路线。

三、腈的化学性质及应用

1. 水解
腈在酸的催化下，加热水解生成羧酸

$$CH_3CH_2CN \xrightarrow[\triangle]{H_2O/H^+} CH_3CH_2COOH$$

2. 醇解
腈在酸的催化下与醇反应生成酯

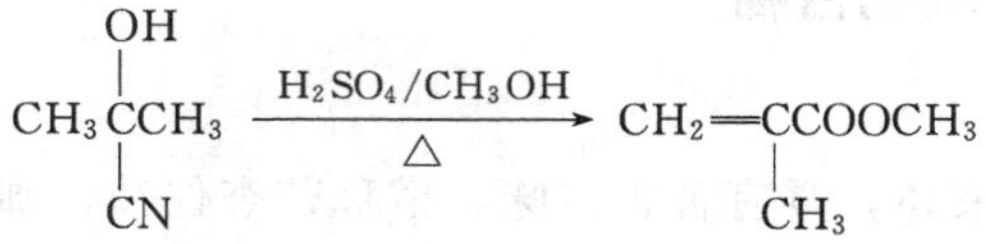

$$\underset{\underset{CN}{|}}{\overset{\overset{OH}{|}}{CH_3CCH_3}} \xrightarrow[\triangle]{H_2SO_4/CH_3OH} \underset{\underset{CH_3}{|}}{CH_2{=}CCOOCH_3}$$

3. 还原
腈可催化加氢或用氢化铝锂还原生成伯胺。

$$CH_3CH_2CN \xrightarrow{H_2,Ni} CH_3CH_2CH_2NH_2$$

任务 11-10　聚甲基丙烯酸甲酯常温下是一种固形物，俗称有机玻璃，是由甲基丙烯酸甲酯聚合得到的聚合物。它具有透明性高，耐候性好、光学性能优良等特殊性能，广泛应用于飞机舱盖、汽车尾灯、路标、广告牌、建筑、光学材料等行业。请设计以丙酮为原料合成有机玻璃聚甲基丙烯酸甲酯的路线。

四、重要的腈

任务 11-11　写出以下化学反应的产物：

$$CH_2 = CHCN \xrightarrow{\text{过氧化苯甲酰}} ?\ \text{腈纶（人造羊毛）}$$

1. 乙腈

乙腈，通常也叫氰化甲烷或甲基腈，是最简单的有机腈。室温下为无色透明液体，易燃，极易挥发，有类似于醚的刺激性气味，熔点 $-45.7℃$，沸点 $81.1℃$，密度 $0.79g/cm^3$，闪点 $2℃$，折射率 1.344，其蒸气与空气混合物能成为爆炸性混合物，爆炸极限为 $3.0\%\sim16.0\%$（体积分数）。

乙腈是通过加热乙酰胺和冰醋酸混合液而制备的，乙腈最大的用途是作溶剂，它是性能优良的极性非质子溶剂，有一定毒性，与水和乙醇无限互溶。可用于合成维生素 A、可的松等药物及其中间体的溶剂，还用于制造维生素 B_1 和氨基酸的活性介质溶剂。可代替氯化溶剂，也用作脂肪酸的萃取剂、丁二烯萃取剂和丙烯腈合成纤维的溶剂。乙腈也是一个重要的有机中间体，是合成均三嗪氮肥增效剂、乙胺、乙酸等有机物的原料。此外，在织物染色、照明工业、香料制造和感光材料制造中也有许多用途。

2. 丙烯腈

丙烯腈又称为氰基乙烯。为无色、易燃、有刺激味的液体，熔点 $-82℃$，沸点 $77.3℃$，密度 $0.806g/cm^3$，闪点 $-5℃$，自燃点 $481℃$，折射率 1.388。剧毒，微溶于水并与水形成共沸物，易溶于一般有机溶剂。遇火种、高温、氧化剂有燃烧爆炸的危险，爆炸极限为 $3.1\%\sim17\%$（体积分数）。

目前，以丙烯、氨、空气为原料，采用直接氧化法生产丙烯腈。丙烯腈剧毒，长时间吸入丙烯腈蒸气，能引起恶心、呕吐、头痛、疲倦和不适等症状，所以生产设备要密闭，操作时要戴防护用具。

丙烯腈在引发剂（过氧化苯甲酰）的作用下可聚合成一线型高分子化合物——聚丙烯腈（腈纶）。聚丙烯腈制成的腈纶质地柔软，类似羊毛，俗称"人造羊毛"，它强度高，密度小，保温性好，耐日光、耐酸和耐大多数溶剂。丙烯腈常用来生产丙烯腈-丁二烯-苯乙烯（ABS）塑料、丙烯酰胺和丙烯酸酯、丙烯酸树脂等化工产品；丙烯腈与丁二烯共聚生产丁腈橡胶具有良好的耐油、耐寒、耐溶剂等性能。

第三节　胺

胺是氨分子中的氢原子被烃基取代而生成的一系列衍生物。胺广泛存在于生物界，胺类化合物和生命活动有着密切的关系，例如构成生命的基本物质——蛋白质，此外核酸、激素、抗生素和生物碱都是含氨基的化合物。

任务 11-12　写出以下化合物的结构式，并说明它们属于哪一类胺

（1）叔丁胺　　（2）苄胺　　（3）N,N-二甲基环戊胺　　（4）N,N-二乙基苯胺

任务 11-13 写出以下化合物的名称。

(1) $[(CH_3)_4N]^+OH^-$ (2) $[(CH_3)_2N(CH_2CH_3)_2]^+Br^-$ (3) $\underset{\underset{NH_2}{|}}{CH_3CH_2CH_2CH}CH_2\underset{\underset{CH_3}{|}}{CHCH_3}$

一、胺的结构、分类、异构和命名

1. 胺的结构

胺可以看作氨的烃基衍生物。胺分子中，N 原子是以不等性 sp^3 杂化成键的，其构型成棱锥形（图 11-2）。

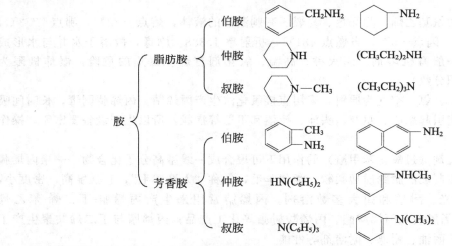

图 11-2 胺的结构

2. 胺的分类

(1) 根据分子中烃基的结构不同，可分为脂肪胺和芳香胺；根据氨分子中 1 个、2 个或 3 个氢原子被烃基取代的数目不同，又可分为伯胺、仲胺和叔胺。例如：

(2) 根据分子中所含氨基的数目不同，可分为一元胺和多元胺。

一元胺（环己胺）　　　　多元胺（乙二胺）

(3) 胺能与酸作用生成铵盐，铵盐分子中的所有氢原子均被烃基取代生成的化合物叫做季铵盐，其相应的氢氧化物叫做季铵碱。例如：

$[(CH_3)_4N]^+X^-$ 　　　 $[(CH_3)_4N]^+OH^-$ 　　　 $[(CH_3)_3NH]^+X^-$

季铵盐 　　　　　　　　　季铵碱 　　　　　　　　　铵盐

3. 胺的同分异构

分子式相同的胺，可因碳链构造、氨基的位置以及氮原子上连接的烃基数目不同而产生异构体。例如，分子式为 $C_4H_{11}N$ 的胺，具有以下几种同分异构体：

伯胺：$CH_3CH_2CH_2CH_2NH_2$ $CH_3CH_2CH(NH_2)CH_3$ $(CH_3)_2CHCH_2NH_2$ $(CH_3)_3CNH_2$

仲胺：$(CH_3CH_2)_2NH$ $CH_3NHCH_2CH_2CH_3$ $CH_3NHCH(CH_3)_2$

叔胺：$(CH_3)_2NCH_2CH_3$

4. 胺的命名

（1）简单胺 简单的胺以胺为母体，在烃基名称后面加"胺"字，称为"某胺"。若在仲胺或叔胺中，如果氮原子同时连有环基和烷基，命名时烷基作为取代基并在烷基的名称前加符号"N"（简单烷基时"N"可略），表示烷基与氮相连。例如：

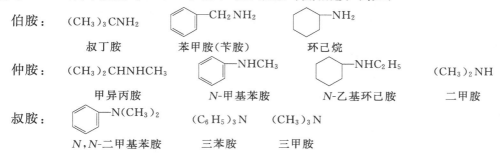

伯胺：$(CH_3)_3CNH_2$ 叔丁胺   苯甲胺（苄胺）   环己烷

仲胺：$(CH_3)_2CHNHCH_3$ 甲异丙胺 N-甲基苯胺 N-乙基环己胺   二甲胺

叔胺： N,N-二甲基苯胺   三苯胺 $(C_6H_5)_3N$ 三甲胺 $(CH_3)_3N$

（2）复杂胺 复杂的胺命名时是以烃为母体，氨基及取代氨基作为取代基。例如：

$$CH_3CH_2CHCH_2CHCH_3$$
$$\qquad | \qquad\quad |$$
$$\qquad NH_2 \quad\ CH_3$$
2-甲基-4-氨基己烷

$$CH_3CH_2CHCH_2CHCH_3$$
$$\qquad\ | \qquad\qquad |$$
$$\quad (H_3C)_2N \quad\ CH_3$$
2-甲基-4-二甲氨基己烷

（3）季铵盐和季铵碱 它们的命名与无机盐、无机碱的命名相似，在铵字前加上每个烃基的名称。例如：

$$[(CH_3)_4N]^+Br^- \qquad\qquad [(CH_3)_2N(C_2H_5)_2]^+OH^-$$
溴化四甲铵   氢氧化二甲基二乙铵

注意"氨"、"胺"及"铵"字的用法：当表示氨基及取代氨基时，用"氨"字，如甲氨基（—$NHCH_3$）；表示氨的烃基衍生物或胺衍生物时，用"胺"字，如乙酰胺（CH_3CONH_2）；表示季铵类化合物和铵盐时，则用"铵"字。

任务 11-14 2012 年 12 月 31 日，山西省长治市的天脊煤化工集团股份有限公司发生苯胺泄漏事故，泄漏 38.7t 苯胺，其中 30t 被紧急收集，但是仍有 8.7t 苯胺流入浊漳河，泄漏辐射流域约 80km，涉及潞城、平顺两市县在内的 28 个村庄和河北、河南境内河流的水质。依据苯胺的物理性质设计处理污染的方法。

二、胺的物理性质及应用

常温常压下，甲胺、二甲胺、三甲胺、乙胺为无色气体，其他胺为液体或固体。低级胺有类似氨的气味，高级胺无味。芳胺有特殊气味且毒性较大，与皮肤接触或吸入其蒸气都会引起中毒，所以使用时应注意防护。有些芳胺（如萘胺、联苯胺等）还能致癌。

胺的沸点比相对分子质量相近的烃和醚高，比醇和羧酸低。在相对分子质量相同的脂肪胺中，伯胺的沸点最高，仲胺次之，叔胺最低。这是因为伯胺、仲胺分子中存在极性的 N—H 键，可以形成分子间氢键。而叔胺不能形成分子间氢键，所以其沸点远远低于伯胺和仲胺。但由于氮的电负性小于氧，N—H 键的极性比 O—H 键弱，形成的氢键也较弱，因此伯胺、仲胺的沸点比相对分子质量相近的醇和羧酸低。

低级胺易溶于水，随着相对分子质量的增加，胺的溶解度降低。其中甲胺、二甲胺、乙胺、二乙胺等可与水以任意比例混溶，C_6 以上的胺则不溶于水。这是因为低级胺与水分子间能形成氢键，而随着胺分子中烃基的增大，空间阻碍作用增强，难与水形成氢键，因此高级胺难溶于水。常用胺的物理常数见表 11-3。

表 11-3 常用胺的物理常数

名称	闪点/℃	沸点/℃	熔点/℃	相对密度(d_4^{20})
甲胺	0(闭杯)	−7.5	−92	0.6990(−11℃)
二甲胺	−17.8	7.5	−96	0.6804(9℃)
三甲胺	−6.67(闭杯)	3	−117	0.6356
乙胺	−17(闭杯)	17	−80	0.6329
苯胺	70	184	−6	1.0217
N-甲基苯胺	78	196	−57	0.9891
N,N-二甲基苯胺	63	194	2.54	0.9557
乙二胺	43(闭杯)	117	8.5	0.8995

三、胺的化学性质及应用

胺的化学反应主要发生在官能团氨基上。对于芳香胺来讲，由于氮原子与苯环直接相连，形成 p-π 共轭体系，使得芳香胺的反应活性与脂肪胺有所不同。

任务 11-15 将下列化合物按碱性强弱排序，并写出它们与盐酸的反应式。
(1) 苯胺　　(2) 三甲胺　　(3) 二甲胺　　(4) 二苯胺　　(5) 环己胺

1. 碱性

胺与氨相似，由于氮原子上有一对未共用电子对，容易接受质子形成铵离子，因而呈碱性，能与大多数酸作用成盐。胺的碱性强弱可用 pK_b 表示。一些胺的 pK_b 值见表 11-4。

表 11-4 一些胺的 pK_b 值

名称	pK_b(25℃)	名称	pK_b(25℃)
甲胺	3.38	苯胺	9.37
二甲胺	3.27	N-甲基苯胺	9.16
三甲胺	4.21	N,N-二甲基苯胺	8.93
环己胺	3.63	对甲苯胺	8.92
苄胺	4.07	对氯苯胺	10.00
α-萘胺	10.10	对硝基苯胺	13.00
β-萘胺	9.90	二苯胺	13.21

由表 11-4 的 pK_b 值可以看出，脂肪胺的碱性比氨（pK_b=4.76）强，芳香胺的碱性比氨弱。这是因为烷基是给电子基，它能使氮原子周围的电子云密度增大，接受质子的能力增强，所以碱性增强。氮原子上连接的烷基越多，碱性越强。而芳胺分子中由于存在多电子 p-π 共轭效应，发生电子离域，使氮原子周围的电子云密度减小，接受质子的能力减弱，所以碱性减弱。影响胺类化合物碱性强弱的主要因素还有溶剂化效应和立体效应，胺的氮原子上连的氢越多，空间位阻就越小，溶剂化的程度就越大，铵离子越易形成并且稳定性越强，

碱性也就越强。所以，胺的碱性强弱是电子效应、溶剂化效应和立体效应综合影响的结果。不同胺的碱性强弱的一般规律为：

脂肪胺（仲＞伯＞叔）＞氨＞芳香胺苯胺＞二苯胺＞三苯胺（近于中性）

当芳胺的苯环上连有给电子基时，碱性略有增强，而连有吸电子基时，碱性则减弱。例如，下列芳胺的碱性强弱顺序为：

对甲苯胺＞苯胺＞对氯苯胺＞对硝基苯胺

胺是弱碱，可与酸发生中和反应生成盐而溶于水中，生成的弱碱盐与强碱作用时，胺又重新游离出来。例如：

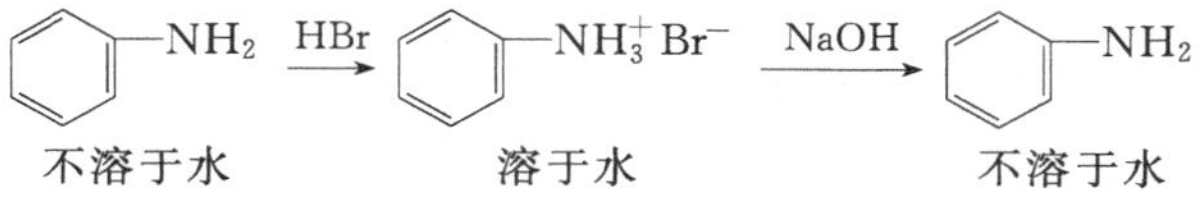

不溶于水　　　　　溶于水　　　　　不溶于水

反应特点及用途：利用这一性质可分离、提纯和鉴别不溶于水的胺类化合物；可以将胺与中性、酸性化合物分离；也可以将碱性相差较大的不同胺给予分离、提纯和鉴别。此外，由于铵盐的水溶性较大，所以含有氨基、亚氨基或取代氨基的有机物常以铵盐的形式使用。

任务 11-16　利用胺的碱性分离以下有机化合物：

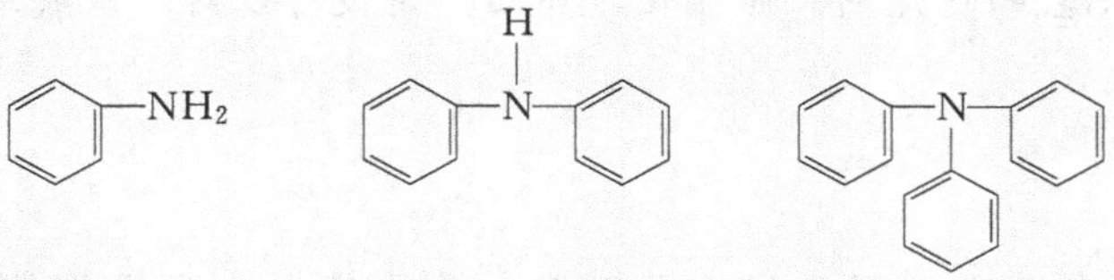

2. 烃基化反应

胺与卤代烃、醇等烃基化试剂反应时，氨基上的氢原子被烷基取代生成仲胺、叔胺和季铵盐的混合物。

例如，工业上利用苯胺与甲醇在硫酸催化下，加热、加压制取 N-甲基苯胺和 N,N-二甲基苯胺。当苯胺过量时，主要产物为 N-甲基苯胺，若甲醇过量，则主要产物为 N,N-二甲基苯胺：

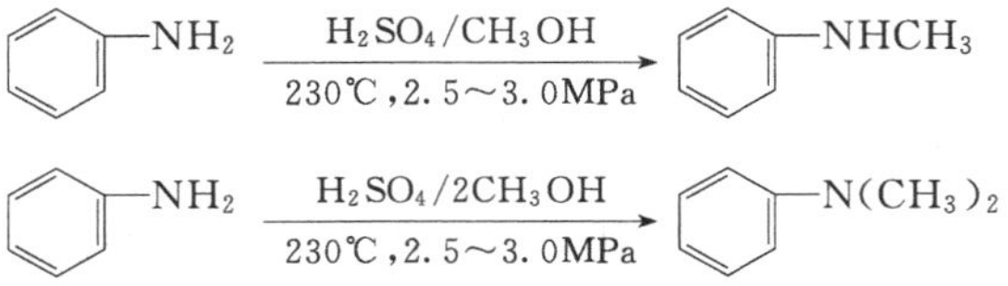

反应特点及用途：N,N-二甲基苯胺为淡黄色油状液体。用于制备香草醛、偶氮染料和三苯甲烷染料等。

任务 11-17　设计以对硝基甲苯为原料合成对氨基苯甲酸的路线。

任务 11-18　利用酰基化反应分离苯胺和 N,N-二甲基苯胺。

3. 酰基化反应

伯胺、仲胺与酰卤、酸酐等酰基化试剂反应时，氨基上的氢原子被酰基取代，生成 N-取代酰胺，称其为酰基化反应。

$$\text{苯环—NH} - \boxed{\text{H + CH}_3\text{CO}\overset{\displaystyle O}{}\text{CCH}_3} \xrightarrow{\triangle} \text{苯环—NH—}\overset{\displaystyle O}{\text{C}}\text{—CH}_3 + \text{CH}_3\text{COOH}$$

反应特点及用途：其一，酰胺类化合物多为无色晶体，具有固定的熔点，通过测定其熔点，能推测出原来胺的结构，因此可用于鉴定伯胺和仲胺；叔胺氮上没有氢原子，所以不能发生酰基化反应，故可用于伯、仲胺与叔胺的分离、鉴别。例如，鉴别苯胺和 N,N-二甲基苯胺。

$$\left.\begin{array}{l} \text{苯环—NH}_2 \\ \\ \text{苯环—N(CH}_3)_2 \end{array}\right\} \xrightarrow[\triangle]{\text{乙酐}} \left\{\begin{array}{l} \longrightarrow \text{白色沉淀} \\ \\ \longrightarrow \text{无沉淀生成} \end{array}\right.$$

其二，由于酰胺类化合物比胺稳定，不易被氧化，又易由胺酰化制得，经水解可变回原来的胺。因此在有机合成中常利用酰基化反应来保护氨基、亚氨基等。

任务 11-19 扑热息痛（ OH—苯环—NHCCH$_3$，O ），即对乙酰氨基苯酚。它是一种常用的解热镇痛药，泰诺、白加黑等常用的药品中都含有这种成分。对乙酰氨基苯酚也是有机合成中间体，过氧化氢的稳定剂，照相化学药品。请设计以对硝基氯苯为主要原料合成扑热息痛的路线。

4. 磺酰化反应

任务 11-20 对氨基苯磺酰胺（又称磺胺）是临床上主要用作外用抗菌的磺胺类药物。设计以苯胺为主要原料合成对氨基苯磺酰胺的路线。

与酰基化反应一样，伯胺或仲胺氮原子上的氢可以被磺酰基（R—SO$_2$—）取代，生成磺酰胺。该反应称为辛斯堡（Hinsberg）反应。

常用的磺酰化试剂是苯磺酰氯和对甲基苯磺酰氯。

苯磺酰氯（ 苯环—SO$_2$Cl ）　　对甲基苯磺酰氯（TsCl）（ CH$_3$—苯环—SO$_2$Cl ）

$$\underset{\text{苯磺酰氯}}{\text{苯环—SO}_2\text{Cl}} + \underset{\text{伯胺}}{\text{RNH}_2} \longrightarrow \underset{\text{苯磺酰胺（可溶于碱）}}{\text{苯环—SO}_2\text{NHR}} \xrightarrow{\text{NaOH}} \underset{\text{苯磺酰胺钠盐（可溶于水）}}{\text{苯环—SO}_2^-\text{NRNa}^+}$$

$$\underset{\text{苯磺酰氯}}{\text{苯环—SO}_2\text{Cl}} + \underset{\text{仲胺}}{\text{R}_2\text{NH}} \xrightarrow{\text{NaOH}} \underset{\text{苯磺酰胺（不溶于碱）}}{\text{苯环—SO}_2\text{NR}_2} \downarrow$$

反应特点及用途：伯胺磺酰化后的产物，氮原子上还有一个氢原子，由于磺酰基极强的吸电子诱导效应，使得这个氢原子显弱酸性，它能与反应体系中的氢氧化钠生成盐而使磺酰胺溶于碱液中。仲胺生成的磺酰胺，氮原子上没有氢原子，所以不与氢氧化钠成盐，也就不溶于碱液中而呈固体析出。叔胺的氮原子上没有可与磺酰基置换的氢，故与磺酰氯不起反应，因此可用来分离和鉴别伯、仲、叔胺。例如：

$$RNH_2$$
$$R_2NH$$
$$R_3N$$

经 $\text{C}_6\text{H}_5\text{SO}_2\text{Cl}$ 反应：

$$\longrightarrow \quad \boxed{}\!\!-\!\text{SO}_2\text{NHR} \xrightarrow{\text{NaOH}} \left[\boxed{}\!\!-\!\text{SO}_2\!-\!\text{N}\!-\!\text{R}\right]^- \text{Na}^+$$

白色固体   溶于碱

$$\longrightarrow \quad \boxed{}\!\!-\!\text{SO}_2\text{NR}_2 \xrightarrow{\text{NaOH}} \text{不溶于碱，仍为固体}$$

白色固体

$$\longrightarrow \quad \text{无反应}$$

任务 11-21 利用磺酰化反应分离苯胺、二正丁胺、N,N-二甲基苯胺。

5. 与亚硝酸反应

亚硝酸不稳定，易分解，一般在反应中使用亚硝酸钠与氢卤酸（或硫酸）。不同的胺与亚硝酸反应的产物不同，各类胺与亚硝酸的反应如下。

（1）伯胺与亚硝酸的反应 脂肪伯胺与亚硝酸反应，放出氮气，同时生成醇、烯烃等混合物。

$$RNH_2 \xrightarrow[0\sim5℃]{\text{NaNO}_2/\text{HX}} RX + ROH + 烯 + N_2\uparrow$$

芳伯胺与亚硝酸在低温（0～5℃）及强酸溶液中反应，生成重氮盐。

$$\boxed{}\!\!-\!\text{NH}_2 \xrightarrow[0\sim5℃]{\text{NaNO}_2/\text{HX}} \boxed{}\!\!-\!\text{N}_2^+\text{X}^- \xrightarrow[\triangle]{置室温} \boxed{}\!\!-\!\text{OH} + N_2\uparrow$$

重氮盐

反应特点及用途：脂肪伯胺与亚硝酸反应在有机物的制备中无意义，但反应是定量的，依据反应中放出氮气的量，可用作氨基的定量分析。

芳伯胺与亚硝酸反应称为重氮化反应，该反应在有机合成中具有重要作用。

（2）仲胺与亚硝酸的反应 仲胺与亚硝酸反应都生成 N-亚硝基胺。

$$R_2NH \xrightarrow{\text{NaNO}_2/\text{HX}} R_2N\!-\!NO + H_2O$$

$$N\text{-亚硝基胺} \xrightarrow[\triangle]{\text{H}_2\text{O}/\text{H}^+} R_2NH + HNO_2$$

用途：N-亚硝基胺为黄色油状液体或固体，并且是一种致癌物。N-亚硝基胺与稀盐酸共热则分解成原来的仲胺，因此该反应可用于鉴别、分离和提纯仲胺。

（3）叔胺与亚硝酸的反应 脂肪叔胺与亚硝酸发生中和反应，生成亚硝酸盐。它是弱酸弱碱盐，不稳定，容易水解成原来的叔胺。因此向脂肪叔胺中加入亚硝酸无明显现象。

$$R_3N \xrightarrow{\text{HNO}_2} [R_3NH]^+ NO_2^- \xrightarrow{\text{H}_2\text{O}} R_3N$$

芳香叔胺与亚硝酸反应，生成对亚硝基芳胺，其反应实质是苯环上的亲电取代反应。例如：

$$\boxed{}\!\!-\!\text{N(CH}_3)_2 \xrightarrow{\text{HNO}_2} (CH_3)_2N\!\!-\!\!\boxed{}\!\!-\!\text{NO} + H_2O$$

用途：对亚硝基-N,N-二甲基苯胺为绿色晶体。用于制备染料类化合物。

由以上性质可知，由于不同的胺与亚硝酸反应现象不同，因此，可用于鉴别脂肪及芳香伯、仲、叔胺，另外还可用于定量或定性分析中（见表 11-5）。

表 11-5　胺与亚硝酸的反应现象

样品	与亚硝酸反应的现象	用途
脂肪族伯胺	生成不稳定的重氮盐，定量地放出氮气	脂肪族伯胺的定性或定量分析
芳香族伯胺	生成不稳定的重氮盐	合成
脂肪族、芳香族仲胺	生成黄色油状或固体状的 N-亚硝基胺	定性分析
脂肪族叔胺	不反应	定性分析
芳香族叔胺	亚硝化反应	合成或定性分析

任务 11-22　实验室有三瓶无标签的无色液体试剂，分别是二乙胺、苯胺和 N,N-二甲基苯胺，请设计区分它们的方案，并给它们贴上标签。

任务 11-23　设计以苯胺为主要原料合成邻、间、对硝基苯胺的合成路线。

6. 芳环上的取代反应

芳胺中的氨基是很强的邻、对位定位基并使芳环活化，芳胺易发生环上取代反应。值得注意的是，进行硝化、傅-克反应时，因氨基易氧化、有碱性（氮原子和 $AlCl_3$ 能形成配合物，使催化剂活性下降），不可直接进行。因此需将氨基酰化保护后再进行硝化、傅-克反应。

（1）卤化　苯胺与溴水反应，立即生成 2,4,6-三溴苯胺白色沉淀。

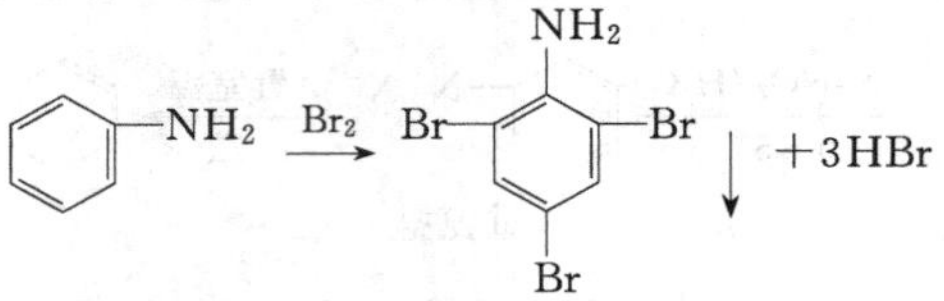

反应特点及用途：该反应非常灵敏并且可定量进行，因此可用于芳胺的鉴别和定性、定量分析。

苯胺的卤化反应很难停留在一元取代阶段。若要制备一卤代苯胺，必须降低氨基的活性。一般通过酰基化反应，先将氨基转变成中等活化的酰氨基。

任务 11-24　设计以苯胺为主要原料合成对溴苯胺的路线。

（2）硝化　苯胺很容易被氧化，而硝酸又具有强氧化性，为防止苯胺被氧化，可先将氨基酰化或变成硫酸盐保护起来，然后再进行硝化反应，并且可以得到不同的硝化产物。

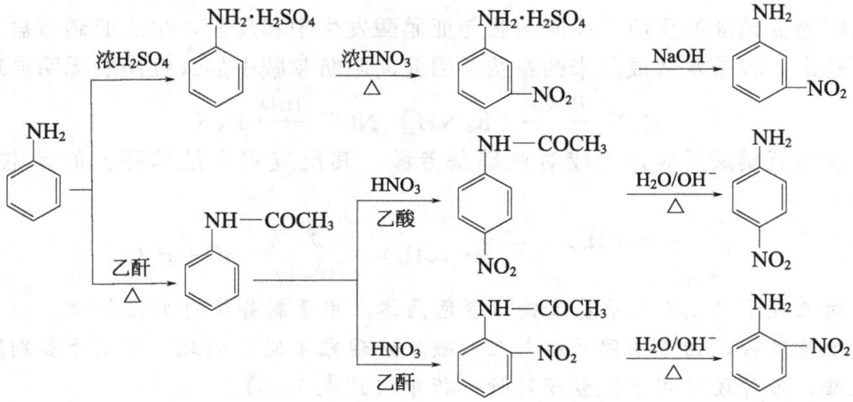

注意：三种硝基苯胺都是剧毒物质。急性中毒能导致死亡，长期接触能损害肝脏。燃烧时有毒气产生，其粉尘能发生爆炸。但它们都是重要的有机原料，可用于生产染料、医药、农药和防老化剂等，使用时应注意安全。

（3）**磺化** 苯胺可在常温下与浓硫酸反应，生成苯胺硫酸盐，将其加热到 180～190℃时，则得到对氨基苯磺酸。这是目前工业上生产对氨基苯磺酸的方法。

$$\text{NH}_2 \xrightarrow{\text{浓 H}_2\text{SO}_4} \text{NH}_2 \cdot \text{H}_2\text{SO}_4 \xrightarrow[180\sim190℃]{-\text{H}_2\text{O}} \text{对氨基苯磺酸}$$

反应特点及用途：对氨基苯磺酸为白色晶体，易形成内盐，主要用于合成偶氮染料、磺胺类药物等。其钠盐俗名为敌锈钠，可防止小麦锈病的发生。

四、季铵盐和季铵碱

1. 季铵盐

季铵盐为无色晶体，是强酸强碱盐，具有一般盐的性质，能溶于水，不溶于非极性有机溶剂。可用叔胺和卤代烷制备，但加热时又会分解成叔胺和卤代烷。如：

$$[(\text{CH}_3)_4\text{N}]^+\text{X}^- \xrightarrow{\triangle} (\text{CH}_3)_3\text{N}+\text{CH}_3\text{X}$$

用途：季铵盐易溶于水，生成的季铵离子既含亲油基团又含亲水基团，并具有润湿、起泡和去污等作用，因此含适量长度碳链的季铵盐常用作相转移催化剂、表面活性剂、杀菌消毒剂、抗静电剂、柔软剂、毛发整理剂、洗涤剂等。

2. 季铵碱

季铵碱是强碱，其碱性与氢氧化钠相近，具有一般碱的性质，能溶于水，易潮解。受热易分解，生成叔胺和醇或烯烃。例如：

$$[(\text{CH}_3)_4\text{N}]^+\text{OH}^- \xrightarrow{\triangle} (\text{CH}_3)_3\text{N}+\text{CH}_3\text{OH}$$

季铵碱分子中烃基如有 β-H 时，受热分解的产物为叔胺和烯烃（以反查依采夫规律的烯烃为主要产物）。

$$[(\text{CH}_3)_3\text{NCH}(\text{CH}_3)\text{CH}_2\text{CH}_3]^+\text{OH}^- \xrightarrow{\triangle} (\text{CH}_3)_3\text{N}+\text{CH}_2=\text{CHCH}_2\text{CH}_3+\text{H}_2\text{O}$$

季铵碱可由季铵盐与湿的氧化银或氢氧化钾的醇溶液反应制得。例如：

$$[(\text{CH}_3)_3\text{NCH}_2\text{CH}_3]^+\text{X}^- \xrightarrow{\text{湿 Ag}_2\text{O}} [(\text{CH}_3)_3\text{NCH}_2\text{CH}_3]^+\text{OH}^-+\text{AgX}\downarrow$$

用途：用过量的碘甲烷与胺作用生成季铵盐，然后转化成季铵碱，最后降解成烯烃的反应称为 Hofmann 彻底甲基化或降解反应。生成的产物主要是与查依采夫规律相反的烯烃，这称为 Hofmann 规则。在胺类化合物的结构分析中（多用于中草药有效成分的分析），用来确定是伯、仲或叔胺及其胺的结构。原理如下。

根据彻底甲基化反应中生成季铵盐所需碘甲烷的数量，可确定原胺是伯、仲或叔胺。然后再用湿的氧化银将季铵盐转化成季铵碱，季铵碱受热发生分解反应（消除规律与查依采夫规律相反），依据生成烯烃的结构来确定原胺的结构。

$$RNH_2 \xrightarrow{CH_3I} RNHCH_3 \xrightarrow{CH_3I} RN(CH_3)_2 \xrightarrow{CH_3I} \underset{\text{季铵盐}}{RN^+(CH_3)_3 X^-}（彻底甲基化反应）$$

$$\underset{\text{季铵盐}}{R\overset{+}{N}(CH_3)_3 \ \overset{-}{X}} \xrightarrow[\text{湿}]{Ag_2O} \underset{\text{季铵碱}}{RN^+(CH_3)_3 OH^-} \xrightarrow{\triangle} \underset{\text{叔胺}}{N(CH_3)_3} ＋烯烃（霍夫曼消除反应）$$

五、重要的胺及其衍生物

1. 乙二胺（$H_2N—CH_2CH_2—NH_2$）

乙二胺是最简单的二元胺。为无色黏稠状液体，沸点 116.5℃，易溶于水。乙二胺由 1,2-二氯乙烷与氨反应制得。

$$ClCH_2CH_2Cl+4NH_3 \xrightarrow[\text{1MPa}]{100\sim150℃} H_2NCH_2CH_2NH_2+2NH_4Cl$$

乙二胺与氯乙酸在碱性溶液中作用生成乙二胺四乙酸盐，后者经酸化得乙二胺四乙酸，简称 EDTA。

$$H_2N(CH_2)_2NH_2+4ClCH_2COONa \xrightarrow[\triangle]{NaOH} (NaOOCCH_2)_2NCH_2CH_2N(CH_2COONa)_2$$

EDTA 及其盐是分析化学中常用的金属螯合剂，可用于分离重金属离子。EDTA 二钠盐还是重金属中毒的解毒药。

乙二胺是有机合成原料，主要用于合成药物、农药和乳化剂等。

2. 三乙醇胺［$N(CH_2CH_2OH)_3$］

三乙醇胺简称 TEA。带氨的气味，为无色黏稠透明的液体，能与水及醇互溶，微溶于乙醚，有吸水性，可吸收二氧化硫、硫化氢等气体。主要用于日用化学工业，是生产表面活性剂、医药、农药、化妆品、空气净化剂及各种助剂等产品的重要基础原料。如季铵化脂肪酸三乙醇胺酯盐是一种用于手术吻合的体内可降解手术吻合套；三乙醇胺也可以用作混凝土的速凝剂、一些金属离子的掩蔽剂。

3. 新洁尔灭 $\left[\begin{array}{c} \text{CH}_2\text{N(CH}_3)_2 \\ \text{C}_{12}\text{H}_{25} \end{array}\right]^+ Br^-$

新洁尔灭的化学名称为溴化二甲基十二烷基苄基铵，本品在常温下为白色或淡黄色胶状体或粉末，低温时逐渐形成蜡状固体，有芳香气味及苦味。易溶于水、乙醇，微溶于丙酮，不溶于乙醚、苯，性状稳定。它是具有洁净、杀菌作用的阳离子表面活性剂，其杀菌效果为苯酚的 300～400 倍，具有低毒、无积累毒性、对皮肤低刺激性的特点，可作为消毒防腐剂。常用于医药、化妆品及水处理等领域。

4. 苯胺

苯胺是无色油状液体，有强烈气味，暴露于空气中或日光下易氧化而变色，因此存放在棕色瓶中。相对密度 1.02，加热至 370℃分解。稍溶于水，是最简单的一级芳香胺。熔点－6.3℃，沸点 184℃，闪点 70℃，爆炸极限为 1.3％～11.0％（体积分数），易溶于乙醇、乙醚等有机溶剂。苯胺是化工生产中最重要的中间体之一，用于制造酸性墨水蓝 G、酸性嫩黄、直接橙 S、直接桃红、靛蓝等染料；用于生产杀虫剂、毒草胺等农药；也用于制备磺胺药物、塑料、胶片等产品。

第四节　芳香族重氮和偶氮化合物

任务 11-25　写出下列化合物的构造式：

（1）偶氮甲烷　　（2）氯化对硝基重氮苯　　（3）对氨基偶氮苯　　（4）对甲基重氮苯硫酸盐

一、重氮和偶氮化合物的结构和命名

重氮和偶氮化合物分子中都含有氮氮重键（—N ＝ N—）官能团。其中基团—N ＝ N—的一端与烃基相连，而另一端与非碳原子相连的化合物，叫做重氮化合物，可分为重氮化合物和重氮盐；基团—N ＝ N—的两端都与碳原子相连的化合物叫做偶氮化合物。

1. 重氮化合物的命名

例如：重氮化合物命名为"某重氮某"。

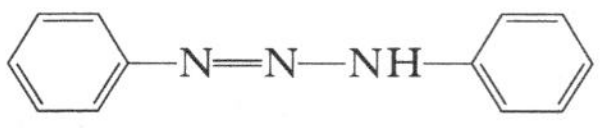

苯重氮氨基苯 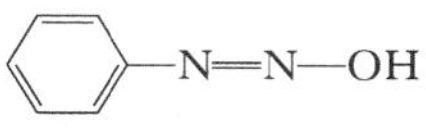　　　　氢氧化重氮苯

重氮盐命名为"重氮某某酸盐"或"某化重氮某、某酸重氮某"。例如：

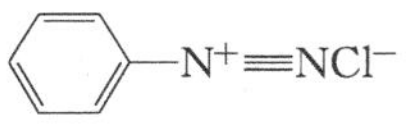

氯化重氮苯（重氮苯盐酸盐） 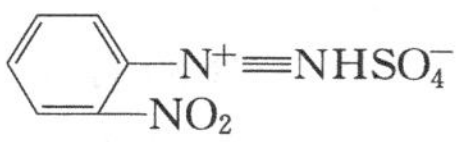　　　硫酸氢邻硝基重氮苯（邻硝基重氮苯硫酸盐）

2. 偶氮化合物的命名

偶氮化合物命名为"偶氮某"或"某偶氮某"。

若为 D—〇—N＝N—〇—A 型的，一般以"偶氮苯"为母体，苯环上连有的基团作
B
取代基，命名为"某某偶氮苯"。

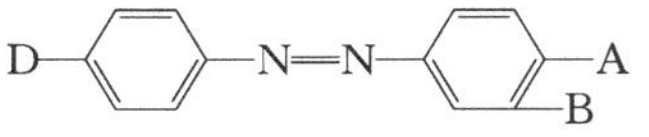

例如：

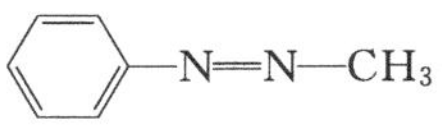

甲基偶氮苯 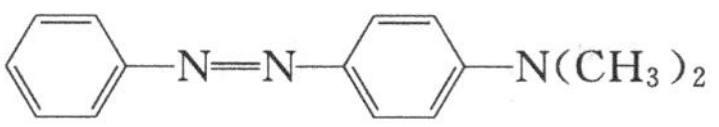　　　二甲氨基偶氮苯（N,N-二甲基对苯偶氮苯胺）

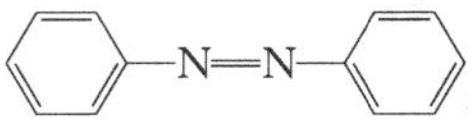

偶氮苯 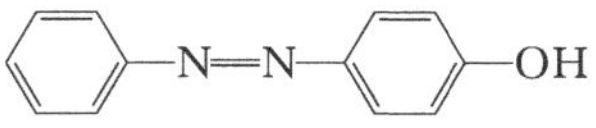　　　对羟基偶氮苯（对苯偶氮苯酚）

二、芳香族重氮化合物

1. 重氮化反应——芳香族重氮盐的制备

芳伯胺与亚硝酸在低温、强酸溶液中作用生成重氮盐的反应叫做重氮化反应。例如：

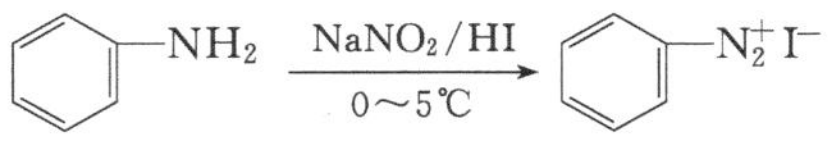

$$\text{〇}-NH_2 \xrightarrow[0\sim5℃]{NaNO_2/HI} \text{〇}-N_2^+I^-$$

重氮化反应一般在较低温度下进行。因为重氮盐在低温时比较稳定，温度稍高就会分解。当苯环上同时连有强吸电子基时生成的重氮盐稳定性增强，反应温度可适当提高。重氮化反应必须保持强酸性条件，通常所用的酸是氢卤酸或硫酸。重氮化时，酸必须过量，以避免生成的重氮盐与未反应的芳伯胺发生偶联反应。亚硝酸不能过量，因为它的存在会加速重氮盐本身分解。当反应混合物使淀粉-碘化钾试纸呈蓝紫色时即为反应终点。若亚硝酸过量可以加入尿素除去。

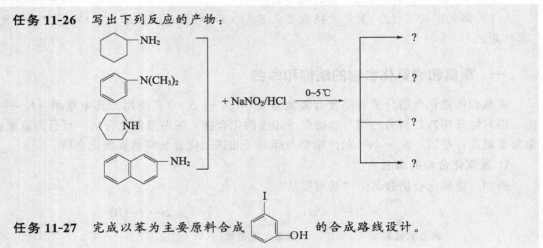

任务 11-26 写出下列反应的产物：

任务 11-27 完成以苯为主要原料合成 的合成路线设计。

2. 重氮盐的性质及应用

重氮盐是离子化合物，具有盐的通性，易溶于水，不溶于有机溶剂，干燥的重氮盐不稳定，所以不需分离可直接进行下一步的反应。重氮盐的化学性质很活泼，可以与许多物质发生取代反应（也称为放氮反应）。因此，可通过生成重氮盐的途径来制备一些不能由芳环直接取代合成的芳香族化合物，在有机合成上非常有用。

（1）**被羟基取代** 在酸性条件下，用重氮苯硫酸盐与水发生反应，重氮基被羟基取代生成苯酚，同时放出氮气。

$$\text{C}_6\text{H}_5\text{—NH}_2 \xrightarrow[0\sim5\text{℃}]{\text{NaNO}_2/\text{H}_2\text{SO}_4} \text{C}_6\text{H}_5\text{—N}_2^+ \text{HSO}_4^- \xrightarrow[\triangle]{\text{H}_2\text{O}} \text{C}_6\text{H}_5\text{—OH} + \text{N}_2 \uparrow$$

用途： 在有机合成中用于将硝基或氨基转变为羟基，来制备一些不能用其他方法来制备的特殊酚。

例如：工业上利用苯硝化、部分还原、重氮化再水解制得间硝基苯酚。

（2）**被卤原子取代** 重氮盐与氯化亚铜的浓盐酸溶液或溴化亚铜的浓氢溴酸溶液共热，重氮基可被氯原子或溴原子取代，生成氯苯或溴苯，同时放出氮气。

$$\text{C}_6\text{H}_5\text{—N}_2^+\text{Cl}^- \xrightarrow[\triangle]{\text{Cu}_2\text{Cl}_2/\text{HCl}} \text{C}_6\text{H}_5\text{—Cl} + \text{N}_2 \uparrow$$

$$\text{C}_6\text{H}_5\text{—N}_2^+\text{Br}^- \xrightarrow[\triangle]{\text{Cu}_2\text{Br}_2/\text{HBr}} \text{C}_6\text{H}_5\text{—Br} + \text{N}_2 \uparrow$$

用途：在有机合成中用来制备不能由芳环直接取代合成的芳香卤代物。例如：制备碘代苯。重氮基被碘取代比较容易。加热重氮盐与碘化钾的混合溶液，就会生成碘苯。

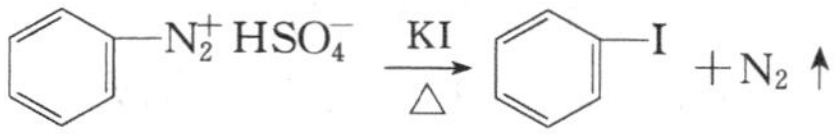

制备氟代苯。重氮基被氟取代比较难，将重氮盐转化为不溶性的重氮氟硼酸盐或氟磷酸盐，或芳胺直接用亚硝酸钠和氟硼酸进行重氮化，然后再经热分解可得较好收率的氟代芳烃，此反应称为希曼（Schiemann）反应。

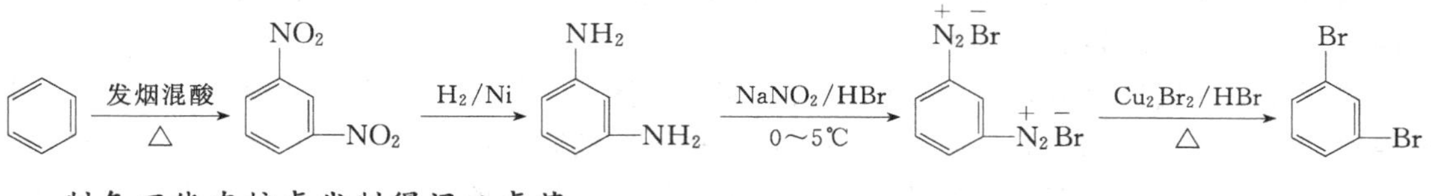

制备不能直接卤代制得间二卤苯。

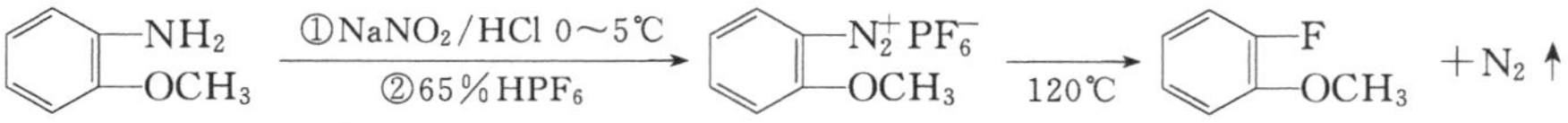

（3）被氰基取代　重氮盐与氰化亚铜的氰化钾溶液共热，重氮基被氰基取代生成苯甲腈，同时放出氮气。

用途：在药物合成中苯甲腈可水解成苯甲酸，也可还原成苄胺。苄胺主要用作药物中间体的合成，例如可用于制磺胺类药物磺胺米隆等。

（4）被氢原子取代　重氮盐与次磷酸（H_3PO_2）或乙醇反应，重氮基被氢原子取代，同时放出氮气。

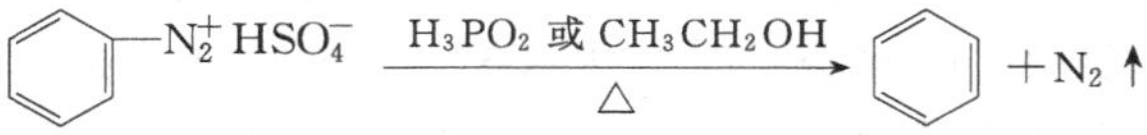

用途：在有机合成中可利用硝基或氨基的定位将所需基团引入特定位置，然后将硝基或氨基除去或转化为所需基团，来合成不能由芳环直接取代制得的化合物。例如：1,3,5-三溴苯无法由苯直接溴代得到，可由苯胺通过溴代、重氮化再还原制得：

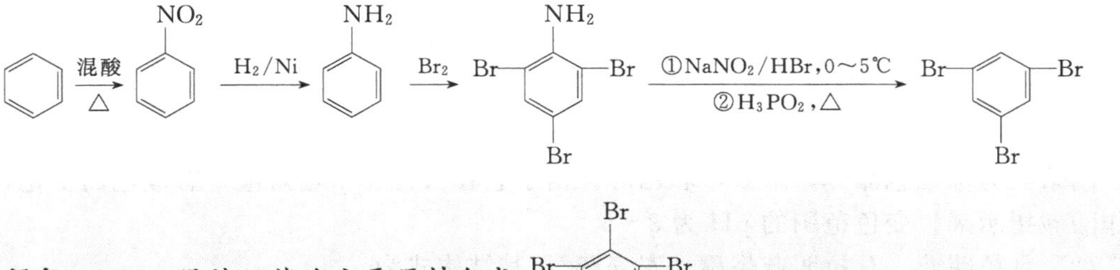

任务 11-28　设计以苯为主要原料合成 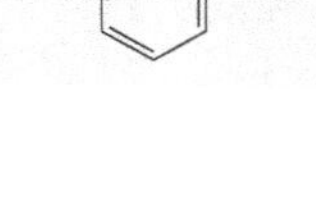 的方法。

三、偶联反应与偶氮化合物

任务 11-29　以苯和 N,N-二甲基苯胺为原料合成甲基橙。

1. 偶联反应

在一定条件下，重氮盐与酚或芳胺反应生成偶氮化合物，这个反应称为偶联反应（或偶合反应）。重氮盐与酚类的偶联反应通常在弱碱性介质（pH 为 8～10）中进行，与芳胺的偶联反应通常在弱酸或中性介质（pH 为 5～7）中进行。例如：

$$NaO_3S-\!\!\!\left\langle\bigcirc\right\rangle\!\!\!-N^+\!\!\equiv\!\!NCl^- + \left\langle\bigcirc\right\rangle\!\!\!-N(CH_3)_2 \xrightarrow[0\sim5℃]{CH_3COONa} NaO_3S-\!\!\!\left\langle\bigcirc\right\rangle\!\!\!-N\!\!=\!\!N-\!\!\!\left\langle\bigcirc\right\rangle\!\!\!-N(CH_3)_2$$

甲基橙

偶氮基—N＝N—是一个发色基团，偶联反应主要用于制取偶氮染料、酸碱指示剂或利用其还原反应制取特殊结构的伯胺。

偶联反应的实质是芳环上的亲电取代反应，苯偶氮基是较弱的亲电试剂，只有芳环上连有强致活基团（如酚和芳胺）时，才能与重氮盐发生偶联反应，生成偶氮化合物。其产物符合芳环上亲电取代反应的定位规律，主要发生在羟基或氨基的对位。若对位被占，则发生在邻位。例如：

$$\left\langle\bigcirc\right\rangle\!\!\!-N^+\!\!\equiv\!\!NCl^- + \underset{OCH_3}{\overset{OH}{\left\langle\bigcirc\right\rangle}} \xrightarrow[0\sim5℃]{NaOH} \left\langle\bigcirc\right\rangle\!\!\!-N\!\!=\!\!N-\underset{OCH_3}{\overset{OH}{\left\langle\bigcirc\right\rangle}}$$

2. 偶氮化合物

（1）甲基橙　甲基橙的学名为对二甲氨基偶氮苯磺酸钠。其结构式为：

$$NaO_3S-\!\!\!\left\langle\bigcirc\right\rangle\!\!\!-N\!\!=\!\!N-\!\!\!\left\langle\bigcirc\right\rangle\!\!\!-N(CH_3)_2$$

甲基橙为橙黄色晶体，微溶于水，不溶于乙醇。在 pH＞4.4 时显黄色，在 pH＜3.1 时显红色，所以甲基橙主要用作酸碱滴定时的指示剂，其颜色变化是由于在不同 pH 条件下结构改变所致，甲基橙在中性或碱性溶液中以偶氮苯形式存在，而在酸性溶液中则偶氮苯接受一个质子，转化为醌式结构，所以颜色也随之改变。

（2）刚果红　刚果红又称直接大红 4B，其结构式为：

$$\underset{SO_3Na}{\overset{NH_2}{\bigcirc\!\!\bigcirc}}-N\!\!=\!\!N-\!\!\!\left\langle\bigcirc\right\rangle\!\!\!-\!\!\!\left\langle\bigcirc\right\rangle\!\!\!-N\!\!=\!\!N-\underset{SO_3Na}{\overset{NH_2}{\bigcirc\!\!\bigcirc}}$$

刚果红为棕红色晶体，溶于水和乙醇。由于它在酸性和中性溶液中有颜色的变化，故常用作酸碱指示剂。变色范围的 pH 为 3～5。

（3）凡拉明蓝　凡拉明蓝俗称"安安蓝"，其结构式为：

$$CH_3O-\!\!\!\left\langle\bigcirc\right\rangle\!\!\!-NH-\!\!\!\left\langle\bigcirc\right\rangle\!\!\!-N\!\!=\!\!N-\underset{}{\overset{HO\quad CONHC_6H_5}{\bigcirc\!\!\bigcirc}}$$

凡拉明蓝是一种结构较复杂的蓝色偶氮染料，由 4-（4-甲氧苯氨基）氯化重氮苯与

N-苯基-3-羟基-2-萘甲酰胺偶联合成，本身不溶于水，属于冰染染料。染色时，先将织物用酚类的钠盐浸润，再使之与 4-甲氧基-4′-氨基二苯胺的重氮盐溶液偶合成凡拉明蓝而显色。染品色泽鲜艳，但易泛红。

 知识窗　- -

人类合成的第一种染料——苯胺紫及染料的发展

染料分为天然染料和人工合成染料两种。

天然染料有胭脂虫红、地衣素、石蕊和苏木素等，它们多从植物体中提取得到，其成分复杂，有些至今还未搞清楚。具有较好的生物可降解性和环境相容性。天然染料以其自然的色相、芳香性、防虫、杀菌作用等赢得了世人的喜爱和青睐，在高档真丝制品、保健内衣、家纺产品、装饰用品等领域中拥有广阔的发展前景。开发天然染料有利于保护自然资源和生态环境，越来越受到人们的重视。但因其种类与来源的局限，使得天然染料不能完全替代合成染料，目前合成染料在市场上占有主导地位。

合成染料是以石油、煤等为原料人工合成的有色有机化合物，其种类繁多，按其结构分为：偶氮染料、蒽醌染料、靛系染料（靛蓝、硫靛）、硫化染料、酞菁染料、甲川染料（菁系染料）、三苯甲烷染料、硝基和亚硝基染料和杂环染料。其中偶氮染料是一种重要类型，大约占 50% 以上。

一、人类第一种合成染料的发明及合成染料的发展

1856 年，英国 18 岁的有机化学家帕金正在进行制取治疗疟疾的特效药奎宁的试验。他将重铬酸钾氧化剂加到从焦油中提出来的粗苯胺中，出乎意料地得到了一种黑色黏稠物，显然并不是原本想得到的东西。失望之余，年轻的帕金决定重新再来，当他用酒精清洗试管时，却产生了色彩鲜艳的紫色溶液。他将布片浸入这种紫色溶液中，布片立刻染成了紫色，再用肥皂洗，乃至在阳光下暴晒，布片的紫色始终没有消退的迹象。我们知道，帕金所得到的这种紫色溶液正是人类第一个人工合成的染料——苯胺紫。帕金为这一成果申请了专利，并亲自制定了一系列的生产程序，在 1857 年正式投入生产，标志着合成染料工业的开端。

1858 年，霍夫曼在用四氯化碳处理苯胺时，也得到一种染料，呈红色，称为碱性品红。两年后，他又制成了苯胺蓝。在苯胺蓝的基础上，霍夫曼相继制得了多种合成染料，如碱性蓝、醛绿、碘绿等染料。

苯的环状结构学说建立以后，为染料等有机化合物的进一步人工合成指明了方向。1868 年，德国人格雷贝和里伯曼通过对茜素结构的研究，以焦油中的蒽为原料，第一次合成了天然染料茜素。1878 年，德国化学家又实现了将靛红还原为靛蓝。在同一时期，人们还合成了偶氮染料，1858 年，格里斯发现重氮化反应，6 年后将重氮盐偶合成功，为一系列偶氮染料的合成打下了基础。于是，1884 年，波蒂格较为顺利地合成了刚果红染料。到了 20 世纪，合成染料迅速发展，生产品种增多，产量剧增，基本取代了天然染料。目前世界各国生产的各类染料已有七千多种，常用的也有两千多种。合成染料除用于纺织品印染外，还广泛应用于造纸、塑料、皮革、橡胶、涂料、油墨、化妆品、感光材料等领域。由于染料的结构、类型、性质不同，必须根据染色产品的要求对染料进行选择，以确定相应的染色工艺条件。

二、新型环保染料

有些合成染料缺陷较多，如毒性大、致癌、致敏、使用后释放致癌的芳香胺化合物或污

染环境的化学物质。自1994年7月15日德国政府颁布禁用部分染料法令以来，世界各国的染料界都在致力于禁用染料替代品的研究。随着各国对环境和生态保护要求的不断提高，禁用染料的范围不断扩大，这也反映了市场上对环保和保护消费者健康的要求。实际上，毒理性和生态性是染料的一种属性，随着科学的发展和环保要求的不断提高，整个染料工业的发展是淘汰对人体有害的染料、发展新的对人体无害的环保染料的过程。

环保染料是指符合环保有关规定并可以在生产过程中应用的染料。环保染料应符合以下条件：不含或不产生有害芳香胺；染料本身无急毒性；使用后甲醛和可萃取重金属在限量以下；不含环境激素；不含持续性有机污染物；不会产生污染环境的有害化学物质；色牢度和使用性能优于禁用染料。依据应用可分为：环保型直接染料（天然植物染料）、环保型活性染料、环保型分散染料等。

目前，我国上海染料有限公司等单位已开发和生产出许多新型环保染料，包括 ef 型活性染料、新型特深色活性染料、me 型活性染料、eco 型分散染料、d 型直接混纺染料、n 型直接染料、sm 型还原染料等100多个品种，完全能满足国内外纺织品市场对绿色染料的要求。

📋 习题 --

11-1 填空题

(1) 异构体中叔胺的沸点比伯胺、仲胺的沸点都 _____ ，这是因为叔胺 _____ 形成分子间的 _____ 。

(2) 苯胺具有 _____ 性，可与强酸作用生成盐，遇 _____ 又可游离出苯胺，利用这一性质可 _____ 。

(3) 胺有碱性，各种胺的碱性由强到弱的顺序是 _____ 。

(4) 为防止芳胺被氧化，在有机合成中常采用芳胺的 _____ 反应来保护氨基。

(5) 重氮化反应的条件是 _____ 。在一定条件下，重氮基可分别被 _____ 等基团取代。

(6) 在适当条件下，重氮盐与 _____ 或 _____ 生成 _____ 化合物，此反应称为偶联反应；偶联反应的实质是 _____ ，偶联的位置主要发生在 _____ ，这个位置被占，则发生在 _____ 。

11-2 选择题

(1) 下列化合物中，不能溶解于稀盐酸的是（　　）。

A. （NO_2—苯环）　　B. （NH_2—苯环）　　C. （$NHCH_3$—苯环）　　D. （NH_2—苯环—CH_3）

(2) 下列化合物中，碱性最强的是（　　）。

A. 苄胺　　　　B. 苯胺　　　　C. N-甲基环己胺　　D. 氨

(3) 下列各组化合物中，只用溴水可鉴别的是（　　）。

A. 乙烯、乙炔　　B. 乙烯、苯酚　　C. 丙烯、环丙烷　　D. 苯胺、苯酚

（4）下列化合物中，不能与苯磺酰氯反应的是（　　）。

    A. $CH_3CH_2NH_2$　　　　　　　　　B. $CH_3NHCH_2CH_3$

    C. $(CH_3CH_2)_3N$　　　　　　　　　D. $(CH_3CH_2)_2NH$

（5）下列哪个化合物可以发生重氮化反应（　　）。

A. ⬡　　　　　　　　　　B. ⬡—$N(CH_3)_2$

C. ⬡—CH_2NH_2　　　　　　D. ⬡⬡—NH_2

（6）下列化合物中，属于叔胺的是（　　）。

A. $(CH_3)_3CNH_2$　　　　　　　　B. $CH_3\overset{\displaystyle O}{\overset{\|}{C}}NH_2$

C. ⬡（含 CH_3 和 NH_2）　　　　　D. $(C_2H_5)_2N—C(CH_3)_3$

（7）下列化合物中，不能用作制备正丙胺原料的是（　　）。

    A. $CH_3CH_2CH_2Br$　　　　　　B. CH_3CH_2Br

    C. $CH_3CH_2CH_2CN$　　　　　　D. $CH_3\underset{\displaystyle CH_3}{CH}CH_2Br$

（8）下列化合物中，碱性最弱的是（　　）。

A. ⬡（NH_2 对位 Cl）　　B. ⬡（NH_2 对位 NO_2）　　C. ⬡（NH_2 对位 OCH_3）　　D. ⬡（NH_2 对位 CH_3）

11-3　完成下列反应方程式。

（1）⬡—$SO_2Cl + (CH_3)_2CHNH_2 \longrightarrow$?

（2）⬡$N—CH_3 + CH_3I \longrightarrow$?

（3）⬡（邻苯二甲酸酐）$+ CH_3NHC_2H_5 \longrightarrow$?

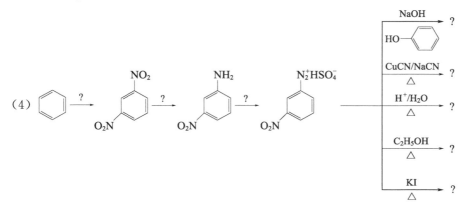

11-4 由萘、甲苯、乙酐等为原料合成下列化合物。

(1) 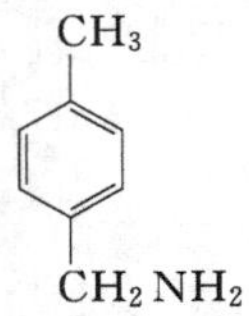 [结构式：对位取代苯环，上位 CH_3，下位 CH_2NH_2]   (2) NO_2—⟨苯环⟩—$N=N$—⟨苯环⟩—OH

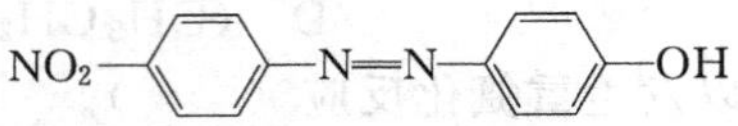

11-5 用化学方法鉴别下列各组化合物。

(1) 苄胺、苯酚、苯胺、N-甲基环己胺

(2) 氯苯、2,4-二硝基氯苯、2,4-二硝基苯酚、苯胺

11-6 推断结构

分子式为 $C_6H_{13}N$ 的化合物 A，能溶于盐酸溶液，并可与 HNO_2 反应放出 N_2，生成物为 B（$C_6H_{12}O$）。B 与浓 H_2SO_4 共热得产物 C，C 的分子式为 C_6H_{10}。C 能被 $KMnO_4$ 溶液氧化，生成化合物 D（$C_6H_{10}O_3$）。D 和 NaOI 作用生成碘仿和戊二酸。试推出 A、B、C、D 的结构式，并用反应式表示推断过程。

*第十二章 杂环化合物

知识目标

　　1. 掌握杂环化合物及其简单衍生物的命名；掌握杂环化合物的化学性质及应用。

　　2. 理解"五元杂环"和"六元杂环"的结构特征及它们的亲电取代反应与苯环上反应的异同；理解吡咯与四氢吡咯、吡啶与六氢吡啶酸碱性的差异。

　　3. 了解杂环化合物的分类；熟悉重要的杂环化合物的性能及应用。

能力目标

　　1. 能运用命名规则书写典型杂环化合物及其简单衍生物的正确名称。

　　2. 能利用"五元杂环"和"六元杂环"的性质的差异将其鉴别或分离。

　　3. 能区分"五元杂环"和"六元杂环"的亲电取代反应与苯环上的取代反应的异同。

　　4. 能区分吡咯与四氢吡咯、吡啶与六氢吡啶酸碱性的强弱。

　　杂环化合物是指成环原子除含碳原子外，同时含有氧、硫、氮等杂原子，并且具有与芳环相似结构和芳香性的环状化合物。杂环化合物广泛存在于自然界中，它们大都具有生理活性，如叶绿素、血红素、生物碱、核酸等都含有杂环结构。

　　任务 12-1　请描述杂环化合物的特征。

　　任务 12-2　判断环氧乙烷、己内酰胺是否为芳香性杂环化合物。

第一节　杂环化合物的分类和命名

一、杂环化合物的分类

　　杂环化合物可按环的形式分为单杂环和稠杂环两大类。单杂环又按环的骨架主要分为五元杂环和六元杂环。还可按环中杂原子的数目分为含有一个杂原子的杂环和含有多个杂原子的杂环，如表 12-1 所示。

二、杂环化合物的命名

问题 12-1 杂环化合物的偏旁有何特点？

1. 译音法

杂环化合物的命名通常采用译音法，即根据杂环化合物的英文名称，选择带"口"字偏旁的同音汉字来命名。如表 12-1 中的呋喃（furan）、吡咯（pyrrole）等。

表 12-1 常见杂环化合物的分类及名称

分类		含一个杂原子			含多个杂原子	
单杂环	五元杂环	呋喃 (furan)	噻吩 (thiophene)	吡咯 (pyrrole)	噻唑 (thiazole)	咪唑 (imidazole)
	六元杂环	吡啶 (pyridine)	吡喃 (pyran)		嘧啶 (pyrimidine)	吡嗪 (pyrazine)
	稠杂环	吲哚 (indole)	喹啉 (quinoline)	异喹啉 (isoquinoline)	嘌呤 (purine)	苯并噻唑 (benzothiazole)

2. 系统命名法

任务 12-3 对比苯甲醛、苯甲酸与呋喃甲醛的相似之处。

（1）选母体　与芳香族化合物命名原则类似，当杂环上连有—R、—X、—OH、—NH₂ 等取代基时，以杂环为母体；如果连有—CHO、—COOH、—SO₃H 等时，则以官能团为母体，杂环作取代基。

（2）杂环编号　杂环上连有取代基时，需要给杂环编号，编号规则如下。

① 从杂原子开始编号，杂原子位次为1。当环上只有一个杂原子时，也可把靠近杂原子的碳原子称为 α 位，其后依次为 β 位和 γ 位。例如：

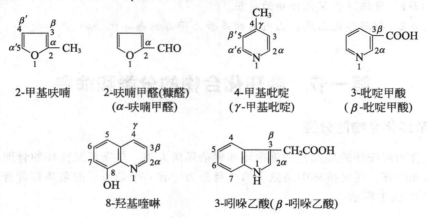

2-甲基呋喃　　　2-呋喃甲醛(糠醛)　　　4-甲基吡啶　　　3-吡啶甲酸
　　　　　　　　（α-呋喃甲醛）　　　（γ-甲基吡啶）　　　（β-吡啶甲酸）

8-羟基喹啉　　　3-吲哚乙酸(β-吲哚乙酸)

② 若含有多个相同的杂原子，则从连有氢或取代基的杂原子开始编号，并使其他杂原子的位次尽可能最小。例如：CH₃ —〔5-甲基咪唑结构〕（5-甲基咪唑）

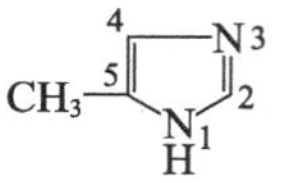

③ 若含有不相同的杂原子，按 O、S、N 的顺序编号。例如：〔4-氯噻唑结构〕（4-氯噻唑）某些特殊的稠杂环，不符合以上编号规则，有其特定的编号。例如：

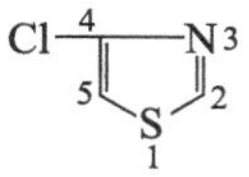

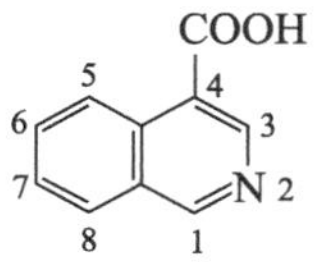

〔4-异喹啉甲酸结构，带 COOH，编号 5 6 7 8 1 2 3 4〕   〔6-氨基嘌呤结构，带 NH₂，编号 1 2 3 4 5 6 7 8 9〕

4-异喹啉甲酸 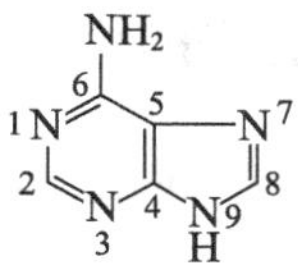   6-氨基嘌呤

嘌呤的编号可形象地看作是横写的"S"。

当 N 上连有取代基时，往往用"N"表示取代基的位置。例如：

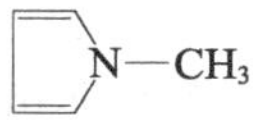

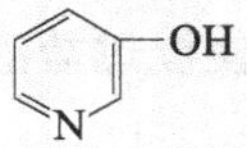

〔N—CH₃ 吡咯结构〕（N-甲基吡咯）

任务 12-4 写出下列化合物的正确名称或构造式。

(1) 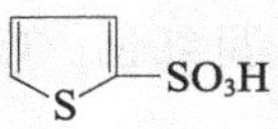 〔噻吩-SO₃H 结构〕   (2) 〔3-羟基吡啶结构〕   (3) 〔2-氯-3-甲基喹啉结构〕

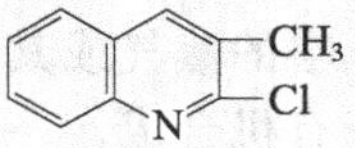

(4) α,α-二硝基呋喃   (5) α-呋喃甲酸

第二节　五元杂环化合物

含有一个杂原子的五元杂环化合物，具有代表性的是呋喃、噻吩、吡咯。

一、呋喃、噻吩、吡咯的结构

任务 12-5 请比较呋喃、吡咯、噻吩在结构上的异同点，并将苯、呋喃、吡咯、噻吩按芳香性强弱排序。

五元杂环化合物呋喃、噻吩、吡咯在结构上有共同点：组成五元杂环的 5 个原子都位于同一个平面上，碳原子和杂原子（O、S、N）彼此以 sp^2 杂化轨道形成 σ 键，每个杂原子各有一对未共用电子对处在 sp^2 杂化轨道与环共面，另外还各有一对电子处于与环平面垂直的 p 轨道上，与 4 个碳原子的 p 轨道相互重叠，形成了一个含有 6 个 π 电子的闭合共轭大 π 键。因此五元杂环化合物都具有芳香性。如图 12-1 所示。

由于呋喃、噻吩、吡咯分子中的杂原子不同，因此它们的芳香性也有所不同。其芳香性为：苯＞噻吩＞吡咯＞呋喃。另外，吡咯分子中的氮原子上连有一个氢原子，由于氮原子 π 电子参与了环上共轭，降低了对这个氢原子的吸引力，使得氢原子变得比较活泼，具有弱酸性。

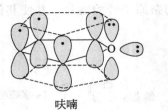
呋喃

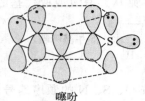
噻吩

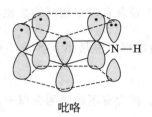
吡咯

图 12-1 呋喃、噻吩、吡咯的原子轨道示意图

二、呋喃、 噻吩、 吡咯的性质及应用

问题 12-2 如何检验呋喃、吡咯、噻吩？

呋喃存在于松木焦油中，是无色易挥发的液体，沸点 31.36℃，难溶于水，易溶于有机溶剂，有类似氯仿的气味。呋喃的蒸气遇到浸过盐酸的松木片时呈绿色，叫做松木片反应。呋喃极度易燃，主要用于有机合成或用作溶剂。

噻吩存在于煤焦油的粗苯及石油中，是无色而有特殊气味的液体，沸点 81.16℃。噻吩在浓硫酸存在下，与靛红一同加热显示蓝色，反应灵敏。噻吩在许多场合可代替苯，用作制取染料和塑料的原料，但由于性质较为活泼，一般不如由苯制造出来的产品性质优良，噻吩也可用作溶剂。

吡咯存在于煤焦油和骨焦油中，为无色油状液体，沸点 131℃，有弱的苯胺气味，难溶于水，易溶于醇或醚中。吡咯的蒸气或其醇溶液能使浸过盐酸的松木片呈红色。吡咯常用作色谱分析标准物质，也用于有机合成。

1. 亲电取代反应

问题 12-3 呋喃、吡咯、噻吩发生亲电取代反应主要取代的位置在哪里？

呋喃、噻吩、吡咯都具有芳香性，由于环中杂原子上的未共用电子对参与了环的共轭体系，使环上的电子云密度增大，故它们都比苯容易发生亲电取代反应，取代主要发生在 α-位。它们反应的活性顺序为：吡咯＞呋喃＞噻吩＞苯。

（1）卤化 呋喃、噻吩、吡咯都容易发生卤化反应。例如：

$$\text{呋喃} + Br_2 \xrightarrow[\text{二氧六环}]{25℃} \text{2-溴呋喃} + HBr$$

2-溴呋喃(75%)

$$\text{噻吩} + Br_2 \xrightarrow{CH_3COOH} \text{2-溴噻吩} + HBr$$

2-溴噻吩

（2）硝化 呋喃、噻吩、吡咯不能采用一般的硝化试剂硝化，可用比较缓和的硝化剂（硝酸乙酰酯）在低温下进行。硝酸乙酰酯由硝酸和乙酸酐反应制得。

$$\text{呋喃} + CH_3COONO_2 \xrightarrow{-5\sim30℃} \alpha\text{-硝基呋喃} - NO_2 + CH_3COOH$$

硝酸乙酰酯 α-硝基呋喃(35%)

$$\text{噻吩} + CH_3COONO_2 \xrightarrow[\text{乙酸或乙酐}]{0℃} \alpha\text{-硝基噻吩} - NO_2 + CH_3COOH$$

α-硝基噻吩(60%)

$$\underset{\underset{H}{N}}{\bigcirc} + CH_3COONO_2 \xrightarrow[\text{乙酐}]{-10℃} \underset{\underset{H}{N}}{\bigcirc}\!-\!NO_2 + CH_3COOH$$

α-硝基吡咯(51%)

（3）磺化 噻吩在室温下可溶于浓硫酸，并发生磺化反应。

问题 12-4 甲苯中含有少量噻吩，如何除去？用蒸馏的方法能除去吗？

$$\underset{S}{\bigcirc} + 浓 H_2SO_4 \longrightarrow \underset{S}{\bigcirc}\!-\!SO_3H + H_2O$$

α-噻吩磺酸(70%)

α-噻吩磺酸（70%）

α-噻吩磺酸能溶于浓硫酸，而且易发生水解反应。

$$\underset{S}{\bigcirc}\!-\!SO_3H + H_2O \xrightarrow{100\sim150℃} \underset{S}{\bigcirc} + H_2SO_4$$

由于呋喃和吡咯芳香性较弱，遇酸容易发生环的破裂，磺化时往往使用比较缓和的磺化剂（吡啶三氧化硫）。

$$\underset{O}{\bigcirc} + \underset{}{\bigcirc}\!N\!\cdot SO_3 \xrightarrow{ClCH_2CH_2Cl} \underset{O}{\bigcirc}\!-\!SO_3H + \underset{}{\bigcirc}\!N$$

吡啶三氧化硫　　　　　　α-呋喃磺酸

$$\underset{\underset{H}{N}}{\bigcirc} + \underset{}{\bigcirc}\!N\!\cdot SO_3 \longrightarrow \underset{\underset{H}{N}}{\bigcirc}\!-\!SO_3H + \underset{}{\bigcirc}\!N$$

α-吡咯磺酸

用途： 运用磺化反应，可分离或除去粗苯中的噻吩。

2. 加成反应

问题 12-5 四氢呋喃有芳香性吗？

呋喃、噻吩、吡咯在催化剂存在下，都能进行加氢反应，生成相应的四氢化物。

$$\underset{O}{\bigcirc} + 2H_2 \xrightarrow[100℃,5MPa]{Ni} \underset{O}{\bigcirc} \quad 四氢呋喃$$

$$\underset{S}{\bigcirc} + 2H_2 \xrightarrow[0.2\sim0.4MPa]{Pd} \underset{S}{\bigcirc} \quad 四氢噻吩$$

$$\underset{\underset{H}{N}}{\bigcirc} + 2H_2 \xrightarrow[200℃]{Ni} \underset{\underset{H}{N}}{\bigcirc} \quad 四氢吡咯$$

四氢呋喃是一种优良的溶剂。四氢噻吩气味难闻，有刺激作用，可用于天然气加臭，以便检漏。四氢吡咯碱性较强，具有脂肪族仲胺的性质。

任务 12-6 完成下列反应。

（1） $\underset{S}{\bigcirc}\!-\!CHO + 3H_2 \xrightarrow[\triangle,p]{Ni} ?$ 　　（2） $\underset{O}{\bigcirc}\!-\!CH_3 + CH_3COONO_2 \longrightarrow ?$

（3） $\underset{O}{\bigcirc} + 2H_2 \xrightarrow[100℃,5MPa]{Ni} ?$

第三节 六元杂环化合物

吡啶是典型的六元杂环化合物，它的各种衍生物广泛存在于生物体中，并且大都具有强的生物活性。

一、吡啶的结构

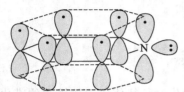

图 12-2 吡啶原子轨道示意图

吡啶的构造与苯的结构非常相似，是一个平面六元环。组成环的氮原子和 5 个碳原子彼此以 sp^2 杂化轨道相互重叠形成 σ 键，环上每一个原子还有一个未参与杂化的 p 轨道，其对称轴垂直于环的平面，并且侧面相互重叠形成一个闭合共轭大 π 键（见图 12-2），因此吡啶也具有芳香性。

与苯不同的是由于氮原子的电负性较强，吡啶环上的电子云密度向氮原子转移而降低，使其亲电取代比苯难，并且取代反应主要发生在 β 位上。

问题 12-6 为什么噻吩、吡咯、呋喃比苯容易发生亲电取代反应，而吡啶却比苯难以进行亲电取代反应？

二、吡啶的性质及应用

吡啶存在于煤焦油及页岩油中，是无色而有特殊气味的液体，沸点 115℃，熔点 42℃，可与水、乙醇、乙醚、苯等混溶，能溶解大部分有机化合物和许多无机盐类，是一种良好的溶剂。

吡啶能与无水氯化钙生成配合物，所以不能使用氯化钙干燥吡啶。

用途： 吡啶可以与水形成共沸混合物，工业上常利用这个性质来纯化吡啶。吡啶还能与多种金属离子形成结晶形的配合物，运用此性质把它和它的同系物分离开。吡啶除作溶剂外，在工业上还可用作变性剂、助染剂，以及合成一系列产品（包括药品、消毒剂、染料、食品调味料、黏合剂、炸药等）的起始物。

1. 碱性

吡啶是一种弱碱，因吡啶氮原子上有一对孤对电子（sp^2 杂化电子）没有参与共轭，可与质子结合。吡啶的碱性比吡咯、苯胺强，但比氨弱。不同化合物的碱性大小顺序为：

四氢吡咯 ＞ 氨 ＞ 吡啶 ＞ 苯胺 ＞ 吡咯

吡啶能使湿润的石蕊试纸变蓝，可用于鉴定吡啶。吡啶也能与无机酸作用生成盐，得到的吡啶盐再碱化可恢复原物。例如：

吡啶三氧化硫

吡啶与叔胺相似，也可与卤代烷作用生成季铵盐。例如：

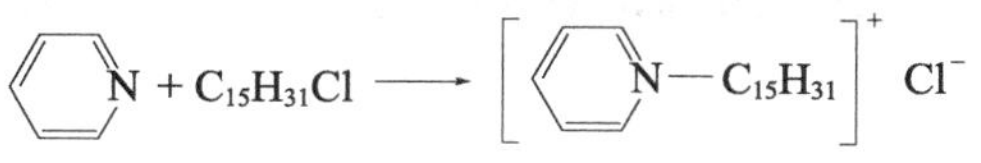

$$\text{吡啶} + C_{15}H_{31}Cl \longrightarrow \left[\text{吡啶}-C_{15}H_{31}\right]^{+} Cl^{-}$$

氯化十五烷基吡啶

用途：氯化十五烷基吡啶是一种阳离子表面活性剂，运用吡啶可合成各种表面活性剂；运用吡啶的碱性可以鉴别、分离和提纯吡啶，也可用吡啶吸收反应中所生成的酸。

2. 取代反应

吡啶可发生卤化、硝化和磺化反应，主要发生在 β 位，其反应活性与硝基苯相似，吡啶不发生傅-克反应。

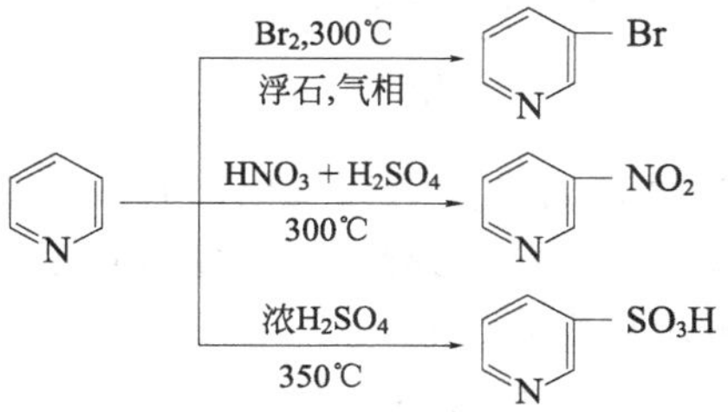

$\text{吡啶} \xrightarrow[\text{浮石，气相}]{Br_2,300℃}$ β-溴吡啶

$\xrightarrow[300℃]{HNO_3 + H_2SO_4}$ β-硝基吡啶

$\xrightarrow[350℃]{浓H_2SO_4}$ β-吡啶磺酸

3. 加成反应

吡啶比苯容易还原，经催化氢化或用醇钠还原都可以得到六氢吡啶。

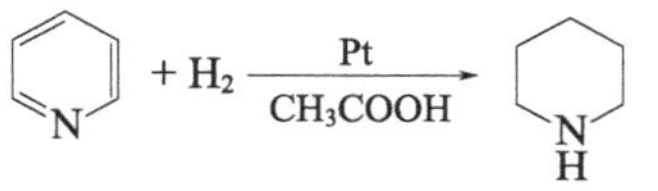

$\text{吡啶} + H_2 \xrightarrow[CH_3COOH]{Pt} \text{六氢吡啶}$

六氢吡啶

用途：六氢吡啶又称哌啶，它的碱性比吡啶强，化学性质与脂肪族仲胺相似，常用作药物及其他有机合成原料。

4. 氧化反应

吡啶比苯稳定，不易被氧化剂氧化，当环上连有含 α-氢的侧链时，侧链容易被氧化成羧基。

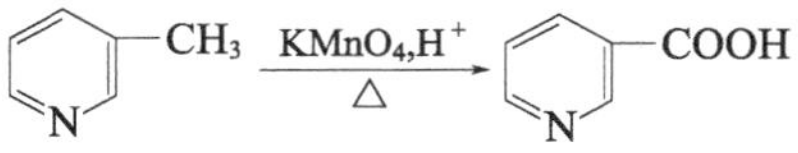

$\text{吡啶}-CH_3 \xrightarrow[\triangle]{KMnO_4,H^+} \text{吡啶}-COOH$　β-吡啶甲酸　（烟酸）

用途：烟酸也称作维生素 B_5，或维生素 PP，属 B 族维生素。有较强的扩张周围血管的作用，临床用于治疗头痛、偏头痛、耳鸣、内耳眩晕症等。烟酸缺乏可引起癞皮病。

任务 12-7　完成下列反应。

(1) 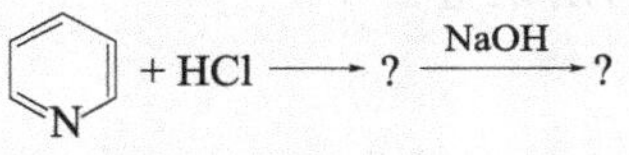 $\text{吡啶} + HCl \longrightarrow ? \xrightarrow{NaOH} ?$

(2) 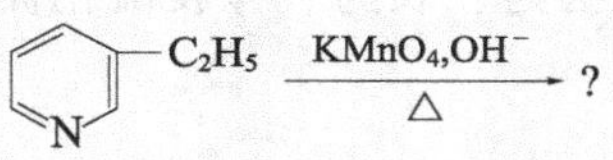 $\text{吡啶}-C_2H_5 \xrightarrow[\triangle]{KMnO_4,OH^-} ?$

(3) 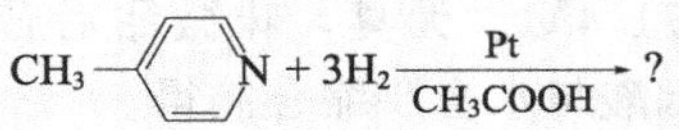 $CH_3-\text{吡啶} + 3H_2 \xrightarrow[CH_3COOH]{Pt} ?$

(4) $\text{吡啶} \xrightarrow[220℃]{浓H_2SO_4,HgSO_4} ?$

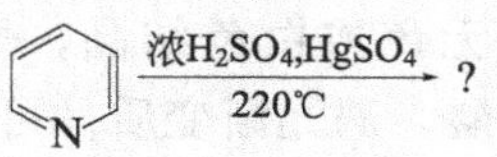

第四节　重要的杂环化合物及其衍生物

一、糠醛

α-呋喃甲醛是重要的呋喃衍生物，最初由米糠经稀酸水解制得，故称作糠醛。

（1）**结构**　糠醛的构造式为 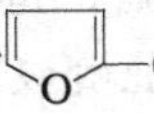 —CHO，具有芳香醛的结构特征。

（2）**制法**　工业上用含有多缩戊糖的米糠、玉米芯、甘蔗渣、花生壳、高粱秆等为原料，在稀酸催化下发生水解生成戊糖，戊糖再进一步脱水环化则得到糠醛。

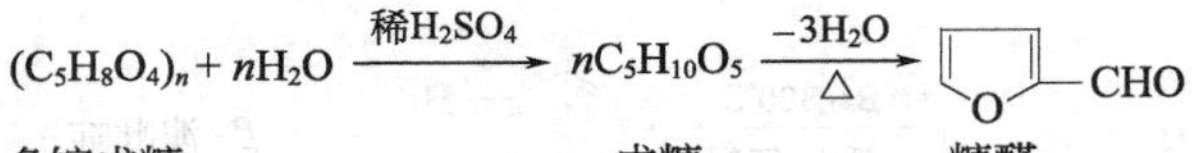

$$(C_5H_8O_4)_n + nH_2O \xrightarrow{\text{稀}H_2SO_4} nC_5H_{10}O_5 \xrightarrow[\triangle]{-3H_2O} \text{糠醛}$$

多缩戊糖　　　　　　　　　　戊糖　　　　糠醛

（3）**性质和用途**　糠醛为无色液体，因易受空气氧化，通常都带有黄色或棕色。沸点 162℃，熔点 -36.5℃，溶于水，并能与乙醇、乙醚混溶。糠醛可发生银镜反应，在醋酸存在下与苯胺作用显红色，这些性质可用来检验糠醛。

糠醛结构中含有呋喃环和醛基，因此性质与苯甲醛相似，既具有芳环上的亲电取代反应，又可以发生氧化、还原及歧化等反应。

① **氧化反应**　糠醛用 $KMnO_4$ 的碱溶液或在 Cu 或 Ag 的氧化物催化下，用空气氧化生成糠酸。

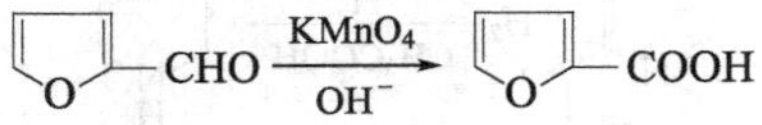

$$\text{CHO} \xrightarrow[\text{OH}^-]{KMnO_4} \text{COOH}$$

糠酸

糠酸为白色结晶，可作防腐剂及制造增塑剂和香料的原料。

② **还原反应**

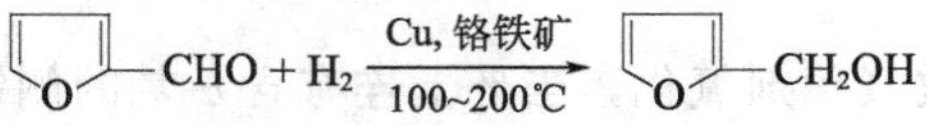

$$\text{CHO} + H_2 \xrightarrow[\text{100~200℃}]{\text{Cu, 铬铁矿}} \text{CH}_2\text{OH}$$

糠醇

糠醇为无色液体，是合成糠醇树脂的单体。

③ **歧化反应**

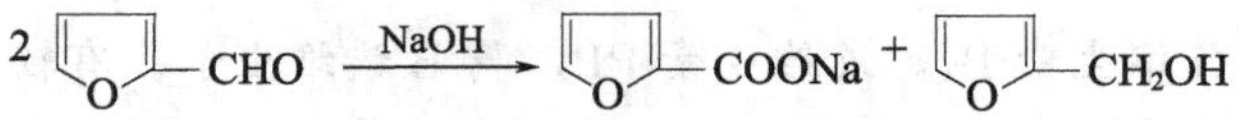

$$2 \text{ CHO} \xrightarrow{NaOH} \text{COONa} + \text{CH}_2\text{OH}$$

糠醛是优良的有机溶剂，也是重要的有机合成原料，与苯酚缩合可生成类似电木的酚糠醛树脂。还可用来合成医药、农药、橡胶硫化促进剂和防腐剂等。

二、雷米封

雷米封又名异烟肼，为无色或白色结晶，熔点 171.4℃。无臭，味微甜后苦。易溶于水，微溶于乙醇，不溶于乙醚，遇光渐变质。可由异烟酸与水合肼缩合制得。

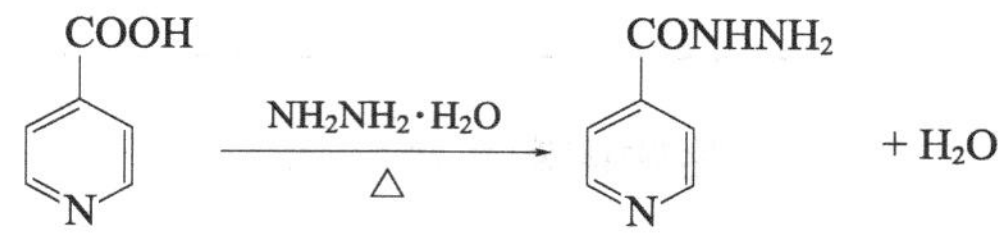

異烟酸　　　　　　　　　異烟肼
（γ-吡啶甲酰肼）

雷米封具有较强的抗结核作用，是常用的抗结核药物。它的结构与维生素 PP 相似，对维生素 PP 有拮抗作用，若长期服用雷米封，应适当补充维生素 PP。

三、嘧啶

嘧啶又称间二嗪，是含有两个杂原子的六元杂环化合物。嘧啶本身并不存在于自然界中，但它的衍生物广泛分布于生物体内，具有重要的生理和药理作用。如胞嘧啶、尿嘧啶和胸腺嘧啶是核酸的组成部分。

1. 结构

嘧啶的构造式为 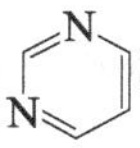 ，嘧啶环和吡啶环相似，成环的所有原子都在同一平面内。嘧啶也具有芳香性，但化学性质与苯相似之处甚少。

2. 性质

嘧啶为无色晶体，熔点 22.5℃，沸点 124℃，易溶于水，有吸湿性，它的碱性弱于吡啶。由于氮杂原子数目的增加，嘧啶很难发生亲电取代反应，环上如有羟基、氨基等活化基团时，则能起取代或加成反应，取代基一般进入 5-位。

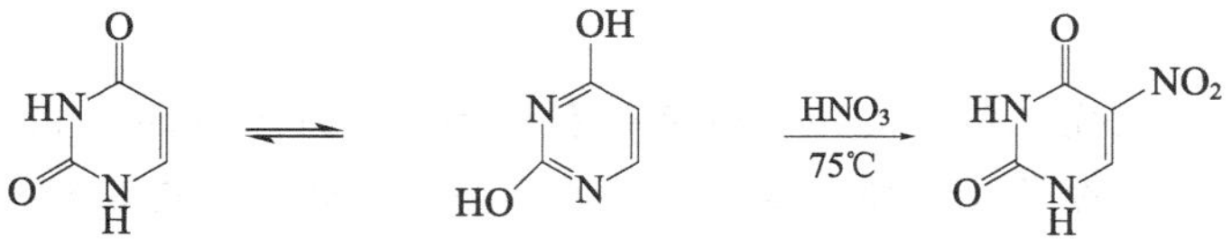

尿嘧啶(酮式)　　　2,4-二羟基嘧啶(烯醇式)　　　5-硝基尿嘧啶

四、嘌呤

1. 结构

嘌呤本身不存在于自然界中，但其衍生物在自然界中分布很广。如嘌呤的衍生物腺嘌呤、鸟嘌呤是核酸的组成部分，它们在体内的代谢产物尿酸也是常见的嘌呤衍生物。嘌呤的结构是由一个嘧啶环和一个咪唑环稠合而成的。嘌呤环的编号常用标氢法区别。

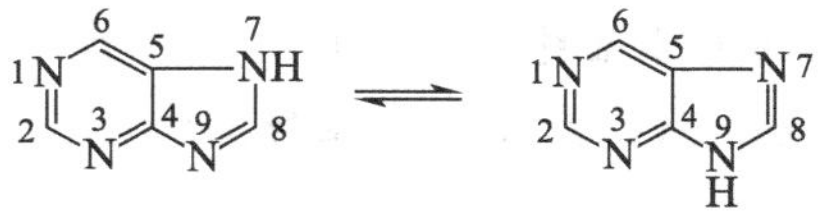

7H嘌呤　　　　　　　　9H嘌呤

药物分子中多为 7H 嘌呤，生物体内则 9H 嘌呤比较常见。

2. 性质

嘌呤为无色结晶，熔点 216～217℃，易溶于水，其水溶液呈中性，但却能与强酸或强碱生成盐。

知识窗 --

生物酶和克隆技术

一、生物酶

生物酶是一种具有生物活性的蛋白质，是生物体内许多复杂化学反应的催化剂。目前世界上已知酶 2000 多种，已经应用的 120 多种。它们是一类由生物细胞产生的、具有催化功能的生物分子，这种生物催化剂具有以下特点。

1. 极高的催化效率

酶是自然界中催化活性最高的一类催化剂。生命体系中发生的化学反应在没有催化剂的情况下，许多反应实际上是难以进行的。酶催化反应的速率比非酶催化反应高 $10^8 \sim 10^{20}$ 倍。例如，在 20℃下，脲酶水解脲的速率比微酸水溶液中反应速率增大 10^{18}。

2. 高度的专一性（选择性）

酶只能作用于某一类化合物，甚至只能与某一种化合物发生化学反应。即酶对所催化的反应有严格的选择性。例如，酸可催化蛋白质、脂肪、纤维素的水解，而蛋白酶只能催化蛋白质水解；脂肪酶只能催化脂肪的水解；纤维素酶只能催化纤维素的水解。

3. 酶易失活

酶是蛋白质，凡是能使蛋白质变性的因素，如高温、强酸、强碱、重金属等都能使酶丧失活性。同时酶也常因温度、pH 等轻微的改变或抑制剂的存在使其活性发生变化。

4. 温和的反应条件

酶由生物体产生，本身是蛋白质，只能在常温常压下，接近中性的 pH 条件下发挥作用。例如，在人体中的各种酶促反应，一般都是在体温（约 37℃）和血液的 pH（约为 7）的条件下进行的。

人类对生物酶的研究已经形成一个独立的科学体系——生物酶工程。它是以酶学 DNA 重组技术为主的与现代分子生物学技术相结合的产物。它的研究内容包括 3 个方面：一是利用 DNA 重组技术大量生产酶；二是对酶基因进行修饰，产生遗传修饰酶；三是设计新的酶基因，合成催化效率更高的酶。生物酶的深入研究和发展极大地推动了生命科学的研究进程。

二、克隆技术

克隆是英文 "Clone" 的译音。意为生物体通过细胞进行的无性繁殖形成的基因型完全相同的后代个体组成的种群，简称 "无性繁殖"。

在自然界，有不少植物具有先天的克隆本能，如番茄、马铃薯、玫瑰等插枝繁殖的植物。而动物的克隆技术，则经历了由胚胎细胞到体细胞的发展过程。体细胞克隆是把供体的生物细胞或细胞核整体，移入到受体细胞中，然后让其在另一个母体内发育成个体，由于受体和供体的遗传基因 DNA 完全相同，因此它们在形态特征上完全一样，是一个百分之百的 "复制品"。

1997 年 2 月 23 日，英国苏格兰罗斯林研究所的科学家宣布，他们的研究小组利用山羊的体细胞成功地克隆出世界上第一只基因结构和供体完全相同的小羊 "多莉"（Dolly）。实际上，这一过程是 DNA 重组的过程。DNA 重组是利用生物体内的限制性核酸内切酶从生物细胞的 DNA 分子上切取所需要的遗传基因，将其与事先选择好的基因载体结合，形成重组的 DNA，再将此重组 DNA 输入另一种生物细胞中，便能通过自我复制和增殖而获得基因产物。原始的 DNA 分子在这种细胞中的增殖是无性繁殖，这种技术称为克隆技术。

　　克隆技术是科学发展的结果，它的应用十分广泛，在园艺业和畜牧业中，克隆技术是选育遗传性质稳定的品种的理想手段，通过它可以培育出优质的果树和良种家畜。在医学领域，目前美国、瑞士等国家已利用克隆技术培植人体皮肤进行植皮手术。这一新成就避免了异体植皮可能出现的排异反应。科学家预言，在不久的将来他们将利用克隆技术制造出心脏、动脉等更多的人体组织和器官，为急需移植器官的病人提供保障。另外克隆技术还可以用来繁殖许多有价值的基因，如治疗糖尿病的胰岛素，有希望使侏儒症患者重新长高的生长激素和能抗多种疾病感染的干扰素等。

习题

12-1 填空题

（1）杂环化合物是指成环原子由碳原子和_____等杂原子共同组成，具有与_____相似结构和_____性的环状化合物。

（2）呋喃、吡咯、噻吩亲电取代反应比苯_____，反应位置主要在_____位。

（3）吡啶的亲电取代反应比苯_____进行，反应位置主要在_____位。

（4）由于呋喃十分活泼，遇酸容易发生环的破裂和树脂化，因此它发生硝化反应使用的硝化剂是_____；发生磺化反应使用的磺化剂是_____。

（5）α-呋喃甲醛（又称_____），由于是_____的醛，所以可以发生坎尼扎罗反应。

（6）噻吩经过催化氢化得到的_____，可用于天然气加臭，以便检漏。

12-2 选择题

（1）下列化合物中，具有芳香性的是（　　）。

A.  [图] 　 B. 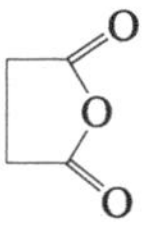 [图] 　 C. 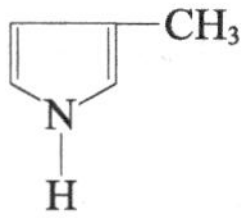 [图] 　 D.  [图]

（2）要除去苯中少量的噻吩，可采用的方法是（　　）。

A. 用稀 NaOH 洗涤　　　B. 用浓 H_2SO_4 洗涤
C. 用稀 HCl 洗涤　　　　D. 用乙醚洗涤

（3）下列化合物中，芳香性最强的是（　　）。

A.  [图] 　 B.  [图] 　 C.  [图] 　 D.  [图]

（4）下列对吡咯化学性质描述完全正确的是（　　）。

A. 吡咯具有芳香性，同苯一样稳定
B. 吡咯比苯活泼，容易发生氧化反应
C. 吡咯是仲胺，其碱性较强
D. 吡咯碱性较弱，遇强碱时表现出弱酸性

（5）下列对吡啶化学性质描述完全错误的是（　　　　）。

　　A. 吡啶具有芳香性，发生亲电取代反应的位置在 β-位

　　B. 吡啶没有芳香性，不能发生亲电取代反应

　　C. 吡啶是钝化环，不易发生亲电取代反应

　　D. 吡啶有碱性，碱性强于苯胺

（6）下列试剂中，可用于鉴别吡啶和 β-甲基吡啶的是（　　　　）。

　　A. $KMnO_4$ 溶液　　　B. NaOH 溶液　　　C. 盐酸溶液　　　D. 亚硫酸钠溶液

12-3　完成下列化学反应

（1）
$$\text{（噻吩）} \xrightarrow[\text{CH}_3\text{COOH}]{\text{Br}_2} ? \xrightarrow{\text{NaCN}} ? \xrightarrow[\text{H}^+]{\text{H}_2\text{O}} ?$$

（2）
$$\text{（呋喃）—CHO} \xrightarrow{\text{浓NaOH}} ? + ?$$

（3）
$$\text{（呋喃）—CHO} + \text{CH}_3\text{CHO} \xrightarrow{\text{稀NaOH}} ? \xrightarrow{\triangle} ? \xrightarrow{\text{NaBH}_4} ?$$

（4）
$$\text{（吡咯）} \xrightarrow[\text{(CH}_3\text{CO)}_2\text{O}]{\text{CH}_3\text{COONO}_2} ? \xrightarrow{\text{Fe + HCl}} ?$$

（5）
$$\text{（吡啶）} + \text{SO}_3 \longrightarrow ? \xrightarrow{\text{（呋喃）}} ?$$

（6）
$$\text{（吡啶）—CH(CH}_3)_2 \xrightarrow{\text{KMnO}_4} ? \xrightarrow{\text{PCl}_5} ? \xrightarrow[\text{H}^+]{\text{C}_2\text{H}_5\text{OH}} ?$$

12-4　下列化合物按碱性由强到弱排列成序。

（1）苯胺、吡咯、吡啶、六氢吡啶　　　（2）甲胺、苯胺、四氢吡咯、氨

（3）吡啶、苯胺、环己胺、γ-甲基吡啶

12-5　用化学方法区别下列化合物。

（1）糠醛、苯甲醛、乙醛、甲醛　　　（2）苯酚、苯胺、吡啶、六氢吡啶

12-6　推断化合物的结构。

某杂环化合物 A 的分子式为 $C_6H_6O_2$，它不发生银镜反应，但能与羟胺作用生成肟。A 与次氯酸钠反应生成羧酸 B，B 的钠盐与碱石灰作用，转变为 C，C 可发生松木片反应。试推测 A、B、C 可能的构造式。

第十三章 氨基酸　蛋白质

知识目标

　　1. 掌握氨基酸的两性和等电点、与水合茚三酮的显色反应、缩合反应。

　　2. 了解蛋白质的组成和分类；掌握蛋白质的两性和等电点、盐析与变性、显色反应以及实际应用。

能力目标

　　1. 能对氨基酸、蛋白质正确命名。

　　2. 能利用氨基酸两性和等电点进行分离与提纯；能利用茚三酮反应来鉴别 α-氨基酸。

　　3. 能判断在不同 pH 的溶液中各氨基酸或蛋白质的主要存在形式及在电场中的移动。

　　任务 13-1　举例说明生命现象与蛋白质的密切关系。

　　氨基酸、蛋白质都是具有重要生理功能的物质。氨基酸是组成蛋白质的基石，蛋白质是构成生命的物质基础。各种生命现象离不开蛋白质，生命活动的基本特征是蛋白质的不断自我更新。

第一节　氨基酸

　　氨基酸是分子中既含有氨基（—NH_2），又含有羧基（—COOH）的一类有机化合物。它可以看成是羧酸分子中烃基上的氢原子被氨基取代后的产物。

一、氨基酸的分类和命名

1. 氨基酸的分类

　　根据分子中氨基和羧基的相对位置不同，可将氨基酸分为 α-氨基酸、β-氨基酸和 γ-氨基酸等。例如：

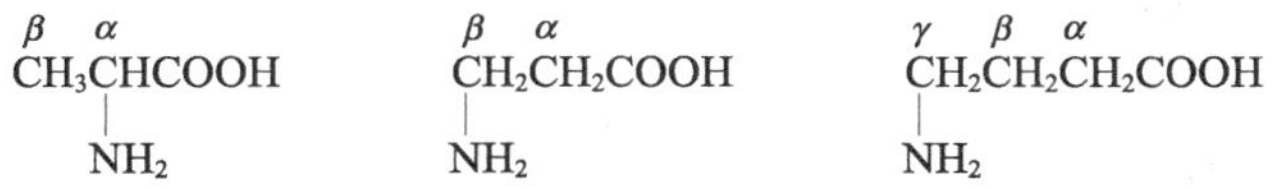

$$\overset{\beta}{C}H_3\overset{\alpha}{C}HCOOH$$
$$|$$
$$NH_2$$
α-氨基丙酸

$$\overset{\beta}{C}H_2\overset{\alpha}{C}H_2COOH$$
$$|$$
$$NH_2$$
β-氨基丙酸

$$\overset{\gamma}{C}H_2\overset{\beta}{C}H_2\overset{\alpha}{C}H_2COOH$$
$$|$$
$$NH_2$$
γ-氨基丁酸

其中 α-氨基酸是构成蛋白质的基石，本节主要介绍 α-氨基酸。

根据 α-氨基酸分子中氨基和羧基的相对数目不同，可分为中性氨基酸（氨基和羧基的数目相等）、酸性氨基酸（氨基的数目小于羧基的数目）和碱性氨基酸（氨基的数目大于羧基的数目）。例如：

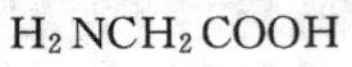

$$H_2NCH_2COOH \qquad HOOCCH_2\underset{\underset{NH_2}{|}}{C}HCOOH \qquad H_2N(CH_2)_4\underset{\underset{NH_2}{|}}{C}HCOOH$$

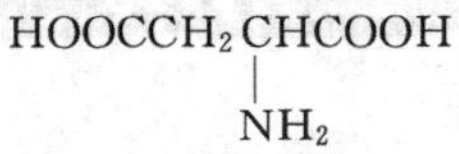

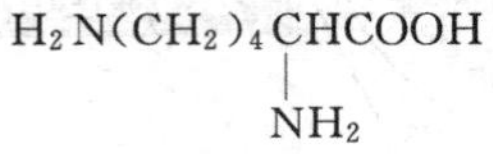

甘氨酸   门冬氨酸   赖氨酸
（中性氨基酸）   （酸性氨基酸）   （碱性氨基酸）

此外，根据氨基酸分子中所含烃基的结构不同，还可分为脂肪族氨基酸、芳香族氨基酸和杂环族氨基酸。例如：

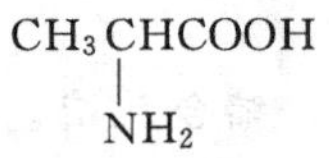

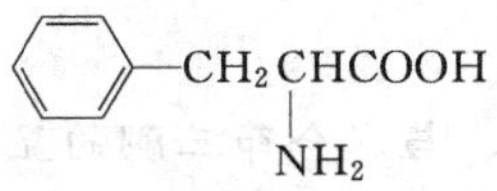

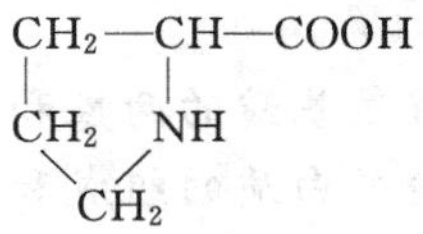

丙氨酸   苯丙氨酸   脯氨酸
（脂肪族氨基酸）   （芳香族氨基酸）   （杂环族氨基酸）

问题 13-1 人类的饮食为什么要多样化？

目前，自然界中发现的氨基酸已有二百余种，其中 α-氨基酸占绝大多数，它们很少以游离状态存在，主要是以聚合体——多肽和蛋白质的形式存在于动植物体中。蛋白质水解生成多种 α-氨基酸的混合物，经分离可得到 20 余种 α-氨基酸，见表 13-1。

表 13-1 常见 α-氨基酸的分类和结构

名　称	缩写		结构式	等电点
	中文	英文/代码		
中性氨基酸				
甘氨酸（α-氨基乙酸）Glycine	甘	Gly G	$CH_2\!-\!COO^-$; $^+NH_3$	5.97
丙氨酸（α-氨基丙酸）Alanine	丙	Ala A	$CH_3\!-\!CH\!-\!COO^-$; $^+NH_3$	6.02
丝氨酸（α-氨基-β-羟基丙酸）Serine	丝	Ser S	$HOCH_2\!-\!CHCOO^-$; $^+NH_3$	5.68
半胱氨酸（α-氨基-β-巯基丙酸）Cysteine	半胱	Cysh C	$HSCH_2\!-\!CHCOO^-$; $^+NH_3$	5.02
胱氨酸（双 β-硫代-α-氨基丙酸）Cystine	胱	Cysscy C	$SCH_2CH(NH_2)COOH$; $SCH_2CH(NH_2)COOH$	4.8
缬氨酸（β-甲基-α-氨基丁酸）* Valine	缬	Val V	$(CH_3)_2CH\!-\!CHCOO^-$; $^+NH_3$	5.97
亮氨酸（γ-甲基-α-氨基戊酸）* Leucine	亮	Leu L	$(CH_3)_2CHCH_2\!-\!CHCOO^-$; $^+NH_3$	5.98
异亮氨酸（β-甲基-α-氨基戊酸）* Isoleucine	异亮	Ile I	$CH_3CH_2\!-\!CH\!-\!CHCOO^-$; $CH_3\,^+NH_3$	6.02

续表

名　称	缩写		结构式	等电点
	中文	英文/代码		
中性氨基酸				
苯丙氨酸(β-苯基-α-氨基丙酸)* Phenylalanine	苯丙	Phe	F	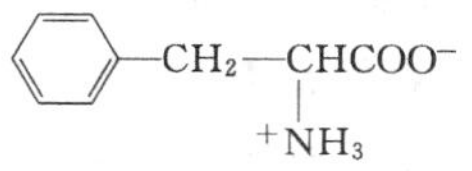 5.48
色氨酸[α-氨基-β-(3-吲哚基)丙酸]* Tryptophan	色	Trp	W	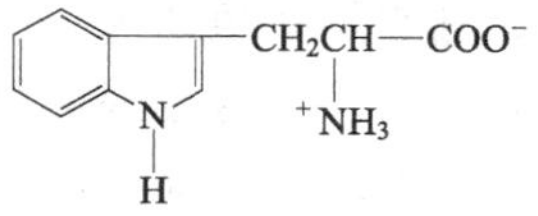 5.89
蛋(甲硫)氨酸(α-氨基-γ-甲硫基戊酸)* Methionine	蛋	Met	M	5.75
脯氨酸(α-四氢吡咯甲酸)Proline	脯	Pro	P	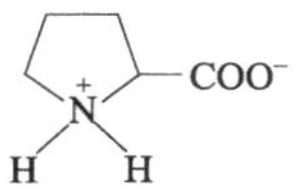 6.30
苏氨酸(α-氨基-β-羟基丁酸)* Threonine	苏	Thr	T	6.53
酪氨酸(α-氨基-β-对羟苯基丙酸)Tyrosine	酪	Tyr	Y	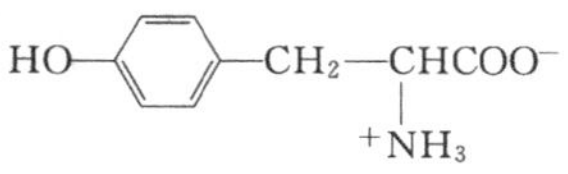 5.66
天冬酰胺(α-氨基丁酰胺酸)Asparagine	天胺	Asn	N	5.41
谷氨酰胺(α-氨基戊酰胺酸)Glutamine	谷胺	Gln	Q	5.65
碱性氨基酸				
组氨酸[α-氨基-β-(4-咪唑基)丙酸]Histidine	组	His	H	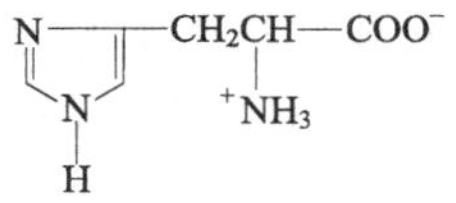 7.59
赖氨酸(α,ω-二氨基己酸)* Lysine	赖	Lys	K	9.74
精氨酸(α-氨基-δ-胍基戊酸)Arginine	精	Arg	R	10.76
酸性氨基酸				
天冬氨酸(α-氨基丁二酸)Aspartic acid	天冬	Asp	D	2.97
谷氨酸(α-氨基戊二酸)Glutamic acid	谷	Glu	E	3.22

表中所列的氨基酸中带"＊"号的八种称为必需氨基酸，人体内不能合成它们，必须从食物中获取。营养学研究表明，人体中缺少这八种氨基酸，就会导致蛋白质的代谢失去平衡，引起疾病。所以它们是维持生命的必需物质。人们可以从不同的食物中得到它们，因此饮食要做到多样化。而其他的氨基酸可以在体内合成。

2. 氨基酸的命名

（1）俗名　天然 α-氨基酸一般采用俗名，并已广泛使用。例如甘氨酸，因其具有甜味而得名，门冬氨酸是在植物天冬的幼苗中发现的，由此得名。

（2）英文缩写　氨基酸的名称还使用三字母的缩写符号表示。即由各种 α-氨基酸英文名称的前三个字母组成，如 Gly、Ala 等分别表示甘氨酸、丙氨酸等。使用这种符号对表示蛋白质或多肽中 α-氨基酸的排列顺序颇为方便。

（3）构型的习惯标记法　除甘氨酸外，组成蛋白质的 α-氨基酸都具有旋光性。其构型习惯上采用 D，L 标记法。除微生物外，自然界中的氨基酸都是 L-型。例如：

$$\begin{array}{c} COOH \\ H_2N \!-\!\!\!-\!\!\!- H \\ CH_3 \end{array} \qquad \begin{array}{c} COOH \\ H_2N \!-\!\!\!-\!\!\!- H \\ CH_2OH \end{array}$$

L-丙氨酸　　　　　　　　L-丝氨酸

（4）系统命名法　以羧酸为母体，氨基看作取代基。例如：

$$\overset{3}{C}H_3\overset{2}{C}H\overset{1}{C}OOH \qquad \qquad \text{苯基}-\overset{3}{C}H_2\overset{2}{C}H\overset{1}{C}OOH$$
$$\quad\;\; NH_2 \qquad\qquad\qquad\qquad\qquad NH_2$$

2-氨基丙酸　　　　　　　3-苯基-2-氨基丙酸

任务 13-2　写出下列化合物的构造式。

（1）氨基乙酸（甘氨酸）　　　（2）3-苯基-2-氨基丙酸（苯丙氨酸）

（3）2-氨基戊二酸（谷氨酸）　（4）2,6-二氨基己酸（赖氨酸）

二、α-氨基酸的性质及应用

α-氨基酸是不易挥发的无色晶体，其熔点较高（一般在 200℃ 以上）且熔融时分解。如乙酸熔点是 16.6℃，而氨基乙酸熔点高达 292℃。一般易溶于水，难溶于乙醚、苯等非极性有机溶剂。

氨基酸分子中既含有氨基又含有羧基，它们具有氨基和羧基的典型性质。其分子中的氨基可以发生烷基化、酰基化反应，能与亚硝酸作用放出氮气；而羧基则可与醇作用生成酯，与氨作用生成酰胺。例如：

$$R-\underset{\underset{NH_2}{|}}{C}H-COOH \xrightarrow{HNO_2} R-\underset{\underset{OH}{|}}{C}H-COOH + N_2\uparrow$$

此外，由于氨基和羧基的相互影响，氨基酸还表现出一些特殊的性质。

问题 13-2　氨基酸具有怎样的结构特点？它们通常以什么形式存在？

问题 13-3　若某氨基酸在纯水中的 pH＝6，请预计它的 pI 值＞6，＝6 还是＜6？

问题 13-4　如何分离赖氨酸和丙氨酸混合物？

1. 两性和等电点

氨基酸既能与酸反应生成铵盐，又能与碱作用生成羧酸盐，因此具有两性。例如：

$$\text{RCHCOOH} \xleftarrow{\text{HCl}} \text{RCHCOOH} \xrightarrow{\text{NaOH}} \text{RCHCOO}^- \text{ Na}^+$$

$$\underset{^+\text{NH}_3\text{Cl}^-}{|} \qquad \underset{\text{NH}_2}{|} \qquad \underset{\text{NH}_2}{|}$$

铵盐　　　　　　α-氨基酸　　　　　　羧酸盐

氨基酸分子中的氨基与羧基还可相互作用生成内盐，这也是氨基酸具有较高熔点和较大溶解度的原因。

$$\underset{\text{NH}_2}{\overset{\text{RCHCOOH}}{|}} \longrightarrow \underset{^+\text{NH}_3}{\overset{\text{RCHCOO}^-}{|}} \quad \text{内盐}$$

这种内盐又叫做偶极离子（或两性离子）。在水溶液中，存在下列平衡：

$$\underset{^+\text{NH}_3}{\overset{\text{RCHCOOH}}{|}} \underset{\text{H}^+}{\overset{\text{OH}^-}{\rightleftharpoons}} \underset{^+\text{NH}_3}{\overset{\text{RCHCOO}^-}{|}} \underset{\text{H}^+}{\overset{\text{OH}^-}{\rightleftharpoons}} \underset{\text{NH}_2}{\overset{\text{RCHCOO}^-}{|}}$$

正离子　　　　　偶极离子（两性离子）　　　　　负离子

由此可知，氨基酸在溶液中的存在形式取决于溶液的 pH。调节溶液的 pH 可使氨基酸主要以偶极离子的形式存在，氨基酸分子所带正、负电荷相等，即在电场中不移动，此时溶液的 pH 叫做氨基酸的等电点，以 pI 表示。在等电点时，氨基酸的溶解度最小，容易呈结晶析出。

氨基酸在强酸性溶液中以正离子的形式存在，在电场中氨基酸分子向阴极移动；在强碱性溶液中则以负离子的形式存在，在电场中氨基酸分子向阳极移动，可用于分离氨基酸。

用途：可以利用氨基酸不同存在形式在电场中移动方向不同和在等电点时氨基酸在水中的溶解度最小的特性，通过调节溶液的 pH，使不同的氨基酸得以分离。

也可利用这一性质分离和提纯氨基酸。

不同的氨基酸具有不同的等电点（见表 13-1），中性氨基酸溶液的等电点通常在 5～6.5 之间。这是因为中性氨基酸分子中羧基的电离程度大于氨基接受 H^+ 的程度，因此在溶液中含有氨基酸负离子比其正离子多，若使氨基酸分子中羧基的电离程度与氨基接受 H^+ 的程度相等，即主要以偶极离子的形式存在，就必须向溶液中加入适量的酸以抑制羧基的电离，所以中性氨基酸溶液的等电点都小于 7。

任务 13-3 请阐述中性氨基酸的等电点都小于 7 的原因。

任务 13-4 在下列 pH 的溶液中，各氨基酸主要以哪种离子形式存在？
（1）赖氨酸（pH＝8.0） （2）门冬氨酸（pH＝5.0）（3）酪氨酸（pH＝4.5）

2. 茚三酮反应

α-氨基酸与水合茚三酮
茚三酮
的醇溶液反应，生成蓝紫色物质。这一反应称为茚三酮反应。

用途：该反应非常灵敏，可用于 α-氨基酸的鉴别。

3. 缩合反应

两个 α-氨基酸分子之间羧基与氨基脱水发生缩合生成以酰胺键连接的化合物称为肽。形成的酰胺键又叫肽键。由两个 α-氨基酸形成的肽叫做"二肽"。例如：丙氨酸的羧基与甘氨酸的氨基缩合形成的二肽叫做丙氨酰甘氨酸：

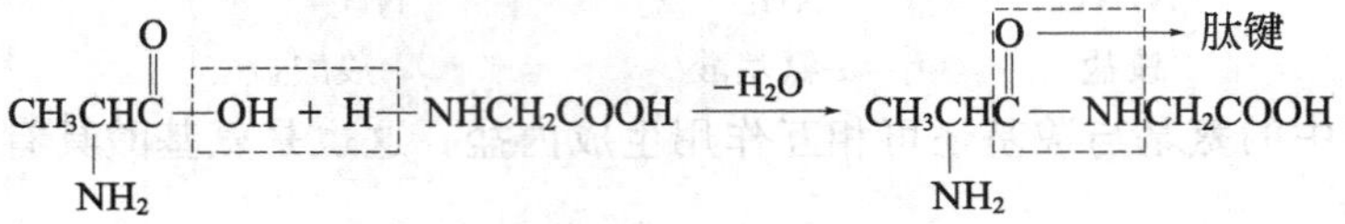

$$CH_3CHC{-}OH + H{-}NHCH_2COOH \xrightarrow{-H_2O} CH_3CHC{-}NHCH_2COOH$$

丙氨酸　　　　　　甘氨酸　　　　　　丙氨酰甘氨酸

又如，甘氨酸的羧基与丙氨酸的氨基缩合形成的二肽叫做甘氨酰丙氨酸：

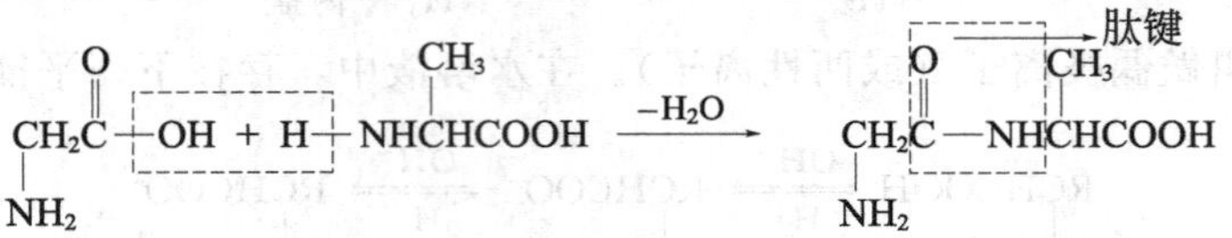

$$CH_2C{-}OH + H{-}NHCHCOOH \xrightarrow{-H_2O} CH_2C{-}NHCHCOOH$$

甘氨酸　　　　　　丙氨酸　　　　　　甘氨酰丙氨酸

由三个 α-氨基酸形成的肽叫"三肽"，由多个 α-氨基酸形成的肽叫多肽。多肽链可用下式表示：

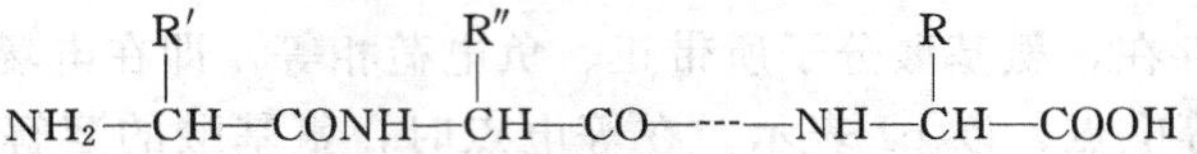

$$NH_2{-}CH{-}CONH{-}CH{-}CO{-}\cdots\cdots{-}NH{-}CH{-}COOH \quad 多肽$$

许多肽类具有重要的生理功能，如谷胱甘肽是由谷氨酸、半胱氨酸和甘氨酸形成的一种重要的三肽。广泛分布于动、植物和微生物细胞中，医学上用它治疗各种肝病，具有广谱解毒作用，可以保护肌体免受重金属及环氧化合物的毒害。

多肽是生物体新陈代谢的产物。许多多肽具有激素的作用。例如脑垂体后叶分泌的加压素及催产素都是九肽；在高等动物脑中发现的具有比吗啡更强的镇痛作用的脑啡肽是五肽等。

任务 13-5　由甘氨酸和丙氨酸发生缩合反应可以生成两种不同的二肽，试写出这两个化学反应式。

4. 与亚硝酸反应

氨基酸中的氨基可以与亚硝酸反应放出氮气。

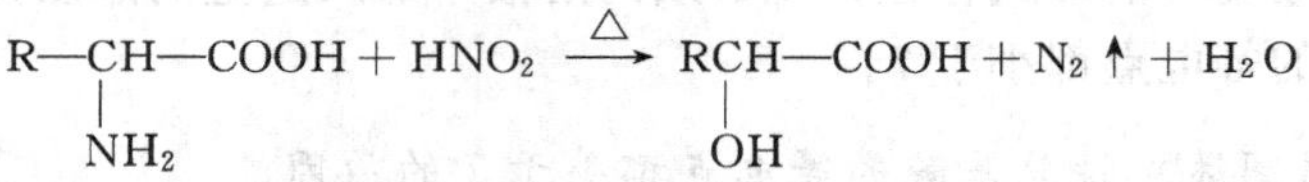

$$R{-}CH{-}COOH + HNO_2 \xrightarrow{\triangle} RCH{-}COOH + N_2\uparrow + H_2O$$

用途：根据反应所得氮气的体积，可计算氨基酸和蛋白质分子中氨基的定量分析。这一方法叫做范斯莱克（Van Slyke）氨基测定法。

第二节　蛋白质

蛋白质是各种生命现象不可缺少的物质。例如，在人体新陈代谢中起催化作用的酶是蛋白质；在血液中输送氧气的血红蛋白是蛋白质；人和动物的肌肉以及起保护作用的皮肤、毛发、甲、角、壳、蹄等主要成分也是蛋白质。在人体中起免疫作用的抗体则是一种具有高度特异性的蛋白质，它可识别外来的病毒、细菌并与之结合，使之失去活性，从而防止疾病的发生。此外，蛋白质还在传导神经冲动，传递遗传信息，引起生物的遗传、变异等方面起着重要的作用。

1965 年，我国在世界上首次人工合成了具有生理活性的蛋白质——牛胰岛素，为蛋白质科学的发展做出了重大贡献。

一、蛋白质的组成、结构

1. 蛋白质的组成

蛋白质主要由碳、氢、氧、氮和硫五种元素组成，一些蛋白质还含有微量的磷、铁、锰、锌和碘等元素。一般干燥蛋白质的元素组成为：

C	H	O	N	S
50%～55%	6%～7%	20%～23%	15%～17%	0.5%～2.5%

2. 蛋白质的结构

蛋白质是分子中含有肽键（
$$-\overset{\overset{O}{\|}}{C}-NH-$$
）的一类高分子有机化合物。它可以看成是由许多 α-氨基酸通过肽键连接而成的长链高分子，这种长链又叫做肽链。

$$------NH-CH-\overset{\overset{O}{\|}}{C}-NH-CH-\overset{\overset{O}{\|}}{C}------ \quad 肽链$$
$$\qquad\qquad | \qquad\qquad\qquad |$$
$$\qquad\qquad R \qquad\qquad\qquad R'$$

与多肽相比，它们之间没有本质的区别，只是蛋白质的肽链更长些，其相对分子质量在 10000 以上，有的可高达数千万。例如烟草花叶病毒蛋白质的相对分子质量为四千万。通常把相对分子质量小于 10000、能透过半透膜及不被二氯乙酸所沉淀的化合物称为多肽。

不同的蛋白质，不仅分子中肽链的数目不同，其氨基酸排列的顺序也不相同，因此它们的性质也是千差万别的。

二、蛋白质的性质及应用

多数蛋白质易溶于水等极性溶剂，难溶于非极性的有机溶剂。蛋白质的性质主要表现在以下几个方面。

1. 两性和等电点

虽然蛋白质中的氨基酸已经结合成肽键，但其分子两端仍保留有氨基和羧基，因此与氨基酸相似，蛋白质与酸和碱反应都能生成盐，是两性电解质，并且具有等电点。例如酪蛋白为 4.6，牛胰岛素为 5.30，血红蛋白为 6.8。蛋白质的两性电离可以用下式表示：

$$
\begin{array}{c}
NH_2 \\
| \\
P \\
| \\
COOH
\end{array}
$$

$$\Updownarrow$$

$$
\begin{array}{ccc}
NH_3^+ & NH_3^+ & NH_2 \\
| & | & | \\
P & \underset{H^+}{\overset{OH^-}{\rightleftharpoons}} \quad P \quad \underset{H^+}{\overset{OH^-}{\rightleftharpoons}} \quad P \\
| & | & | \\
COOH & COO^- & COO^-
\end{array}
$$

正离子　　偶极离子(两性离子)　　负离子

（P 代表不包括链端氨基和羧基在内的蛋白质大分子）

用途： 可以利用蛋白质不同存在形式在电场中移动方向不同和在等电点时蛋白质在水中溶解度最小的特性，通过调节溶液的 pH，使不同的蛋白质得以分离。

> **任务 13-6** 请解释下列现象：不同等电点的蛋白质混合时常发生沉淀。如胰岛素和鱼精蛋白的 pI 分别为 5.3 和 10 左右，二者混于纯水中时即由沉淀生成。

2. 变性与盐析

在受热、紫外线辐射或酸、碱、重金属盐等作用下，蛋白质的结构和性质会发生改变，溶解度降低，甚至凝固，这种变化叫做蛋白质变性。

蛋白质的变性是不可逆的，变性后的蛋白质往往失去了它原有的生理功能。

蛋白质的变性作用与人们的日常生活关系密切。在实际应用中，有时需要促使蛋白质变性，例如高温消毒灭菌，就是利用高温使细菌的蛋白质凝固，从而达到灭菌的目的；重金属盐会使人中毒，也是由于它使人体内的蛋白质凝固而造成的。在医学上，抢救误服重金属盐中毒的病人，常常给病人口服大量蛋白质（如生牛奶、生鸡蛋），然后用催吐剂将与蛋白质结合的重金属盐呕出来以解毒；70%～75%的乙醇水溶液可以消毒灭菌是因为乙醇有很强的亲水性，可使蛋白质胶体颗粒失去表面的水膜而凝固。有时需要防止蛋白质变性，例如种子要在适当的条件下保存，以避免其变性而失去发芽能力；疫苗制剂、免疫血清等蛋白质产品在贮存、运输和食用过程中也要注意防止变性；此外延缓和抑制蛋白质变性，也是人类保持青春、防止衰老的一个有效途径。

在蛋白质的水溶液中加入无机盐，如氯化钠、硫酸钠、硫酸铵等，可使蛋白质的溶解度降低并从溶液中析出，这种作用叫做盐析。盐析是一个可逆过程。析出的蛋白质可重新溶解在水中，并且其结构和性质不发生变化。

所有的蛋白质在浓的盐溶液中都能盐析出来，但是不同的蛋白质盐析时所需盐的最低浓度不同。利用这个性质可以分离不同的蛋白质。

> **问题 13-5** 为什么疫苗制剂应放在冰箱中保存？生鸡蛋煮熟是蛋白质的变性还是盐析？

3. 颜色反应

蛋白质可以和许多化学试剂发生特殊的颜色反应，因此可用于定性分析。

（1）茚三酮反应　同氨基酸相似，蛋白质与水合茚三酮反应，呈现蓝紫色。

（2）缩二脲反应　蛋白质与硫酸铜碱性溶液反应，呈红紫色，叫做缩二脲反应。

（3）蛋白黄反应　含有芳环的蛋白质遇浓硝酸显黄色，叫做蛋白黄反应。硝酸滴到皮肤上会留下黄色痕迹，就是这个缘故。

蛋白质的显色反应可用于蛋白质的鉴别。

（4）米隆反应　米隆试剂是硝酸、亚硝酸、硝酸汞、亚硝酸汞的混合溶液。蛋白质分子中若含有酚结构的氨基酸，如酪氨酸，则与米隆试剂作用能生成白色沉淀，加热后沉淀变成砖红色，这个反应称为米隆反应。

（5）醋酸铅反应　多数蛋白质分子中常有含硫的氨基酸，如半胱氨酸和胱氨酸，含硫蛋白质在强碱作用下可分解产生硫化钠。硫化钠与醋酸铅反应生成黑色的硫化铅沉淀，若加入浓盐酸则有硫化氢气体产生。

（6）亚硝酰铁氰化钠反应　多数蛋白质分子中常有含硫的氨基酸，如半胱氨酸和胱氨酸，遇亚硝酰铁氰化钠溶液变成红色，用于鉴别蛋白质分子中的巯基。

任务 13-7 总结鉴别氨基酸、蛋白质的方法。

知识窗 -

蛋白质的四级结构

人类对于蛋白质结构的研究已有近百年的历史，直到 1953 年桑格用了近 10 年的时间才揭示出牛胰岛素的一级结构，授予 1958 年的诺贝尔化学奖。它的工作为胰岛素的实验室合成奠定了基础，促进了蛋白质结构的研究。

蛋白质是以氨基酸为基本单位构成的生物大分子。氨基酸的序列和由此形成的立体结构构成了蛋白质结构的多样性。蛋白质具有一级、二级、三级、四级结构，蛋白质分子的结构决定了它的功能（见图 13-1）。

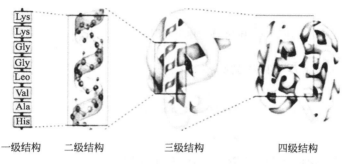

一级结构　二级结构　　　　三级结构　　　　四级结构

图 13-1　蛋白质的四级结构图

蛋白质的一级结构是指肽链中氨基酸的排列顺序，主要连接键为肽键。蛋白质的空间结构是指蛋白质分子中原子和原子团在空间的排列分布和肽链的走向，它是以一级结构为基础的。通常一级结构相似的蛋白质功能相似。

蛋白质的二级结构是指多肽链本身的折叠和环绕方式。主要讨论主链的构象，不讨论侧链的构象。它包括 α-螺旋、β-折叠、β-转角、无规卷曲几种形式。图 13-1 中的二级结构即是 α-螺旋。α-螺旋是 1951 年由鲍林等人研究了羊毛、猪毛等的 α-角蛋白的 X 射线衍射模型后提出的。它不仅存在于纤维状蛋白质中，也存在于球状蛋白质中。它的多肽链像螺旋一样卷曲，天然蛋白质中绝大多数为右手螺旋。

蛋白质的三级结构是指在二级结构的基础上，肽链的不同区段的侧链基团相互作用在空间进一步盘绕、折叠形成的包括主链和侧链构象在内的特征三维结构，是球状分子特有的结构。它是多肽链中所有原子或基团的空间排列。三级结构对蛋白质的性质和生理功能产生很大影响。如在球蛋白中，折叠结构使之尽可能将中性氨基酸中非极性的疏水基团包在多肽链内，以保持一定的几何构型，起到一个基架的作用，并排斥水分子的进入。而极性的基团，如酸性或碱性氨基酸中的亲水基团暴露在外，它们可以和极性溶剂形成氢键，因此球蛋白可以在水中形成水溶性胶体。

蛋白质的四级结构是指由多条各自具有一、二、三级结构的肽链通过非共价键连接起来的结构形式。四级结构包括亚基的种类、数量以及在整个分子中的空间排布。蛋白质中由一条或多条肽链组成的最小单位称为亚基，亚基的数目多数为偶数，以 α-亚基、β-亚基命名。

由于不同蛋白质的四种结构各不相同，从而使蛋白质具有不同的功能（如催化、运输、运动、调节、营养等），蛋白质的结构与功能是高度统一的。

习题

13-1　写出下列化合物在指定 pH 时的构造式（各氨基酸的等电点可查表）

(1) 丝氨酸（pH＝1）　　　(2) 赖氨酸（pH＝11）

(3) 谷氨酸（pH＝2）　　　(4) 色氨酸（pH＝5.89）

13-2　完成下列化学反应：

(1) $CH_3CH_2COOH \xrightarrow[\text{红磷}]{Cl_2} ? \xrightarrow{NH_3} ?$

(2) $CH_3CH_2CHO \xrightarrow{HCN} ? \xrightarrow{HBr} ? \xrightarrow{NH_3} ?$

(3) $\underset{\displaystyle \overset{O}{\|}}{H_2NCCH_2CH_2CH_2COOH} \xrightarrow{?} H_2NCH_2CH_2CH_2COOH \xrightarrow[\substack{H^+ \\ (CH_3CO)_2O}]{CH_3CH_2CH_2OH} \genfrac{}{}{0pt}{}{?}{?}$

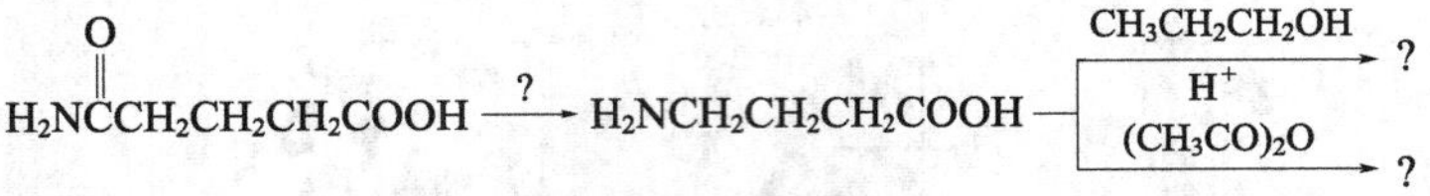

13-3　下列多肽水解后可以得到哪些氨基酸？

(1)
$$H_2N-\underset{\displaystyle \underset{CH_3}{|}}{CH}-CONH-\underset{\displaystyle \underset{\underset{\displaystyle \bigcirc}{CH_2}}{|}}{CH}-CONH-CH_2COOH$$

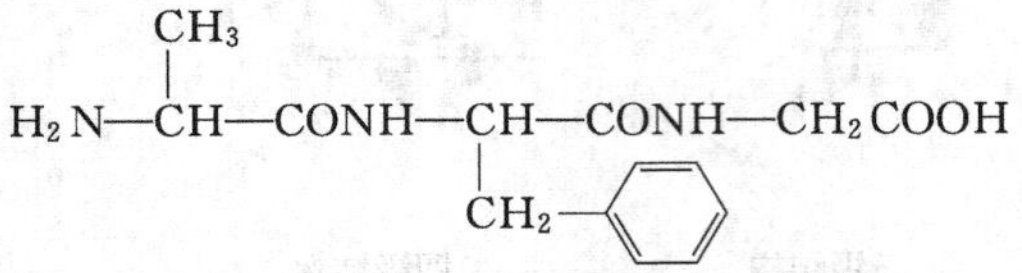

(2)
$$HOOC-CH_2-CH_2-\underset{\displaystyle \underset{NH_2}{|}}{CH}-CONH-\underset{\displaystyle \underset{CH_2SH}{|}}{CH}-CONHCOOH$$

(3)
$$CH_3\underset{\displaystyle \underset{NH_2}{|}}{CH}-CONH-\underset{\displaystyle \underset{CH_2CH(CH_3)_2}{|}}{CH}-CONH-CH_2COOH$$

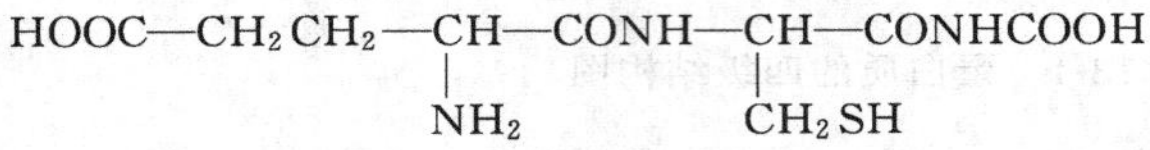

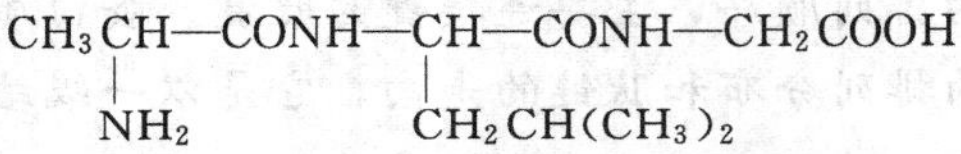

13-4　用化学方法区别下列各组化合物：

(1)
$\begin{cases} CH_3\underset{\displaystyle \underset{OH}{|}}{CH}COOH \\ CH_3\underset{\displaystyle \underset{NH_2}{|}}{CH}COOH \end{cases}$
　　(2)
$\begin{cases} CH_3CH_2\underset{\displaystyle \underset{NH_2}{|}}{CH}COOH \\ CH_3\underset{\displaystyle \underset{NH_2}{|}}{CH}CH_2COOH \end{cases}$

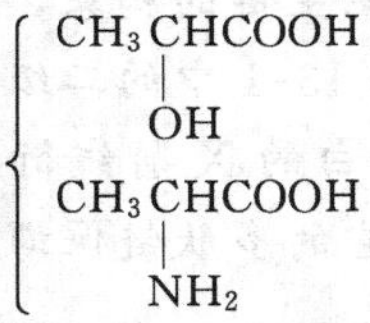

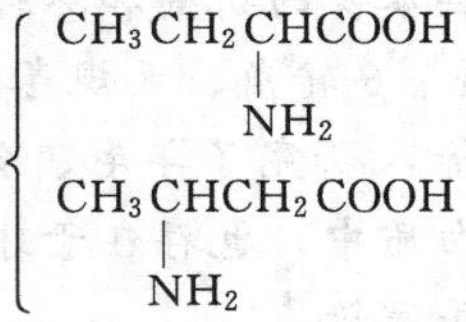

13-5　怎样分离赖氨酸和甘氨酸？

13-6　某一化合物分子式为 $C_3H_7O_2N$，具有旋光性。与醇反应生成酯，与酸或碱反应生成盐，与亚硝酸作用则放出 N_2，还能与水合茚三酮发生颜色反应。试推测该化合物的构造式。

知识目标

1. 掌握葡萄糖的结构——开链式及哈沃斯结构。
2. 掌握单糖、二糖、多糖的结构特点及性质。
3. 掌握一些重要糖的鉴别方法及糖类化合物的变旋光现象和还原性。
4. 了解单糖、二糖、多糖的用途。

能力目标

1. 学会书写葡萄糖的开链式及氧环式表达式。
2. 能利用各类糖特性的差异鉴别各种糖。
3. 能利用糖类化合物的变旋光现象和还原性解释相应性质。

　　糖是自然界中分布最广的一类有机化合物，也是维持动植物体正常生命活动的重要物质。糖是人体主要的能源之一。自然界中存在的糖类是由绿色植物通过光合作用合成的。在日光的作用下，植物中的叶绿素将吸收的二氧化碳与水经过一系列复杂的反应过程转变成糖类，所吸收的太阳能被储存在糖的分子中。糖进入人体后，又经过一系列复杂的分解过程，最后转变成二氧化碳和水，释放出能量，作为生命的能源，保证生命活动的需要。

　　问题 14-1　糖都有甜味吗？淀粉、纤维素属于糖吗？

第一节　糖的含义和分类

一、糖的含义

　　糖主要由碳、氢和氧三种元素组成。最初发现的这类化合物，分子中氢原子与氧原子数目之比与水分子相同，可用通式 $C_m(H_2O)_n$ 表示，所以长期以来人们将糖称为碳水化合物。但后来发现有的糖如鼠李糖（$C_6H_{12}O_5$）和脱氧核糖（$C_5H_{10}O_4$）并不符合上述通式，而某些符合这一通式的化合物如乙酸（$C_2H_4O_2$）和乳酸（$C_3H_6O_3$）又不属于糖类，所以"碳水化合物"这个名称已不能代表糖类化合物确切的含义。从结构上看，糖是多羟基醛或酮，以及水解后能生成多羟基醛或酮的一类有机化合物。

　　自然界动植物体中存在的糖都具有旋光性，并且是 D-型糖。如：在自然界中只有右旋的 D-型葡萄糖存在，不存在左旋的 L-型葡萄糖。

二、糖的分类

根据能否水解以及水解后生成的物质不同，可将糖分为单糖、二糖和多糖。

1. 单糖

单糖是指多羟基醛或酮，单糖按官能团又分为醛糖和酮糖，醛糖的分子中含有醛基，酮糖的分子中含有酮基。碳原子数相同的醛糖和酮糖互为同分异构体。例如葡萄糖（醛糖）和果糖（酮糖）都是重要的单糖，分子式为 $C_6H_{12}O_6$，互为同分异构体。

2. 二糖

二糖是指水解后能生成两个单糖分子的化合物。例如蔗糖水解后生成一分子葡萄糖和一分子果糖，麦芽糖水解后生成两分子葡萄糖。蔗糖和麦芽糖都是重要的二糖，分子式为 $C_{12}H_{22}O_{11}$，互为同分异构体。

3. 多糖

多糖是指水解后能生成多个单糖分子的化合物。多糖又分为同多糖和杂多糖两类。水解后只产生一种单糖的多糖叫做同多糖（如淀粉和纤维素），水解后产生两种或两种以上单糖的多糖叫做杂多糖（如透明质酸和树胶）。

多糖是重要的天然高分子化合物，广泛存在于自然界中。多糖的性质与单糖和二糖有较大差别，一般为无定形固体，不溶于水，无甜味。淀粉和纤维素都是重要的多糖，分子式可用 $(C_6H_{10}O_5)_n$ 表示。二者互为同分异构体。

第二节 单糖

天然存在的单糖都是旋光性物质。按官能团分有醛糖（葡萄糖）和酮糖（果糖），按碳原子数分，最常见的有己糖和戊糖（核糖）。下面以葡萄糖为例介绍单糖。

一、葡萄糖的结构及变旋光现象

葡萄糖为白色固体粉末。味甜，甜度约为蔗糖的 70%。熔点 146℃，易溶于水，微溶于乙酸，不溶于乙醚和苯。它是自然界中分布最广的己醛糖，广泛存在于蜂蜜、甜水果和植物的种子、茎、叶、根、花及果实中。尤其在成熟的葡萄中含量较高，因而得名。人和其他动物体内都含有游离的葡萄糖，血液中的葡萄糖医学上叫做血糖。正常人的血糖含量为 80～120mg/100mL。天然葡萄糖为右旋糖（D-型）。葡萄糖的构造式为：

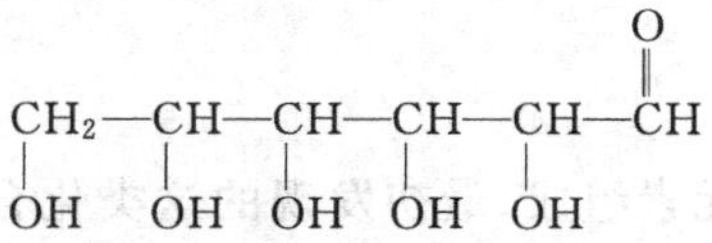

O
CH2—CH—CH—CH—CH—CH
OH OH OH OH OH

1. 葡萄糖的费歇尔投影式（Fischer）**——D-葡萄糖：**

CHO
H OH
HO H
H OH
H OH
CH2OH
简写为：
CHO
OH
HO
OH
OH
CH2OH
或

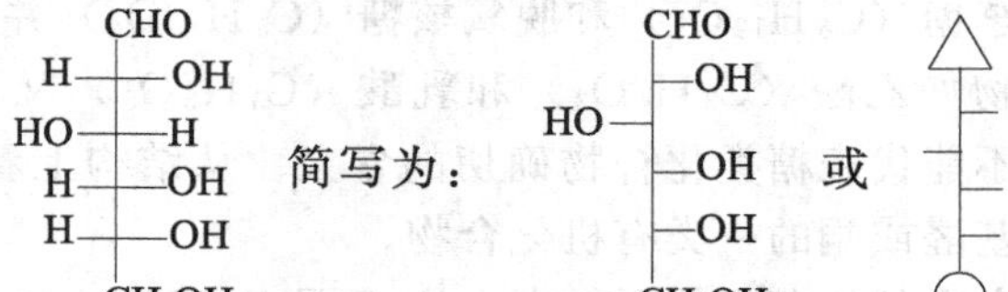

开链结构式虽说明了糖的许多化学性质，但有些性质与此结构不符。例如：葡萄糖在碱性条件下与硫酸二甲酯作用，即转化成五甲基葡萄糖，无醛的特性；将其水解，只有一个甲氧基容易水解掉，从而生成四甲基葡萄糖，其有醛的特性。

人们发现当葡萄糖在不同条件下可以得到两种晶体，一种的熔点为146℃，比旋光度为+112°，其水溶液的比旋光度逐渐变小，直到为+52.5°。另一种熔点为150℃，比旋光度为+18.7°，其水溶液的比旋光度逐渐变大，也直到为+52.5°。这种物质的溶液的比旋光度逐渐增加或减小，最后达到恒定值的现象称为变旋现象。而开链式无法解释此现象，研究者提出了其环式结构。

2. 葡萄糖的氧环式结构

D-葡萄糖的环状结构是指 C_1 醛基和 C_5 羟基形成的半缩醛。

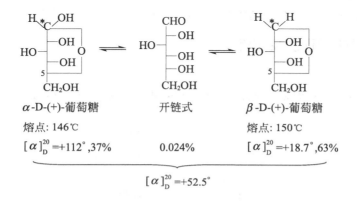

D-（+）-葡萄糖由链状结构转变为环状半缩醛结构时，醛基中的碳原子变为手性碳原子，这个新引入的手性中心使得葡萄糖的半缩醛式可以有 2 个光学异构体，它们是非对映体关系，两者之间只是 C_1 构型不同，其他手性碳的构型均相同，故称之为端基异构体，C_1 羟基称为苷羟基。通常苷羟基位于碳链右边的构型称为 α 型，位于碳链左边的称为 β-型。

虽然结晶的 D-葡萄糖有 α-型和 β-型之分，但二者在溶液中都可与开链结构互变（如上平衡式）。因此无论溶液是用 α-型或 β-型配成，其中都有环状的 α 和 β-D-葡萄糖，还有极少量开链式的 D-葡萄糖，三者以平衡态存在，此时 α-型约占 37%，β-型约占 63%，开链式仅占 0.024%，平衡时的比旋光度为 +52.5°。

所有的单糖与 D-葡萄糖一样，在溶液中都以两种环状结构通过开链式相互转化的平衡态存在，即都具有变旋现象。

3. 葡萄糖的哈武斯式结构

哈武斯式结构是指用六元环或五元环表示糖的氧环式各原子在空间的排布方式。如葡萄糖可表示为：

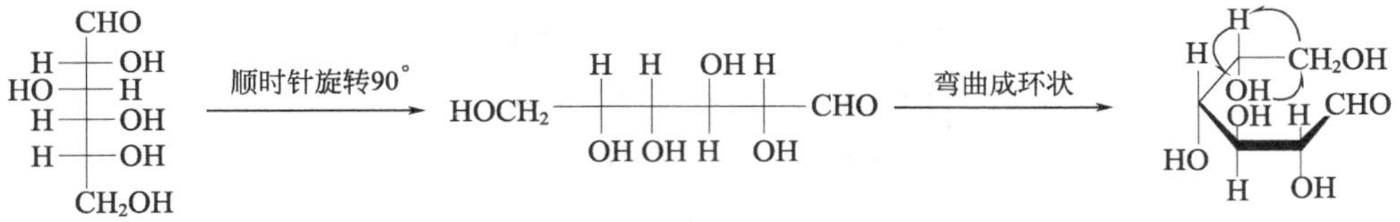

$$\xrightarrow[\text{顺次调换其余三个基团}]{\text{固定一个基团}}$$

α-D-(+)-吡喃葡萄糖

β-D-(+)-吡喃葡萄糖

因氧环式的骨架与吡喃环相似，故又将具有六元环的糖类称为吡喃糖。同理，将具有五元环的糖类称为呋喃糖。氧环式结构的确定，对变旋光现象就有了一个令人信服的解释：即因为单糖的 *α*-构型和 *β*-构型两种晶体在水溶液中可以通过开链式互变，并迅速建立平衡。

二、单糖的化学性质及应用

1. 氧化反应

葡萄糖是醛糖，具有醛的还原性。可被弱氧化剂溴水氧化，生成葡萄糖酸，而酮糖不反应。

$$\begin{array}{c} CHO \\ (CHOH)_4 \\ CH_2OH \end{array} \xrightarrow{Br_2,H_2O} \begin{array}{c} COOH \\ (CHOH)_4 \\ CH_2OH \end{array}$$

葡萄糖　　　　　　　葡萄糖酸

用途：在反应过程中，溴水红棕色退去，可用于区别醛糖和酮糖。

葡萄糖还可被托伦试剂或费林试剂氧化，析出银镜或氧化亚铜红棕色沉淀。

$$\begin{array}{c} CHO \\ (CHOH)_4 \\ CH_2OH \end{array} + 2[Ag(NH_3)_2]OH \longrightarrow \begin{array}{c} COONH_4 \\ (CHOH)_4 \\ CH_2OH \end{array} + 2Ag\downarrow + 3NH_3 + H_2O$$

$$\begin{array}{c} CHO \\ (CHOH)_4 \\ CH_2OH \end{array} + 2Cu(OH)_2 + NaOH \longrightarrow \begin{array}{c} COONa \\ (CHOH)_4 \\ CH_2OH \end{array} + Cu_2O\downarrow + 3H_2O$$

在糖中，凡是能被托伦试剂和费林试剂氧化的糖叫做还原糖，不能被氧化的糖叫做非还原糖。单糖都是还原糖。

用途：可利用托伦试剂或费林试剂区分还原糖和非还原糖。

2. 还原反应

葡萄糖分子中的醛基可以发生还原反应。经催化加氢或用还原剂（$NaBH_4$、Na-Hg 齐等）还原，羰基转变为羟基，生成己六醇（又叫葡萄糖醇或山梨糖醇）。例如：

$$\begin{array}{c} CHO \\ (CHOH)_4 \\ CH_2OH \end{array} \xrightarrow{NaBH_4} \begin{array}{c} CH_2OH \\ (CHOH)_4 \\ CH_2OH \end{array}$$

葡萄糖醇（山梨糖醇）

用途： 山梨糖醇为无色晶体，略有甜味，存在于各种植物果实中。主要用于合成维生素C、表面活性剂和炸药等。也用作牙膏、烟草和食物等的水分控制剂。

3. 成脎反应

葡萄糖与过量的苯肼作用生成糖脎。例如：

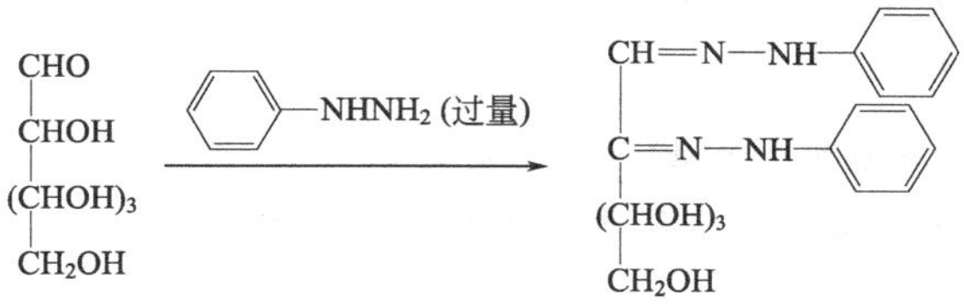

葡萄糖脎

用途： 糖脎为黄色晶体，不溶于水，具有固定的熔点，不同的糖脎晶形不同。一般来说，不同的糖（注意：葡萄糖与果糖的糖脎是一种物质）生成糖脎的速率、析出脎的时间、晶体的形状、熔点均不同。因此，可用成脎反应来鉴别糖。可根据其熔点以及观察结晶形态来鉴定糖类。

> **问题 14-2** 什么样的己醛糖能与 D-葡萄糖生成相同的脎？

4. 成苷反应

醛与醇作用生成的半缩醛在酸的存在下，很容易再与一分子醇作用，生成缩醛。葡萄糖的环状半缩醛也有这种性质。

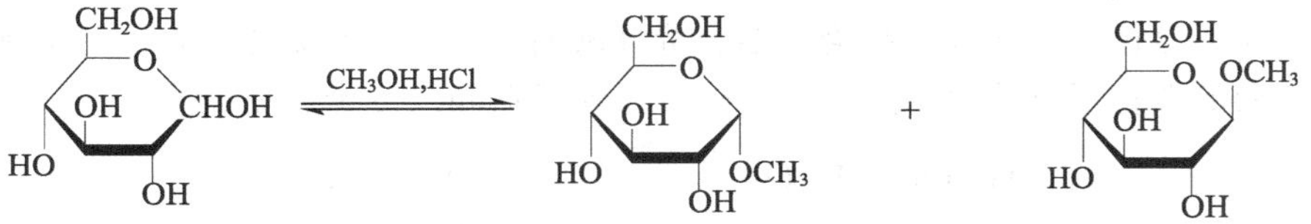

α-和β-构型的混合物　　　　甲基-α-D-吡喃葡萄糖苷　　　　甲基-β-D-吡喃葡萄糖苷

糖的这种由半缩醛羟基转化而形成的衍生物，叫做糖苷。原羰基碳上的半缩醛羟基就叫做苷羟基。与碳水化合物形成苷的非糖物质叫做苷元；糖和苷元之间的键叫做苷键。所以葡萄糖与甲醇生成的化合物就叫做甲基葡萄糖苷。葡萄糖在溶液中有 α 和 β 两种半缩醛结构。因此与甲醇作用所生成的苷也有 α 和 β 两种。在糖苷分子中没有苷羟基，因此不再具有还原糖的性质（即没有变旋光现象、不能成脎、也不能发生银镜等反应）。

5. 单糖脱水与颜色反应

单糖在浓无机酸的作用下生成糠醛或糠醛的衍生物。戊糖变成糠醛，己糖生成 5-羟甲基糠醛。

糠醛衍生物可与酚或芳胺类缩合，生成有色化合物，常用于糖的鉴别。常用的有莫利胥 Molish 反应和西里瓦若夫 Seliwanoff 反应。

（1）莫利胥 Molish 反应　　糖＋浓硫酸＋α-萘酚显紫色。若没有此现象，则证明不是糖。

（2）西里瓦若夫 Seliwanoff 反应　　糖＋浓 HCl＋间二苯酚：酮糖 2min 内显色，醛糖则慢得多；果糖显鲜红色，戊酮糖显蓝至绿色。所以用此反应鉴别醛糖与酮糖。

葡萄糖的用途： 葡萄糖是人类所需能量的重要来源之一。它在人体组织中发生氧化反应并放出热量，以提供机体活动所需能量并保持正常体温。是人体新陈代谢不可缺少的营养物质。在医药上用作营养剂，兼有强心、利尿、解毒等作用。

葡萄糖还是重要的医药原料，可用于制备维生素 C、葡萄糖醛酸和葡萄糖酸钙、手性药物等药物。葡萄糖酸钙是重要的补钙剂，与维生素 D 合用，有助于骨质形成，可以治疗小儿佝偻病（钙缺乏症）。

葡萄糖在工业上也有许多重要应用。例如制镜业用葡萄糖还原银氨溶液，使析出的银均匀地镀在玻璃上，制成玻璃镜子及热水瓶胆；食品工业中用于制糖浆和糖果；印染工业和制革工业中常用作还原剂等。

任务 14-1 请总结鉴别醛糖和酮糖的所有方法。

任务 14-2 写出 D-果糖与过量苯肼反应生成的产物。

第三节　重要的二糖

问题 14-3 哪种糖最甜？二糖中哪种糖有变旋现象？

一、蔗糖

蔗糖是自然界中分布最广也最重要的二糖。大量存在于甘蔗（含 16%～18%）和甜菜（含 12%～15%）中。工业上将甘蔗或甜菜经榨汁、浓缩、结晶等操作制得食用蔗糖。

蔗糖又叫甜菜糖。为白色晶体，其甜味仅次于果糖。熔点 180℃，易溶于水。具有旋光性，天然蔗糖是右旋糖。

蔗糖是非还原性糖，不能被托伦试剂、费林试剂氧化，也不能与苯肼作用生成糖脎。但在无机酸或酶的催化下可发生水解，生成一分子葡萄糖和一分子果糖：

$$C_{12}H_{22}O_{11} + H_2O \xrightarrow{H^+ \text{或酶}} C_6H_{12}O_6 + C_6H_{12}O_6$$

蔗糖　　　　　　　　　　　　　葡萄糖　　　果糖

蔗糖是日常生活中不可缺少的食用糖，在医药上用作矫味剂，常制成糖浆服用。也可用作防腐剂。

二、麦芽糖

自然界中不存在游离的麦芽糖。麦芽糖通常是用含淀粉较多的农产品（大米、玉米、薯类等）作为原料，在淀粉酶的作用下，于 60℃发生水解反应制得：

$$2(C_6H_{10}O_5)_n + nH_2O \xrightarrow[60℃]{\text{淀粉酶}} nC_{12}H_{22}O_{11}$$

淀粉　　　　　　　　　　　　　　　麦芽糖

唾液中含有淀粉酶，能使淀粉水解为麦芽糖，所以细嚼淀粉食物后常有甜味感。

麦芽糖为白色晶体，甜度约为蔗糖的 40%，熔点 102～103℃。可溶于水，微溶于乙醇，不溶于乙醚。具有旋光性，是右旋糖。麦芽糖是还原糖，能被托伦试剂、费林试剂氧化，也能与苯肼作用生成糖脎。在无机酸或酶的催化下，水解生成两分子葡萄糖：

$$C_{12}H_{22}O_{11} + H_2O \xrightarrow{H^+ \text{或酶}} 2C_6H_{12}O_6$$

麦芽糖　　　　　　　　　　　　　葡萄糖

麦芽糖主要用于食品工业中，是饴糖的主要成分。也可作为微生物的培养基。

任务 14-3　设计鉴别蔗糖与麦芽糖的方案。

第四节　重要的多糖

一、淀粉

淀粉是人类的主要食物之一，是植物体内储藏的养分。多存在于植物的种子、茎和根中，大米、玉米、小麦及薯类的主要成分都是淀粉。工业上常从玉米、甘薯和野生橡子等物质中提取淀粉。

淀粉为白色粉末，不溶于一般的有机溶剂。遇碘显蓝色，可用于淀粉的鉴别。

淀粉分子有直链和支链两种结构形式，它们在淀粉中所占比例因植物的种类而异。一般直链淀粉的含量为 $10\%\sim30\%$，支链淀粉的含量为 $70\%\sim90\%$。

直链淀粉能溶于热水，支链淀粉不溶于水，在热水中成糊状。例如煮稀饭的过程实际上是淀粉膨胀破裂，直链淀粉溶于热水、支链淀粉形成糊状胶体溶液的过程。糯米因其中支链淀粉的含量较高，所以黏性较大。

淀粉是非还原性糖，所以不能被托伦试剂和费林试剂氧化，也不能与苯肼成脎。在酸或酶的催化下，可逐步水解，依次生成糊精、麦芽糖和葡萄糖。因此淀粉除食用外，工业上用于生产糊精、麦芽糖、葡萄糖和酒精等。

$$(C_6H_{10}O_5)_n \xrightarrow[H^+或酶]{H_2O} (C_6H_{10}O_5)_m \xrightarrow[H^+或酶]{H_2O} C_{12}H_{22}O_{11} \xrightarrow[H^+或酶]{H_2O} C_6H_{12}O_6$$

淀粉　　　　　　　　糊精　　　　　　麦芽糖　　　　　葡萄糖
　　　　　　$(n>m)$

问题 14-4　纤维素在人体内会不会变成生命活动所需要的葡萄糖？

二、纤维素

纤维素是在自然界中分布最广的天然高分子有机化合物。它是植物细胞壁的主要成分，也是构成植物支撑组织的基础。棉花中纤维素的含量占 90% 以上，亚麻中约含 80%，木材中约含 50%，竹子、麦秆、稻草中也含有大量的纤维素。

纤维素是非还原糖。纯净的纤维素为无色、无味的纤维状物质。不溶于水和一般的有机溶剂，比淀粉难水解。在高温、高压和无机酸存在下，可以水解生成一系列中间产物，最后得到葡萄糖。因此它和淀粉都可看成是葡萄糖的聚合体。

牛、马、羊等食草动物，其消化道中孳生着一些微生物，可分泌纤维素酶，所以它们可以富含纤维素的植物茎、叶、根等为主要食物。但人类不能分解它，因为人的消化道中只含有淀粉酶，不含纤维素酶。近些年营养学家的研究证明，人类也必须食用一些富含纤维素的食物，因它们对人类健康有着非常重要的功能（见本章知识窗），并且是其他营养素无法代替的。因此膳食纤维被列为蛋白质、脂肪、糖、维生素、无机盐和水之外的第七类营养食物。

纤维素用途广泛，除直接用于纺织、建筑和造纸外，还可用于制造硝酸纤维、醋酸纤维和黏胶纤维等许多有用的人造纤维。

任务 14-4 用化学方法鉴别淀粉与纤维素。

 知识窗

人类必需的第七营养素——膳食纤维

"膳食纤维"最早是在 1953 年由英国流行病学专家菲普斯利提出的。1960 年英国营养病学专家楚维尔等研究发现,现代文明病如心脑血管病、糖尿病、癌症及便秘等在英国和非洲有显著差异,非洲居民因天然膳食纤维摄入高,现代文明病发病率明显低于英国。楚维尔于 1972 年提出了"食物纤维"的概念,从此,拉开了人类研究膳食纤维的序幕。

目前,国际上对膳食纤维还没有通用的定义,一般认为膳食纤维(dietary fiber,DF)是指植物性食品中不能被人类胃肠道消化酶消化,但能被大肠内某些微生物部分酵解和利用的非淀粉多糖类物质与木质素的合称。膳食纤维由于具有许多重要的生理功能,被国内外医学家和营养学家列入继蛋白质、脂肪、碳水化合物、矿物质、维生素和水之后影响人体健康所必需的"第七大营养素"。

1. 膳食纤维的分类

膳食纤维种类繁多,包括纤维素、半纤维素、多聚果糖、树胶、难消化糊精、多聚右旋葡萄糖、甲基纤维素、木质素及类似的角质、木栓质、鞣酸等,品种覆盖了谷物纤维、豆类纤维、果蔬纤维、微生物纤维、其他天然纤维和合成纤维类。根据理化特性及来源不同,一般采用两种方式进行分类。

(1)根据在水中的溶解性不同,膳食纤维可分为水溶性和水不溶性两种。

水不溶性膳食纤维的主要成分是纤维素、半纤维素、木质素;水溶性膳食纤维包括某些植物细胞的贮存物和分泌物及微生物多糖,其主要成分是胶类物质,如果胶、黄原胶、阿拉伯胶、瓜尔胶、愈疮胶等。

(2)根据来源不同,膳食纤维可分为以下六类:谷物类纤维(其中燕麦纤维是公认的最优质膳食纤维,能显著降低血液中胆固醇的含量)、豆类纤维、水果类纤维、蔬菜类纤维、生化合成和转化类纤维(包括改性纤维素、抗性糊精、水解瓜尔胶、微晶纤维素和聚葡萄糖等)、其他膳食纤维(指真菌类纤维、海藻类纤维及一些黏质和树胶等)。

2. 膳食纤维的营养功能

(1)增加饱腹感,降低对其他营养素的吸收 DF 的化学结构中含有很多亲水基团,因此具有很强的吸水膨胀能力,DF 进入消化道内,在胃中吸水膨胀,增加胃的蠕动,延缓胃中内容物进入小肠的速度,也就降低了小肠对营养素的吸收速度。同时使人产生饱胀感,对糖尿病和肥胖症患者减少进食有利。

(2)降低血胆固醇,预防胆结石、高脂血症和心血管疾病 DF 表面带有很多活性基团,可以吸附螯合胆汁酸、胆固醇等有机分子,从而改善胆固醇的吸收和改变食物消化速度和消化道分泌物的分泌量,对饮食性高脂血症和胆结石起到预防作用,防治高脂血症和心血管疾病。

(3)预防糖尿病 可溶性 DF 的黏度能延缓葡萄糖的吸收,抑制血糖的上升,改善糖耐量。DF 还能增加组织细胞对胰岛素的敏感性,降低对胰岛素的需要量,从而对糖尿病预防具有一定效果。

(4)改变肠道菌群 进入大肠的 DF 能部分地、选择性地被肠内细菌分解与发酵,从而改变肠内微生物菌群的构成与代谢,诱导有益菌群的大量繁殖。

（5）美容养颜、预防肠癌和乳腺癌　由于微生物的发酵作用而生成的短链脂肪酸能降低肠道 pH，这不仅能促进有益菌群的繁殖，而且这些物质能够刺激肠道黏膜，从而促进粪便排泄。由于 DF 能够吸水膨胀，使肠内代谢物变软变松，通过肠道时会更快，减少有害物质的吸收。同时 DF 还能吸附肠道内的有毒物质随其排出体外。由于 DF 的通便作用，可以使肠内细菌的代谢产物，以及一些由胆汁酸转换成的致癌物，如脱氧胆汁酸、石胆酸和突变异原物质等有毒物质被 DF 吸附而排出体外。即 DF 可清除体内毒素，改善上火、口臭、面部暗疮、青春痘、皮肤粗糙、色素沉淀等问题。

近年来，全球的食品结构也正朝着纤维食品的方向发展，许多食品专家把膳食纤维食品视为 21 世纪的功能食品、热门食品。在我国人民生活水平日益提高的今天，膳食纤维会让我们越来越健康。

- -

习题

14-1　写出下列化合物的构造式。

（1）葡萄糖　　（2）果糖　　（3）葡萄糖酸　　（4）山梨糖醇

14-2　写出葡萄糖与下列试剂作用的化学反应式。

（1）溴水　　（2）托伦试剂　（3）费林试剂　　（4）硼氢化钠　　（5）苯肼

14-3　用化学方法区别下列各组化合物。

（1）葡萄糖和果糖　　（2）蔗糖和麦芽糖　　（3）淀粉和纤维素

14-4　下列糖能否水解？若能，请写出水解的化学反应式。

（1）葡萄糖　　（2）蔗糖　　（3）淀粉　　（4）纤维素

14-5　回答下列问题：

（1）葡萄糖、淀粉和纤维素的主要用途是什么？

（2）如何区别醛糖和酮糖？

（3）什么是还原糖？下列哪些糖是还原糖？

① 淀粉　　② 纤维素　　③ 蔗糖　　④ 麦芽糖　　⑤ 葡萄糖　　⑥ 果糖

（4）如何区别还原糖和非还原糖？

- -

第十五章

有机化合物的合成

知识目标

1. 掌握烃类及其衍生物——卤代烃、醇、酚、醚、醛、酮、羧酸、羧酸衍生物、胺等有机物的制备和各种官能团的引进或转化方法。

2. 理解有机合成中关于基团的占位、保护和导向的应用。

能力目标

1. 能设计合成烃、卤代烃、含氧衍生物、胺等有机物的合适方案。

2. 能在有机合成中灵活运用各类官能团的引进或转化、基团的占位、保护和导向等方法。

3. 能够从实际应用和环保角度选择合成有机物的最佳合成路线。

任务 15-1　想一想实际生活中常见的有机合成材料有哪些？

有机合成是有机化学的重要组成部分和有机化学工业的基础，有机化合物的合成是由最基本的有机物为原料，利用有机化学基本反应，制备复杂的有机化合物的过程，也是有机化学知识的综合运用。世界上每年合成的近百万个化合物中，约 70% 以上是有机化合物。

研究有机化合物的物理、化学和生理性质，首先要先有样品，在几千万种有机化合物中，能成为商品的只有极少数，因此，在科学研究中离不开有机合成。同样，在新的研究领域更是离不开有机合成，往往是合成了一类新的化合物后，随之出现新的研究课题或研究领域，可以说是"化学创造了自己的研究对象"。有机化学工业是在有机合成所创造的大量新化合物的基础上发展起来的，也需要合成新的产品和改进旧的合成方法，以求发展。

有机合成的任务就是建造新的有机分子，具体表现在碳链骨架的构建和官能团的转化和引入。当合成一个化合物时必须掌握和注意以下问题：熟悉各类有机化合物的重要化学反应；掌握各类官能团形成的途径及官能团之间的相互转化规律，并注意官能团的保护和占位。当一种化合物有几种不同的合成路线时，应选择反应步骤少、原料便宜易得、副反应少、产率高、易分离和对环境污染小的合成路线。

第一节　各类有机化合物的制备方法

各类有机化合物的制备方法除前面介绍过的以外，还有许多值得学习和讨论的方法，限于篇幅，下面仅就学习过的内容进行简单的总结。

问题　工业上是如何制备烷烃的？

一、烷烃的制备

烷烃的天然来源主要是石油、天然气和煤，此外，最近发现的天然气水合物可燃冰将是未来烷烃的重要来源。烷烃常用的制备方法主要有以下几种。

1. 不饱和烃的催化氢化

$$RCH = CHR + H_2 \xrightarrow{Ni} RCH_2CH_2R$$

$$RC \equiv CR + 2H_2 \xrightarrow{Ni} RCH_2CH_2R$$

2. 卤代烃与活泼金属

（1）武兹反应

$$2RX + 2Na \longrightarrow R-R + 2NaX$$

此方法主要用于制备高级对称烷烃，常用的卤代烃为伯溴代烃。

（2）科兰-豪斯反应

$$RX + 2Li \longrightarrow RLi + 2LiX$$
$$\xrightarrow{CuI} R_2CuLi + LiI$$
$$\xrightarrow{RX} R-R' + RCu + LiX$$

此方法主要用于制备高级不对称烷烃，常用的卤代烃为伯卤代烃。

3. 醛、酮的还原

在所有的有机化合物中，烷烃具有最低的氧化态，因此用还原法合成烷烃是一个重要的方法，由于醛酮大量存在于自然界中，也容易由合成方法制得，因此用醛、酮还原合成烷烃是常用方法。

$$R-\overset{O}{\underset{}{C}}-H(R') \xrightarrow[\text{浓 HCl}]{Zn-Hg} R-CH_2-H(R')$$

4. 格氏试剂的水解

$$RCH_2MgX + H_2O \xrightarrow{H^+} RCH_3 + Mg(OH)X$$

除了以上制备方法外，烷烃还有其他的制备方法。比如，发酵法制沼气、低级羧酸盐受热脱羧法实验室制甲烷等。

任务 15-2　选择合适的方法用含三个碳原子的有机物制备己烷。

二、烯烃的制备

任务 15-3　请查找工业制备烯烃一般采用的方法。

1. 卤代烃消除卤化氢

消除反应是制备烯烃的重要方法，卤代烃脱卤化氢是沿用已久的烯烃的合成方法之一，通常是在强碱的醇溶液中进行，消除反应符合查依采夫规则，但不饱和的卤代烃消除时若能生成共轭烯烃，共轭烯烃是主要产物。

$$CH_3CH_2\overset{\beta}{C}H\overset{\alpha}{C}H_2 \xrightarrow[\triangle]{KOH/C_2H_5OH} CH_3CH_2CH=CH_2$$
$$\boxed{H\ \ X}$$

$$CH_3-\overset{\beta'}{C}H-\overset{\alpha}{C}H-\overset{\beta}{C}H_2 \xrightarrow[\triangle]{KOH/C_2H_5OH} \begin{array}{l} \longrightarrow CH_3CH_2CH=CH_2 \quad 1\text{-}丁烯 \quad 19\% \\ \longrightarrow CH_3CH=CHCH_3 \quad 2\text{-}丁烯 \quad 81\% \end{array}$$
$$\boxed{H}\ \boxed{Br}\ \boxed{H}$$

$$CH_2=CHCH\overset{CH_3}{\underset{|}{CHCCH_3}} \longrightarrow CH_2=CHCH=CH\overset{CH_3}{\underset{|}{CHCH_3}}$$
$$\boxed{H}\ \boxed{Br}\ \boxed{H}$$

2. 醇的脱水

虽然卤代烃消除卤化氢是烯烃常用的制备方法，但合成简单的烯烃时，醇往往是更易获得的原料。并且消除规律与卤代烃相同，脱氢方向也遵循查依采夫规则。

$$CH_3CH_2OH \xrightarrow[\text{或 } Al_2O_3,360℃]{\text{浓 } H_2SO_4,170℃} CH_2=CH_2$$

$$CH_3\underset{\underset{OH}{|}}{CH}CH_2CH_2CH_3 \xrightarrow[-H_2O]{H_2SO_4} \begin{array}{l} \longrightarrow CH_3CH=CHCH_2CH_3 \text{（主产物）} \\ \longrightarrow CH_3=CHCH_2CH_2CH_3 \end{array}$$

3. 炔烃的选择性还原

选择适当的催化剂可以使炔烃的还原停留在烯烃阶段，常采用活性较低的 Lindlar 催化剂（Pd-BaSO$_4$/喹啉或 Pd-CaCO$_3$/醋酸铅）催化。

$$RC{\equiv}CR'+H_2 \xrightarrow{\text{Lindlar 催化剂}} RCH=CHR'$$

任务 15-4 选择合适的醇制备 1-丁烯。

三、炔烃的制备

1. 电石水解制乙炔

乙炔是最重要的炔烃，又称为电石气，实验室中常用电石跟水反应制取乙炔。

$$CaC_2+2H_2O \longrightarrow HC{\equiv}CH+Ca(OH)_2$$

2. 邻二卤代烷消除卤化氢

卤代烃的脱卤化氢反应是沿用已久的炔烃的重要合成方法，邻二卤代烷在强碱作用下脱去两分子氯化氢是合成炔烃的一种常见方法。

$$\underset{\underset{Cl}{|}}{CH_2}-\underset{\underset{Cl}{|}}{CH}-CH_2-CH_3 \xrightarrow[\triangle]{KOH/C_2H_5OH} HC{\equiv}CCH_2CH_3$$

$$CH_3CH_2CH_2\overset{\overset{Cl}{|}}{\underset{\underset{Cl}{|}}{C}}CH_3 \xrightarrow[\triangle]{KOH/C_2H_5OH} CH_3CH_2C{\equiv}CCH_3$$

3. 炔钠与卤代烃反应

$$RC{\equiv}CNa+R'X \longrightarrow RC{\equiv}CR'+NaX$$

任务 15-5　写出以电石为原料合成 PVC 塑料（聚氯乙烯）的方法。

四、卤代烃的制备

1. 烃的卤代

烷烃、环烷烃是生产卤代烃的重要原料，烷烃的氢原子在加热或光的作用下可直接被卤素取代。烷烃卤代反应是低分子卤代烃的工业合成方法，因易得多种混合物，一般选用对称烷烃并且控制卤代烷与卤素的投料比使其主要产物为一元卤代物。例如：

$$(CH_3)_3CCH_3 + Cl_2 \xrightarrow{h\nu} (CH_3)_3CCH_2Cl + HCl$$

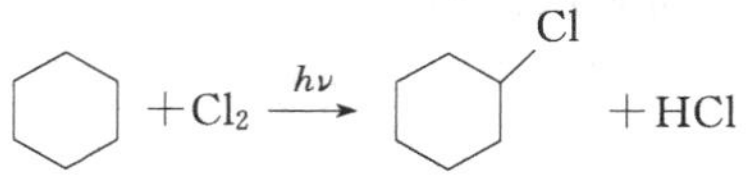

芳烃化合物的卤代是合成卤代芳烃的重要方法。当反应条件不同时，产物也不一样，如下所示甲苯的氯代反应，当有 $FeCl_3$ 催化剂存在时，主要产物是甲苯的邻、对位氢被取代，如果采用光照的方法，主要是 α-H 被取代。

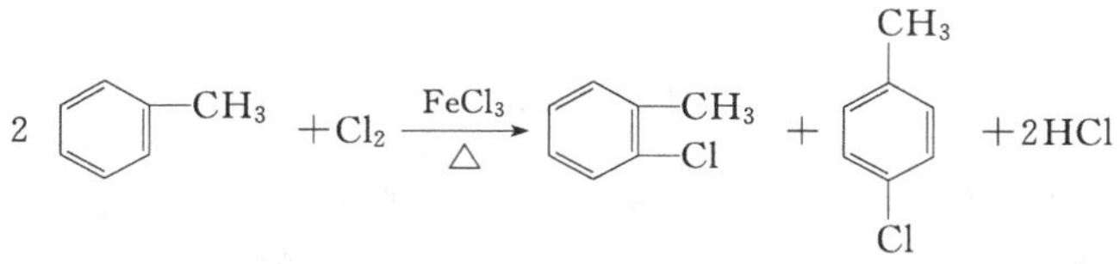

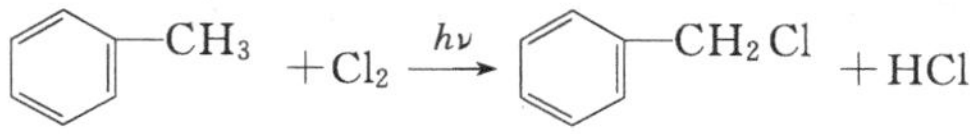

2. 不饱和烃、小环烷烃的加成

卤代烃可以由烯烃或炔烃与卤化氢或卤素加成制得。

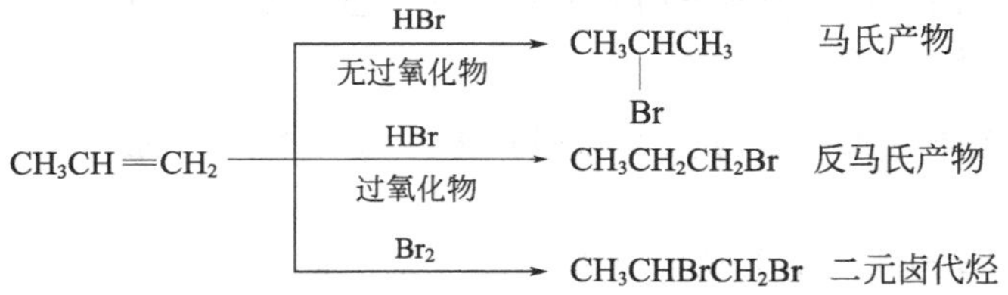

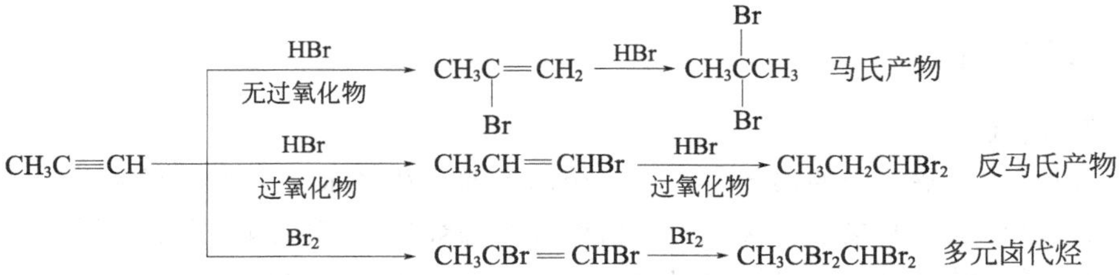

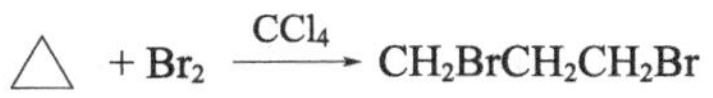

$$\triangle + Br_2 \xrightarrow{CCl_4} CH_2BrCH_2CH_2Br$$

3. 由醇制备

醇分子中的羟基（—OH）用卤素置换可以得到相应的卤代烃，常用的试剂有：氢卤酸（HX）、卤化磷（PX_3、PCl_5）和亚硫酰氯（$SOCl_2$），因为醇比较易得，卤代烷大多是从醇制得的。

$$ROH + HX \underset{}{\overset{催化剂}{\rightleftharpoons}} RX + H_2O$$

醇与 HX 的反应是可逆的，为提高卤代烃的产率，可增加反应物醇的量，并设法除去反应中生成的水或将卤代烃分离除去。此反应由于易发生重排，所以常用于制备伯、部分仲卤代烃。醇与卤化磷和亚硫酰氯的反应不发生重排，是制备卤代烃常用的方法。醇与亚硫酰氯的反应速率快、产率高，且副产物均为气体，易于与卤代烷分离。

$$ROH + PCl_5 \longrightarrow RCl + POCl_3 + HCl$$

$$ROH + SOCl_2 \xrightarrow{\text{吡啶}} RCl + SO_2 \uparrow + HCl \uparrow$$

4. 由重氮盐制备

重氮盐与氯化亚铜的浓盐酸溶液或溴化亚铜的浓氢溴酸溶液共热，重氮基可被氯原子或溴原子取代，生成氯苯或溴苯，同时放出氮气。

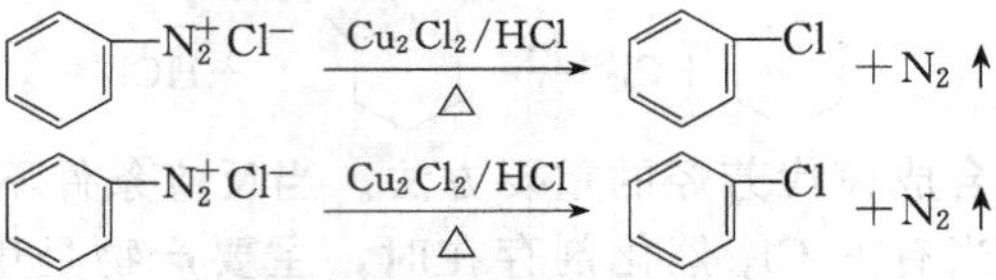

重氮基被碘取代比较容易。加热重氮盐与碘化钾的混合溶液，就会生成碘苯，同时放出氮气。

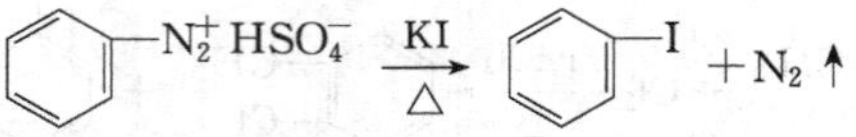

重氮基被氟取代比较难，将重氮盐转化为不溶性的重氮氟硼酸盐或氟磷酸盐，或芳胺直接用亚硝酸钠和氟硼酸进行重氮化，然后再经热分解可得较好收率的氟代芳烃，此反应称为希曼（Schiemann）反应。

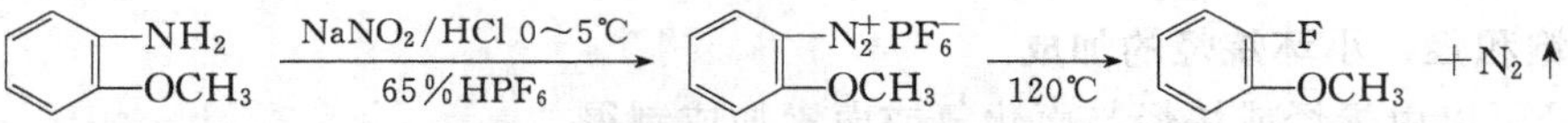

在药物合成中这是将氟、碘原子引入苯环的一个重要方法，也是制备不能由芳环直接卤代制得卤代芳烃的方法。

> **任务 15-6** 设计由正丁醇为主要原料制备 1-溴丁烷的方案，分析可能存在哪些副反应。
>
> **任务 15-7** 由苯为主要原料设计合成 1,3-二氯代苯。

五、醇的制备

1. 烯烃的水合

工业上以石油裂解气中的烯烃为原料水合制备醇，烯烃水合主要有两种方法：直接水合法和硫酸间接水合法。间接水合法是先用硫酸吸收烯烃成为硫酸酯，后者再进行水解，由于此法产生大量的废酸且对设备腐蚀较严重，现代工业上多采用直接水合法。

$$RCH = CH_2 + H_2O \xrightarrow[\triangle]{H^+} \underset{\overset{|}{OH}}{RCH - CH_3}$$

2. 卤代烃水解

卤代烃在碱性条件下水解可以得到醇。

$$R - X + NaOH \rightleftharpoons R - OH + NaX$$

一般仲卤代烷和叔卤代烷在碱性条件下容易消除 HX，水解时常用 Na_2CO_3 等较弱的试剂。一般情况下，醇比卤代烃容易得到，因此此法通常只用来制备特殊结构的醇。如：

$$\bigcirc\!\!-CH_2Cl + H_2O \xrightarrow{Na_2CO_3} \bigcirc\!\!-CH_2OH$$

3. 含氧化合物的还原

醇可以由醛、酮、酯、酰卤等含氧化合物还原制得，其中以醛、酮的还原最为重要，醛、酮的还原有多种方法，其中催化氢化最为经济、简便。

$$RCH_2CHO \xrightarrow[\text{或}\;NaBH_4]{H_2/Ni\;LiAlH_4} RCH_2CH_2OH$$

$$R-\underset{O}{\overset{}{C}}-CH_3 \xrightarrow[\text{或}\;NaBH_4]{H_2/Ni\;LiAlH_4} R-\underset{OH}{\overset{}{CH}}-CH_3$$

$$RCH_2COOH \xrightarrow{LiAlH_4} RCH_2CH_2OH$$

$$RCH_2COOR \xrightarrow{LiAlH_4} RCH_2CH_2OH$$
（酰卤、酸酐）

4. 由格氏试剂制备

格氏试剂与醛、酮等含氧有机物反应可以制备碳原子增加的醇，这是实验室制备醇最常用的一种方法。

格氏试剂与甲醛反应制得伯醇，与其他醛反应制得仲醇，与酮反应制得叔醇。

$$HCHO + R'MgX \xrightarrow{\text{无水乙醚}} R'CH_2OMgX \xrightarrow{H_2O} R'CH_2OH$$

$$RCHO + R'MgX \xrightarrow{\text{无水乙醚}} R\underset{R'}{CHOMgX} \xrightarrow{H_2O} R\underset{R'}{CHOH}$$

$$R-\underset{O}{\overset{}{C}}-R + R'MgX \xrightarrow{\text{无水乙醚}} R-\underset{R'}{\overset{R}{C}}-OMgX \xrightarrow{H_2O} R-\underset{R'}{\overset{R}{C}}-OH$$

格氏试剂与环氧乙烷反应可制得伯醇，相当于在格氏试剂的 R 基上增加两个碳原子。

$$\triangle\!\!O + RMgX \xrightarrow{\text{无水乙醚}} RCH_2CH_2OMgX \xrightarrow{H_2O} RCH_2CH_2OH$$

格氏试剂与羧酸衍生物（酰卤、酯等）可以发生亲核加成-消除反应，生成酮后可进一步反应，最终制得叔醇。

$$R-\underset{L}{\overset{O}{C}} + R'MgX \xrightarrow{\text{无水乙醚}} R-\underset{R'}{\overset{OMgX}{C}}-L \longrightarrow R-\underset{}{\overset{O}{C}}-R' \xrightarrow{R'MgX} R-\underset{R'}{\overset{R'}{C}}-OMgX \xrightarrow{H_2O} R-\underset{R'}{\overset{R'}{C}}-OH$$

任务 15-8 采用以下三种方法设计合成异丙醇的路线：（1）以乙炔为原料；（2）以乙烯为原料；（3）以卤代烃为原料。并从原料价格、实际可行性等方面分析工业上采取哪种方法更合适？

六、酚的制备

1. 苯磺酸盐碱熔法

此法是制备 β-萘酚的一种方法。苯磺酸钠碱熔制苯酚的方法于 1890 年首先在德国商业化，该方法产率高、容易操作，工业上应用较多，但由于反应要用大量的酸碱，对环境污染较大，该方法已经逐渐被其他方法所代替。

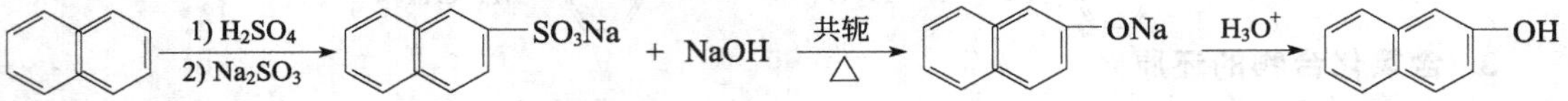

2. 氯苯水解

氯苯在高温高压和催化剂下，可被稀碱液水解而得到苯酚钠，再经酸化即得苯酚。该方法也是工业上生产酚的一种方法。

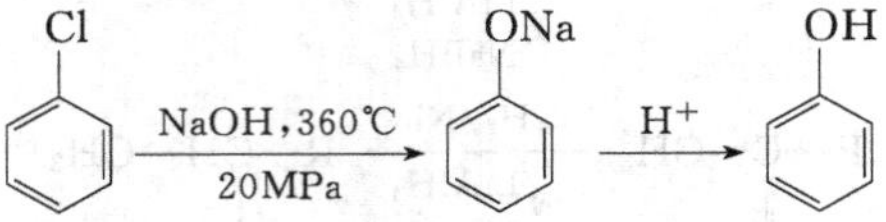

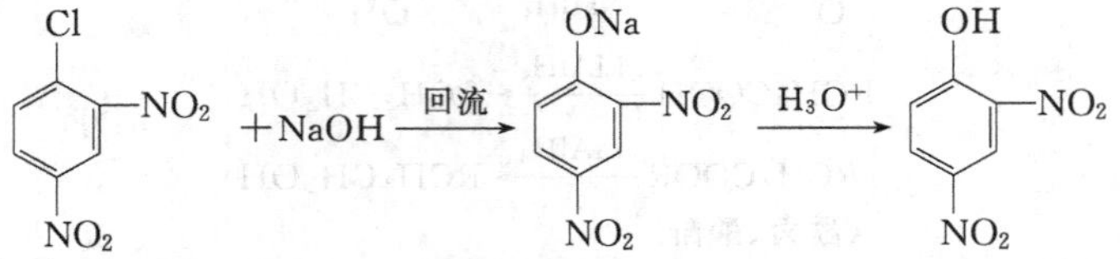

任务 15-9 由苯为主要原料合成间氯苯酚。

3. 重氮盐水解

采用重氮盐水解制备酚的方法比较方便，重氮盐生产的步骤和水解的步骤都比较温和，并且芳环上有其他的基团一般不受影响。

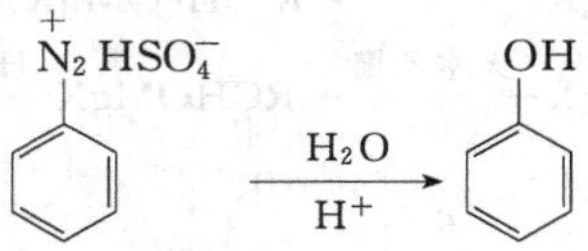

4. 异丙苯氧化

异丙苯氧化是由廉价的苯和丙烯经烷基化反应得到异丙苯，然后通空气氧化，再在稀酸条件下水解得到丙酮和苯酚。此法工艺过程简单、原料价格低廉，并能同时生产出两种化工原料，所以目前工业上主要用此法生产苯酚和丙酮。

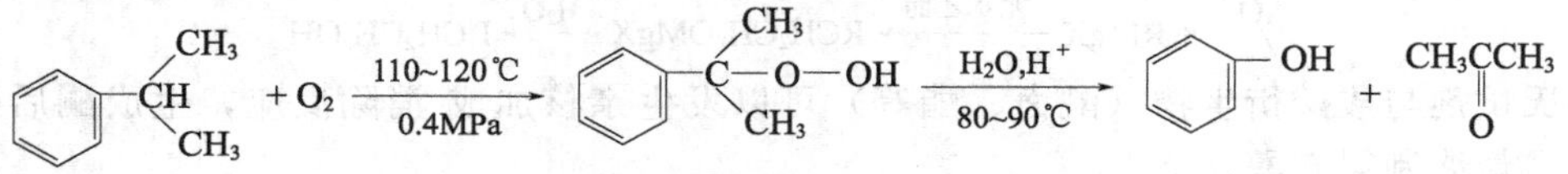

任务 15-10 以苯为主要原料合成对异丙基苯酚、对碘代苯酚。

七、醚的制备

1. 醇脱水

在酸性催化剂下，两分子醇之间可以脱去一分子水生成醚。利用该法制备醚时，一级醇产量高，二级醇的产量很低，三级醇则只能得到烯烃，酚在一般情况下不能脱水生成醚。

$$2ROH \xrightarrow{H_2SO_4} ROR + H_2O$$

2. 威廉姆森合成法

威廉姆森合法是制备混合醚的一个重要方法，使用卤代烃与醇钠或酚钠作用得到。由于酚醚的化学性质比酚稳定，不易氧化，而且酚醚与 HI 作用时，又分解得到原来的酚，因而在有机合成上，常利用酚生成醚，再由醚恢复到酚的反应，来保护酚羟基。

$$RONa + R'X \longrightarrow ROR' + NaX \quad (R'X 不能用仲和叔卤代烃)$$

任务 15-11 自选原料，合成正丁醚和苯异丙醚。

八、醛的制备

1. 乙炔的水合

在汞盐催化下，乙炔水合可生成乙醛，其他炔水合生成酮。

$$HC \equiv CH + H_2O \xrightarrow[90 \sim 95℃, 0.1 \sim 0.2MPa]{HgSO_4, 稀 H_2SO_4} CH_3CHO$$

此方法采用的催化剂汞盐对环境造成的污染较大，且不容易处理，虽然有非汞催化剂的报道，但是产率远远不能与汞催化法相比。

2. 醇氧化和脱氢

伯醇通过氧化可以得到醛，但由于醛比较容易继续被氧化成羧酸，所以此法制备醛产率不高。为了提高产率，可将反应中生成的醛及时从反应体系中分离出去。

$$CH_3CH_2CH_2OH \xrightarrow[H_2SO_4]{K_2Cr_2O_7} CH_3CH_2CHO$$

工业上将醇的蒸气通过加热的催化剂（铜或银等），也可以使伯醇脱氢生成相应的醛，如果是仲醇，则被还原成相应的酮。此反应是可逆反应，且反应需要吸热，工业上在进行脱氢时，常通入适量的空气，使之与生成的氢气结合成水，结合时放出的热量直接供给脱氢反应，这种方法叫做氧化脱氢。

$$RCH_2OH \xrightarrow[\triangle]{Cu 或 Ag} RCHO + H_2 \uparrow$$

3. 羰基合成法

α-烯烃与 CO 和 H_2 在催化剂的作用下，生成比原烯烃多一个碳原子的醛，这个合成法称为烯烃的羰基合成，常用的催化剂为八羰基二钴。

$$CH_2 \!=\! CH_2 + CO + H_2 \xrightarrow[110 \sim 120℃ \ 10 \sim 20MPa]{[Co(CO)_4]_2} CH_3CH_2CHO$$

$$CH_3 \!-\! CH \!=\! CH_2 + CO + H_2 \xrightarrow[170℃ \ 25MPa]{[Co(CO)_4]_2} CH_3CH_2CH_2CHO + \underset{\underset{CH_3}{|}}{CH_3CHCHO}$$

正丁醛(75%)　　　异丁醛(25%)

利用羰基合成法，可以从烯烃制备增加一个碳原子的醛，醛进一步加氢可得到伯醇，这是工业上由烯烃制备伯醇的重要方法之一。

4. 羟醛缩合 （制备 α、β-不饱和醛）

具有 α-氢的醛在碱催化下，自身缩合首先生成 β-羟基醛，β-醛受热极易脱水生成 α、β-不饱和醛。

$$2CH_2CHO \xrightarrow{稀 OH^-} \underset{\underset{OH}{|}}{CH_3CHCH_2CHO} \xrightarrow[\triangle]{-H_2O} CH_3CH \!=\! CHCHO$$

5. 烯烃臭氧氧化还原法

烯烃经臭氧氧化后，经还原可以得到醛或酮。由于臭氧化物很不稳定，容易爆炸，所以烯烃经臭氧化后一般紧接着进行还原性水解。臭氧化反应常常被用来确定一个化合物中碳碳双键在分子中的位置。

$$CH_2 = CHCH_3 \xrightarrow[2)H_2O,Zn]{1)O_3} HCHO + CH_3CHO$$

任务 15-12 由丙烯做主要原料分别合成丙醛、丁醛、2-甲基戊醛。

九、酮的制备

1. 炔烃的水合

在汞盐催化下，炔烃（乙炔除外）水合可以生成酮，但所用催化剂汞盐对环境污染较大。

$$R-C\equiv CH + H_2O \xrightarrow[H_2SO_4]{HgSO_4} R-\overset{\overset{O}{\|}}{C}-CH_3$$

2. 仲醇氧化

$$R-\underset{\underset{OH}{|}}{CH}-CH_3 \xrightarrow[H^+]{KMnO_4} R-\overset{\overset{O}{\|}}{C}-CH_3$$

3. 芳烃的傅氏酰基化

芳烃的酰基化是制备芳酮的重要反应。在无水 $AlCl_3$ 催化剂下，芳烃与酰卤或酸酐作用生成芳酮。

$$\langle\text{苯}\rangle + CH_3\overset{\overset{O}{\|}}{C}Cl \xrightarrow{AlCl_3} \langle\text{苯}\rangle-\overset{\overset{O}{\|}}{C}CH_3 + HCl$$

4. 乙酰乙酸乙酯法

乙酰乙酸乙酯，在稀碱作用下，可以发生酮式分解生成酮。

$$CH_3COCH_2COOC_2H_5 \xrightarrow[RX]{C_2H_5ONa} CH_3COCHCOOC_2H_5 \xrightarrow[\text{酮式分解}]{5\%NaOH} CH_3\overset{\overset{O}{\|}}{C}CH_2R$$
$$\qquad\qquad\qquad\qquad\qquad\qquad\qquad\quad \underset{R}{|}$$

任务 15-13 由苯做主要原料合成 2-苯基-3-酮。

5. 酯缩合法

（1）克莱森酯缩合　α-碳上含有氢的酯在醇钠等碱性缩合剂的作用下，两分子酯可以发生缩合反应，脱一分子醇生成 β-酮酸酯，这个反应称为克莱森（L. Claisen）酯缩合反应。这是制备 β-酮酸酯的重要方法，如乙酰乙酸乙酯的制备就可采用此法。

$$2CH_3\overset{\overset{O}{\|}}{C}-OC_2H_5 \xrightarrow[2)H^+]{1)CH_3CH_2ONa} CH_3\overset{\overset{O}{\|}}{C}CH_2\overset{\overset{O}{\|}}{C}OC_2H_5 + CH_3CH_2OH$$

（2）狄克曼酯缩合　二元羧酸酯分子中的酯基被四个以上的碳原子隔开时，就可发生分子中的酯缩合反应，形成五元环或更大环的酮酯，这种环化酯缩合反应称为狄克曼（Dieckmenn）酯缩合。这是由脂肪族化合物制备脂环族化合物的有效方法。

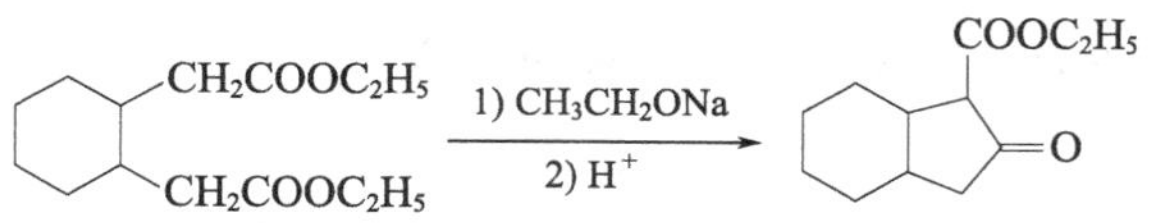

6. 己二酸和庚二酸的受热分解

己二酸和庚二酸在受热同时发生脱羧和脱水,同时生成较稳定的五元环酮和六元环酮。

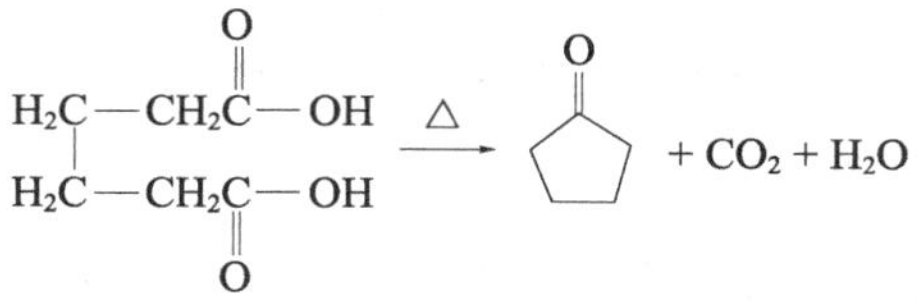

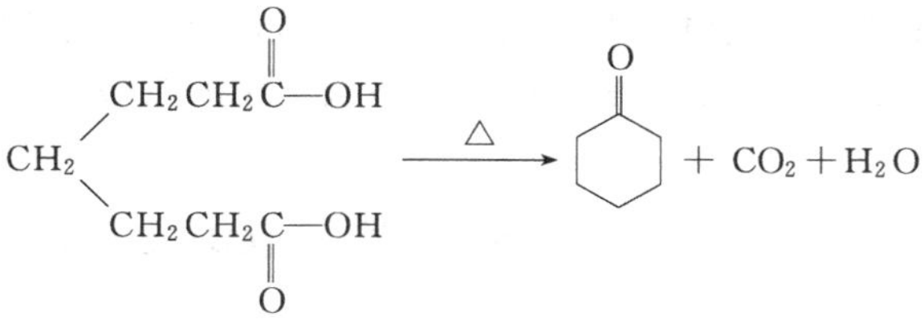

任务 15-14 选择适当的原料设计合成 2-乙基环戊酮。

十、羧酸的制备

1. 氧化法

羧酸具有较高的氧化态,因此,多种有机化合物如高级脂肪烃、烯烃、醇、含有 α-氢的烷基苯等均可以氧化成羧酸。

① 高级脂肪烃在催化剂作用下,通入空气就可被氧化成多种脂肪酸的混合物。

$$RCH_2CH_2R' + \frac{5}{2}O_2 \xrightarrow[120℃]{硬脂酸锰} RCOOH + R'COOH + H_2O$$

② 烯烃通过氧化,碳链在双键处断裂得到羧酸,此法除用于合成羧酸外,常用于结构测定。

$$RCH = CH_2 \xrightarrow{KMnO_4, H^+} RCOOH + CO_2 + H_2O$$

③ 伯醇、醛被氧化成羧酸,这是合成羧酸的重要方法之一,常用的氧化剂有高锰酸钾、重铬酸钾等。

$$RCH_2OH \xrightarrow[H_2SO_4]{KMnO_4} RCHO \xrightarrow[H_2SO_4]{KMnO_4} RCOOH$$

④ 含有 α-氢的烷基苯在高锰酸钾、重铬酸钾等氧化剂的作用下,无论碳链长短均被氧化成苯甲酸,这是合成芳酸的常用方法。

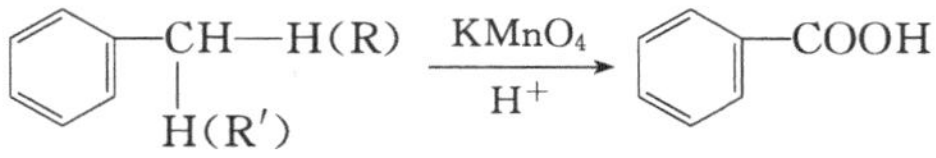

2. 腈的水解

腈在酸或碱的作用下,可水解生成羧酸。由于腈是易获得的原料,此法广泛用于羧酸的合成。

$$RX \xrightarrow{KCN} RCN \xrightarrow[\triangle]{H_2O, H^+} RCOOH$$

任务 15-15 查资料简述苯甲腈、苯乙酸的用途。

3. 格氏试剂法

格氏试剂与二氧化碳作用，产物用酸水解即可得到羧酸。格氏试剂一般由卤代烃制备，因此，此法可从卤代烃制备多一个碳原子的羧酸。

$$RMgX + CO_2 \xrightarrow[\text{H}_2\text{O/H}^+]{\text{无水乙醚}} RCOOH$$

4. 羟醛缩合

含有 α-氢原子的醛在稀碱溶液中相互作用，一分子醛的 α-氢原子加到另一分子醛的羰基氧原子上，剩余部分加到羰基碳原子上，生成 β 羟基醛，这个反应称为羟醛缩合。β 羟基醛在加热下易脱水生成 α,β-不饱和醛。醛可以进一步被氧化成羧酸。

$$CH_3-\overset{O}{\overset{\|}{C}}-H + CH_2CHO \xrightarrow[5℃]{10\% \text{ NaOH}} CH_3CH-\overset{OH \ H}{\underset{}{CHCHO}} \xrightarrow[\triangle]{-H_2O} CH_3CH=CHCHO \xrightarrow[\text{H}_2\text{SO}_4]{\text{CrO}_3} CH_3CH=CHCOOH$$

5. 丙二酸二乙酯法

$$CH_2(COOC_2H_5)_2 \xrightarrow[RX]{C_2H_5ONa} RCH(COOC_2H_5)_2 \xrightarrow{H_2O/OH^-} \xrightarrow[\triangle]{-CO_2} RCH_2COOH$$

6. 乙酰乙酸乙酯法

$$CH_3COCH_2COOC_2H_5 \xrightarrow[RX]{C_2H_5ONa} CH_3COCHCOOC_2H_5 \underset{R}{|} \xrightarrow[\text{酸式分解}]{40\% \text{NaOH}} \xrightarrow[\triangle]{-CO_2} RCH_2COOH$$

丙二酸二乙酯和乙酰乙酸乙酯都含有活泼的亚甲基，能与活泼卤化物作用，活泼亚甲基上的氢被烃基或其他基团取代，此法在有机合成上具有重要意义，能制备多种类型的化合物。

任务 15-16 设计肉桂酸的合成路线，简述肉桂酸的用途。

十一、羧酸衍生物的制备

羧酸分子中碳氧双键（C = O）上的碳原子能被一系列亲核试剂（PCl$_3$、SOCl$_2$、RO、ROH、NH$_3$ 等）进攻，反应结果是—COOH 中的—OH 被一系列原子或基团取代，生成酰卤、酯、酸酐和酰胺等羧酸衍生物。

1. 酰卤的制备

羧酸与亚硫酰氯、三氯化磷或五氯化磷反应可以制得酰氯，与三溴化磷反应可以制得酰溴。

$$R-\overset{O}{\overset{\|}{C}}-OH + SOCl_2 \longrightarrow R-\overset{O}{\overset{\|}{C}}-Cl + SO_2 + HCl$$

$$3R-\overset{O}{\overset{\|}{C}}-OH + PBr_3 \longrightarrow 3R-\overset{O}{\overset{\|}{C}}-Br + H_3PO_3$$

2. 酯的制备

羧酸酯是一类重要的化工原料，它的用途相当广泛，可用作香料、溶剂、增塑剂及有机合成的中间体，同时在涂料、医药等工业中也具有重要的使用价值。作为液晶化合物最基本和最重要的中心桥键之一，酯基的合成具有十分重要的意义。过去酯的合成主要是采用一些经典的方法，如直接酯化、酰化、酯交换法等。

（1）直接酯化

$$RCOOH+R'OH \xrightarrow{H^+} RCOOR'+H_2O$$

（2）酰氯醇解　酰氯与醇或酚反应生成酯：

$$RCOCl+R'OH(ArOH) \longrightarrow RCOOR'(CH_3COOAr)+HCl$$

对于用直接法难以制得的酯，常采用此法。

（3）酸酐醇解　此法主要适用于易于得到的酸酐。例如乙酸酐：

$$(CH_3CO)_2O+ROH(ArOH) \longrightarrow CH_3COOR(CH_3COOAr)+CH_3COOH$$

（4）酯的醇解

酯的醇解也叫酯交换反应，是由低级醇酯制备高级醇酯的方法。由于反应是可逆的，为了提高产率，常加入过量的醇或将反应中生成的醇及时从体系中移走。

$$R-\overset{\overset{O}{\|}}{C}-OCH_3+C_2H_5OH \overset{H^+}{\rightleftharpoons} R-\overset{\overset{O}{\|}}{C}-OC_2H_5+CH_3OH$$

3. 酸酐的制备

酸酐一般可看作是由酸脱水而成的氧化物。许多酸酐能与水作用而再成原来的酸。常用的酸酐的制备方法有以下几种。

（1）由乙酸酐制备　高级羧酸的酸酐常用乙酸酐与相应的羧酸反应得到。

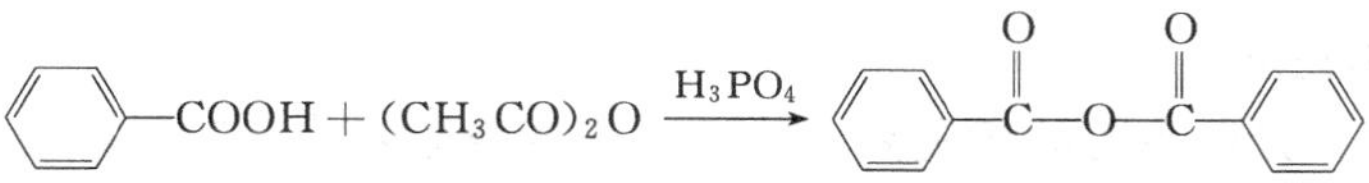

（2）羧酸脱水　二元羧酸常用此法合成环状酸酐。例如：

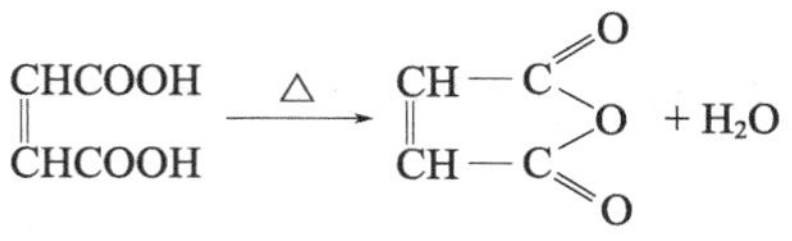

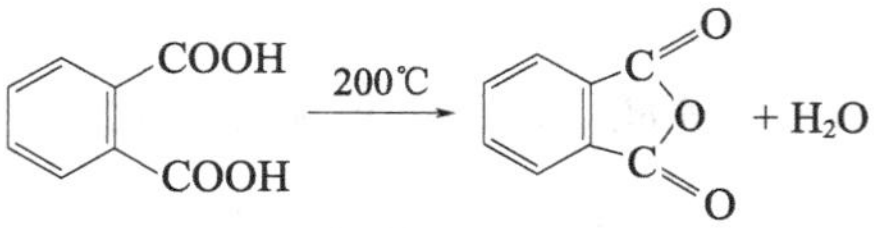

（3）由羧酸盐与酰氯制备

$$CH_3COONa+CH_3CH_2COCl \longrightarrow CH_3-\overset{\overset{O}{\|}}{C}-O-\overset{\overset{O}{\|}}{C}-CH_2CH_3+NaCl$$

4. 酰胺的制备

（1）羧酸衍生物氨（胺）解

$$RCOX+NH_3 \longrightarrow RCONH_2+HX$$

$$RCOOR+NH_3 \longrightarrow RCONH_2+ROH$$

$$R-\overset{\overset{O}{\|}}{C}-O-\overset{\overset{O}{\|}}{C}-R+NH_3 \longrightarrow R-\overset{\overset{O}{\|}}{C}-NH_2+R-\overset{\overset{O}{\|}}{C}-OH$$

（2）羧酸盐脱水

$$CH_3COOH \xrightarrow{NH_3} CH_3COONH_4 \xrightarrow{100℃} CH_3CONH_2 + H_2O$$

（3）腈的水解

$$\text{☐}-CH_2CN + H_2O \xrightarrow[50℃]{HCl} \text{☐}-CH_2CONH_2$$

十二、胺的制备

1. 卤代烃氨解

利用氨与卤代烃或醇等反应可以生成胺。氨与卤代烃或醇等反应时，通常得到伯胺、仲胺、叔胺和季铵盐的混合物。且混合物难于分离，使以上反应在应用上受到一定限制。但通过长期实践，在药物合成中利用卤代烃或胺结构的差异（位阻、活性不同）、不同的烃化试剂、原料配比、溶剂、添加的盐等因素对反应速率和反应产物的影响，已成功地制备了各种胺。

$$RNH_2 \xrightarrow{CH_3X} RNHCH_3 \xrightarrow{CH_3X} RN(CH_3)_2 \xrightarrow{CH_3X} [RN(CH_3)_3^+]X^-$$

伯胺　　　　　仲胺　　　　　叔胺　　　　　季铵盐

$$\text{☐}-NH_2 + \text{☐}-CH_2Cl \xrightarrow[90\sim95℃]{Na_2CO_3,H_2O} \text{☐}-NHCH_2-\text{☐}$$

N-苄基苯胺（83%～87%）

2. 硝基化合物还原

硝基化合物还原是制备芳胺的重要方法，由于芳香硝基化合物很容易由芳香族化合物通过硝化反应制得，因此，本法对合成芳香族伯胺特别重要。

$$\text{☐}-NH-\overset{O}{\overset{\|}{C}}-CH_3 \xrightarrow{Pt,H_2,C_2H_5OH} \text{☐}-NH-\overset{O}{\overset{\|}{C}}-CH_3$$

（90%）

3. 腈、酰胺的还原

腈采用催化加氢法可还原生成酰胺，酰胺一般采用氢化铝锂还原合成胺。

$$RCN \xrightarrow{H_2} RCH_2NH_2$$

$$R-\overset{O}{\overset{\|}{C}}-NH_2 \xrightarrow{LiAlH_4} RCH_2NH_2$$

4. 霍夫曼降解反应

酰胺可以与次卤酸钠作用，脱去羰基，生成少一个碳原子的伯胺。

$$\overset{O}{\overset{\|}{RCNH_2}} \xrightarrow{X_2/NaOH} RNH_2$$

5. 盖伯瑞尔合成法

盖伯瑞尔（Gabriel）合成法是先利用酰亚胺盐与卤代烃反应生成 N-取代酰亚胺，然后再利用 N-取代酰亚胺的水解制备伯胺。

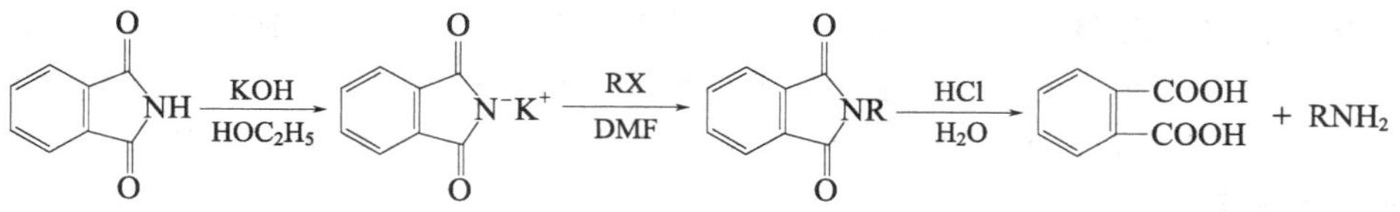

酰亚胺　　　　　　　酰亚胺盐　　　　　　*N*-取代酰亚胺　　　　　　　　伯胺

第二节　基团的占位、保护和导向在有机合成中的应用

　　有机合成中为了使反应定向进行经常用到基团的占位、保护和导向。在有机化合物的合成过程中，为了控制反应在分子的特定部位进行，防止分子的某一位置上引入不需要的基团，反应前先用占位基团将此位置占据，反应后再把占位基团去掉，这称为基团的占位。为了使某基团在反应过程中不参与反应或是被破坏，需要采取一定措施将它保护起来，反应之后再使其复原，这称为基团的保护。有些有机分子在一定的反应条件下，反应的活性中心不一定是合成所需部位，而当引入导向基团时就能使活性中心，变为所需部位。为了改变分子的活性中心反应前先引入一个合适的基团，使其发挥定位作用，反应后再把它去掉的过程就是基团的导向。一般基团的导向在合成芳烃化合物时用得较多。

　　下面以分析不同有机物的合成为例，进一步理解基团的占位、保护和导向在有机合成中的重要应用。

　　案例 1：以甲苯为原料设计合成邻氯甲苯。

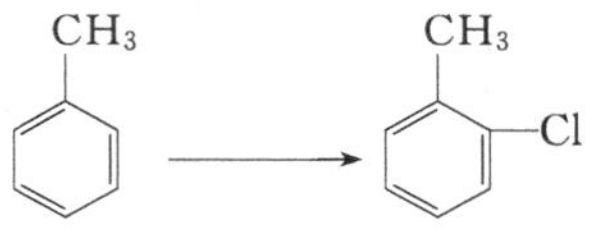

　　设计思路：氯原子在甲基的邻位上，如果用甲苯直接氯代反应，会生成邻氯甲苯和对氯甲苯两种产物，且这两种产物的沸点非常接近，不容易分离。因此，在进行氯代之前必须先引入一个基团占据甲基的对位，氯代反应之后再把它去掉，根据所学知识，磺酸基能完成这个任务。因此，合成路线为：

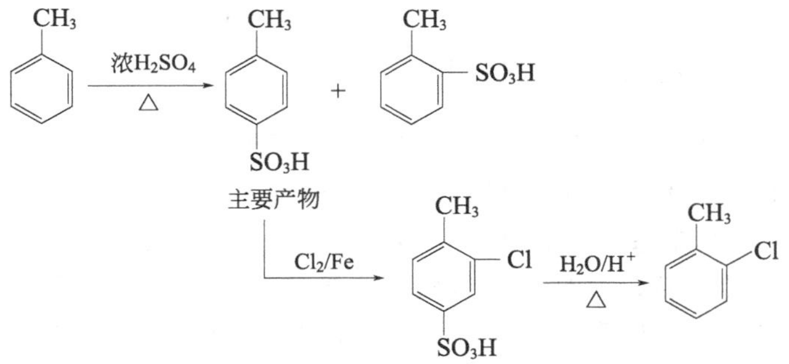

　　案例 2：由间苯二酚设计合成 2-溴-1,3-苯二酚。

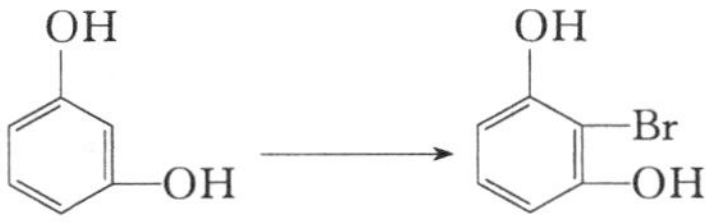

设计思路：羟基是邻、对位定位基，且对苯环有活化作用，若用间苯二酚直接溴代可同时上三个溴原子。因此，先用磺酸基把间苯二酚4,6位进行占位（2-位受位阻影响不被磺酸基占据），再进行溴代，便可使溴进入两个羟基中间的位置，然后脱去磺酸基，即可制得目标化合物。合成路线为：

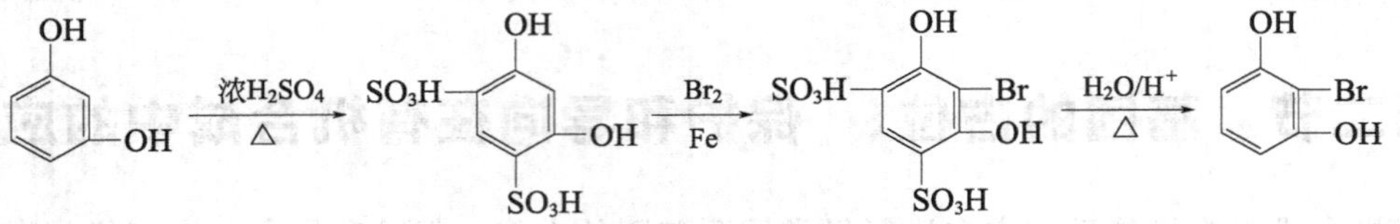

CH₃ 结构式反应流程（略）

案例3：以苯为原料设计合成间硝基甲苯。

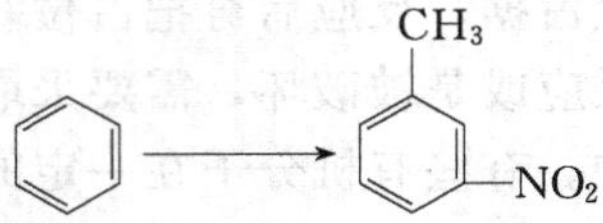

反应流程（略）

设计思路：甲基是邻、对位定位基，用直接硝化的方法得不到间硝基甲苯。硝基是间位定位基，但它又是强烈的致钝基团，不能发生傅氏烷基化反应。要合成此化合物，必须先引入一个使苯环活化又比甲基定位能力强的邻、对位定位基，利用它的定位效应，在它的邻位引入硝基，最后再把此基团去掉。能使苯环致活又比甲基的定位能力更强的邻、对位定位基团有氨基、羟基等，考虑到最后容易去掉，则用氨基更为合适。合成路线为：

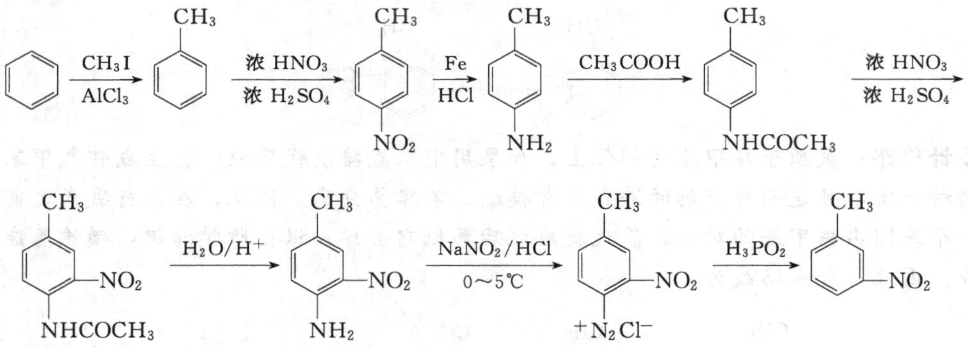

反应流程（略）

在上述反应中，氨基起到了导向的作用。

任务15-17 用苯酚为原料设计合成对羟基苯甲酸。

案例4：以3,4-二甲基苯酚为原料制备3,4-二甲基-2-溴苯酚。

设计思路：3,4-二甲基苯酚的羟基是邻、对位定位基，且定位作用比甲基要强许多，原料3,4-二甲基苯酚的6-位比2-位更容易发生溴代反应，所以不能采取直接溴代制备目标化合物，所以在溴代之前必须要把6-位占据起来，采用—COOH进行占位，然后再进行溴代，最后把占位基团脱去。设计的合成路线如下：

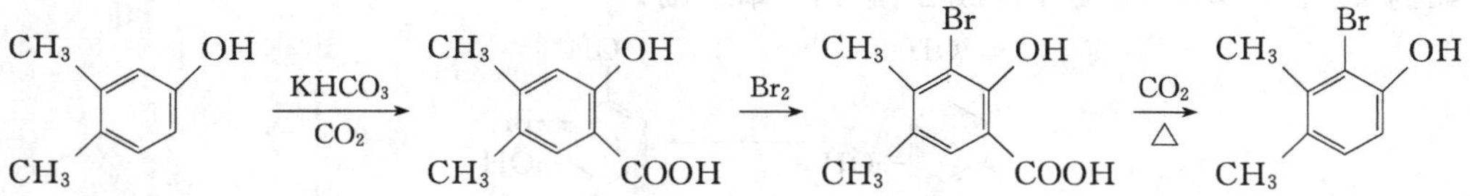

反应流程（略）

案例 5：以苯为主要原料设计合成 1,2,3-三溴苯。

设计思路：从被合成物的结构看，三个溴原子不可能用直接溴化的方法引入。要合成此化合物，首先在苯环上引入一个强邻、对位定位基，并在溴化前采取措施阻挡溴原子进入对位。然后设法使首先引进的邻、对位定位基转变为溴原子。具体方法是：

首先在苯环上引进氨基，使其发挥邻、对位定位作用。并在对位引入硝基，使其发挥占位作用。在硝化过程中，氨基会被氧化而破坏，因此，还要采取保护措施。保护氨基的方法是把氨基乙酰化，乙酰氨基仍然是邻、对位定位基团，硝化时主要进入它的对位，完成保护任务之后再水解为氨基。然后溴化，在氨基的两个邻位上去两个溴原子，然后把引入的氨基在完成定位作用之后转变为重氮盐，再由重氮盐转换为溴原子。最后将硝基通过氨基再转变为重氮盐而去掉。合成路线为：

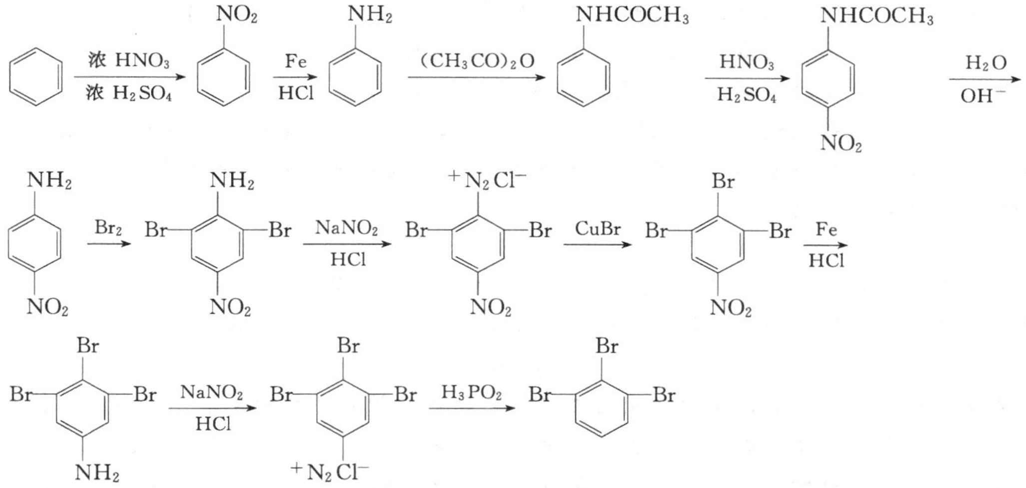

在上面化合物的合成过程中，既应用了基团的占位，又涉及对基团的保护，还有基团的转化，这些反应都必须熟练掌握。

任务 15-18　由乙醇为主要原料制备丁醛；由苯酚为主要原料设计合成 2,6-二氯苯酚。

从上面的一些例题可以看出，在设计合成有机化合物时经常要用到基团的占位、保护和导向。有机化合物的种类浩瀚如海，合成方法也各不相同，对于某种化合物而言，合成方法、合成路线往往多种多样，我们要善于选择合适的原料，适当的反应，灵活运用合成技巧。

📑**知识窗** -

绿色有机合成

有机合成化学是一门发展得比较完备的学科。当今人类活动的各个领域都离不开有机合成的产品。如：药物、人造纤维、洗涤剂、杀虫剂、保鲜剂、染料等具有各种性能的现代材料无一不是有机合成的产物。然而，不可否认，"传统"合成化学工业，对人类赖以生存的生态环境造成了严重的污染和破坏。以往解决问题的主要手段是治理、停产，甚至关闭，人们为治理环境污染花费了大量的人力、物力和财力。20 世纪 90 年代初，化学家提出了与传统的"治理污染"不同的"绿色化学"的概念，即如何从源头上减少、甚至消除污染的产生。有机合成在绿色化学中占有重要的份额，在绿色化学及其理念的指导下，最终要实现绿色合成。

一、绿色合成的目标及研究方向

绿色合成的目标是实现符合绿色化学要求的理想合成，其定量指标为：原子经济性、环境因子和环境商。

1. 原子经济性

原子经济性概念认为高效的有机合成应最大限度地利用原料分子的每个原子，使之结合到目标分子中，以实现最低排放，甚至零排放。原子经济性可用原子利用率来衡量：

原子利用率＝（预期产物的分子量/全部生成物的分子量总和）×100%

2. 环境因子（E）

环境因子和环境商都是由荷兰有机化学家 Sheldon 提出来的。E 因子是以化工产品生产过程中产生的废弃物量的多少来衡量合成反应对环境造成的影响。

E 因子＝废弃物的质量（kg）/预期产物的质量（kg）

这里的废弃物是指预期产物之外的所有副产物，包括反应后处理过程产生的无机盐等。显然，要减少废弃物使 E 因子较小，其有效途径之一就是改变经典有机合成中以中和反应进行后处理的常规方法。

3. 环境商（EQ）

环境商（EQ）是以化工产品生产过程中产生的废物量的多少、物理和化学性质及其在环境中的毒性行为等综合评价指标来衡量合成反应对环境造成的影响。

$$EQ＝E×Q$$

式中，E 为 E 因子；Q 为根据废物在环境中的行为所给出的对环境不友好度。EQ 值的相对大小可以作为化学合成和化工生产中选择合成路线、生产过程和生产工艺的重要因素。

目前，绿色合成研究的方向是清洁合成、提高反应的原子利用率、取代化学计量反应试剂（如在催化氧化过程中只以空气中的氧气作为氧源）、新的溶剂和反应介质、危险性试剂替代品（如使用固态酸，以取代传统的腐蚀性酸）、充分的反应过程、新型的分离技术、改变反应原料、新的安全化学品和材料、减少和最小化反应废弃物的产生等。

二、实施绿色有机合成的途径

绿色合成的目标已为有机合成实现绿色合成指明了方向。近年来，实现绿色合成的研究工作在不断进行，几种可行的途径已隐约可见。

1. 选择绿色合成原料或反应的起始物

绿色有机化学原料的选择、使用是有机化学的一个重要研究领域，每一种化学合成和生产都要选择特定的起始原料。多数情况下，起始原料是决定该合成对环境影响的主要因素。因此，我们在选择起始原料时必须要考虑三点：①选择低危害的原料；②选择合适的原料；③解决其他问题。在选择一个起始原料时必须对上述几方面综合考虑、互相权衡。

2. 发展高选择性、高效的催化剂

绿色化学所追求的目标是实现高选择性、高效的化学反应，极少的副产物，实现"零排放"，继而达到高"原子经济性"的反应。显然，相对化学当量的反应，高选择性、高效催化反应更符合绿色化学的基本要求。有机合成中，减少废物的关键是提高原子利用率，所以在选择合成途径时，除了考虑理论产率外，还应考虑和比较不同途径的原子利用率。如环氧乙烷的合成：传统的氯醇法需要两步完成，其原子利用率只有 25%。

$$CH_2\!=\!CH_2 \xrightarrow{\ Cl_2\ } \xrightarrow{\ Ca(OH)_2\ } \underset{44}{\overset{O}{CH_2\!-\!CH_2}} + \underset{111}{CaCl_2} + \underset{18}{H_2O}$$

原子利用率=44/173=25%

而采用乙烯催化环氧化方法合成环氧乙烷则仅需一步反应，原子利用率达到100%。

$$2CH_2\!=\!CH_2 + O_2 \xrightarrow{\text{催化剂}} 2CH_2\!\overset{O}{-}\!CH_2$$

对硝基苯甲酸乙酯的合成，常规方法是以浓硫酸为催化剂来合成的。这种方法，虽然催化剂（浓硫酸）价廉、活性高，但反应复杂，副产物多，且浓硫酸腐蚀设备、污染环境。如果以价廉易得、性质稳定安全的苯磺酸为催化剂来合成就可以克服这些缺点，且产率可达98.6%。

生物合成反应是指利用生物体系（如各种细胞和酶）作催化剂实现有机合成。在有机合成方面，生物合成法可用于有机物的取代、加成和消除、氧化和还原、酯的合成和水解、酰胺和肽的合成等反应中。如酯的合成，利用酶催化可以完成单脂肪酸甘油酯的合成以及促进内酯的合成等；酰胺和肽的合成，酶催化反应在青霉素和头孢菌素的酰胺键的生成中，起着极为重要的作用。生物合成反应提供了许多常规化学方法不能或不易合成的有机物的合成方法，不但经济效益明显，而且对环境及社会发展、对绿色化学工业的建立都有重要的战略意义。

3. 使用环境友好介质，改善合成条件

传统的有机合成中，有机溶剂是最常用的反应介质，但是有机溶剂的毒性和难以回收又使之成为对环境有害的因素。理想的有机合成，可以水为介质进行；可用超临界流体为介质进行；可在无溶剂存在下进行；可以离子液体为介质进行等。

（1）在有机合成中，用水来代替有机溶剂是一条可行的途径。这是因为水是地球上广泛存在的一种天然资源，它价廉、无毒、不危害环境。尽管大多数有机化合物在水中溶解性很差，且易分解，但研究表明有些合成反应不仅可以在水相中进行，而且还具有很高的选择性。最为典型的例子是环戊二烯与甲基乙烯酮发生的D-A环加成反应，在水中进行比在异辛烷中进行速率快700倍。

（2）超临界流体是当物质处于其临界温度和临界压力以上时所形成的一种特殊状态的流体，是一种介于气态与液态之间的流体状态。这种流体具有液体一样的密度、溶解能力和传热系数，具有气体一样的低黏度和高扩散系数，同时只需改变压力或温度即可控制其溶解能力，并影响它为介质的合成速率。在有机合成中，二氧化碳由于其临界温度和临界压力较低、且具有能溶解脂溶性反应物和产物、无毒、阻燃、价廉易得、可循环使用等优点而迅速成为最常用的超临界流体。

（3）离子液体，简单地说就是安全离子组成的液体。目前研究最多的是在室温左右呈液态的含有机正离子的一类物质。例如，含N-烷基咪唑正离子的离子液体等。它们不仅可以作为有机合成的优良溶剂，且具有难挥发等优点，对环境十分友好。

4. 运用高效的多步合成技术

在药物、农用化学品等精细化学品的合成中，往往涉及分离中间体的多步反应。为实现绿色合成，近年来，研究发展的串联反应是非常有效的。串联反应包括一瓶多步串联和一瓶多组分串联。前者是仿照生物体内的多步链锁式反应，使反应在同一反应瓶内从原料到产物的多个步骤连续进行，无需分离出中间体，又不产生相应的废弃物，和环境保持友好；后者是涉及至少 3 种不同原料的反应于同一反应瓶中进行，而每步反应都是下步反应所必需的，而且原料分子的主体部分都融进最终产物中，这是一类高效的合成方法。

5. 发展和应用安全的化学品

发展和应用对人和环境无毒、无危险性的试剂和溶剂，是实现绿色合成最直接的一环。可以采取适当的手段，使某一分子的毒性降低而不影响其功能。例如，人们开发的新型化工原料碳酸二甲酯，以其较高的反应活性和低微的毒性，代替了剧毒的光气和硫酸二甲酯，从而被誉为 21 世纪的"绿色化工原料"。

综上所述，绿色合成作为新的科学前沿已逐步形成，但真正发展还需要从观念上、理论上、合成技术上等，对传统的、常规的有机合成进行不断的改革和创新。

第十六章 有机化学实验基本知识和操作技术

知识目标

1. 掌握物理常数——熔点、沸点、折射率的测定原理和操作方法以及温度的校正方法。掌握结晶、重结晶、蒸馏、分馏、萃取以及升华等方法分离提纯混合物的基本原理及应用范围；掌握物质的制备技术、粗产物的纯化技术及实验产率的计算方法。熟练掌握抽滤、升华、常压蒸馏、简单分馏、水蒸气蒸馏以及各种回流装置的选择、安装与操作。

2. 熟悉有机化学实验的一般知识和有机化学实训室的一般规则及安全知识。

3. 了解有机化学实验的目的、内容及学习方法。了解制备有机物的一般步骤。

能力目标

1. 能明确实验预习内容；会查阅有机化学实验的文献资料；能正确书写实验预习报告；会处理实训室发生的小事故；会清洗与干燥玻璃仪器。

2. 能安装与操作沸点、熔点、折射率的测定装置；会使用熔点测定仪和阿贝折光仪。

3. 能根据投料量、反应原理选择合适的仪器及反应装置；能运用结晶、重结晶、蒸馏、分馏、萃取以及升华等方法的基本原理，选择纯化粗产物合适的分离与提纯方法。

4. 能熟练应用回流、结晶、重结晶、过滤、升华等基本操作技术；能安装与操作各种回流、常压蒸馏、减压蒸馏、水蒸气蒸馏和简单分馏等仪器装置；会使用分液漏斗和脂肪提取器；会正确选择使用冷凝管。

5. 通过实验基本知识的学习，初步养成严谨、求实的工作作风。

第一节 有机化学实验的基本知识

有机化学是一门实践性较强的课程，许多反应及规律都是从实验中得来的，有机化学实验是有机化学不可分割的一部分。

一、有机化学实验的基本要求

1. 有机化学实验的目的

有机化学实验的目的是学习有机化学实验的基本原理及操作技术：天然有机物的提取技术、有机物的制备技术、有机物的分离和纯化技术、有机物物理常数的测定技术。通过观察实验事实，使学生完成感性认识向理性认识的过渡；通过对实验现象的分析和理解，培养学生运用所学理论知识解决实验问题的能力；通过实验技能的训练，使学生具有基本的研究能力。同时，在实验中培养学生理论联系实际、严谨、求实的科学态度及良好的工作作风，增强学生的勤俭节约、安全防护和环境保护等方面的意识。

2. 有机化学实验的学习要求

有机化学实验要求学生有严谨的科学态度和认真、细致的工作习惯，这不仅有利于本课程的学习，也有利于日后的学习和工作。因此，在学习过程中，要求做到以下几点。

（1）实验前要做好预习工作　实验的预习工作是保证实验成功的重要环节。预习时要明确本实验的目的和要求，理解实验的原理，对实验中用到的各反应物、产物及试剂，要查找出它们的各项物理常数、毒性、腐蚀性等；熟悉实验步骤，明确操作要点，了解实验注意事项；利用精品课网站资源进行仿真练习、观看基本操作视频。尤其对有机物的制备实验要分析其主、副反应，理解各步实验条件的原理，以便严格控制各步实验条件，确保实验项目顺利完成。

认真预习后，还要完成实验预习报告的书写（各项尽量以表格形式）。预习报告一般包括以下内容：实验日期、实验名称、实验目的、实验原理、仪器药品、装置图、试剂及产物的物性数据、实验步骤、实验思考题的解答、实验结果的处理方法及试验中应记录的相关内容（原始实验数据、实验现象的记录；对实验结果进行计算和分析；实验过程中遇到问题和异常现象原因的分析探讨及对实验提出的改进措施）。

（2）实验中要规范操作、认真观察、做好记录　在实验过程中，必须严格按照单元操作的要求规范进行；要仔细观察实验现象、积极思考，发现异常现象，应先尊重实验事实，并要查明原因，或请教老师帮助分析处理；要及时、准确、客观地记录下各种测量数据和实验现象。实验记录应用钢笔写在原始记录本上，不得随意抄袭、拼凑或伪造数据，也不能在实验结束后凭想象进行填写。实验记录是实验的原始资料，是实验结论及研究工作的依据，因此要认真记录实验过程中的原料用量、加料次序、反应时间、反应条件、反应现象、反应结果、产品的提纯方法、产量以及所用仪器的型号规格等。

（3）实验中要保持良好的实验环境　在实训室要严格遵守实训室规章制度，要保持安静、实验台面清洁、仪器摆放整齐有序；注意节约使用试剂、滤纸、水、电、燃气等；实验完毕，要及时洗涤、清理仪器，切断（或关闭）电源、水阀和气路，打扫实训室卫生。

（4）认真填写实验报告单　实验报告单是实验结束后，学生根据实验记录对实验进行的整理和总结；对实验中出现问题的分析与讨论；对实验结果的定论。填写报告应实事求是、简明扼要、文字通畅、图表清晰，不允许相互抄袭或编造数据。

二、有机化学实验室常识

1. 有机化学实验室规则

为了保证有机化学实验课的教学质量，防止意外事故的发生，学生在做有机化学实验时，必须遵守以下规则。

① 进入有机实验室前，认真阅读实验室的有关规定及注意事项，认真预习实验内容，明确实验目的及应掌握的操作技能，了解实验步骤，熟悉实验中各药品的物理性质及安全知识，完成预习报告。

② 教师讲解实验时，要认真听课，记录相关要点。

③ 实验开始，先按规范要求安装实验装置，待指导教师检查合格后方可进行下步操作。

④ 实验过程中严格按照操作规程操作，如有改变，应经指导教师同意。实验中要仔细观察实验现象，如实记录。

⑤ 实验时，要严肃认真，不能大声喧哗、打闹或随处走动；不能穿拖鞋进入实训室；不能在实训室内吸烟、喝水或吃东西。

⑥ 实验中保持实验台面清洁、仪器摆放整齐有序。公用药品、仪器等物品的使用要注意节约，不要随意移动位置。取用药品试剂后，要及时盖好瓶盖，并放回原处。不得将瓶盖盖错、滴管乱放，以免污染试剂。

⑦ 遵守纪律，不迟到、不早退，不做与实验无关的事情，不得嬉戏喧哗。

⑧ 实验结束，应及时将仪器清洗、整理干净，放回原处；将产品按规定统一处理，不得随意扔、倒在水池或垃圾筒中，要经指导老师检查允许后方可离开。

⑨ 每次实验的值日生应负责整理公用仪器药品、实训室卫生、废物处理及水电安全，要经实训室老师检查后方可离开。

2. 有机化学实验安全与环保常识

在有机化学实验中，经常会接触易燃、易爆、有毒、有腐蚀性的药品，若使用或处理不当，后果不堪设想。因此，熟悉有机化学实验的安全与环保常识非常重要。

（1）安全常识 有机化学实训室，特别要注意防火、防爆、防中毒、防灼伤，为此应注意以下几点。

① 不能用敞口容器加热和盛放易燃、易挥发的化学试剂。应根据实验要求和物质特性选择正确的加热方法。如对沸点低于 80℃ 的易燃液体，加热时不能采用直接加热，而要采用间接加热法。

② 在处理和使用易燃物时，应远离明火，尽量防止或减少其气体的外逸，注意室内通风，及时将蒸气排出或安装吸收装置。

③ 使用易燃易爆物品时，要严格按操作规程操作，注意安全防护。

④ 倾倒试剂，开启易挥发的试剂瓶及加热液体时，不要俯视容器口，以防液体溅出或气体冲出伤人。

⑤ 常压操作时，不能在密闭体系中加热或反应；减压操作时，不能使用平底烧瓶等不耐压容器。

⑥ 凡是涉及有毒、有刺激性、有恶臭物质的实验，均应在通风橱中进行。若反应中有有毒、有腐蚀性的气体放出，要安装尾气吸收装置。

⑦ 使用浓酸、浓碱、溴、铬酸洗液等具有强腐蚀性的试剂时，切勿溅在皮肤或衣服上。如溅到身上应立即用大量水冲洗。

⑧ 不可用鼻孔直接对着瓶口或试管口嗅闻药品气味，只能用手扇嗅闻。

⑨ 在使用高压钢瓶、电器设备、精密仪器等设备前必须熟悉使用方法和注意事项，严格按要求使用。

⑩ 实验中要控制加料速度和反应温度，避免反应过于猛烈而引起火灾。

（2）环保常识 有机化学实验会产生各种有毒的废气、废液和废渣，若直接排放，会造成严重的环境污染。因此，实训室的废弃物应集中、统一处理后再排放。

废气处理：若实验产生的有毒气体量较小，可在通风橱中进行，通过排风设备把有毒气体排到室外，由大量的空气稀释有毒气体；若产生有毒气体的量较大，可安装尾气吸收装置，让有毒气体与吸收物质作用，使其转化为无毒的物质再排放。

废液或固体处理：实训室要备有废液回收器，将其集中处理后再排放或深埋。有毒的废渣应深埋在指定的地点，若有毒废渣能溶于水，必须经处理后方可深埋。

3. 实训室常见小事故的处理

（1）吸入毒气　若吸入刺激性毒气，可吸入少量酒精和乙醚的混合蒸气，然后到室外呼吸新鲜空气。

（2）误服毒物　若溅入口中还未下咽，应立即吐出，并用大量水冲洗口腔；若是误服强酸，应先饮大量水，然后服用氢氧化铝膏、鸡蛋清，再用牛奶灌注；若误服强碱，也应先饮大量水，然后服用醋酸、果汁、鸡蛋清，再用牛奶灌注；若是其他刺激性毒物，应立即服用肥皂液、蓖麻油，或服用一杯含 5～10mL 硫酸铜溶液（5％）的温水，并用手指伸入咽喉部，以促使呕吐，然后立即送医院治疗。

（3）强酸或碱溅到皮肤上　酸或碱溅到皮肤上应立即用大量水冲洗，再用饱和碳酸氢钠溶液（或 2％醋酸溶液）冲洗，然后用水冲洗，最后涂敷氧化锌软膏（或硼酸软膏）。

（4）强酸或碱溅入眼中　酸或碱溅入眼中应立即用大量水冲洗，再用 20g/L 硼砂溶液（或 30g/L 硼酸溶液）冲洗眼睛，再用水冲洗。

（5）烫伤　轻轻的烫伤或烧伤，可用 90％～95％的酒精轻拭伤处，或用稀高锰酸钾溶液擦洗伤处，然后涂凡士林或烫伤油膏，切不可用水冲洗；若伤势较重，用消毒纱布小心包扎后，及时送医院治疗。

（6）火灾　一旦发生火灾，应首先切断电源，移走易燃物，然后根据起火原因及火势采取适当的灭火方法。火势不大时，若是瓶内反应物着火，用石棉布盖住瓶口，火即熄灭；若是地面或桌面着火，可用湿的抹布或砂子灭火；若是衣服着火，立即就近卧倒，在地上滚动灭火，同时用水冲淋将火熄灭，切忌惊慌失措、四处奔跑，否则会加强气流流向燃烧着的衣服，使火焰加大；若火势较大，可选用适当的灭火器灭火。

（7）触电　不慎触电时，要立即切断电源。必要时进行人工呼吸。

（8）电线起火　当电线起火时须立即关闭总电闸，切断电流。再用四氯化碳灭火器熄灭已燃烧的电线，不可用水或泡沫灭火器熄灭燃烧的电线。

三、有机化学实验文献资料简介

文献资料是有机化学实验的工具之一，通过文献的查阅可以了解有机化合物的性质、所需实验项目的历史情况及目前国内外发展水平等信息，为有机化学实验项目方案的设计或选择提供依据。学会查阅化学文献是每一个化学实验人员的基本功。一般文献查阅有两个途径，一是利用网络资源（即电子版文献），二是利用图书资源，前者是目前应用最广泛的途径。下面介绍几种有关有机化学的常用文献。

1. 工具书

（1）化工辞典　该书为综合性化工工具书，列出了许多有机化合物的分子式、结构式、理化性质及相关数据、制备方法简介和主要用途。

（2）精细有机化工原料及中间体手册　该书是一种系统的大型化工专业技术工具书，搜集了有机化工原料及中间体达 3000 个品种。每个品种内容包括名称、性质、生产工艺、用途及生产厂家五部分。其中"性质"中主要品种还包括质量指标及毒性；"生产工艺"中注意搜集国内外发展的新工艺、新技术，还包括某些主要品种的消耗定额。

（3）实用精细有机合成手册 该书搜集了 600 余种有机化合物的合成方法，对每个品种介绍了基本性状、重要理化常数、合成反应、制备方法的基本原理、工艺条件、仪器设备及收率等内容。并对合成中出现的问题及操作有关注意事项用附注的形式加以说明。

（4）有机化合物系统鉴定手册 该手册主要内容有未知物的鉴定、物理性质、混合物分离、有机化合物的溶解度、核磁共振波谱法、红外光谱法、质谱法、官能团的化学测试、衍生物的制备等，并对有机定性分析中几种重要的化学文献进行了简要介绍。

2. 期刊与文摘

与有机化学联系密切的主要期刊有《有机化学》、《精细化工》、《化学世界》、《化工进展》、《应用化学》、《化学学报》等，从这些文献中可以查阅化学与化工领域的科研技术、应用成果、相关领域的发展现状及前景。

文摘给我们提供发表在期刊、杂志、综述、专利和著作中原始论文的简明摘要。美国《化学文摘》，即 Chemical Abstracts，简称 CA，是世界最大的化学文摘库。也是目前世界上应用最广泛，最为重要的化学、化工及相关学科的检索工具。它每年发表 50 多万条引自 152 个国家的期刊、论文、专利、会议记录和图书中的原始论文摘要，每周出版一期，每 6 个月汇集成一卷。目前每 5 年出版一套 5 年累积索引。这些期刊与文摘在科学研究和应用之间起着重要的桥梁作用，是我们从事化学教育与研究人员不可缺少的重要文献。

第二节 常用玻璃仪器

一、常用玻璃仪器

玻璃仪器依据耐热性可分为不耐温和耐温仪器。如漏斗、量筒、吸滤瓶、干燥器等为不耐温仪器，而烧瓶、烧杯、冷凝管等为耐温仪器（它们可在温度变化较大的情况下使用）。

常用玻璃仪器还可分为普通仪器和标准磨口仪器两种。标准磨口仪器中相同编号的口径一致，可以相互连接，使用时既省时方便又安全严密，因此它将逐渐代替同类普通仪器。标准磨口仪器的口径一般有 10、12、14、19、24、29、34 等不同的编号。常用玻璃仪器的相关内容见表 16-1。

表 16-1 有机实验常用玻璃仪器

仪器图示	规格及表示方法	一般用途	使用注意
 烧杯	有刻度、无刻度等几种。规格以容积（mL）表示	配制溶液或溶解固体；也可作反应器、水浴加热	加热前先将外壁水擦干，放在石棉网上；反应液体不超过容积的 2/3，加热液体不超过容积的 1/3
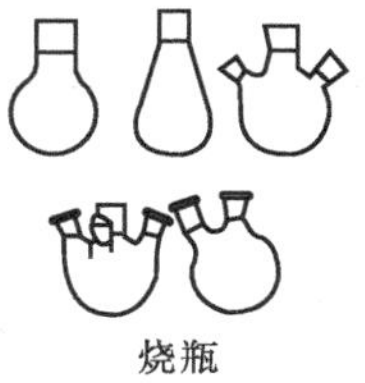 烧瓶	有平底、圆底；长颈、短颈；细口、磨口；单口、双口、三口、多口等种类	用作反应器；作蒸馏容器，圆底的耐压，平底的不耐压不能用作减压蒸馏；多颈的可装配温度计、搅拌器、加料管或通过蒸馏头与冷凝管连接	盛放的反应物料或液体不超过容积的 2/3，也不宜太少；加热要固定在铁架台上，预先将外壁擦干，下垫石棉网；圆底烧瓶放在桌面时下面要有木环或石棉环，以免翻滚损坏

续表

仪器图示	规格及表示方法	一般用途	使用注意
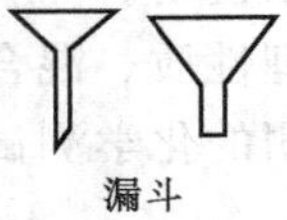 漏斗	有短颈、长颈、粗颈、等种类。规格以斗颈（mm）表示	用于过滤、加料；长颈漏斗常用于装配气体发生器，作加液用	不能用火加热，过滤的液体也不能太热；过滤时漏斗颈尖端要紧贴承接容器的内壁；长颈漏斗在气体发生器中作加液用时颈尖端应插入液面以下
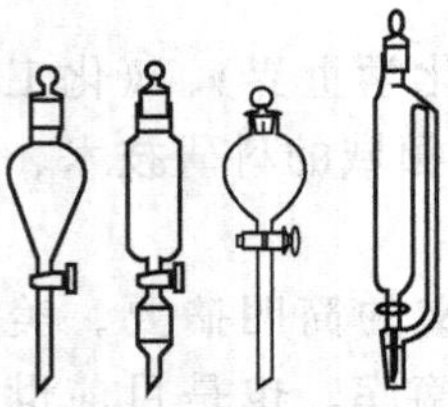 分液、滴液漏斗	形状有锥形、筒形、梨形；可分为普通和恒压等。规格以容积（mL）表示	两相液体分离；液体洗涤和萃取富集；作制备反应中液体的分批加料、加液器	不能用火加热；漏斗活塞不能互换；用作萃取时，振荡初期应放气数次，分液时，上口塞要接通大气
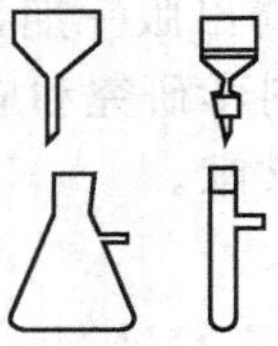 布氏漏斗、吸滤瓶、吸滤管	布氏漏斗有瓷制或玻璃制品，规格以直径（cm）表示。吸滤瓶以容积（mL）表示大小。吸滤管以直径×管长（mm）表示规格。磨口以容积表示大小	连接到水泵或真空系统中进行结晶或沉淀的减压过滤	不能用火加热；不能骤冷骤热；漏斗和吸滤瓶大小要配套；滤纸直径要略小于漏斗内径；过滤前，先抽气，结束时，先断开抽气管和滤瓶连接处，再停抽气，以防液体倒吸
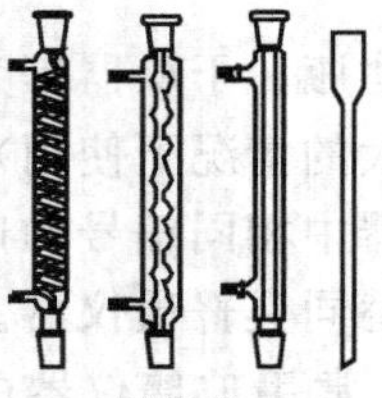 冷凝管	有蛇形、球形、直形、空气冷凝管等多种。规格以外套管长（cm）表示	球形和蛇形的冷却面积大，适宜加热回流时用；直形的不易积液，适宜蒸馏冷却时用；沸点高于140℃的液体蒸馏，可用空气冷凝管	下支管进水，上支管出水。开始进水缓慢，水流不能太大
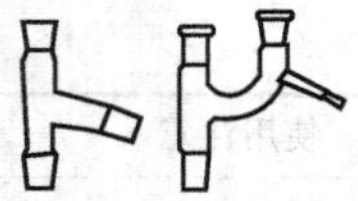 蒸馏头、克氏蒸馏头	标准磨口仪器	用于蒸馏，与温度计、烧瓶、冷凝管连接	磨口处要洁净；减压蒸馏时，要选用克氏蒸馏头，并在各连接口上涂真空油脂
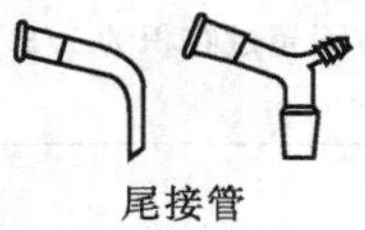 尾接管	标准磨口仪器，分单尾和多尾两种	承接蒸馏出来的冷凝液体。蒸馏有毒物质时，其支管可接吸收装置	磨口处要洁净；减压蒸馏时，在各连接口上涂真空油脂

二、玻璃仪器的洗涤

在有机化学实验中，仪器洗涤是否符合要求，对实验结果有直接的影响。实验要求不同，仪器不同，污物的性质和沾污的程度不同，采用的洗涤剂与洗涤方法也不同。一般玻璃仪器的洗涤主要有以下要求。

（1）用水刷洗　使用适于各种形状仪器的毛刷，如试管刷、瓶刷、滴定管刷等。首先用毛刷蘸水刷洗仪器，用水冲去可溶性物质及刷去表面黏附的灰尘。

（2）用洗涤剂洗　最常用的洗涤剂是洗衣粉、去污粉、洗液、有机溶剂等。洗衣粉和去污粉，用于可以用刷子直接刷洗的仪器，如烧杯、锥形瓶、试剂瓶等。

（3）用洗液洗　一般不便用刷子洗刷的仪器用洗液洗，如滴定管、移液管、容量瓶、蒸馏器等特殊形状的仪器，也用于仪器上用洗涤剂和刷子刷不掉的污垢的洗涤。其原理是利用洗液（如铬酸洗液）本身与污物起化学反应的作用，将污物去除。因此需要浸泡一定的时间使其充分作用。

（4）用有机溶剂洗　该方法是针对污物属于某种类型的油腻性，而借助有机溶剂能溶解油脂的作用洗除，或借助某些有机溶剂能与水混合而又挥发快的特殊性，冲洗一下带水的仪器将水洗去。如甲苯、汽油等可以洗油垢，酒精、乙醚、丙酮可以冲洗刚洗净而带水的仪器。

用洗涤剂、洗液洗后的仪器，需先用自来水冲洗干净，再用少量蒸馏水洗 $2\sim3$ 次，以仪器倒置时，水流出后，器壁不挂小水珠为准。

三、玻璃仪器的干燥

用于有机化学实验的仪器很多是要求干燥的，仪器洗净后，应根据不同要求对仪器进行干燥。常用的干燥方法有以下几种。

（1）晾干　一般不急用的仪器用蒸馏水洗后，在无尘处倒置自然晾干。

（2）烘干　洗净的仪器控去水分，放在电烘箱中烘干，烘箱温度为 $105\sim120℃$ 烘 $1h$ 左右。也可放在红外灯干燥箱中烘干，此法适用于一般仪器。称量用的称量瓶等烘干后要放在干燥器中冷却和保存；带实心玻璃塞的及厚壁仪器烘干时要注意慢慢升温并且温度不可过高，以免烘裂；量器不可放入烘箱中烘。

硬质试管可用酒精灯烘干，要从底部烘起，把试管口向下，以免水珠倒流把试管炸裂，烘到无水珠时，把试管口向上赶净水汽。

（3）热（冷）风吹干　急需用的干燥仪器或不适合放入烘箱的较大的仪器可用吹干的办法，先将仪器中的水分控去，然后用吹风机吹。开始用冷风吹 $1\sim2min$，后吹入热风至完全干燥，再用冷风吹残余的蒸汽，使其不再冷凝在容器内。

第三节　有机化合物的制备技术

一、概述

1. 制备有机化合物的步骤和方法

有机化合物的制备是由反应物料经一步或几步化学反应转变为目标产物的过程；或者从天然产物中提取某一组分以及对天然物质进行处理的过程。

制备有机化合物的一般程序是：首先要确定合理的制备路线，再根据反应特点选择反应装置，根据产物的性质选择分离纯化的方法，最后按既定方案进行实验，完成有机物的制备。

制备一种有机化合物可能有多种制备路线，从中选择一条合理的制备路线，需要综合考虑各方面的因素。比较理想的制备路线应满足下列条件：

① 原料资源丰富，便宜易得，生产成本低；

② 副反应少，产物易纯化，总收率高；

③ 反应步骤少，时间短，反应条件温和，实验设备简单，操作安全方便；

④ 不产生公害，不污染环境，副产品可综合利用。

此外，要减少制备过程中所需要的酸、碱、有机溶剂等辅助试剂的用量并确保回收利用，减少产品在分离纯化过程中的损失，提高实验产率。

2. 实验产率的计算与讨论

完成有机化合物的制备后，应计算实验产率。实验产率是指产品的实际产量与理论产量的比值。

$$产率(\%) = \frac{实际产量}{理论产量} \times 100\%$$

其中的理论产量是根据化学反应式，按原料完全转化计算出来的产量。若反应物有两种或两种以上时，应以不过量的反应物用量为基准来计算理论产量。

二、液体和固体物质的制备

制备液体或固体物质，应根据物质的性质确定制备反应、选择适宜的仪器和装置及分离纯化方法。

1. 回流和回流装置

有机化学反应速率一般较慢，需要加热。为防止反应物料或溶剂在加热过程中挥发损失，避免易燃、易爆、有毒的物质逸散，常采用回流操作。回流是指沸腾液体的蒸气经冷凝管又流回原容器中的过程。

（1）回流装置　回流装置主要由反应容器和冷凝管组成。反应容器可选用适当规格的圆底烧瓶、三口烧瓶或锥形瓶；冷凝管多采用球形冷凝管。若被加热物质的沸点高于140℃时，应改用空气冷凝管；若被加热的物质沸点很低或其中有毒性较大的物质时，则应选用蛇形冷凝管。

实验中，根据反应的需要，常在反应容器上安装其他的仪器，从而构成不同类型的回流装置。几种常用的回流装置见图16-1所示。

在通常情况下一般采用图16-1（a）所示的普通回流装置。若反应中有水溶性气体，尤其是有毒气体产生，例如1-溴丁烷的制备实验，则采用图16-1（b）所示的带有气体吸收的回流装置。使用这种装置切记：吸收部分的导气管不能完全浸入吸收液中，停止加热前要先脱离吸收液，以防倒吸。若利用格氏试剂制备有机化合物时，由于水汽的存在会影响反应的正常进行，因此要防止空气中的水汽进入反应体系，应采用图16-1（c）所示的带有干燥管的回流装置。注意干燥管内不要填装粉末状干燥剂，以防体系被封闭。可以在管底塞上一些脱脂棉或玻璃丝，再填装颗粒状或块状干燥剂，但不能装得太实。对于有水生成的可逆反应体系，例如利用酯化反应制备酯的实验，为了不断除去生成的水，以使平衡向生成物方向移动，从而提高实验产率，应采用图16-1（d）所示带有分水器的回流装置。

当反应属于非均相反应时，在回流装置上需要装配搅拌［见图16-2（a）］，若某一原料

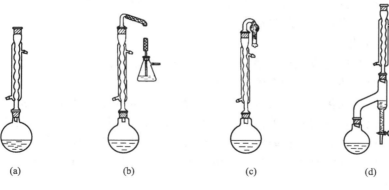

图 16-1　回流装置

又需分批逐滴加入时，在回流装置上需要装配恒压滴液漏斗［见图 16-2（b）］。一些常用搅拌回流装置如图 16-2 所示。

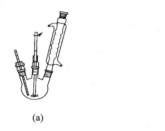

图 16-2　搅拌回流装置

（2）回流操作要点

① 组装仪器　首先根据反应物料量选择适当规格的反应容器，以物料量占反应器容积的 1/3～2/3 为宜（若反应中有大量气体或泡沫产生，应选择稍大些的反应容器），再根据反应的需要选择适当的加热方式（如水浴、油浴、电热套和电炉直接加热等），然后按由下至上的原则依次安装所有仪器。各仪器的连接部位要紧密，冷凝管上口必须与大气相通。整套装置安装要规范、美观。

② 加入物料　一般将反应物料事先加到反应容器中，再按顺序组装仪器。若用三口烧瓶作反应器，物料可从一侧口加入。不要忘记加沸石，若用带搅拌器的装置，不需加沸石。

③ 加热回流　检查装置气密性后，先通冷凝水，再开始加热。加热时逐渐调节热源，使温度缓慢上升至反应液沸腾或达到要求的反应温度，然后控制回流速度，使液体蒸气浸润面不超过球形冷凝管下端的 1 个半球（或冷凝管有效冷却长度的 1/3）。冷凝水的流量应保持蒸气得到充分冷凝。

④ 停止回流　回流结束时，先停止加热，待冷凝管中没有蒸气后再停冷凝水。

2. 分馏装置

当制备化学稳定性较差、受热容易分解或氧化的有机化合物时，常采用逐渐加入某一反应物，同时通过分馏柱将产物不断地从反应体系中分离出来的分馏装置（见图 16-3）。如由醇制备醛时用该装置。

图 16-3　用于制备的分馏装置

对于某些可逆反应，也常采用分馏装置。利用分馏的方法将沸点较低的某一生成物及时蒸出来，从而提高产率。如由醇制备溴乙烷时常采用分馏装置。

3. 粗产物的纯化

通过化学反应制得的有机化合物，往往是与未转化的原料、溶剂和副产物混杂在一起的。要得到纯度较高的产品，就需要进一步纯化。

（1）液体粗产物纯化　对于液体粗产物一般采用萃取洗涤和蒸馏的方法进行纯化。萃取洗涤适合将反应混合物中的酸碱催化剂、无机盐、酸性、碱性或可溶性杂质除去；利用蒸馏可以回收溶剂或根据产品的沸程截取馏分。蒸馏前一般要对液体有机物进行干燥，以防微量的水与有机物形成共沸物而掺杂在馏出液中。干燥方法是选用适当的干燥剂通过吸附或与水反应而将水除去。

常用的干燥剂有无水氯化钙、硫酸钠和硫酸镁，其原理是与水形成水合物，从而将水吸附除去，但吸附是可逆过程，因此加热蒸馏前需将干燥剂过滤除尽。

液体有机物的干燥通常在锥形瓶中进行。将含微量水分的液体倒入干燥的标准磨口锥形瓶中，加入颗粒大小合适、适量（一般每10mL液体加0.5～1g干燥剂）的干燥剂，盖紧瓶塞，轻轻振摇1～2min后静置观察。若发现液体浑浊或干燥剂粘在瓶壁上，应适当补加干燥剂并振摇，直至静置后液体澄清。然后放置30min或放置过夜。

（2）固体粗产物纯化　对于固体粗产物可用沉淀分离、重结晶或升华等方法进行纯化。沉淀分离是一种化学方法，即用合适的化学试剂将产物中的可溶性杂质转变为难溶性物质，再经过滤除去。所用试剂应能与杂质生成溶解度很小的沉淀，且自身过量时容易除去。重结晶法利用产物与杂质在某种溶剂中的溶解度不同而将它们分离开来，一般适合杂质含量在5％以下的固体混合物。升华法则用于提纯具有较高蒸气压，且与杂质蒸气压差别显著的固体物质。尤其适合纯化易潮解及易与溶剂发生离解作用的固体有机物。

第四节　混合物的分离纯化技术

无论是通过化学方法制备，还是从天然产物中提取的物质往往都是混合物，需要选用适当的方法加以分离和纯化。实训室中常用的分离混合物的方法有结晶、重结晶、蒸馏、分馏、萃取、升华以及沉淀分离等。

一、结晶、重结晶、过滤

1. 结晶

结晶是指溶液达到过饱和后，晶体从溶液中析出的过程。对于溶解度随温度变化不大的物质，通常采用恒温加热蒸发，减少溶剂，使溶液达到过饱和而析出晶体；对于溶解度随温度变化较大的物质，可减小蒸发量，甚至不经蒸发，通过降温使溶液达到过饱和而使结晶完全析出。

从溶液中析出晶体的纯度与晶体颗粒的大小有关。小颗粒生成速度较快，晶体内不易裹入母液或其他杂质，但因表面积较大，吸附在表面上的杂质较多，从而影响纯度。大颗粒生长速度较慢，晶体内容易带入杂质，也会影响纯度。此外，颗粒过细或参差不齐的晶体容易形成稠厚的糊状物，不便过滤和洗涤。

晶体颗粒的形成与结晶条件有关。当溶液浓度较大、溶质溶解度较小、冷却速度较快或结晶过程中剧烈搅拌时，易析出细小的晶体；反之，则易得到较大的晶体。适当控制结晶条件，就能得到颗粒均匀、大小适中的较为理想的晶体。

进行结晶操作时，如果溶液已经达到过饱和状态，却不出现结晶，可用玻璃棒摩擦容器内壁，或者投入少许同种物质的晶体作为"晶种"，以诱导的方式促使晶体析出。

2. 重结晶

依据晶体物质的溶解度一般随着温度的升高而增大的原理，将晶体物质溶解在热的溶剂中，制成饱和溶液，再将溶液冷却、重新析出结晶的过程叫做重结晶。重结晶法是利用被提纯物质与杂质在某种溶剂中的溶解度不同而将它们分离。这是提纯固体物质的重要方法，适用于提纯杂质含量在5％以下的固体物质。

（1）溶剂的选择　正确选择溶剂是重结晶的关键。可根据"相似相溶"原理，极性物质选择极性溶剂，非极性物质选择非极性溶剂。同时，选择的溶剂还必须具备下列条件：

① 不能与被提纯物质发生化学反应；

② 溶剂对被提纯物质的溶解度随温度的变化差异显著（温度较高时，被提纯物质在溶剂中的溶解度很大，而低温时，溶解度很小）；

③ 杂质在溶剂中的溶解度很小或很大（前者当被提纯物溶解时，可将其过滤除去；后者当被提纯物析出结晶时，杂质仍留在母液中）；

④ 溶剂的沸点较低，容易挥发，以便与被提纯物质分离；

⑤ 能析出晶形较好的结晶。

选择的溶剂除符合上述条件外，还应该具有价格便宜、毒性较小、回收容易和操作安全等优点。

重结晶所用的溶剂，一般可从实验文献资料中直接查找。也可以通过试验的方法来确定。实训室中常用的重结晶溶剂见表16-2。

表16-2　常用的重结晶溶剂

溶剂	沸点/℃	凝固点/℃	密度/(g/cm³)	水溶性	易燃性
水	100	0	1.0		—
甲醇	64.7	−97.8	0.79	∞	＋
95％乙醇	78.1	—	0.81	∞	＋
乙酸	118	16.1	1.05	∞	＋
丙酮	56.5	−94.6	0.79	∞	＋
乙醚	34.5	−116.2	0.71	—	＋
石油醚	35～65	—	0.63	—	＋
苯	80.1	5	0.88	—	＋
二氯甲烷	41	−97	1.34	—	
氯仿	61.2	−63.5	1.49	—	
四氯化碳	76.8	−22.8	1.59	—	

当使用单一溶剂效果不理想时，还可以使用混合溶剂。混合溶剂一般由两种能互溶的溶剂组成。其中一种易溶解被提纯物，而另一种则较难溶解被提纯物。常用的混合溶剂有：乙醇-水、乙酸-水、丙酮-水、乙醚-丙酮、乙醚-苯、石油醚-苯、石油醚-丙酮等。使用时可依据具体情况选择。

（2）重结晶的操作程序　重结晶的操作程序一般可表示如下：

$$\text{热溶解}\rightarrow\text{脱色}\rightarrow\text{热过滤}\rightarrow\genfrac{}{}{0pt}{}{\text{静置冷却}}{\text{析出结晶}}\rightarrow\text{抽滤}\rightarrow\text{干燥}$$

① 热溶解　在适当的容器中，用选好的溶剂将被提纯的物质制成接近饱和的热溶液。如果选用的是易挥发或易燃的溶剂，则热溶解应在水浴或在回流装置中进行。

② 脱色　若溶液中含有有色杂质，可待溶液稍冷后，加入适量活性炭，在搅拌下煮沸5~10min，利用活性炭的吸附作用将有色杂质除去。活性炭的用量一般为样品量的 1%~5%，不宜过多，否则会吸附样品，造成损失。

③ 热过滤　将经过脱色的溶液趁热在保温漏斗中过滤，除去活性炭及其他不溶性杂质。

④ 结晶　将滤液静置到室温，然后在冰-水或冰-盐水浴中充分冷却，使结晶析出完全。

⑤ 抽滤　用减压过滤装置将结晶与母液分离。结晶用少量冷的同一溶剂洗涤 2~3 次，再抽干。

⑥ 干燥　将抽干的固体产品小心地转移到洁净的表面皿上，经自然晾干或烘干即得精制产品，称量后保存。

（3）重结晶的操作注意事项

① 溶解样品时，若溶剂为低沸点易燃物质，应选择适当热浴并装配回流装置，严禁明火加热；若溶剂有毒性，应在通风橱内进行。

② 脱色时，切不可向正在加热的溶液中投入活性炭，以免引起暴沸。

③ 热过滤后所得滤液要自然冷却，不能骤冷和振摇，否则所得结晶过于细小，容易吸附较多杂质。

④ 使用有机溶剂进行重结晶后，应采用适当方法回收溶剂，以利节约。

3. 过滤

通过结晶或重结晶获得的晶体需采用过滤技术使其与母液分离。常用的过滤方法有普通过滤、保温过滤和减压过滤，在有机化学实验中常采用减压过滤。

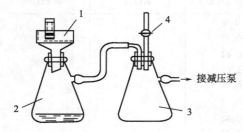

图 16-4　减压过滤装置
1—布氏漏斗；2—吸滤瓶；
3—缓冲瓶；4—二通旋塞

减压过滤又简称抽滤。采用抽滤，既可缩短过滤时间，又能使结晶与母液分离完全，易于干燥处理。

（1）减压过滤装置　减压过滤装置由布氏漏斗、吸滤瓶、缓冲瓶和减压泵四部分组成（见图 16-4）。

（2）减压过滤操作　减压过滤前，需检查整套装置的严密性，布氏漏斗下端的斜口要正对着吸滤瓶的侧管，放入布氏漏斗中的滤纸应剪成比漏斗内径略小一些的圆形，以能全部覆盖漏斗滤孔为宜。抽滤时，先关闭缓冲瓶上的二通旋塞，再用同种溶剂将滤纸润湿，打开减压泵将滤纸吸住，使其紧贴在布氏漏斗底面上，以防晶体从滤纸边缘被吸入瓶内。然后倾入待分离混合物，要使其均匀地分布在滤纸面上。母液抽干后，暂时停止抽气。用玻璃棒将晶体轻轻搅动松散（注意玻璃棒不可触及滤纸），加入少量冷溶剂浸润后，再抽干。如此洗涤晶体 2~3 次。

停止抽气时，应先打开缓冲瓶上二通旋塞（避免水倒吸），然后再关闭减压泵。

二、蒸馏和分馏

蒸馏和分馏是分离、提纯液体有机化合物最常用的方法之一，根据有机化合物的性质可选用常压蒸馏、减压蒸馏、水蒸气蒸馏和简单分馏等操作技术。

1. 常压蒸馏

（1）基本原理及意义　在常压下将液体物质加热至沸腾，使之汽化，然后将蒸气冷凝为液体并收集到另一容器中，这两个过程的联合操作叫做常压蒸馏，通常简称为蒸馏。

当液体混合物沸腾时，液体上面的蒸气组成与液体混合物的组成是不一样的，由于低沸点物质比高沸点物质容易汽化，在开始沸腾时，蒸气中主要含有低沸点组分，可以先蒸馏出来。随着低沸点组分的蒸出，混合液中高沸点组分的比例增大，致使混合物的温度也随之升高，当温度升至相对稳定时，再收集馏出液，即得高沸点组分。这样沸点低的物质先蒸出，沸点高的随后蒸出，不挥发的留在容器中，从而达到分离和提纯的目的。显然，通过蒸馏可以将易挥发和难挥发的物质分离开来，也可将沸点不同的物质进行分离。但各物质的沸点必须相差较大（一般在30℃以上），才可以得到较好的分离效果。

纯净的液体有机化合物在蒸馏过程中温度基本恒定，沸程很小，因此利用这一点可以测定有机化合物的沸点。用蒸馏法测定沸点叫做常量法。

在实际中，通常采用蒸馏法测定有机化合物的沸程。沸程是指在规定条件下（101.325kPa，0℃），对规定体积（一般为100mL）的试样进行蒸馏，第一滴馏出液从冷凝管末端滴下的瞬间温度（称为初馏温度）至蒸馏烧瓶最后一滴液体蒸发的瞬间温度（称为末馏温度）的间隔。纯化合物的沸程很小，一般为0.5~1℃，若含有杂质则沸程增大，因此可以根据沸程判断有机物的纯度。值得注意的是，某些两种或两种以上的有机化合物以固定组成恒沸混合物，沸程也很小，但不是纯物质。

（2）蒸馏装置　常压普通蒸馏装置如图16-5所示。主要包括汽化、冷凝和接收三部分。

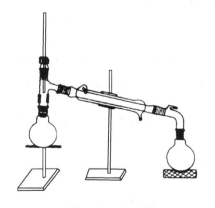
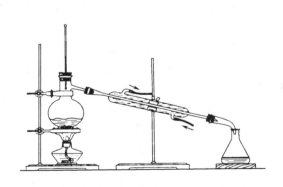

(a) 标准磨口玻璃仪器蒸馏装置　　　　　　　　　(b) 普通玻璃仪器蒸馏装置

图 16-5　普通蒸馏装置

① 汽化部分　由圆底烧瓶和蒸馏头（或用蒸馏烧瓶代替）、温度计组成。液体在烧瓶中受热汽化，蒸气从侧管进入冷凝管中。选择烧瓶规格时，以被蒸馏物的体积不超过其容量的2/3，不少于1/3为宜。

② 冷凝部分　由冷凝管组成。蒸气进入冷凝管的内管时，被外层套管中的冷水冷凝为

液体。当所蒸馏液体的沸点高于140℃时，应采用空气冷凝管（见图16-6）。

③ 接收部分　由尾接管和接收器（常用圆底烧瓶或锥形瓶）组成。冷凝的液体经尾接管收集到接收器中。如果蒸馏所得的物质为易燃或有毒物质时，应在尾接管的支管上接一根橡胶管与吸收装置连接；若为低沸点物质，还要将接收器放在冷水浴或冰水浴中冷却（见图16-7）。

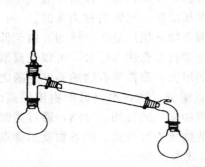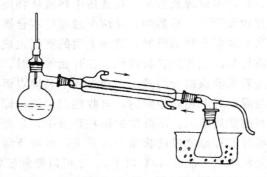

图16-6　高沸点蒸馏装置　　　　图16-7　低沸点、易燃或有毒物质的蒸馏装置

（3）蒸馏操作　蒸馏操作可按下列程序进行。

① 安装仪器　根据被蒸馏物的性质选择适当的蒸馏装置进行安装。例如，安装普通蒸馏装置时，先根据被蒸馏物的性质选择合适的热源。一般沸点低于80℃选用水浴，高于80℃使用油浴或电热套。再以选好的热源高度为基准，用铁夹将烧瓶固定在铁架台上，然后由下至上，从左往右（一般应遵循电器靠近电源）依次安装蒸馏头、温度计、冷凝管和接收器。

安装温度计时，应注意使水银球的上端与蒸馏头侧管的下沿处在同一水平线上［见图16-8（a）］。这样，蒸馏时水银球能被蒸气完全包围，温度计显示的才是汽液平衡温度。

在组装蒸馏头与冷凝管时，要调节角度，使冷凝管和蒸馏头侧管的中心线成一条直线［见图16-8（b）］。若采用水冷凝管，冷凝水应从下口进入，上口流出，并使上端的出水口朝上，以使冷凝管套管中充满水，保证冷凝效果。若尾接管不带支管，切不可与接收器密封，应与外界大气相通，以防系统内部压力过大而引起爆炸。整套装置要求横平竖直、稳固、美观。

② 加入物料　于蒸馏头上口放一长颈玻璃漏斗，通过漏斗将待蒸馏液体倒入烧瓶中，加入1～2粒沸石防止暴沸，再装好温度计。

③ 通冷凝水　检查装置的气密性和与大气相通处是否畅通后，打开水龙头，缓缓通入冷凝水。

④ 加热蒸馏　开始先用小火加热，逐渐增大加热强度，使液体沸腾。然后调节热源，控制蒸馏速度，以每秒馏出1～2滴为宜。

⑤ 观察沸点，收集馏分　记下第一滴馏出液滴入接收器时的温度。如果所蒸馏的液体中含有低沸点的前馏分，待前馏分蒸完，温度趋于稳定后，应更换接收器，收集所需要的馏分，并记录所需要的馏分开始馏出和最后一滴馏出时的温度，即为该馏分的沸程。

⑥ 停止蒸馏　如果维持原来的加热温度，不再有馏出液蒸出时，温度会突然下降，这时应停止蒸馏。即使杂质含量很少，绝对不可蒸干，以免烧瓶炸裂。

（4）操作注意事项

① 安装蒸馏装置时，各仪器之间连接要紧密，但接收部分一定要与大气相通，绝不能造成密闭体系。

(a) 温度计的位置

② 多数液体加热时，常发生过热现象，即在液体已经加热到或超过了其沸点温度，仍不沸腾。当继续加热时，液体会突然暴沸，冲出瓶外，甚至造成火灾！为了防止这种情况的发生，需要在加热前加入几粒沸石。沸石表面有许多微孔，能吸附空气，加热时这些空气可以成为液体的汽化中心，避免液体暴沸。若事先忘记加沸石，绝不能在接近沸腾的液体中直接加入，应停止加热，待液体稍冷后再补加。若因故中断蒸馏，则原有的沸石即行失效，因而每次重新加热前，都应补加沸石。

③ 蒸馏过程中，加热温度不能太高，否则会使蒸气过热，水银球上的液珠消失，导致所测沸点偏高；温度也不能太低，以免水银球不能充分被蒸气包围，致使所测沸点偏低。

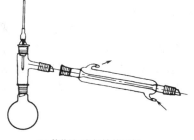

(b) 烧瓶与冷凝管的连接

图 16-8　仪器组装示意图

④ 结束蒸馏时，应先停止加热，稍冷后再关冷凝水。拆卸蒸馏装置的顺序与安装顺序相反。

2. 减压蒸馏（操作略）

物质的沸点是随外界压力的降低而降低的。一般当外界压力降至 2.7kPa 时，其沸点可比常压下降低 100～120℃。许多高沸点有机物在未达到其沸点之前易发生分解、氧化或聚合等反应，无法采用常压蒸馏分离提纯，因此可采用减压蒸馏。

利用这一性质，降低系统压力，可使液体在低于正常沸点的温度下被蒸馏出来。这种在较低压力下进行的蒸馏叫做减压蒸馏（又称真空蒸馏）。

3. 水蒸气蒸馏

（1）基本原理及应用范围　水蒸气蒸馏是分离和提纯具有一定挥发性的有机化合物的重要方法之一。将水蒸气通入有机物中，或将水与有机物一起加热，使有机物与水共沸而蒸出的操作叫做水蒸气蒸馏。

因两种互不相溶的液体混合物的蒸气压，等于两种液体单独存在时的蒸气压之和。所以当混合物的蒸气压等于大气压力时，就开始沸腾。显然，这一沸腾温度要比两种液体单独存在时的沸腾温度低。因此，在不溶于水的易挥发有机物中，通入水蒸气，进行水蒸气蒸馏，可在低于 100℃ 的温度下，将有机物蒸馏出来。

水蒸气蒸馏常用于下列情况：

① 在常压下蒸馏，有机物会发生氧化或分解；

② 混合物中含有焦油状物质，用通常的蒸馏或萃取等方法难以分离；

③ 液体产物被混合物中较大量的固体所吸附或要求除去挥发性杂质。

利用水蒸气蒸馏进行分离提纯的有机化合物必须是不溶于水、与水长时间共热不发生化学反应、在 100℃ 左右具有一定蒸气压的物质。

（2）水蒸气蒸馏装置　水蒸气蒸馏装置如图 16-9 所示。主要包括水蒸气发生器、蒸馏、冷凝及接收四部分。

① 水蒸气发生器　一般为金属制品，也可用1000mL圆底烧瓶代替（见图16-9）。通常加水量以不超过其容积的2/3为宜。在发生器上口插入一支长约1m，直径约为5mm的玻璃管并使其接近底部，作安全管用。当容器内压力增大时，水就沿安全管上升，从而调节内压。

水蒸气发生器的蒸气导出管经T形管与伸入烧瓶内的蒸气导入管连接，T形管的支管套有一短橡胶管并配有螺旋夹。它的作用是可随时排除在此冷凝下来的积水、调节内压、防止倒吸、切断气源。

② 蒸馏部分　蒸馏瓶一般采用三口烧瓶（见图16-9）。蒸馏瓶也可用带有双孔塞的长颈圆底烧瓶，其中一孔插入蒸气导入管，末端接近瓶底；另一端插入蒸气导出管（管口露出5～10mm）与冷凝管相连，烧瓶向水蒸气发生器倾斜45°角，以防飞溅的液体泡沫冲入冷凝管中（见图16-9）。冷凝和接收部分与普通蒸馏相同。

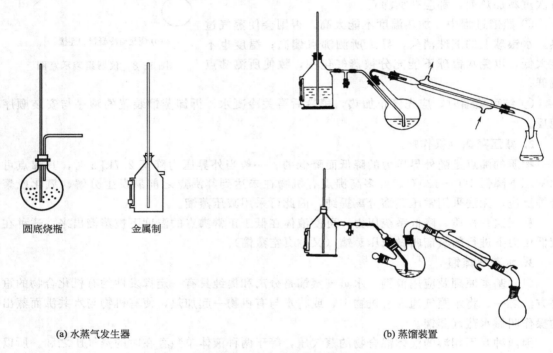

(a) 水蒸气发生器　　　　　　　　　　　　　　　　　(b) 蒸馏装置

图16-9　水蒸气蒸馏装置

（3）水蒸气蒸馏操作　水蒸气蒸馏的操作程序如下。

① 加入物料　将待蒸馏的物料加入三口烧瓶（或长颈圆底烧瓶）中，物料量不能超过其容积的1/3。

② 安装仪器　安装水蒸气蒸馏装置。

③ 加热产生水蒸气　检查整套装置的气密性后，先开通冷凝水并打开T形管的螺旋夹，再开始加热水蒸气发生器，直至沸腾。

④ 蒸馏　当T形管处有较大量气体冲出时，立即旋紧螺旋夹，蒸气便进入烧瓶中。这时可看到瓶中的混合物不断翻腾，表明水蒸气蒸馏开始进行。适当调节蒸气量，控制馏出速度为每秒1～2滴。

⑤ 停止蒸馏　当馏出液无油珠并澄清透明时，便可停止蒸馏。这时应先打开螺旋夹，

切断气源，然后停止加热，稍冷却后，再关闭冷凝水。

（4）操作注意事项

① 用烧瓶作水蒸气发生器时，不要忘记加沸石。

② 蒸馏过程中，若发现有过多的蒸汽在烧瓶内冷凝，可在烧瓶下面用酒精灯隔石棉网适当加热。以防液体量过多冲出烧瓶进入冷凝管中。还应随时观察安全管内水位是否正常，烧瓶内液体有无倒吸现象。一旦有类似情况发生，立即打开螺旋夹，停止加热，查找原因。排除故障后，才能继续蒸馏。

③ 加热烧瓶时要密切注视瓶内混合物的溅跳现象，如果溅跳剧烈，则应暂停加热，以免发生意外。

4. 简单分馏

（1）基本原理及意义 蒸馏法适于分离沸点差＞30℃的液体混合物。而对于沸点差＜30℃的液体混合物的分离，需采用分馏的方法。这种方法在实训室和工业上广泛应用。工业上将分馏称为精馏，目前最精密的精馏设备可将沸点相差仅1～2℃的液体混合物较好地分离开。实训室通常采用分馏柱进行分馏，称为简单分馏。

简单分馏是利用分馏柱经多次汽化、冷凝，实现多次蒸馏的过程，因此又叫做多级蒸馏。当液体混合物受热汽化后，其混合蒸气进入分馏柱，在上升过程中，由于受到柱外空气的冷却作用，高沸点组分被冷凝成液体流回烧瓶中，使柱内上升的蒸气中低沸点组分含量相对增大；冷凝液在流回烧瓶的途中与上升的蒸气相遇，二者进行热交换，上升蒸气中的高沸点组分又被冷凝，低沸点组分蒸气则继续上升，经过在柱内反复多次的汽化、冷凝，最终使上升到分馏柱顶部的蒸气接近于纯的低沸点组分，而冷凝流回的液体则接近于纯的高沸点组分，从而达到分离的目的。

（2）简单分馏装置 简单分馏装置与普通蒸馏装置基本相同，只是在圆底烧瓶与蒸馏头之间安装一支分馏柱，如图16-10所示。

分馏柱的种类很多，实训室中常用的有填充式分馏柱和刺形分馏柱（又叫韦氏分馏柱）。填充式分馏柱内装有玻璃球、钢丝棉或陶瓷环等，可增加气液接触面积，分馏效果较好；刺形分馏柱是一根分馏管，中间一段每隔一定距离向内伸入三根向下倾斜的刺状物，在柱中相交，以增加气液接触面积。刺形分馏柱结构简单，黏附液体少，分馏效果较填充式低。但分馏柱效率与柱的高度、绝热性和填料类型有关。柱身越高，绝热性越好，填料越紧密均匀，分馏效果就越好，但柱身越高，操作时间也相应延长，因此选择的高度要适当。

图16-10 简单分馏装置

（3）简单分馏操作 简单分馏操作的程序与蒸馏大致相同。将待分馏液倾入圆底烧瓶中，加1～2粒沸石。安装并仔细检查整套装置后，先开通冷凝水，再开始加热，缓缓升温，使蒸气10～15min后到达柱顶。调节热源，控制分馏速度，以馏出液每2～3秒一滴为宜。待低沸点组分蒸完后，温度会骤然下降，此时应更换接收器，继续升温，按要求接收不同温度范围的馏分。

（4）操作注意事项

① 待分馏的液体混合物不得从蒸馏头或分馏柱上口倾入。

② 为尽量减少柱内的热量损失，提高分馏效果，可在分馏柱外包裹石棉绳或玻璃棉等

保温材料。

③ 要随时注意调节热源，控制好分馏速度，保持适宜的温度梯度和合适的回流比。回流比是指单位时间内由柱顶冷凝回柱中液体的数量与馏出液的数量之比。回流比越大，分馏效果越好。但回流比过大，分离速度缓慢，分馏时间延长，因此应控制回流比适当为好。

④ 开始加热时，升温不能太快，否则蒸气上升过多，会出现"液泛"现象（即柱中冷凝的液体被上升的蒸气堵在柱内，而使分馏难以继续进行）。此时应暂时降温，待柱内液体流回烧瓶后，再继续缓慢升温进行分馏。

三、萃取与洗涤

萃取与洗涤是利用物质在不同溶剂中的溶解度不同而进行分离和提纯混合物的一种操作，萃取与洗涤的分离原理相同而目的不同。萃取是指从混合物中提取出所需要的物质，而洗涤是指从混合物中除去少量杂质。

1. 溶剂的选择

用于萃取的溶剂又叫萃取剂。常用的萃取剂为有机溶剂、水、稀酸溶液、稀碱溶液和浓硫酸等。实验中可根据具体需求加以选择。

（1）有机溶剂　苯、乙醇、乙醚和石油醚等有机溶剂可将混合物中的有机产物提取出来，也可除去某些产物中的有机杂质。

（2）水　水可用来提取混合物中的水溶性产物，又可用于洗去有机产物中的水溶性杂质。

（3）稀酸（或稀碱）溶液　稀酸或稀碱溶液常用于洗涤产物中的碱性或酸性杂质。

（4）浓硫酸　浓硫酸可用于除去产物中的醇、醚等少量有机杂质。

2. 液液萃取（或洗涤）

液体物质的萃取（或洗涤）常在分液漏斗中进行。分液漏斗的使用和萃取操作方法如下。

（1）分液漏斗的准备　将分液漏斗洗净后，取下旋塞，用滤纸吸干旋塞及旋塞孔道中的水分，在旋塞微孔的两侧涂上薄薄一层凡士林，小心将其插入孔道并旋转几周，至凡士林分布均匀呈透明为止。在旋塞细端伸出部分的圆槽内，套上一个橡胶圈，以防操作时旋塞脱落。然后关好旋塞，在分液漏斗中装上水，观察旋塞两端有无渗漏现象，再开启旋塞，看液体是否能通畅流下，最后盖上顶塞，用手指抵住，倒置漏斗，检查其严密性。在确保分液漏斗顶塞严密、旋塞关闭时严密、开启后畅通的情况下方可使用。

（2）萃取（或洗涤）操作　由分液漏斗上口倒入混合溶液与萃取剂，盖好顶塞。为使分液漏斗中的两种液体充分接触，用右手握住顶塞部位，左手持旋塞部位（旋柄朝上），将漏斗颈端向上倾斜约30°，并沿一个方向振摇（见图16-11）。振摇几下后，打开旋塞，排出因振摇而产生的气体（若漏斗中盛有挥发性的溶剂或用碳酸钠中和酸液时，更应特别注意排放气体）。反复振摇几次后，将分液漏斗放在铁圈中，打开顶塞（或使顶塞的凹槽对准漏斗上口颈部的小孔），使漏斗与大气相通，静置分层。

（3）分离操作　当两层液体界面清晰后，便可进行分离操作。先把分液漏斗下端靠在接收器的内壁上，再缓慢旋开旋塞，放出下层液体（见图16-12）。当液面间的界线接近旋塞处时，暂时关闭旋塞，将分液漏斗轻轻振摇一下，再静置片刻，使下层液聚集得多一些，然后打开旋塞，仔细放出下层液体。当液面间的界线移至旋塞孔的中心时，关闭旋塞。最后把漏斗中的上层液体从上口倒入另一个容器中。

图 16-11　萃取（或洗涤）操作

图 16-12　分离两相液体

（4）操作注意事项

① 分液漏斗中装入的液体量不得超过其容积的 1/2。若液体量过多，进行萃取操作时，不便振摇漏斗，两相液体难以充分接触，影响萃取效果。

② 在萃取碱性液体或振摇漏斗过于剧烈时，往往会使溶液发生乳化现象，有时两相液体的相对密度相差较小，或因一些轻质絮状沉淀夹杂在混合液中，致使两相界线不明显，造成分离困难。解决以上问题的办法是：a. 较长时间静置；b. 加入少量电解质，以增加水的相对密度，利用盐析作用，破坏乳化现象；c. 若因碱性物质而乳化，可加入少量稀酸来破坏；d. 也可以滴加数滴乙醇，改变其表面张力，促使两相分层；e. 当含有絮状沉淀时，可将两相液体进行过滤。

③ 分液漏斗使用完毕，应用水洗净，擦去旋塞和孔道中的凡士林，在顶塞和旋塞处垫上纸条，以防久置黏结。

3. 固液萃取

固体物质的萃取可以采用浸取法，即将固体物质浸泡在选好的溶剂中，其中的易溶成分被慢慢浸取出来。这种方法可在常温或低温条件下进行，适用于受热极易发生分解或变质物质的分离（如一些中草药有效成分的提取，即采用浸取法）。但这种方法消耗溶剂量大，时间较长，效率较低。在实训室中常采用脂肪提取器萃取固体物质。

脂肪提取器又叫索氏（Soxhlet）提取器，是利用溶剂回流和虹吸原理，使固体物质连续不断地为纯溶剂所萃取的仪器。脂肪提取装置如图 16-13 所示。主要由圆底烧瓶、提取器和冷凝管三部分组成。

使用时，先在圆底烧瓶中装入溶剂。将固体样品研细放入滤纸套筒内，封好上、下口，置于提取器中，按图 16-13 安装好装置后，对溶剂进行加热。溶剂受热沸腾时，蒸气通过蒸气上升管进入冷凝管内，被冷凝为液体，滴入提取器中，浸泡固体并萃取出部分物质，当溶剂液面超过虹吸管的最高点时，即虹吸流回烧瓶。这样循环往复，利用溶剂回流和虹吸作用，使固体中可溶物质富集到烧瓶中，然后再用适当方法除去溶剂，得到要提取的物质。

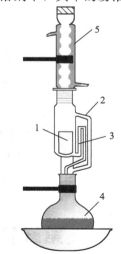

图 16-13　索氏提取器装置
1—滤纸套筒；2—蒸气上升管；
3—虹吸管；4—圆底烧瓶；
5—冷凝管

四、升华

有些固体物质具有较高的蒸气压。当对其进行加热时，可不经过液态直接变为气态，蒸气冷却后又直接凝结为固态，这个过程称为升华。

升华是提纯固体物质的一种重要方法。利用升华可以除去不挥发性杂质，还可分离不同挥发度的固体混合物。经过升华可以得到纯度较高的产品。

可用升华的方法进行纯化的固体物质必须具备下列条件：

其一，欲升华的固体在较低温度下具有较高的蒸气压；

其二，固体与杂质的蒸气压差异较大。

可见，用升华法提纯固体物质具有一定的局限性。此外，由于操作时间较长，损失也较大，通常仅用来提纯少量的固体物质。升华可在常压或减压条件下进行。

1. 常压升华

最简单的常压升华装置如图16-14所示。由蒸发皿、滤纸和玻璃漏斗组成。

进行升华操作时，先将固体干燥并研细，放入蒸发皿中。用一张刺满小孔的滤纸（孔刺朝上）覆盖蒸发皿，滤纸上倒扣一个与蒸发皿口径相当的玻璃漏斗，漏斗颈部塞上一团疏松的棉花，以防蒸气逸出。

用砂浴缓慢加热，将温度控制在固体的熔点以下，使其慢慢升华。蒸气穿过小孔遇冷后凝结为固体，黏附在滤纸或漏斗壁上。

升华结束后，用刮刀将产品从滤纸和漏斗壁上刮下，收集在干净的器皿中，即得纯净产品。

2. 减压升华

对于蒸气压较低或受热易分解的固体物质，一般采用减压升华。减压升华装置如图16-15所示。

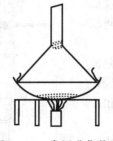

图16-14　常压升华装置

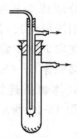

图16-15　减压升华装置

第五节　有机化合物物理常数的测定技术

物质的物理常数在一定条件下只与其本性有关，是其固有的特征常数。因此在有机化合物的分析检测中，可通过测定物理常数来检验有机物的纯度和鉴定有机物。本节主要介绍有机化合物的熔点及沸点的测定。

一、熔点及其测定

1. 熔点的测定原理及应用

熔点是指在一个大气压下，固液两相达到平衡时的温度。纯净的有机化合物一般都有固定的熔点，当固体物质被加热到一定温度时开始熔化，当固液两相达到平衡时温度基本上不再变化，此时对应的温度即为熔点。

固体物从开始熔化（初熔）到完全熔化（全熔）的温度范围称为熔程，纯净物的熔程一般很小（0.5～1℃），若含有杂质，熔点会降低，熔程会变长，利用这一特点可检验固体化合物的纯度。在鉴定未知物时，如果测得其熔点与某已知物的熔点相同或相近时，可将该已知物与未知物按不同比例混合（2～3个样），分别测熔点。若熔点相同，证明是同一种物质；若熔点降低，且熔程变长，则不是同一种物质。

2. 熔点测定法

（1）双浴式法 图16-16（a）为国家标准 GB 617—88《化学试剂熔点范围测定通用方法》中规定的熔点测定装置，即双浴式装置，主要用于权威性的鉴定，其特点是样品受热均匀，精确度较高。装置中各仪器的规格如下。

圆底烧瓶：容积 250mL，球部直径 80mm，颈长 20～30mm，口径约 30mm。

试管：长 100～110mm，口径约 20mm。

熔点管：由中性硬质玻璃制成的毛细管，一端熔封，内径 0.9～1.1mm，壁厚 0.10～0.15mm，长度 80～100mm。

测量温度计：单球内标式，分度值 0.1℃，量程适当。

辅助温度计：分度值为 1℃。

（2）提勒管法 图16-16（b）为目前实训室普遍使用的熔点测定装置，它是用一个玻璃制的叫做提勒管（又称 b 形管）的仪器，所以称为提勒管式装置。

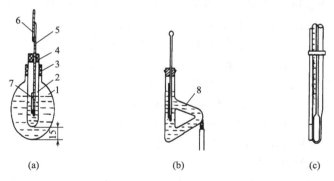

(a)　　　　　　　　(b)　　　　　　　　(c)

图 16-16　熔点测定装置

1—圆底烧瓶；2—试管；3,4—侧面开口胶塞；
5—测量温度计；6—辅助温度计；7—熔点管；8—提勒管

两种装置都需要用浴液作热导体，浴液的选择主要根据被测样品熔点的高低。若样品熔点在 140℃以下，可选液体石蜡或甘油；若样品熔点在 140～220℃之间，可选浓硫酸；若样品熔点超过 220℃，可选硅油或硫酸钾的浓硫酸饱和溶液。

（3）熔点仪法 随着高端精密测试仪器在有机物分析测试中的广泛应用，熔点仪法测药物的熔点也纳入药典中。近年来高端精密熔点仪的发展很快，下面以先进的 WRS-1A 型数

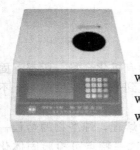

WRS-1B
WRS-2A
WRS-2

图 16-17 WRS-1A 型
数字熔点仪

字熔点仪（见图 16-17）为例简介熔点仪法。该仪器采用光电检测、数字温度显示等技术，具有初熔、终熔自动显示等功能。温度系统应用了线性校正的铂电阻作检测元件，并用集成化的电子线路实现快速"起始温度"设定及八档可供选择的线性升温速率自动控制。初熔读数可自动储存，具有无需人监视的功能。仪器采用药典规定的毛细管作为样品管，填装样品与提勒管法相同（操作步骤、使用方法及注意事项详见说明书）。

（1）操作步骤及使用方法

① 开启电源开关，稳定 20min，此时，保温灯、初熔灯亮，电表偏向右方。

② 通过拨盘设定起始温度，通过起始温度按钮输入此温度，此时预置灯亮。

③ 选择升温速率，将波段开关调至需要位置。

④ 预置灯熄灭时，起始温度设定完毕，可插入样品毛细管。此时电表基本指零，初熔灯熄灭。

⑤ 调零，使电表完全指零。

⑥ 按下升温钮，升温指示灯亮。

⑦ 数分钟后，初熔灯先闪亮，然后出现终（即全）熔读数显示，欲知初熔读数，按初熔钮即得。

⑧ 只要电源未切断，上述读数值将一直保留至测下一个样品。

（2）使用注意事项

① 仪器开机后自动预置到 50℃，炉子温度高于或低于此温度都可用拨盘快速设定。但设定起始温度切勿超过仪器使用范围，否则仪器将会损坏。

② 某些样品起始温度高低对熔点测定结果是有影响的，应确定一定的操作规范。建议提前 3～5min 插入毛细管，如线性升温速率选 1℃/min，起始温度应比熔点低 3～5℃，速率选 3℃/min，起始温度应比熔点低 9～15℃，一般应以实验确定最佳测试条件。未知熔点值的样品可先用快速升温或大的速率，等到初步熔点范围确定后再精测。

③ 被测样品最好一次填装 5 根毛细管，分别测定后去除最大最小值，取用中间三个读数的平均值为测定结果，以消除毛细管及样品制备装填带来的偶然误差。

④ 有参比样品时，可先测参比样品，根据要求选择一定的起始温度和升温速率进行比较测量，用参比样品的初终熔读数作考核的依据。有熔点标准温度传递标准的单位，可根据邻近标准品读数对结果加以修正。

⑤ 测完较高熔点样品后再测较低熔点样品，可直接用起始温度设定拨盘及按钮，实现快速降温。

⑥ 毛细管插入仪器前用干净软布将外面沾污的物质清除，否则日久后插座下面会积垢，导致无法检测。

3. 提勒管法测熔点

（1）填装样品 取少量样品放在洁净的表面皿上，用玻璃钉研成尽可能细的粉末，聚成一堆。将熔点管的开口一端插入粉末堆中多次（估计样品量够时停止）。取一玻璃管（长约 40cm）垂直竖立在洁净的表面皿上，将熔点管封口端朝下投入玻璃管，使其自由下落，这样重复数次，直至样品紧密沉于熔点管底部（高 2～3mm 为宜）。如是易分解或易脱水的样品，应将熔点管开口端熔封。

（2）安装仪器　如图 16-16（b）所示：将提勒管固定在铁架台上，装入浴液至略高于上支管上沿；熔点管用小橡胶圈固定在温度计下端，样品部位处于水银球中部；安装附有熔点管的温度计，使水银球位于 b 形管上下两支口中间；另将一辅助温度计用橡胶圈固定在测量温度计的露颈部位。加热部位为提勒管侧管弯曲处的底部，这样可使管内浴液较好地对流循环，便于均匀加热。

（3）加热测熔点　酒精灯在提勒管处加热［见图 16-16（b）］，开始升温速度可快些（约 5℃/min），距样品熔点温度 10～15℃时，以 1～2℃/min 的速度缓慢升温，并注意观察温度及样品，记录样品开始出现液体时和固体完全消失时的温度读数，即熔程。同时要记录辅助温度计的示值，以便作露颈校正的计算。

熔点测定应重复 2～3 次，每次要用新熔点管装样品，并将浴液冷却到样品熔点 15℃以下。

（4）温度计校正　市场上购买的温度计都有一定误差，为保证测量的准确性，需对其进行校正。

①比较法　与标准温度计一起在同一溶液中测定温度，对照比较，找出偏差值，进行校正。

②定点法　选择已知准确浓度的标准样品测定熔点，以测定的熔点值为纵坐标，测定值与准确值的差为横坐标作图，从图中求得校正后的温度误差，进而得到熔点的准确值。

（5）熔点测定值的校正　实验测得的熔点经过校正，才能得到正确的熔点值，校正公式为：

$$t = t_1 + \Delta t_2 + \Delta t_3$$

$$\Delta t_3 = 0.000157h(t_1 - t_4)$$

式中　t_1——熔点观测值，℃；

Δt_2——测量温度计校正值，℃；

Δt_3——测量温度计露颈校正值，℃；

t_4——辅助温度计读数，℃；

h——测量温度计露颈部分水银柱高，℃。

0.000157——水银对玻璃的膨胀系数。

二、沸点及其测定

1. 沸点的测定原理

液体在一定的温度下具有一定的蒸气压，当液体受热时，液体蒸气压随之升高，当达到与外界大气压相等时，液体开始沸腾，这时的温度就是该液体的沸点。显然液体的沸点与外界压力成正比关系。通常所说的沸点是指外界压力为 101.325kPa 时，液体沸腾时的温度。

在一定压力下，纯净液体物质沸点是恒定的，而当液体不纯时，沸点会有所偏差。运用这一特点可定性检测液体有机物的纯度和鉴定有机物。但具有恒定沸点的物质不一定是纯物质，有时，不同比例的几种物质混合在一起，可以形成恒沸混合物。如 95.6% 的乙醇和4.4% 的水混合，在 78.2℃时沸腾，形成恒沸混合物。

2. 沸点的测定装置

（1）常量法装置　该装置如图 16-18 所示。

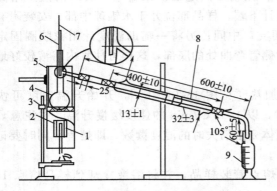 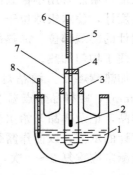

图 16-18　常量法沸点测定装置

1—热源；2—热源的金属外罩；3—铁架固定装置；
4—支管蒸馏瓶；5—蒸馏瓶金属外罩；6—测量温度计；
7—辅助温度计；8—冷凝器；9—量筒

图 16-19　微量法沸点测定装置

1—三口烧瓶；2—试管；
3，4—胶塞；5—测量温度计；
6—辅助温度计；7—侧孔；8—温度计

支管蒸馏瓶：容积 100mL，硅硼酸盐玻璃材质。

冷凝管：直形水冷凝管，硅硼酸盐玻璃材质。

接收器：容积 100mL，两端分度值为 0.5mL，也可用 100mL 量筒。

测量温度计：内标式单球温度计，分度值为 0.1℃，量程适宜。

辅助温度计：分度值为 1℃。

（2）微量法装置　如图 16-19 所示。

三口烧瓶：容积 500mL。

试管：长 190～200mm，距试管口约 15mm 处有一直径 2mm 的侧孔。

胶塞：外侧具有出气槽。

测量温度计：内标式单球温度计，分度值为 0.1℃。

辅助温度计：分度值为 1℃。

3. 沸点测定方法

（1）常量法　基本操作与常压蒸馏相同。蒸馏瓶中放入样品的量为（100±1）mL，安装时，冷凝管口进入接收器部分不少于 25mm，也不能低于量筒的 100mL 刻度线。接收器口塞上棉花，并确保向冷凝管稳定地提供冷凝水。

记下第一滴流出液从冷凝管流出时温度计的读数，和圆底烧瓶中最后一滴液体汽化时温度计的读数，此温度范围为该液体的沸程。

（2）微量法　此方法为国家标准 GB 616—88《化学试剂沸点测定通用方法》中规定的装置及方法。将盛有待测液体的试管由三口烧瓶的中口放入距瓶底 25mm 处，用有出气槽的胶塞将其固定住。烧瓶内盛放浴液，其液面应略高出试管中待测试样的液面。将一支分度值为 0.1℃的测量温度计通过胶塞固定在试管中距试样液面约 20mm 处，测量温度计的露颈部分与一支辅助温度计用小橡胶圈套在一起。三口烧瓶的一侧口可放入一支测浴液的温度计，另一侧口用塞子塞上（见图 16-19）。安装好装置后，加热烧瓶，当试管中的试样开始沸腾，测量温度计的示值保持恒定时，即为该待测液体的沸点。记下测量温度计读数，并记录辅助温度计读数、露颈高度、室温及大气压。

4. 沸点测定值的校正

实验测得的沸点经过校正，才能得到正确的沸点值 t，其校正公式为：

$$t = t_1 + \Delta t_2 + \Delta t_3 + \Delta t_p$$

其中
$$\Delta t_3 = 0.000157 h (t_1 - t_4)$$

$$\Delta t_p = CV(1013.25 - p_0)$$

$$p_0 = p_t - \Delta p_1 + \Delta p_2$$

式中　t_1——沸点观测值，℃；

　　Δt_2——测量温度计校正值，℃；

　　Δt_3——测量温度计露颈校正值，℃；

　　Δt_p——沸点随气压变化校正值，℃；

　　t_4——辅助温度计读数，℃；

　　h——测量温度计露颈部分水银柱高，℃；

　CV——沸点随气压的变化率，℃/hPa，由工具书查表可得；

　p_0——0℃时的气压，hPa；

　p_t——室温时的观测气压，hPa；

　Δp_1——室温换算到 0℃时的气压校正值，hPa，由工具书查表可得；

　Δp_2——纬度重力校正值，hPa，由工具书查表可得。

📑**知识窗** -

超临界流体萃取技术

超临界流体萃取技术是当今世界上最先进的一种新型物质分离和提纯技术，近年来，引起了世界各国进行超临界流体萃取技术的相关研究，范围涉及食品、香料、医药和化工等领域，并取得了一系列进展。

一、超临界流体的萃取原理

超临界流体，是指物体处于其临界温度和临界压力以上时的状态。这种流体兼有液体和气体的优点，密度大，黏度低，表面张力小，有极高的溶解能力，能深入到提取材料的基质中，发挥非常有效的萃取功能。而且这种溶解能力随着压力的升高而急剧增大。这些特性使得超临界流体成为一种好的萃取剂。超临界流体萃取技术就是利用超临界流体这一特性，从动、植物中提取各种有效成分，再通过减压将其释放出来的过程。

可作为超临界流体的物质很多，如二氧化碳、一氧化亚氮、六氟化硫、乙烷、庚烷、氨等，其中多选用二氧化碳（临界温度接近室温，且无色、无毒、无味、不易燃、化学惰性、价廉、易制成高纯度气体）。

二、超临界流体萃取的优点

超临界流体萃取是一种较新的萃取技术，是由萃取和分离两部分组合而成的。主要的优势有以下几点。

1. 适用性强，常温下即可操作

由于超临界状态流体溶解度特异增高现象是普遍存在的，因而理论上超临界流体萃取技术可作为一种通用高效的分离技术。分离过程可能在接近室温下完成（如 CO_2 法），特别适合热敏性天然产物的提取。

2. 效率高，分离不产生污染

超临界流体兼有气体和液体的特性，因而超临界流体既有液体的溶解能力，又有气体良好的流动和传递性能。在临界点附近，压力和温度的微量变化就有可能显著改变流体的溶解能力，从而控制分离过程。该方法能节省时间和化学试剂，排除溶剂干扰。采用二氧化碳作为萃取剂，萃取过程不发生化学变化、不燃烧、无味、无臭、无毒、安全性高、价廉易得、不造成环境污染。

3. 成本低

超临界流体萃取只由萃取器和分离器两部分组成，不需要溶剂回收设备，与传统分离工艺流程相比不仅流程简化，而且能耗低。当然，超临界流体萃取技术也有着它受限制的方面，比如超临界流体的操作条件比较苛刻，需要设备精密度高等。

三、超临界流体萃取的应用

超临界萃取的特点决定了其应用范围十分广泛。如可用于中草药有效成分的提取、热敏性生物制品的精制、咖啡因及色素的提取、天然及合成香料的精制等。

1. 在食品方面的应用

1988 年，国际上推出了第一台商品化的超临界流体萃取（SFE）仪，早期主要用于食品分析，如食用香料、脂肪、油脂、维生素等，采用超临界流体萃取技术分析。

传统的食用油提取方法是乙烷萃取法，但此法生产的食用油所含溶剂的量难以满足食品管理法的规定。目前，超临界二氧化碳法已应用于从葵花籽、花生和红花籽等天然物中提取油脂，这与传统的压榨法相比，回收率高、不存在溶剂的分离问题、产品质量高，且无污染问题。这种方法使油脂提取工艺发生革命性的改进。原西德 Max-Plank 煤炭研究所的 Zesst 博士开发的从咖啡豆中用超临界二氧化碳萃取咖啡因的专题技术，现已由德国的 Hag 公司实现了工业化生产，并被世界各国普遍采用。这与传统的萃取法相比，不仅解决了残留有害卤代烃溶剂，而且 CO_2 的良好的选择性可以保留咖啡中的芳香物质。

2. 天然香精、香料、色素的提取

超临界流体萃取法用于天然物中提取天然色素、香料，不仅可以有效地提取芳香组分，而且还可以提高产品纯度，能保持其天然香味及特性。如从桂花、茉莉花和玫瑰花等花卉中提取花香精，从胡椒、肉桂、薄荷中提取香辛料，从芹菜籽、茴香和八角等原料中提取精油，不仅可以用作调味香料，而且一些精油还具有较高的药用价值。啤酒花是啤酒酿造中不可缺少的添加物，用有机溶剂萃取的啤酒花萃取液，色泽暗绿，成分复杂，且残留有机溶剂。如采用 CO_2 超临界萃取，不仅萃取率高，芳香成分不被氧化，而且可避免萃取剂残留。

目前，国际上对天然色素的需求量逐年增加，主要用于食品加工、医药和化妆品，溶剂法生产的色素纯度差、有异味和溶剂残留，无法满足国际市场上对高品质色素的需求。超临界萃取技术克服了以上这些缺点，目前用 SCFE 法提取天然色素（辣椒红色素）的技术已经成熟并达到国际先进水平。

3. 在中药提取方面的应用

超临界流体萃取技术用于中草药有效成分的提取，可以在近常温条件下提取分离不同极性、不同沸点的化合物，几乎保留中草药中全部有效成分，无有机溶剂残留，有效成分提取的纯度和收率高。特别是对一些资源少、疗效好、剂量小、附加值高的中药极为适用。有研究发现，用超临界流体萃取技术提取川芎中的阿魏酸含量可达 0.04%，而溶媒法提取阿魏酸含量仅为 0.02%。

4. 其他方面的应用

目前，超临界流体萃取技术越来越多地和多种方法联用，在农药残留的应用研究中很有潜力，尤其在农药残留分析中，能够显著地提高分析效率。虽然超临界流体萃取技术在许多方面已得到应用，但还远没有发挥其应有的作用。这主要是因为目前对超临界流体性质的认识还远远不够，随着认识的深入，超临界流体萃取技术势必得到越来越广泛的应用。

第十七章 有机化学实验项目

有机化学是一门理论与实践并重的课程，许多反应规律及理论要点的确立都是以实验结果为依据得出的，有机化学实验是有机化学不可分割的一部分。上一章对有机化学实验的基本知识和操作技术进行了详细的讨论，要想掌握这些知识，必须通过许多的实验项目训练。为达到培养目标，本章精心选择了既环保又能激发学生兴趣的训练项目。其中物质的制备和从天然物中提取项目是为培养学生综合运用有机化学实验基本知识和操作能力而设置的。

实验项目一　有机化学实验的一般知识

一、实验目的

1. 熟悉有机化学实训室规则及实训室各种设施的分布。

2. 熟悉有机化学实训室安全知识，能够及时处理常见的突发事故。

3. 能正确规范地书写实验预习报告，记录实验现象及数据。

4. 会正确处理实验数据和填写实验报告单。

5. 熟悉常用有机化学实验资料的查阅方法及文献。

6. 认识有机化学实验常用仪器，并掌握其常用的清洗和干燥方法。

7. 掌握仪器的一般组装方法，能正确规范地装配普通蒸馏和简单分馏装置。

二、所用仪器

100mL圆底烧瓶、125mL锥形瓶、直形冷凝管、蒸馏头、尾接管、分馏柱、温度计、电热套等。

三、实验内容

1. 学习有机化学实训室规则、有机实验的安全知识及常见小事故的处理。

2. 认识有机实验常用的玻璃仪器及实验装置。

3. 正确安装一套普通蒸馏装置及拆卸（电热套作热源）。

4. 正确安装一套简单分馏装置及拆卸（电热套作热源）。

5. 正确清洗拆卸下的仪器并放入烘箱干燥或自然晾干。

四、思考题

1. 有机化学实验需记录哪些内容？

2. 常压蒸馏和简单分馏装置需要哪些仪器？

3. 为防火、防爆在有机化学实训室中应准备哪些设施？

4. 在实验过程中，一旦发生着火，可采取哪些措施？

5. 在实验过程中，一旦发生化学灼伤，可采取哪些措施？

实验项目二 纯物质沸点的测定及液体混合物的分离

Ⅰ. 任务书

一、任务要求

在化学品或药物生产过程中，常使用丙酮溶媒作溶剂、洗涤剂和萃取剂等，使用后产生废丙酮溶媒，其组成主要含丙酮（大于70%）和水。为使废丙酮溶媒重复利用，需对废丙酮溶媒回收处理，以得到含水量≤0.5%（质量分数）的丙酮溶媒。请选择适合在实训室分离丙酮和水（50%～70%）混合液的方法并实施。

二、项目准备工作（制作成ppt讲稿）

1. 信息收集

（1）丙酮的理化性质及应用。

（2）丙酮沸点的测定方法。

（3）常见分离液体混合物的方法及使用范围。

（4）鉴定液体产品纯度常用的方法。

（5）常压蒸馏和简单分馏的原理、意义、装置及安装、基本操作与注意事项。

（6）目前在实际生产中回收丙酮的先进工艺。

2. 方案设计

（1）确定最佳方案（在实训室切实可行）。

（2）论证可行性（选择该方案的理由及其优缺点）。

3. 方案实施

（1）实验目的。

（2）实验原理。

（3）所用药品的规格、用量及相关物理常数（用表格表示）。

（4）所用仪器及完整的装置图。

（5）实验步骤、现象记录及说明（采用表格形式）。

4. 填写实验报告单

5. 参考资料

（1）有机化学教材和有机化学课件。

（2）利用图书、网络查阅（含学院有机化学精品课网站）。

6. 教学形式

方案研讨（多媒体教室）、基本操作训练（实训室）、总结评价。

实验报告单

班级_____实验小组成员_____项目负责人_____

项目名称	液体混合物丙酮和水的分离		实验日期	
丙酮规格及用量		水规格及用量		

丙酮的沸点：ΔT(沸程)＝

蒸馏操作数据记录		分馏操作数据记录	
T_0＝		T_0＝	
$T_0 \sim T_0 + 1$ 馏分的折射率＝		$T_0 \sim T_0 + 1$ 馏分的折射率＝	
温度范围/℃	馏出液体积/mL	温度范围/℃	馏出液体积/mL
$T_0 \sim T_0 + 1$		$T_0 \sim T_0 + 1$	
$T_0 + 1 \sim 62$		$T_0 + 1 \sim 62$	
$62 \sim 70$		$62 \sim 70$	
$70 \sim 80$		$70 \sim 80$	
$80 \sim 95$		$80 \sim 95$	
剩余物		剩余物	

分离效果比较：依据以上 $T_0 \sim T_0 + 1$ 馏分的折射率及各温度段馏出液体积进行分析，比较蒸馏与分馏的分离效果

成绩评定

方案设计及研讨(40%)	实际操作(40%)	纪律、卫生(10%)	实验结果(10%)
总分		教师签名	

Ⅱ．参考方案

一、实验目的

1. 理解普通蒸馏和简单分馏的基本原理及意义。
2. 初步掌握常量法纯物质沸点的测定方法。
3. 学会普通蒸馏和简单分馏装置的安装与基本操作技术。
4. 比较蒸馏和分馏分离液体混合物的效果。
5. 能正确使用用折光仪测定液体的折射率并能定性判断其纯度。

二、实验原理

丙酮沸点为 56℃，与水互溶，是常用的有机溶剂。本实验分别采用常压蒸馏和简单分馏操作技术，对丙酮和水进行分离，比较分离效果。

三、仪器药品

圆底烧瓶（100mL）、刺形分馏柱、蒸馏头、量筒（10mL、25mL）、直形冷凝管、尾接管、温度计（100℃）、长颈玻璃漏斗、酒精灯、电热套。丙酮、水。

四、实验内容

1. 常量法测纯丙酮的沸程

（1）加入物料　在干燥的 100mL 圆底烧瓶中加入 25mL 分析纯丙酮，加 1～2 粒沸石。

（2）安装仪器　按图 16-5（a）所示安装普通蒸馏装置[1]，用锥形瓶或量筒[2]作接收器，注意整套仪器需干燥。

（3）测丙酮沸点　认真检查装置的气密性后，接通冷凝水。将电热套接通电源，调节电压为 80V，缓慢加热使液体平稳沸腾（应控制第一滴馏出液滴入接收器的时间为 5～10min），记录第一滴馏出液滴入接收器时的温度（T_0），调节电压并控制蒸馏速度为每秒 1～2 滴。记录当温度计基本稳定不变，接收馏分 5～8mL 时对应的温度（T_1），同时记录室温及大气压。停止加热[3]，冷却片刻再关闭冷却水。

（4）数据处理　对沸点测定值进行校正（方法见十六章），计算沸程。

2. 蒸馏法分离 50％的丙酮-水混合液

（1）加入物料　在 100mL 圆底烧瓶中加入 25mL 丙酮，加入 25mL 蒸馏水，再加 1～2 粒沸石[4]。

（2）安装仪器　按图 16-5（a）所示安装普通蒸馏装置[1]，量筒[2]作接收器。

(3) 蒸馏收集馏分　认真检查装置的气密性后，接通冷凝水。将电热套接通电源，调节电压为 100V，缓慢加热使液体平稳沸腾，记录第一滴馏出液滴入接收器时的温度（T_0），调节电压并控制蒸馏速度为每秒 1～2 滴。用量筒收集下列温度范围的各馏分，并记录其体积。

温度范围/℃	馏出液体积/mL	温度范围/℃	馏出液体积/mL
T_0～T_0+1	_____	70～80	_____
T_0+1～62	_____	80～95	_____
62～70	_____	剩余液	_____

当温度升至 95℃时，停止加热[3]，冷却片刻再关闭冷却水。

将各馏分及剩余液分别回收到指定的容器中。

3. 分馏法分离 50％的丙酮-水混合液

(1) 加入物料　在 100mL 圆底烧瓶中加入 25mL 丙酮，加入 25mL 蒸馏水，再加 1～2 粒沸石[4]。

(2) 安装仪器　按图 16-10 所示安装简单分馏装置，用量筒[2]作接收器。

(3) 分馏收集馏分　认真检查装置的气密性后，接通冷凝水。将电热套接通电源，调节电压为 100V，缓慢加热使液体平稳沸腾，使蒸气约 15min 到达柱顶，记录第一滴馏出液滴入接收器时的温度（T_0），调节电压并控制蒸馏速度为每 2～3 秒 1 滴。用量筒收集下列温度范围的各馏分，并记录其体积。

温度范围/℃	馏出液体积/mL	温度范围/℃	馏出液体积/mL
T_0～T_0+1	_____	70～80	_____
T_0+1～62	_____	80～95	_____
62～70	_____	剩余液	_____

当温度升至 95℃时，停止加热[3]，冷却片刻再关闭冷却水。

将各馏分及剩余液分别回收到指定的容器中。

五、思考题

1. 蒸馏和分馏在原理、装置以及操作上有哪些不同？

2. 分离液体混合物，在什么情况下采用普通蒸馏，在什么情况下需用简单分馏？哪种方法分离效果更好些？

3. 开始加热前，为什么要先检查装置的气密性？蒸馏或分馏装置中若没有与大气相通，会有什么后果？

4. 测纯物质沸程时，若蒸馏的速度太快或太慢会造成什么后果？

5. 在蒸馏（或分馏）时若忘记加沸石，应如何补加？为何要加沸石？

6. 前馏分、后馏分的含义是什么？

注释

[1]　安装仪器时，一般圆底烧瓶要离开电热套底部 5～10mm，其周围也应留有一定空隙，以保证烧瓶受热均匀。

[2]　本实验可用量筒作接收器，以便及时准确测量馏出液的体积。

[3]　在蒸馏（或分馏）操作时，绝对不能蒸干。

[4]　在有机实验中，加热液体时，均要加入沸石，防止暴沸。

实验项目三　阿司匹林的制备

Ⅰ. 任务书

一、项目任务要求

阿司匹林从发明至今已有百年的历史，具有十分广泛的用途，其最基本的药理作用是解热镇痛，通过发汗增加散热作用，从而达到降温目的。同时，它可以有效地控制由炎症、手术等引起的慢性疼痛，如头痛、牙痛、神经痛、肌肉痛等。1898 年，德国化学家霍夫曼用水杨酸与醋酐反应，合成了乙酰水杨酸，1899 年，德国拜耳药厂正式生产这种药品，取商品名为 Aspirin，即最常用的药物——阿司匹林。请选择适合在实训室制备医用阿司匹林的方法并实施。

二、项目准备工作（制作成 ppt 讲稿）

1. 信息收集

（1）所用原料药品及产品阿司匹林的物理性质及用途。

（2）阿司匹林的传统生产及目前国内外先进的工艺，适用于实训室制备的方法。

（3）合成阿司匹林的基本原理，常用的酰基化试剂。

（4）常见固液混合物的分离提纯方法及使用范围。

（5）重结晶纯化固体有机物的操作技术原理及方法。

（6）鉴定产品纯度的方法。

2. 方案设计（见项目二）

3. 方案实施（见项目二）

4. 填写实验报告单

5. 参考资料（见项目二）

6. 教学形式（见项目二）

实验报告单

班级＿＿＿＿＿　实验小组成员＿＿＿＿＿＿　项目负责人＿＿＿＿＿＿＿

项目名称	医用阿司匹林的制备		实验日期	
药品名称	水杨酸	乙酸酐	浓硫酸	乙醇
药品规格或浓度				
药品用量				
产品外观				
理论产量			实际产量	
产率计算				
产品纯度检验	与氯化铁显色程度		ΔT（熔程）	
	粗产品		$\Delta T = T_{全熔} - T_{初熔}$	
	精制产品			
思　考　题	1. 制备阿司匹林时有哪些副反应？产生哪些副产物？ 2. 如何定量测定产品中阿司匹林的含量？			

成绩评定

方案设计及研讨(40%)	实际操作(40%)	纪律卫生(10%)	实验结果(10%)

Ⅱ. 参考方案

一、实验目的

1. 理解酚羟基酰化反应的原理。
2. 掌握阿司匹林的制备方法和抽滤装置的安装与基本操作技术。
3. 熟练掌握重结晶精制固体有机物的基本操作技术。

二、实验原理

阿司匹林化学名称为乙酰水杨酸，是白色晶体，易溶于乙醇、氯仿和乙醚，微溶于水。因具有解热、镇痛和消炎作用，可用于治疗伤风、感冒、头痛、发烧、神经痛、关节痛及风湿病等，也用于预防心脑血管疾病，美国最新研究表明对癌症也有疗效。常用退热镇痛药 APC 中 A 即为阿司匹林。实训室通常采用水杨酸和乙酸酐在浓硫酸的催化下发生酰基化反应来制取。反应式如下：

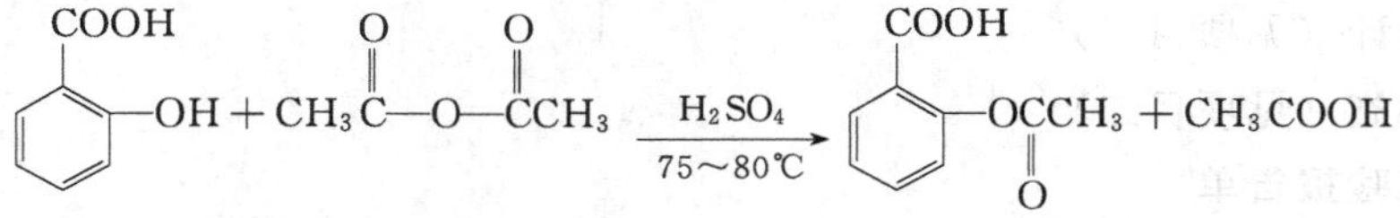

水杨酸　　　　　乙酸酐　　　　　　　　乙酰水杨酸　　　乙酸

反应温度应控制在 75~80℃，温度过高易发生下列副反应：

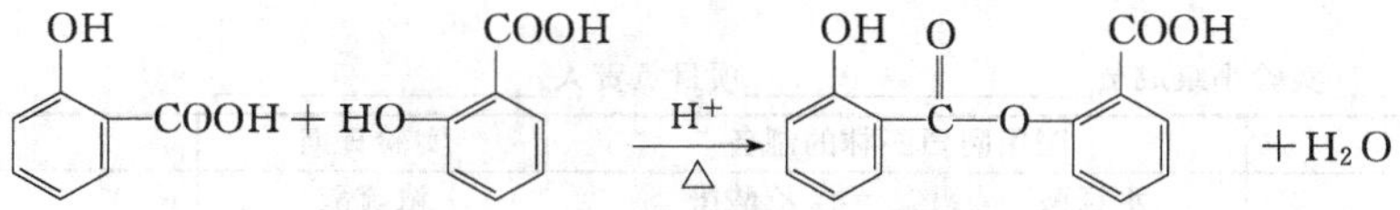

水杨酰水杨酸酯

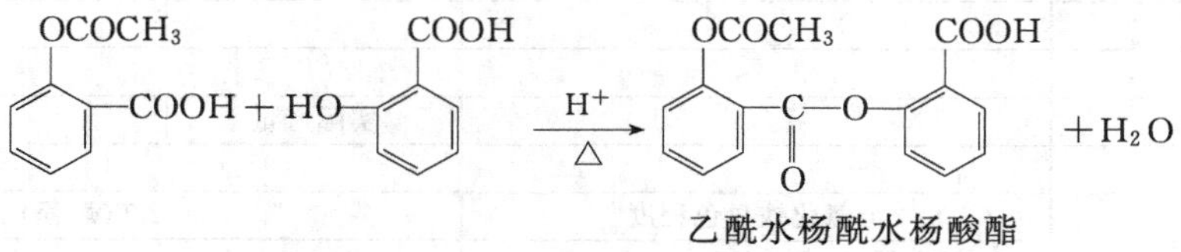

乙酰水杨酰水杨酸酯

生成的阿司匹林粗品，用 35% 的乙醇溶液进行重结晶，将其纯化。

三、仪器药品

锥形瓶（100mL）、量筒（10mL，25mL）、温度计（100℃）、水浴锅、电炉、烧杯

（200mL，100mL）、吸滤瓶、布氏漏斗、循环水真空泵。

水杨酸（分析纯）、乙酸酐（分析纯）、硫酸（98%）、乙醇水溶液（35%）。

四、实验步骤

1. 投料

在干燥的锥形瓶[1]中加入 4.3g 水杨酸和 6mL 乙酸酐，再滴入 7 滴浓硫酸[2]，立即配上带有 100℃ 温度计的塞子（见图 17-1）摇匀。

2. 酰化

将锥形瓶置于水浴中加热，在充分振摇下缓慢升温至 75℃[3]。保持此温度反应 15min，期间仍不断振摇。最后提高反应温度至 80℃，再反应 5min，使反应进行完全。

3. 结晶抽滤

稍冷后拆下温度计，在充分搅拌下趁热将反应液倒入盛有 90mL 水的 200mL 烧杯中[4]（见图 17-2），用 10mL 水洗涤锥形瓶后合并于烧杯中。然后冰水冷却，待结晶完全析出后，进行抽滤。用少量冷水洗涤滤饼两次，压紧抽干后转移到 100mL 烧杯中。

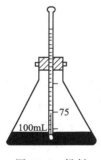

图 17-1　投料

图 17-2　结晶

4. 重结晶

在盛有粗产品的烧杯中加入 15～20mL35% 乙醇（视粗产品的量而定），置于 45～50℃ 水浴中加热，使其迅速溶解[5]。若产品不能完全溶解，可酌情补加 35% 的乙醇溶液。然后静置到室温，冰水冷却，待结晶完全析出后，进行抽滤。用少量冷水洗涤滤饼两次，压紧抽干。将结晶转移至表面皿中，自然晾干后称量。

五、数据处理（计算产率）

六、思考题

1. 制备阿司匹林时，浓硫酸的作用是什么？不加浓硫酸对实验有何影响？

2. 制备阿司匹林时，为什么所用仪器必须是干燥的？

3. 制备阿司匹林时，可能产生哪些副产物？如何避免其发生？

4. 对阿司匹林进行重结晶时，选择溶剂的依据是什么？为何溶液要自然冷却后再冰水冷却？

5. 如何定性检验产品中是否残留水杨酸？请解释为何有时精制产品反而比粗产品残存水杨酸多？发生这种情况后应采用什么措施使产品达标。

注释

[1] 若制备阿司匹林的量较大，可采用带电动搅拌器的回流装置。三颈瓶中口安装电动搅拌器，一侧口安装球形冷凝管，另一侧口安装温度计。

[2] 水杨酸分子内存在氢键，阻碍酚羟基的酰基化反应，反应需加热至150～160℃才能进行。若加入少量浓硫酸，可破坏水杨酸分子内氢键，使反应温度降低到80℃左右，从而减少副产物的生成。

[3] 要用手压住瓶塞，以防反应蒸气冲出。并不断振摇，确保反应进行完全。

[4] 将大的固体颗粒搅碎，以防重结晶时不易溶解。

[5] 加热溶解过程要遵循"准"（溶剂用量、溶解温度）、"快"（加热时间越短越好）的原则，否则阿司匹林发生水解或没结晶析出。

实验项目四　乙酸异戊酯的制备

Ⅰ. 任务书

一、项目任务要求

乙酸异戊酯是一种重要的化工产品，用途广泛，是国内外允许使用的食用香料，是香蕉、草莓、杨梅、苹果、香蕉、樱桃、葡萄、菠萝等果香型香精的调制成分，可用作化妆品和皂用香料及合成洗涤剂等日化香精配方中，也可用作溶剂及用于制革、人造丝、胶片和纺织品等加工工业。但主要用于食用香精配方中，用作食品添加剂。在国内外均具有广阔的需求市场。请选择适合在实训室制备乙酸异戊酯的方法并实施。

二、项目准备工作（制作成 ppt 讲稿）

1. 信息收集

(1) 所用原料及产品——乙酸异戊酯的理化性质及该产品的用途。

(2) 乙酸异戊酯的传统生产和目前国内外先进的工艺，适合于实训室制备的方法。

(3) 酯化反应的原理、意义。

(4) 纯化液体有机物的方法和基本操作技术。分液漏斗的使用方法。

(5) 液体有机物的干燥方法及干燥各类有机化合物常用的干燥剂。

(6) 各类回流装置的安装及适用范围、基本操作技术及注意事项。

2. 方案设计（见项目二）

3. 方案实施（见项目二）

4. 填写实验报告单（见项目二）

5. 参考资料（见项目二）

6. 教学形式（见项目二）

实验报告单

班级_____实验小组成员_____项目负责人_____

项目名称	香料乙酸异戊酯的制备	实验日期	
原料名称	异戊醇	冰醋酸	
原料规格			
原料用量			
产品外观			
理论产量		实际产量	
产率计算			
思考题	1. 酯化反应制得的粗酯中含有哪些杂质？该如何除去？ 2. 洗涤时能否先碱洗后水洗？		

成绩评定

方案设计及研讨(40％)	实际操作(40％)	纪律、卫生(10％)	实验结果(10％)

Ⅱ．参考方案

一、实验目的

1. 理解制备乙酸异戊酯的原理，掌握乙酸异戊酯的制备方法。

2. 初步掌握带有水分离器的回流装置的安装与基本操作技术。

3. 理解分液漏斗法萃取洗涤纯化液体化合物的原理，掌握利用分液漏斗萃取洗涤纯化液体化合物的基本操作技术。

4. 理解干燥剂的干燥原理，掌握使用干燥剂干燥液体化合物的基本操作技术。

二、实验原理

乙酸异戊酯为无色透明液体，不溶于水，易溶于乙醇、乙醚等有机溶剂，其自身也是良好的溶剂，可溶解橡胶等有机物。它是一种香精，因具有香蕉气味，又称为香蕉油。实训室通常采用冰醋酸和异戊醇在浓硫酸的催化下发生酯化反应来制取。反应式如下：

$$CH_3\overset{O}{\overset{\|}{C}}\!-\!OH + HOCH_2CH_2\overset{CH_3}{\overset{|}{C}}HCH_3 \underset{\triangle}{\overset{H_2SO_4}{\rightleftharpoons}} CH_3\overset{O}{\overset{\|}{C}}\!-\!OCH_2CH_2\overset{CH_3}{\overset{|}{C}}HCH_3 + H_2O$$

乙酸　　　　　异戊醇　　　　　　　　　乙酸异戊酯

酯化反应是可逆的，本实验采取加入过量冰醋酸，并除去反应中生成的水，使反应不断向右进行，提高酯的产率。

生成的乙酸异戊酯中混有过量的冰醋酸、少量的异戊醇、起催化作用的硫酸及其他副产物醚类，经过洗涤、干燥和蒸馏予以除去。

三、仪器药品

圆底烧瓶（100mL）、球形冷凝管、分水器、蒸馏烧瓶（50mL）、直形冷凝管、尾接管、分液漏斗（100mL）、量筒（25mL）、温度计（200℃）、锥形瓶（50mL）、电热套。

异戊醇、冰醋酸、硫酸（98%）、碳酸钠溶液（10%）、食盐水（饱和）、硫酸镁（无水）。

四、实验步骤

1. 酯化

在干燥的圆底烧瓶中加入 18mL 异戊醇和 15mL 冰醋酸，在振摇与冷却下加入 1.5mL 浓硫酸[1]，混匀后放入 1～2 粒沸石。按图 16-1(d) 安装带分水器的回流装置。检查装置气密性后，用电热套（电压 80V）缓缓加热至烧瓶中的液体微沸并保持 30min[2]。继续加热，控制回流速度[3]，使蒸气浸润面不超过冷凝管下端的第一个球，当分出水量为 3～3.5mL 且回流液滴到液面没有水珠下沉时，反应基本完成，停止加热，稍冷后拆除回流装置。大约需要 1.5h。

2. 洗涤

（1）水洗（2 次）　将冷却到室温的烧瓶中反应液倒入分液漏斗中[4]，用 15mL 冷水淋洗烧瓶内壁，洗涤液并入分液漏斗。充分振摇，静置，待分界面清晰后，分去水层。再用 15mL 冷水重复操作洗涤 1 次。

（2）碱洗（2 次）　向分液漏斗的酯层中加入 10mL 10%碳酸钠溶液[5]，充分振摇，静置，待分界面清晰后，分去水层。再用 10mL 10%碳酸钠溶液重复操作洗涤 1 次。

（3）饱和食盐水洗　用 15mL 饱和食盐水[6]洗涤 1 次。

3. 干燥

在配有塞子的干燥锥形瓶中加入 2g 无水硫酸镁，再加洗涤后的酯层（由分液漏斗上口倒入），盖上塞子，充分振摇约 1min，若液体仍浑浊，可再加入适量无水硫酸镁，充分振摇后，放置 30min。

4. 蒸馏

安装普通蒸馏装置。将干燥好的粗酯小心滤入干燥的蒸馏烧瓶中，放入 1～2 粒沸石，用电热套加热蒸馏。记录第一滴馏出液的温度，用干燥锥形瓶作接收器收集 138～142 馏分（注意，前馏分也要用干燥仪器接收），记录体积。

五、实验数据处理

查阅乙酸异戊酯的密度，将其体积转化为质量计算产率。

六、思考题

1. 制备乙酸异戊酯时，使用的哪些仪器必须是干燥的，为什么？

2. 如何判断反应的终点？

3. 酯化反应制得的粗酯中含有哪些杂质？洗涤操作时水洗、碱洗和饱和食盐水洗各自的目的是什么？洗涤时能否先碱洗再水洗？或者只用水多洗几次行吗？

4. 若碳化严重，第一次水洗时无法看清两相分界面，你将如何处理？

5. 酯化反应时，实际出水量往往多于理论出水量，这是什么原因造成的？

6. 酯可用哪些干燥剂干燥？为什么不能使用无水氯化钙进行干燥？

注释

［1］ 加浓硫酸时，要分批加入，并在冷却下充分振摇，以防止异戊醇被氧化。

［2］ 防止酯化反应达到平衡前未反应的异戊醇被蒸出。

［3］ 回流酯化时，要缓慢均匀加热，以防止碳化。

［4］ 不要将沸石倒入分液漏斗中。

［5］ 碱洗时放出大量热并有二氧化碳产生，因此洗涤时要不断放气，防止分液漏斗内的液体冲出来。

［6］ 用饱和食盐水洗涤，可降低酯在水中的溶解度，减少酯的损失。

实验项目五 从茶叶中提取咖啡因及熔点测定

Ⅰ. 任务书

一、项目任务要求

咖啡因是中枢兴奋药，具有强心、利尿、兴奋中枢等药理功效，在医学上用作心脏、呼吸器官和神经系统的兴奋剂，也是一种重要的解热镇痛剂，还大量用作可乐型饮料的添加剂。近年来，随着人们自我保健意识的增强，"回归自然"、"绿色"消费已成时尚，人工合成的咖啡因含有原料残留，有的国家已禁止在饮料中使用合成咖啡因，因而天然咖啡因的市场需求与日俱增。请选择适当的提取方法在实训室实施。

二、项目准备工作（制作成 ppt 讲稿）

1. 信息收集

（1）咖啡因的物理性质、化学构造式、在天然物中的存在情况及咖啡因用途。

（2）常见固-固混合物分离的方法，索氏提取器的基本构造和使用方法。

（3）鉴定本产品纯度的方法。固体有机物熔点的测定原理及方法。

（4）常压升华的原理、意义、装置的安装与操作方法。

（5）目前在实际生产中提取和合成咖啡因及回收乙醇的先进工艺。

2. 方案设计（见项目二）

3. 方案实施（见项目二）

4. 填写实验报告单

5. 参考资料（见项目二）

6. 教学形式（见项目二）

实验报告单

班级＿＿＿＿＿＿　实验小组成员＿＿＿＿＿＿＿＿　项目负责人＿＿＿＿＿＿＿

项目名称	从天然物中提取咖啡因				实验日期			
茶叶用量					溶剂用量			
虹吸次数	1	2	3	4	5	6	7	8
虹吸时间								
产品外观及熔点								
溶剂回收量								
思考题	1. 利用脂肪提取器有何优越性？ 2. 蒸馏回收溶剂时,为何不能将溶剂全部蒸出？							

成绩评定

方案设计及研讨(40%)	实际操作(40%)	纪律、卫生(10%)	实验结果(10%)

Ⅱ. 提取咖啡因参考方案

一、实验目的

1. 理解脂肪提取器的构造及原理。

2. 理解从茶叶中提取咖啡因的原理,掌握用脂肪提取器提取咖啡因的仪器的安装和基本操作技术。

3. 熟练掌握蒸馏的仪器安装和基本操作技术。

4. 掌握利用升华法提纯固体物质的基本操作技术。

二、实验原理

茶叶中含有多种生物碱,其中以咖啡因为主,占 2%~5%。此外还含有纤维素、蛋白质、单宁酸和叶绿素等。

咖啡因是杂环化合物嘌呤的衍生物,学名为 1,3,7-三甲基-2,6-二氧嘌呤,其结构式如下:

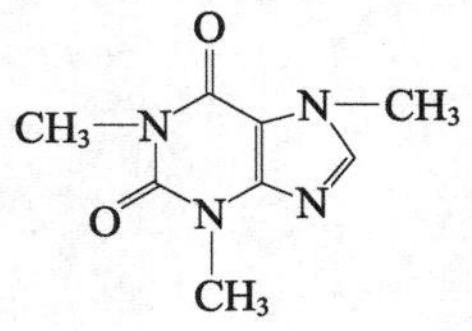

咖啡因为无色针状晶体，熔点236℃，味苦，能溶于水和乙醇。含结晶水的咖啡因在100℃时失去结晶水开始升华，120℃时升华明显，178℃时很快升华。

咖啡因具有刺激心脏、兴奋大脑神经和利尿等药理功能。在医学上用作心脏、呼吸器官和神经系统的兴奋剂，也是常用退热镇痛药物APC的主要成分之一（C即为咖啡因）。

本实验用95％乙醇作溶剂，从茶叶中提取咖啡因，使其与不溶于乙醇的纤维素和蛋白质等分离，萃取液中除咖啡因外，还含有叶绿素、丹宁酸等杂质。蒸去溶剂后，在粗咖啡因中拌入生石灰，使其与丹宁酸等酸性物质作用生成钙盐。游离的咖啡因通过升华得到纯化。

三、仪器药品

圆底烧瓶（250mL）、脂肪提取器、球形冷凝管、蒸馏头、大小头、锥形瓶（150mL）、蒸发皿、大玻璃漏斗、温度计（100℃）、滤纸、剪刀、刮刀、电热套、针锥。

茶叶、乙醇（95％）、生石灰。

四、实验步骤

1. 提取

称取8g茶叶（若为球状需研碎），装入折叠好的滤纸套筒中，折封上口后放入提取器内[1]，加入约30mL 95％乙醇[2]，再在圆底烧瓶中放入约70mL 95％乙醇，加1～2粒沸石。按图16-13安装脂肪提取装置[3]。

检查装置各连接处的严密性后，接通冷凝水，用电热套加热（起初电压100V），回流提取，通过调节电压控制每次虹吸间隔时间大约8min，直到虹吸管内液体的颜色很淡为止，约用2.0h。当冷凝液刚刚虹吸下去时，立即停止加热。

2. 蒸馏回收乙醇

稍冷后，拆除脂肪提取器，在圆底烧瓶上安装蒸馏头改成蒸馏装置，用电热套加热（起初电压100V）蒸馏，当第一滴液体流出后，调节电压并控制蒸馏速度为每秒1～2滴，回收提取液中大部分乙醇（约70mL）[4]。

3. 中和

趁热将烧瓶中的残液倒入干燥的蒸发皿中，冷却后加入4g研细的生石灰粉，搅拌均匀成糊状[5]。

4. 蒸发除乙醇

将蒸发皿放到电热套上，电压调到75V，用微火快速搅拌[6]下加热蒸发，直到变为干燥固体[7]。将蒸发皿移离热源冷却至室温，刮下粘在其壁上的固体并研细。

5. 焙炒除水

再将蒸发皿放到电热套上，电压调到75V，用微火加热搅拌下焙炒[8]，直到绿色固体颜色略微变深，同时有极少烟雾产生，将蒸发皿移离热源。

6. 升华

冷却后，擦净蒸发皿边缘上的粉末，盖上一张刺有细密小孔且孔刺向上的滤纸，再将干燥的玻璃漏斗（口径需与蒸发皿相当）罩在滤纸上，漏斗颈部塞上一团疏松的棉花（见图16-14），将其放到电热套上，电压调到40V微火加热20min，然后电压调到50～70V，中火加热，当滤纸的小孔上出现较多白色针状晶体（玻璃漏斗壁上出现少量棕黄色液滴）时，暂停加热，让其自然冷却至不烫手时。取下漏斗，轻轻揭开滤纸，用刮刀仔细地将附在滤纸上的咖啡因晶体刮下[9]，称量后交给实验指导教师。

五、思考题

1. 脂肪提取器的萃取原理是什么？利用脂肪提取器萃取有什么优点？

2. 茶叶中的咖啡因是如何被提取出来的？粗咖啡因为什么呈绿色？

3. 蒸馏回收溶剂时，为什么不能将溶剂全部蒸出？

4. 蒸发、焙炒、升华操作时，需注意哪些问题？

注释

[1] 滤纸套筒大小要合适，既能紧贴套管内壁，又能方便取放，且其高度要低于（约10mm）虹吸管高度。套筒的底部要折封严密，以防茶叶漏出堵塞虹吸管。套筒的上部最好折成凹形，以利回流液充分浸润茶叶。

[2] 开始在脂肪提取器中加入乙醇，是为了更有效地浸润茶叶。乙醇液面（刚好浸没茶叶包为好）要低于（约10mm）虹吸管。

[3] 脂肪提取器为配套仪器，其任一部件损坏将会导致整套仪器的报废，特别是虹吸管极易折断，所以在安装仪器和实验过程中需特别小心，注意保护。

[4] 蒸馏时乙醇剩余量大约为15mL，不要蒸馏得太少，否则因难转移造成产品损失。

[5] 加入生石灰要搅拌均匀，生石灰除中和部分酸性杂质外，还可除水（生成氢氧化钙）。

[6] 蒸发时要快速搅拌，防止乙醇溅出而着火。

[7] 此时固体为绿色，绝对不可出现变色或冒烟现象。

[8] 焙炒时，切忌温度过高，以防咖啡因在此时升华。

[9] 刮下咖啡因时要小心操作，防止混入杂质。

Ⅲ. 固体产品熔点测定参考方案

一、实验目的

1. 理解熔点测定的原理及意义。

2. 掌握毛细管法提勒管式装置和显微熔点仪测定固体熔点的操作方法。

3. 熟悉温度校正的意义和方法。

二、仪器药品

提勒管、精密温度计（200℃）、辅助温度计（100℃）、熔点管、玻璃管（40cm）、表面皿、玻璃钉、酒精灯、WRX-1S型显微熔点仪。

甘油、自制产品（阿司匹林、咖啡因）。

三、实验步骤

1. 提勒管法装置测定阿司匹林熔点

（1）填装样品　取自制阿司匹林少量，放在干净的表面皿中，用玻璃钉碾细[1]，将样品装入三支熔点管中（装样具体操作见十六章）。

（2）安装仪器　将提勒管固定在铁架台上，高度以酒精灯火焰可对两支口顶端加热为准。在提勒管中装入甘油，液面与上侧管平齐即可[2]。按图 16-16（b）安装熔点测定装置。并用橡胶圈将辅助温度计固定在测量温度计上，使其水银球位于测量温度计露出胶塞以上的水银柱的中部。

（3）加热测熔点　用酒精灯加热，控制升温速度，观察熔点管中试样熔化情况[3]，记录初熔和全熔的温度。平行测三次，每次测完后，应将浴液温度冷至样品初熔温度 20℃ 以下，换上另一支盛有样品的熔点管再次测定[4]。

（4）熔点校正　由熔点计算公式求出样品的熔点。

2. 数字熔点仪测定自制咖啡因熔点

（1）填装样品　取自制咖啡因少量，放在干净的表面皿中，用玻璃钉碾细[1]，将样品装入三支熔点管中（装样操作见十六章）。

（2）测熔点　（具体操作步骤见十六章和说明书）。

四、数据记录与处理

样品	测量温度计读数 t_1/℃		辅助温度计读数 t_4/℃	露茎 h	校正值 t/℃	文献值/℃
阿司匹林	第一次					
	第二次					
	第三次					
咖啡因	第一次					
	第二次					
	第三次					

五、思考题

1. 如何通过测定熔点判断是否为纯物质？
2. 测定过熔点的毛细管为什么不能重复使用？
3. 在测定熔点时若加热太快、样品研得不细或装得不紧和毛细管底未完全密封，各自对熔点的测定会有什么影响？

注释

[1]　样品的碾磨越细越好，否则装入熔点管时，有空隙，会使熔程增大，影响测定结果。

[2]　甘油黏度较大，挂在壁上的流下后就可使液面超过侧管。另外，受热膨胀后也会使液面增高。

[3]　样品熔化前会出现收缩、软化、出汗或发毛等现象，并不是初熔，真正的初熔是试样出现明显的局部液化。

[4]　已测定过熔点的样品，经冷却后，虽然固化，但也不能再用做第二次测定。因为有些物质受热后，会发生部分分解；有些物质会转变成不同熔点的其他结晶形式。

实验项目六　从八角茴香中提取茴油

I．任务书

一、项目任务要求

八角茴香北方称大料，南方叫麦角；作为中药称大茴香或八角。八角茴香是我国南亚热带特有的珍贵经济树种，其果实和从果实中提取的茴油（主要成分为茴香脑 90％，又称 1-甲氧基-4-丙烯基苯）是优良的调味、化妆香料和医药原料。由于其具有持久的山楂香气，芬芳诱人，因而广泛用于配制甜花香型、丁香和山楂香型等多种香精，用于食品、糖类及饮料用香精的配制。茴香脑作为药物又称升白宁，因对化疗或放疗导致的白细胞减少症，及其他原因引起的白细胞减少症有一定的治疗作用。在药物合成方面，它是制备药物卟啉类光敏剂、羟氨卡基青霉素等的中间体。以八角茴香为原料提取茴油，由其氧化可制得重要的有机中间体——茴香醛（又称对甲氧基苯甲醛），具有很好的市场前景和很高的经济价值。请选择适合在实训室以八角茴香为原料提取茴油的方法并实施。

二、项目准备工作（制作成 ppt 讲稿）

1. 信息收集

(1) 八角茴香的来源及用途。

(2) 茴油的主要成分、理化性质及用途。

(3) 茴油的提取方法。

(4) 水蒸气蒸馏的原理、意义、装置的安装与基本操作。

(5) 液体物质的萃取原理与操作；分液漏斗的使用方法。

(6) 回收乙醚的方法和低沸点、易燃物质蒸馏装置的安装与操作注意事项。

2. 方案设计（见项目二）

3. 方案实施（见项目二）

4. 填写实验报告单

5. 参考资料（见项目二）

6. 教学形式（见项目二）

实验报告单

班级＿＿＿＿＿＿＿　实验小组成员＿＿＿＿＿＿＿　项目负责人＿＿＿＿＿＿＿

项目名称	从八角茴香中提取茴油	实验日期	
八角茴香用量		提取时间	
产品外观		产品量	
思　考　题	1. 阐述水蒸气蒸馏的原理和意义 2. 阐述水蒸气蒸馏的操作要点		

成绩评定

方案设计及研讨(40%)	实际操作(40%)	纪律、卫生(10%)	实验结果(10%)
总分		教师签名	

Ⅱ. 参考方案

一、实验目的

1. 理解水蒸气蒸馏的原理和意义。
2. 学会水蒸气蒸馏装置的安装及基本操作技术。
3. 掌握从八角茴香中分离茴油的方法。
4. 初步掌握低沸点、易燃物质蒸馏装置的安装及基本操作技术。

二、实验原理

八角茴香，俗称大料，常用作调味剂，也是一种中药材。八角茴香中含有一种精油，叫做茴油，广泛用于化妆品、食品、饮料等精细化学品的增香剂，也用于医药方面。茴油是淡黄色液体，不溶于水，易溶于乙醇和乙醚。由于具有挥发性，可通过水蒸气蒸馏从八角茴香中分离出来。

三、仪器药品

水蒸气发生器、三口烧瓶（500mL）、锥形瓶（250mL）、直形冷凝管、尾接管、长玻璃管（80cm）、T形管、螺旋夹、电炉。

八角茴香、水。

四、实验步骤

1. 加入物料

称取 10g 八角茴香，捣碎后放入 500mL 烧瓶中，加入 80mL 热水[1]。

2. 安装仪器

按图 16-9 所示，安装水蒸气蒸馏装置，用电炉作加热器，用 250mL 锥形瓶作接收器。水蒸气发生器中装入约占其容积 2/3 的水。

3. 加热

检查装置气密性后，接通冷凝水，打开 T形管上的螺旋夹，开始加热。

4. 蒸馏操作

当 T形管处有大量蒸气逸出时，立即旋紧螺旋夹，使蒸气进入烧瓶，开始蒸馏，调节蒸气量，控制馏出速度为每秒 1～2 滴。

5. 停止蒸馏

当馏出液体积达 200mL 时[2]，打开螺旋夹（断开热源），停止加热，冷却片刻再关闭冷却水，拆除装置。将馏出液回收到指定容器中[3]。

五、思考题

1. 水蒸气蒸馏的原理及意义是什么？与普通蒸馏有何不同？

2. 什么情况下采用水蒸气蒸馏？利用水蒸气蒸馏分离、提纯的化合物必须具备什么条件？

3. 水蒸气蒸馏装置主要由哪些仪器部件组成？安全管和 T 形管在水蒸气蒸馏中各起什么作用？

4. 水蒸气蒸馏操作时，如何停止蒸馏？应注意哪些事项。

注释

[1] 可事先将捣碎的八角茴香浸泡在热水中，以提高提取效果。

[2] 八角茴香的水蒸气蒸馏若达到馏出液澄清透明需要时间较长，所以本实验只要求接收 200mL 馏出液。

[3] 可以用 20mL 乙醚分两次萃取馏出液，将萃取液蒸馏除去乙醚后，即可得到茴油产品。

 知识窗 -

有机化学发展前景展望

在人类多姿多彩的生活中，有机化学可以说是无处不在。当今有机化学从实验方法到基础理论都有了巨大的进展，显示出蓬勃发展的强劲势头和活力。世界上每年合成的近百万个新化合物中约 70% 以上是有机化合物。其中有些因具有特殊功能而用于材料、能源、生命科学、农业、环境等与人类生活密切相关的行业中。

有机化学是一门极具创造性的学科，21 世纪有机化学面临新的发展机遇，一方面随着有机化学本身的发展以及新的分析技术、物理方法及生物学方法的不断涌现，人类在对有机化合物的性能、反应及合成方面有了更新的认识和研究手段；另一方面，材料科学和生命科学的发展，以及人类对环境和能源的新要求，给有机化学提出了新的课题和挑战。有机化学将在物理有机化学、有机合成化学、生物有机化学、天然产物化学、金属有机化学、绿色化学、有机分析和计算、药物化学、农药化学、有机材料化学等各方面得到发展。

一、有机合成化学

有机合成化学是有机化学中最重要的基础学科之一，它是创造新有机分子的主要手段和工具，发现新反应、新试剂、新方法和新理论是有机合成的创新所在。

21 世纪有机合成化学面临新的机遇和挑战，生命科学、材料科学快速高选择性地转化为目标分子。这就要求有机合成要改变传统的合成方法，以"绿色合成"为目标，发展新反应、新试剂、新方法，发展高选择性、高效、高原子经济性反应的理想合成方法。具体包括：寻找高效高选择性的催化剂，开发新的合成路线。如离子液体、超临界流体的运用等；运用高效的多步合成技术，如近年来研究发展的串联反应就非常有效。

二、物理有机化学

物理有机化学是研究有机分子结构与性能的关系、研究有机化学反应机理及用理论计算的方法来理解、预见和发现新的有机化学现象的学科。其目的是希望从实验数据中找到其内在规律，并提高到理论化学的高度来理解和认识，有机化合物结构测定所用的波谱（紫外、红外、核磁共振、质谱）和 X 射线单晶结构分析等已经能测定大多数有机分子的结构，它对原有的各种反应机理和活泼中间体的认识将有进一步的发展。

三、生物有机化学

生物有机化学的主要研究对象是核酸、蛋白质和多糖及参与生命过程的其他有机化合物。它们是维持生命机器正常运转的最重要的基础物质。核酸是信息分子，负担着遗传信息的储存、传递及表达功能。近 10 年来对核糖核酸的研究发现，除上述功能之外，它还显示出独特的催化活性，即有着酶一样的作用。核酸研究的深入发展，深刻揭示了 DNA 复制、转录、蛋白质生物合成过程中的相互关系，为核酸在医学上的应用开拓了广阔的前景。全新蛋白质是蛋白质研究中的一个新领域。国际上正在尝试按化学、生物、催化等性质的需要合成新的蛋白质分子，对酶蛋白和膜蛋白的研究和模拟将起到重要作用。多糖也是生物体内的重要信息物质。目前多糖研究侧重于分离、纯化、化学组成及生物活性测定等方面。

模拟酶的研究在模拟酶的主客体分子间的相互识别与相互作用已取得了可喜的进展。此外在酶的模拟方式上最近出现了催化性抗体的新策略，这种设想有可能创造出新型的高效、高选择性催化剂。生物膜化学和细胞信号传导的分子基础是生物有机化学的另一个重要研究领域，对医学、农业生产均会产生深远的影响。

四、天然有机化学

天然有机化学是研究生物有机体代谢及其变化规律的科学，是在分子水平上认识自然和揭示自然科学奥秘的重要学科之一。天然化合物是合成新药先导物的重要来源，天然产物化学研究的目的是希望发现有生理活性的有效成分，或是直接用于临床药物和农药等，或是发现有效成分的主结构作为先导化合物，进一步研究其各种衍生物，从而发展成一类新药物和新农药。

五、绿色化学

面对环境保护的重大压力，绿色化学提出的新基本观点是，通过研究和改进化学反应及相关工艺，减少以至消除副反应的生成，从源头上解决环境污染问题。发展高效、高选择性的"原子经济性反应"，如催化不对称合成是获得单一手性分子的重要方法之一，应加强开发和改进与绿色有关的生物催化的有机反应研究。

六、药物化学

药物化学是有机化学的一个重要分支，发展寻找新药的新理论、新方法、新技术，其核心是发现创新药物的先导化合物的分子结构并加以研究，近年来在生物技术（基因组、蛋白质组技术等）、计算机科学、信息科学等以及化学本身发展的基础上，药物研究对象发生了显著变化，生物化学信息学、组合化学、计算机辅助药物分子设计已成为创新药物研究的新方法和技术，这些技术的广泛应用，提高了新药研究的创新能力。

有机化学对于社会的进步和其他学科的发展也有巨大贡献。近年来，我国的有机化学研究在规模上和深度上都有了明显进步，与国际先进水平相比，有些研究领域还存在一些差距。但是，我们必须认识到，国际上科学发展和竞争非常激烈，学科融合和交叉已经成为发展总趋势。有机化学必定要走出纯化学、进入大科学，迎接新世纪的挑战。

【阅读材料】 有机化合物分析方法简介

一、研究有机化合物的一般方法

研究一个新的有机化合物一般经过下列步骤。

1. 分离提纯

天然存在或人工合成的有机化合物并非都以纯净状态存在，但是研究任何有机化合物的结构和性质都需要纯品，所以首先必须进行分离提纯，使其达到一定纯度。常用来分离提纯有机化合物的方法有：对于固体有机化合物，用重结晶、升华等；液体有机化合物可用萃取、蒸馏、分馏、减压蒸馏、特殊蒸馏和色谱法等。超临界流体萃取技术是目前研究的热门方法。

2. 纯度检验

纯有机化合物具有固定的物理常数，如沸点、熔点、相对密度、折射率等，测定这些物理常数可以检验有机物的纯度。在实验室中，对于固体样品，最简单的方法是测定熔点，而对液体样品则是测折射率。

3. 实验式与分子式的确定

得到一个纯的有机化合物之后，就需要知道它是由哪些元素组成的，各占多少比例，求出实验式，再测得相对分子质量后就可以确定分子式了。利用元素分析可以确定该化合物由哪些元素组成，根据分析结果求出各元素的质量比，得出它的实验式，然后测定相对分子质量，确定分子式。

（1）实验式的确定　利用元素分析确定某有机物的元素质量分数以后，即可计算有机物的实验式，以下举例说明其计算方法。

【例1】　已知某化合物样品中含有 C、H、N、O 四种元素，其中 C＝20％、H＝6.7％、N＝46.4％。求该化合物的实验式。

它们原子个数的比值为：$C:H:N:O=(20/12):(6.7/1):(46.4/14):(26.9/16)=1.67:6.7:3.31:1.68$。由于原子的数目必须是整数，以其中的最小数作为分母，得出原子个数比为：$C:H:N:O=1:4:2:1$。所以该化合物的实验式为 CH_4N_2O。

（2）分子式的确定　实验式仅表明组成该分子各元素原子的比例。因此，必须测定相对分子质量，才能确定分子式。要确定分子式首先必须确定相对分子质量，确定化合物的相对分子质量过去常用沸点升高法、凝固点降低法等经典的物理化学方法，现在一般采用质谱仪来测定。

根据实验式中原子的个数和相对分子质量，就可以确定分子式。

【例2】　如已知苯由 C、H 两种元素组成，其中 C＝92.1％、H＝7.9％，相对分子质量为 78，写出苯的分子式。

$C:H=(92.1/12):(7.9/1)=7.68:7.9=1:1$，则 CH 为苯的实验式。$78/13=6$，所以苯的分子式为 C_6H_6。

4. 化学结构的确定

通常确定化合物结构的方法有两种：化学方法和物理方法。化学方法主要是利用特征反应鉴定出官能团，再进一步确认结构，过去测定有机化合物的结构主要依靠化学方法，费时、费力且准确度低，一个化合物甚至用数年时间才能测定出其结构。随着科学技术的迅速发展，现代物理分析法已成为确定化合物结构的重要方法，各种先进的仪器、设备已被应用于测定化合物的结构。如 X 射线分析、电子衍射法、紫外吸收光谱（UV）、红外吸收光谱（IR）、核磁共振谱（NMR）和质谱（MS）等，用这些仪器测定化合物的结构样品用量少，速度快，准确率高，因此在近 20 年来得到广泛应用。

二、简介仪器分析在有机化合物分析中的应用

化合物结构的测定是研究有机物的重要内容之一。确定有机化合物的结构一般采用化学方法和物理方法。最早是采用化学方法来测定化合物结构，但用化学方法测定化合物的结构十分繁琐复杂，并且在测定过程中往往会发生意想不到的变化，从而给结构的测定带来困难。如吗啡（$C_{15}H_{15}O_3N$）从 1803 年第一次被提纯，至 1952 年才弄清楚其结构，其间经过了 150 年；胆固醇（$C_{27}H_{47}O$）结构的测定经历了 40 年，而所得结果经 X 射线衍射分析发现还有某些错误。而应用现代物理分析法则可以准确、快速地通过谱图将分子结构清楚地表达出来。随着有机化学和仪器分析等交叉学科的快速发展，借助于大型仪器的现代物理检测方法，对有机物的研究和分析起到了越来越重要的作用。

有机化学中常用的现代物理检测分析方法有紫外光谱（UV）、红外光谱（IR）、核磁共振（NMR）和质谱（MS），即所谓的"四谱"，它们是研究有机物结构的最重要的手段，此外气相色谱法（GC），高效液相色谱法（HPLC）、X 射线衍射分析等也常用于有机化合物的分析测试。

1. 色谱法

色谱法是一种物理分离技术，色谱分析是一种多组分混合物的分离、分析工具。在色谱法中存在两相，一相是固定不动的，称为固定相；另一相则不断流过固定相，称为流动相。色谱分离的原理就是通过样品组分在固定相和流动相之间的分配差异进行分离。色谱法有很多种类，从不同角度出发分类方法也不同，较常用的有气相色谱（GC）和液相色谱（LC）（图 17-3）。

（1）气相色谱（GC）　气相色谱是以气体作为流动相的柱色谱技术。分为气固色谱和气液色谱两类，气固色谱的"气"字指流动相是气体，"固"字指固定相是固体物质，例如活性炭、硅胶等。气液色谱的"气"字指流动相是气体，"液"字指固定相是液体。

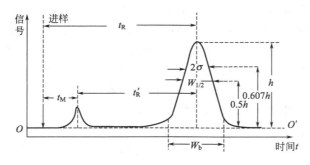

图 17-3　色谱图

气相色谱仪是以气体作为流动相（载气），当样品被送入进样器后由载气携带进入色谱柱。由于样品中各组分在色谱柱中的流动相（气相）和固定相（液相或固相）间分配或吸附

系数的差异，在载气的冲洗下，各组分在两相间得到反复多次分配，从而在色谱柱中得到分离。接在柱后的检测器再根据各组分的物理化学特性，将它们的浓度或质量变化转变为一定的电信号，经放大后在记录仪上记录下来，就得到色谱流出曲线。根据色谱图流出曲线上每个峰的保留时间，可以进行定性分析，根据峰面积或峰高的大小，可以进行定量分析。

气相色谱法可以分析气体、易挥发的液体和固体样品。就有机物分析而言，应用最为广泛，可以分析约20%的有机物。气相色谱技术的快速发展使它的应用范围也更加广泛，如在石化分析、环境分析、生物药剂学研究分析、白酒分析等方面，气相色谱技术都发挥了巨大的作用。

（2）液相色谱（LC） 液相色谱是以液体作为流动相的柱色谱技术。经典液相色谱法，流动相在常压下输送，所用的固定相柱效低，分析周期长。而高效液相色谱法在经典液相色谱法的基础上，引入了气相色谱的理论，在技术上采用了高压泵、高效固定相和高灵敏度检测器，使之发展成为高分离速率、高分离效率、高检测灵敏度的高效液相色谱法（HPLC），也称为现代液相色谱法。

高效液相色谱仪的系统由储液器、泵、进样器、色谱柱、检测器、记录仪等几部分组成。储液器中的流动相被高压泵打入系统，样品溶液经进样器进入流动相，被流动相载入色谱柱（固定相）内，由于样品溶液中的各组分在两相中具有不同的分配系数，在两相中做相对运动时，经过反复多次的吸附-解吸的分配过程，各组分在移动速度上产生较大的差别，被分离成单个组分依次从柱内流出，通过检测器时，样品浓度被转换成电信号传送到记录仪，数据以图谱形式表示出来。

高效液相色谱法只要求样品能制成溶液，不受样品挥发性的限制，流动相可选择的范围宽，固定相的种类繁多，因而可以分离热不稳定和非挥发性的、离解的和非离解的以及各种分子量范围的物质。由于高效液相色谱具有许多优良的特点，现在已广泛应用在生物化学、食品分析、环境分析、医药研究等各个领域。

2. 红外光谱（IR）

红外光谱又称分子振动转动光谱，属分子吸收光谱。用一定频率的红外线聚焦照射样品，如果样品分子中某个基团的振动频率与照射红外线相同就会产生共振，这个基团就吸收一定频率的红外线，把分子吸收的红外线情况用仪器记录下来，便能得到全面反映试样成分特征的红外光谱（IR）。红外光谱图用波长（或波数）为横坐标，以表示吸收带的位置，用透射百分率（$T\%$）为纵坐标表示吸收强度。如图17-4所示为阿司匹林的红外光谱图。

我们知道在红外线透过有机物时，当振动频率和入射光的频率一致时，入射光就被吸收，由于分子中不同的化学键和官能团其振动频率不同，所以吸收的频率也不一样，在红外光谱中其吸收峰将处于不同的位置，因此，根据红外光谱图，就可以推知有机物含有哪些化学键和官能团，以帮助确定有机物的结构。例如，由于C—H键的伸缩振动，在波数2670～3300cm^{-1}间将出现吸收峰；O—H键的伸缩振动，在2500～3650cm^{-1}间出现吸收峰。因此，研究红外光谱可以得到分子内部结构的资料。

通过研究大量有机化合物的红外光谱的结果，发现不同化合物中相同化学键或官能团的红外吸收频率近似一致，主要有机基团红外振动特征频率——饱和烃：2800～3000cm^{-1}，归属为—CH$_3$、—CH$_2$、—CH中C—H的伸缩振动；烯烃：1650cm^{-1}，归属为C＝C的伸缩振动；炔烃：2100cm^{-1}，归属为C≡C的伸缩振动；酮、醛、酸或酰胺中的羰基：1700cm^{-1}；脂肪化合物中的—OH的振动吸收：3600～3700cm^{-1}。

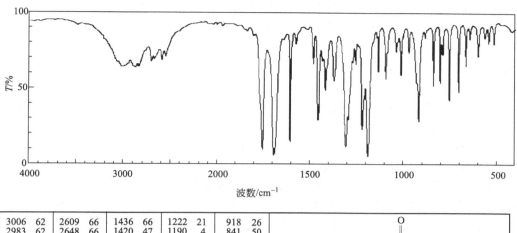

3006	62	2609	66	1436	66	1222	21	918	26
2983	62	2648	66	1420	47	1190	4	841	50
2691	62	1754	9	1372	55	1136	55	605	52
2672	62	1693	6	1300	10	1096	55	706	41
2701	62	1606	14	1296	20	1014	57	706	46
2701	66	1483	64	1272	54	971	70	667	62
2670	66	1483	64	1267	54	928	62	660	60

图 17-4　阿司匹林的红外光谱图

红外光谱上波数在 $3800\sim1400cm^{-1}$（$2.50\sim7.00\mu m$）高频区域的吸收峰主要是由化学键和官能团的伸缩振动产生的，故称为特征吸收峰（或官能团区）。在官能团区，吸收峰存在与否可用于确定某种键或官能团是否存在，是红外光谱的主要用途。在红外光谱上波数在 $1400\sim650cm^{-1}$ 低区域吸收峰密集而复杂，像人的指纹一样，所以叫指纹区。在指纹区内，吸收峰位置和强度无明显特征，很多峰无法解释。但分子结构的微小差异却都能在指纹区得到反映。因此，在确认有机化合物时用处也很大。如果两个化合物具有相同的红外光谱（即指纹区也相同），证明它们是同一化合物。红外光谱法不仅可以确证两个化合物是否相同，也可以确定一个新化合物中某一特殊键或官能团是否存在。因此，红外光谱广泛应用在有机化合物的结构鉴定与研究工作中。

3. 紫外光谱（UV）

紫外光谱法也称为紫外-可见分光光度法，它是在经典比色法的基础上不断完善而逐渐发展起来的。紫外光谱法是基于分子内电子跃迁产生的吸收光谱进行分析的一种常用的光谱分析法。它是利用某些物质的分子吸收 $10\sim800nm$ 光谱区的辐射来进行分析测定的，它以紫外或可见单色光照射吸光物质的溶液，用仪器测量入射光被吸收的程度（常用吸光度 A 表示），记录吸光度随波长的变化曲线，或波长一定时，用吸光度和吸光物质浓度之间的关系来进行定性或定量分析。

紫外吸收光谱是分子内电子跃迁的结果，它反映了分子中价电子跃迁时的能量变化与化合物所含发色基团之间的关系。不同的化合物由于分子结构不同，电子跃迁的类型就不同，所以紫外吸收光谱会具有不同特征的吸收峰，其吸收峰的波长和强度与分子中价电子的类型有关。在有机化合物分子中有形成单键的 σ 电子、有形成双键的 π 电子、有未成键的孤对 π 电子。当分子吸收一定能量的辐射能时，这些电子就会跃迁到较高的能级。有机化合物的紫外吸收光谱取决于分子中的价电子分布和结合情况（图 17-5）。

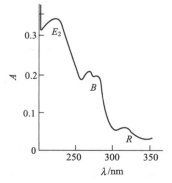

图 17-5　苯乙酮的紫外吸收光

紫外吸收光谱在化合物定性鉴定方面的应用主要有以下几方面。

① 利用标准谱图鉴定样品　把样品的紫外光谱图与被测物质的标准光谱图进行比较，可判别是否为同一化合物。

② 成分检验　确定混合物中某一特定的组分是否存在或鉴定一个纯样品中是否含有其他杂质。

③ 异构体的确定　对于异构体的确定，可以通过经验规则计算出 λ_{max} 值，与实测值比较，即可证实化合物是哪种异构体。

④ 推断化合物的骨架结构。利用紫外光谱可以推导有机化合物的分子骨架中是否含有共轭结构体系，如 C＝C—C＝C、C＝C—C＝O、苯环等。

与定性鉴定相比，紫外吸收光谱法在定量分析领域有着更为重要和广泛的用途，其定量分析的依据是朗伯-比耳定律。含芳环的化合物以及带有共轭双键的化合物在紫外可见光区有较强吸收，并且吸光度与化合物的浓度成正比，因而可用来进行定量分析。

紫外吸收光谱法是一种很重要的分析方法，无论在物理学、化学、生物学、医学、材料学、环境科学等科学研究领域，还是在化工、医药、环境检测、冶金等现代生产与管理部门，紫外吸收光谱法都具有广泛而重要的用途。

4. 核磁共振谱（NMR）

通过红外光谱的介绍，已经知道对于一个未知物，红外光谱可以较好地鉴定出未知分子中含有哪些官能团，但对于研究未知物的精细结构，核磁共振则是最重要的工具之一。

核磁共振谱是一种基于特定原子核在外磁场中吸收了相应的射频场能量而产生共振现象的分析方法。不同分子中原子核的化学环境不同，共振频率不一样，产生的核磁共振谱不同。通过记录这些波谱即可判断该原子在分子中所处的位置及相对数目，进而用于进行定量分析及分子量的测定，并对有机化合物进行结构分析。常用的核磁共振谱是[1]H NMR 和[13]C NMR。图 17-6 所示为乙烯的核磁共振氢谱（^{1}H NMR）。

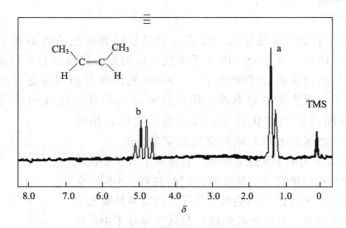

图 17-6　乙烯的核磁共振氢谱

核磁共振技术是 20 世纪 50 年代中期开始应用于有机化学领域的。普通核磁共振波谱仪所测样品多为液体，在化学化工产业中主要应用于分子的结构测定、化合物的纯度检查、元素的定量分析、有机化合物的结构解析、有机化合物中异构体的区分和确定、大分子化学结构的分析等领域。

在有机化合物的结构分子中，核磁共振通常与红外光谱并用，与质谱、紫外光谱及化学分析方法等配合解决有机物的结构问题，此外，核磁共振还广泛应用于生化、医学、石油、物理化学等方面的分析鉴定及对微观结构的研究。

5. 质谱（MS）

质谱分析法是通过一定手段使被测样品分子产生气态离子，然后按质荷比（m/z）对这些离子进行分离和检测的一种分析方法。

样品在高真空条件下受热汽化，蒸气通过漏孔进入电离室，在电离室受电子流冲击后产生电离，生成分子离子，分子离子由于具有较高的能量，会进一步按化合物自身特有的碎裂规律分裂，生成一系列确定组成的碎片离子，将所有不同质量的离子和各离子的多少按质荷比记录下来，就得到一张质谱图（图17-7）。

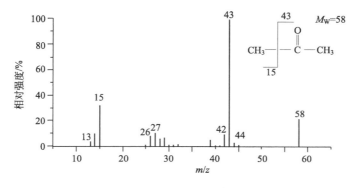

图 17-7　丙酮的质谱图

质谱图一般都采用棒图表示，横坐标代表质量数（质荷比），纵坐标代表峰的相对强度，每一条线代表一个峰，图中的最高峰代表基峰，并人为地把它的高度定为100，其他峰的高度为与该峰的相对百分比，称为相对强度，用纵坐标代表。

质谱是一种语言，需要翻译，与其他类型谱图比较，学习如何由质谱图识别一个简单分子要容易得多。质谱图直接给出了分子及其碎片的质量，因此识别时不需要学习其他新知识。利用质谱推断化合物结构时谱图解析的一般程序如下。

（1）确定分子离子峰，得出化合物的分子量　分子被电子轰击失去一个电子形成的离子称为分子离子，该类离子只带一个单位电荷，故质荷比就是它的质量，也就是化合物的相对分子质量，如果能辨认谱图上的分子离子峰，就能推出被测化合物的相对分子质量。

（2）查看分子离子峰的同位素峰组，确定化合物的组成式　分子离子一般是指由天然产物丰度最高的同位素组合而成的离子，相应的由相同元素的其他同位素组成的离子称为同位素离子，在谱图中称为同位素离子峰，同位素峰相对于分子离子峰的强度取决于分子所含元素的数目与其他同位素的天然丰度，因此，同位素组峰对推断分子的元素组成具有重要作用。

（3）由组成式计算出化合物的不饱和度，确定化合物种类、环和不饱和键的数目，进一步推测化合物结构。质谱法是有机化合物结构分析的最重要的方法之一，它能够准确地测定有机化合物的分子量，提供分子式和其他结构信息，由于在相同实验条件下每种化合物都有其确定的质谱图，因此，利用这一性质可以进行定量分析，而谱峰的强度则与它代表的化合物的含量有关，所以可以用于定量分析。近年来质谱技术在各个方面都获得了极大的发展，复杂的、高性能的质谱仪不断出现，如离子探针质谱仪、磁场型的串联质谱仪、离子回旋共振-傅里叶变换质谱仪等，尤其是近年来发展起来的液相色谱与质谱联用技术已经应用到化学、医学、生物、环境分析、食品检测、地质研究等领域。

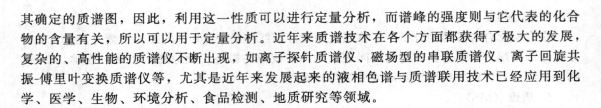

参 考 文 献

[1] 刘军等. 有机化学. 第2版. 北京：化学工业出版社，2010.

[2] 袁红兰等. 有机化学. 第2版. 北京：化学工业出版社，2009.

[3] 尹冬冬等. 有机化学. 北京：高等教育出版社，2003.

[4] 徐伟亮. 有机化学. 北京：科学出版社，2002.

[5] 王箴. 化工词典. 第2版. 北京：化学工业出版社，2000.

[6] 钱旭红等. 有机化学. 北京：化学工业出版社，1999.

[7] 汪小兰. 有机化学. 第3版. 北京：高等教育出版社，1997.

[8] 邢其毅. 基础有机化学. 第2版. 北京：高等教育出版社，1994.

[9] 徐寿昌. 有机化学. 第2版. 北京：高等教育出版社，1993.

[10] 洪盈等. 有机化学. 第2版. 北京：人民卫生出版社，1991.

[11] 王惠宁等. 医检有机化学. 上海：上海医科大学出版社，1990.

[12] 胡宏纹. 有机化学. 第2版. 北京：高等教育出版社，1990.